EUL VERLAG

Reihe: Rechnungslegung und Wirtschaftsprüfung · Band 63

Herausgegeben von Prof. (em.) Dr. Dr. h. c. Jörg Baetge, Münster, Prof. Dr. Hans-Jürgen Kirsch, Münster, und Prof. Dr. Stefan Thiele, Wuppertal

Dr. Alexander Flügel

Die Bilanzierung von Lebensversicherungsgeschäften nach IFRS

Eine Analyse unter besonderer Berücksichtigung des Asset-Liability-Managements

Mit einem Geleitwort von Prof. Dr. Dr. h. c. Jörg Baetge, Westfälische Wilhelms-Universität Münster

EUL VERLAG

Bibliografische Information der Deutschen Nationalbibliothek

Die Deutsche Nationalbibliothek verzeichnet diese Publikation in der Deutschen Nationalbibliografie; detaillierte bibliografische Daten sind im Internet über <http://dnb.d-nb.de> abrufbar.

Dissertation, Westfälische Wilhelms-Universität Münster, 2017

D 6

ISBN 978-3-8441-0537-7
1. Auflage Januar 2018

JOSEF EUL VERLAG GmbH
Brandsberg 6
53797 Lohmar
Tel.: 0 22 05 / 90 10 6-80
Fax: 0 22 05 / 90 10 6-88
E-Mail: info@eul-verlag.de
https://www.eul-verlag.de

Bei der Herstellung unserer Bücher möchten wir die Umwelt schonen. Dieses Buch ist daher auf säurefreiem, 100% chlorfrei gebleichtem, alterungsbeständigem Papier nach DIN 6738 gedruckt.

Geleitwort

Die von den kapitalmarktorientierten deutschen Lebensversicherungsunternehmen angebotenen Lebensversicherungsgeschäfte spiegeln sich gemäß den International Financial Reporting Standards (IFRS) zum einen in ihren aktivischen Finanzinstrumenten und zum anderen in den für die emittierten Lebensversicherungsverträge zu passivierenden versicherungstechnischen Rückstellungen. Dabei investieren die deutschen Lebensversicherer die von ihren Versicherungsnehmern eingezahlten Prämien großteils in langfristige Fremdkapitalinstrumente, z. B. in Unternehmens- und Staatsanleihen. Im Zuge der übergreifenden Funktion des Asset-Liability-Managements (ALM) stimmen sie die Zahlungsströme aus den aktivischen Finanzinstrumenten mit den Zahlungsströmen für die emittierten Lebensversicherungsverträge ab. Ein solches Bilanzstrukturmanagement trägt dazu bei, den Fortbestand der deutschen Lebensversicherer in Zeiten von anhaltenden Niedrigzinsen zu gewährleisten.

Jedoch entstehen sogenannte bilanzielle Ansatz- oder Bewertungsinkonsistenzen (Accounting Mismatches), wenn die kapitalmarktorientierten deutschen Lebensversicherer in ihrem IFRS-Konzernabschluss – wie im Jahr 2017 vorgesehen – ihre aktivischen Finanzinstrumente nach IAS 39 und ihre passivischen Lebensversicherungsverträge nach IFRS 4 Phase I unter Rückgriff auf die US-GAAP oder das HGB bilanzieren. Deutsche Versicherer müssen ihre Finanzinstrumente spätestens für ab dem 1.1.2021 beginnende Geschäftsjahre nach IFRS 9 und ihre Versicherungsverträge für ab dem 1.1.2021 beginnende Geschäftsjahre nach IFRS 17 in dem Konzernabschluss abbilden. Da dem IASB das Problem der Accounting Mismatches bekannt ist, nimmt der Verfasser diese beiden vom IASB neu entwickelten Standards zum Anlass, um zu untersuchen, ob den IFRS-Abschlussadressaten nach IFRS 9 und IFRS 17 entscheidungsnützlichere Informationen als nach IAS 39 und IFRS 4 Phase I vermittelt werden.

Um diese Frage zu beantworten, gliedert der Verfasser seine Arbeit in fünf Abschnitte.

Im **ersten Abschnitt** erläutert der Autor die Problemstellung, nennt die zwei Forschungsziele der Arbeit und legt den Gang der Untersuchung dar.

Im **zweiten Abschnitt** beschreibt er die wirtschaftlichen und versicherungsfachlichen Grundlagen der Lebensversicherung, des Lebensversicherungsgeschäfts und des für die Finanzinstrumente und Lebensversicherungsverträge durchgeführten Asset-Liability-Managements. In diesem Zusammenhang wird die Langfristigkeit des deutschen Lebensversicherungsgeschäfts herausgestellt und die Lebensversicherung von der kurzfristigen Schaden-/Unfallversicherung abgegrenzt. Des Weiteren werden die „Produktionsprinzipien“ der Versicherung – der Risikoausgleich im Kollektiv und der Risikoausgleich in der Zeit verdeutlicht. Ferner systematisiert der Autor die unterschiedlichen Arten der in Deutschland üblichen Lebensversicherungen und erklärt, wie die Lebensversicherungsprämien kalkuliert werden. Ebenso wird erörtert, dass es für die deutschen Lebensversicherer aufgrund der hohen in den emittierten Lebensversicherungsverträgen enthaltenen Zinsgarantien und der anhaltenden Niedrigzinsphase notwendig ist, ein Asset-Liability-Management zu implementieren. Am Ende des zweiten Abschnitts veranschaulicht der Verfasser die zwei ALM-Methoden des Cashflow-Matching und des Duration-Matching, durch die ein Versicherer die Laufzeiten und somit die Zahlungsströme der aktivischen Finanzinstrumente und passivischen Lebensversicherungsverträge entweder kongruent und somit sicher oder inkongruent und somit risikoreicher aufeinander abstimmen kann.

Im **dritten Abschnitt** gibt der Verfasser zunächst die Grundlagen der Bilanzierung nach IFRS wieder, wobei er besonders auf die laut dem IFRS-Rahmenkonzept für eine entscheidungsnützliche Bilanzierung fundamentalen Anforderungen der Relevanz sowie der Glaubwürdigen Darstellung eingeht. Anschließend konkretisiert er, wie ein deutsches Lebensversicherungsunternehmen die aktivischen Finanzinstrumente nach dem im Juli 2014 vom IASB publizierten IFRS 9 und die passivischen Lebensversicherungsverträge nach dem im Mai 2017 vom IASB veröffentlichten IFRS 17 ansetzen, ausbuchen und erst- sowie folgebewerten muss. Während durch IFRS 9 im Vergleich zum Vorgängerstandard IAS 39 unter anderem eine prinzipienorientiertere Zuordnung eines aktivischen Finanzinstruments in eine der aus IAS 39 bekannten Folgebewertungskategorien eingeführt wird, hat der Board für IFRS 17 im Unterschied zum Vorgängerstandard IFRS 4 Phase I nämlich erstmalig ein umfassendes eigenes Bilanzierungs- und Bewertungsmodell für ausgegebene Versicherungsverträge entwickelt. Mit Blick auf die aktivischen Finanzinstrumente wird ausgeführt, dass diese bei ihrem Erstansatz gemäß IAS 32 entweder als Fremd- oder Eigenkapitalinstrument oder derivatives Finanzinstrument identifiziert werden müssen, da hiervon abhängt, ob ein Finanzinstrument mit den durch IFRS 9 neu eingeführten Kriterien (Zahlungsstrom-Kriterium und Geschäftsmodell-Kriterium) als entweder zu fortgeführten Anschaffungskosten, erfolgswirksam zum Fair Value oder erfolgsneutral zum Fair Value folgezubewerten kategorisiert wird. Hierbei prognostiziert der Autor, dass die deutschen Lebensversicherer Fremdkapitalinstrumente nach IFRS 9 wie nach IAS 39 zumeist erfolgsneutral zum Fair Value folgebewerten, also mit im Sonstigen Gesamtergebnis (OCI) ausgewiesenen Fair Value-Änderungen. Bezüglich der Bilanzierung von emittierten Lebensversicherungsverträgen prüft der Autor eingangs für ausgewählte Vertragskonstruktionen, ob für sie IFRS 17 Versicherungsverträge oder IFRS 9 Finanzinstrumente anzuwenden ist. Dann werden die Regeln des IFRS 17 ausgelegt, aufgrund der die in Lebensversicherungsverträgen eingebetteten Zinsgarantien und Investmentkomponenten vom Basisvertrag abzuspalten sind. Anschließend erörtert und konkretisiert der Verfasser den vom IASB entwickelten Bausteinansatz, durch den die emittierten Versicherungsverträge nach IFRS 17 grundsätzlich erst- und folgezubewerten sind. Dieser prospektive Bewertungsansatz lässt sich in vier Bewertungsbausteine teilen. Denen zufolge sind die für ein Portfolio aus ähnlichen Versicherungsverträgen erwarteten Zahlungsströme zu schätzen (1. Baustein) und mit aktuellen und aus Marktzinsen abzuleitenden Diskontzinsen zu diskontieren (2. Baustein). Der so resultierende Betrag ist um eine Risikomarge zu erhöhen (3. Baustein), durch die das Ausmaß der vom Versicherer übernommenen versicherungstechnischen Risiken berücksichtigt werden soll. Sofern sich hieraus ein negativer Erfüllungsbetrag ergibt, der einen künftigen Erfolg aus den betrachteten Versicherungsverträgen repräsentiert, ist dieser „Anfangsgewinn" durch die gleichhohe sogenannte Servicemarge (4. Baustein) zu neutralisieren. Diese Servicemarge wird anschließend über die erwartete Deckungsperiode der Verträge zeitanteilig erfolgswirksam aufgelöst. Für die weitere Analyse ist entscheidend, dass es der IASB durch ein Wahlrecht (IFRS 17.88) ermöglicht, die marktzinsinduzierten Wertänderungen aus aktualisierten Diskontzinsen (2. Baustein) entweder erfolgswirksam (in der GuV) oder erfolgsneutral (im OCI) auszuweisen. Zum Ende des dritten Abschnitts legt der Verfasser dar, wie die überschussbeteiligten Lebensversicherungsverträge mit dem in ED/2013/7 noch vorgesehenen *mirroring approach* und dem für IFRS 17 beschlossenen *variable fee approach* erst- und folgezubewerten sind.

Im **vierten Abschnitt** analysiert der Verfasser, wieweit das von den deutschen Lebensversicherern durchgeführte Asset-Liability-Management nach IFRS 9 und IFRS 17 entscheidungsnützlicher dargestellt wird als nach IAS 39 sowie nach IFRS 4 Phase I. Hierfür wird anhand von mehreren Zahlenbeispielen das Problem illustriert, dass das Ergebnis aus einem laufzeitkongruent abgestimmten ALM zu volatil und deshalb irreführend bilanziell abgebildet wird, sofern wirtschaftlich zusammengehörige Finanzinstrumente und Lebensversicherungsverträge unterschiedlich bewertet und ausgewiesen werden (Accounting Mismatch). Daraufhin veranschaulicht der Autor durch weitere Zahlenbeispiele, dass das ALM eines Lebensversicherers nur dann bilanziell entscheidungsrelevant dargestellt wird, wenn durch die Bilanzierungsregel erstens keine ergebnisverzerrenden Accounting Mismatches verursacht werden und zweitens für die Bilanzleser das Ausmaß ersichtlich ist, in dem ein Versicherer Economic Mismatches eingeht, indem er seine Finanzinstrumente und die durch sie gedeckten Lebensversicherungsverträge laufzeitkongruent abstimmt. Außerdem legt der Autor fest, dass das ALM eines

Lebensversicherers für die IFRS-Abschlussadressaten bilanziell umso glaubwürdiger wiedergegeben wird, je weniger bilanzpolitisch nutzbare Wahlrechte und Ermessensspielräume die zwei künftig anzuwendenden Standards (IFRS 9 und IFRS 17) enthalten. Hierzu resümiert der Autor, dass das ALM von Lebensversicherern nach IFRS 9 und IFRS 17 bilanziell entscheidungsrelevanter abgebildet wird als nach IAS 39 sowie IFRS 4 Phase I. Der Grund hierfür ist, dass die marktzinsinduzierten Wertänderungen von Versicherungsverträgen nach IFRS 17.88 entweder erfolgswirksam oder erfolgsneutral erfasst werden können, wodurch sie sich mit den ebenso marktzinsinduzierten Wertänderungen der zugehörigen Finanzinstrumente in der GuV oder im OCI ausgleichen können. Problematisch ist aber, dass auch nach IFRS 9 und IFRS 17 weiterhin Accounting Mismatches existieren, und zwar sofern Lebensversicherungsverträge durch Finanzinstrumente gedeckt werden, die nach IFRS 9 zu fortgeführten Anschaffungskosten folgezubewerten sind. Zudem eröffnen IFRS 9 und IFRS 17 zahlreiche Wahlrechte und Ermessensspielräume, weshalb der Autor die bilanzielle Abbildung des ALM von Lebensversicherern auch nach diesen beiden neuen Standards als insgesamt nicht entscheidungsnützlich ansieht. Um die Abbildung des ALM zumindest entscheidungsrelevanter zu gestalten, schlägt der Verfasser zum Ende des vierten Abschnitts vor, die Bilanzierungsregeln zu ändern, sodass Accounting Mismatches eher vermieden werden können. Dazu müsste die Fair Value-Option nach IFRS 9 auf die marktzinsinduzierten Wertänderungen der Finanzinstrumente beschränkt werden, das Hedge Accounting nach IFRS 9 stärker auf die Eigenarten des ALM von Lebensversicherern eingehen oder es müsste analog zu der Fair Value-Option nach IFRS 9 eine Fair Value-Option für Versicherungsverträge eingeführt werden.

Im **fünften Abschnitt** werden die Ergebnisse der Arbeit thesenförmig zusammengefasst.

Der Autor schließt mit seiner Arbeit eine Forschungslücke. Denn im Schrifttum lässt sich derzeit keine Arbeit finden, die sich theoretisch fundiert und ausführlich damit beschäftigt, ob aus ökonomischer Sicht zusammengehörige Finanzinstrumente und Lebensversicherungsverträge nach IFRS 9 und IFRS 17 konsistent zueinander bilanziert werden. Zudem konkretisiert der Verfasser erstmalig, wie überschussbeteiligte Lebensversicherungsverträge durch den für sie nach IFRS 17 anzuwendenden *variable fee approach* erst- und folgezubewerten sind.

Münster, im November 2017 — Professor Dr. Dr. h.c. Jörg Baetge

Vorwort des Verfassers

Die vorliegende Arbeit entstand während meiner Tätigkeit als wissenschaftlicher Mitarbeiter im Forschungsteam Baetge in Münster und meiner Tätigkeit als fachlicher Mitarbeiter bei der Allianz SE – Group Accounting und Reporting – in München. Sie wurde im Juni des Jahres 2017 von der Wirtschaftswissenschaftlichen Fakultät der Westfälischen Wilhelms-Universität Münster als Dissertation angenommen.

Ich möchte mich an dieser Stelle herzlich bei all denjenigen bedanken, die mich während der Anfertigung dieser Arbeit auf unterschiedliche Weise fachlich und persönlich unterstützt haben. Vor allem gebührt diese Dankbarkeit meinem verehrten Doktorvater, Herrn Professor Dr. Dr. h.c. Jörg Baetge, welcher mich sowohl in fachlicher als auch in menschlicher Hinsicht in hohem Maße geprägt hat und außerdem das Erstgutachten zu meiner Arbeit übernommen hat. Gleichermaßen möchte ich mich bei Herrn Professor Dr. Peter Kajüter für die Erstellung des Zweitgutachtens sowie bei Herrn Professor Dr. Gustav Dieckheuer für die Teilnahme an der Prüfungskommission bedanken. Großer Dank gebührt auch Herrn Professor Dr. Hans-Jürgen Kirsch als Leiter des Instituts für Rechnungslegung und Wirtschaftsprüfung (IRW) sowie dem ganzen Team des IRW für ihre Diskussionsbereitschaft auf den gemeinsamen Doktorandenseminaren und für die organisatorische Unterstützung.

Gleichermaßen gilt meine große Dankbarkeit Herrn Dr. Roman Sauer und Herrn Dr. Thomas Ullrich von der Allianz SE als Praxispartner meiner Promotion sowie dem ganzen Team des Accounting Policy Department und vor allem Frau Dr. Cornelia Kalkschmid-Paape. Denn der persönliche Austausch während meiner Praxisphase in München hat mich sowohl versicherungsfachlich als auch bei der Wahl meines Dissertationsthemas entscheidend beeinflusst.

Mir ist es ein großes Anliegen, mich außerdem bei den Studentischen Hilfskräften und Frau Kirsten Sander für die Literaturrecherche sowie die Organisation des Forschungsteams Baetge zu bedanken. Den ehemaligen Kollegen im Forschungsteam Baetge, Markus May, Ilka Lappenküpper, Alois Panzer und dem „letzten Mohikaner" Jan Conrad, steht ein ganz besonderer Dank für die einmalige Zeit in Münster und ihre stete Diskussions- und Mensabereitschaft zu.

Schließlich bedanke ich mich von ganzem Herzen bei meiner Freundin Jaclyn, meinen Eltern und meiner Schwester, die mich liebevoll und unerschrocken durch die Höhen und die Tiefen des Promotionsvorhabens begleitet haben. Ohne die unabdingbare Unterstützung meiner Lieben wäre diese Arbeit nicht möglich gewesen. Ihnen ist diese Arbeit gewidmet.

München, im November 2017 Alexander Flügel

Inhaltsübersicht

Inhaltsverzeichnis

Abbildungsverzeichnis

Abkürzungsverzeichnis

t	Formelzeichen für Zeit
$\sum$	Formelzeichen für Summe
+	Formelzeichen für Addition
-	Formelzeichen für Subtraktion
*	Formelzeichen für Multiplikation
%	Prozent(e)
§	Paragraph(en)

A

a. F.	alte Fassung
Abs.	Absatz
ALM	Asset-Liability-Management (Aktiv-Passiv-Steuerung)
Art.	Artikel
Aufl.	Auflage
AV	Alternative View (IFRS-Fundstelle)
AG	Application Guidance (IFRS-Fundstelle)

B

BaFin	Bundesanstalt für Finanzdienstleistungsaufsicht
BC	Basis for Conclusions (IFRS-Fundstelle)
BCA	Basis for Conclusions Appendix A (IFRS-Fundstelle)
BFuP	Betriebswirtschaftliche Forschung und Praxis (Zeitschrift)
BT	Deutscher Bundestag
bzw.	beziehungsweise

C

ca.	circa
CF	Conceptual Framework (Rahmenkonzept der IFRS)

D

D. C.	District of Columbia (Washington D. C., USA)
d. h.	das heißt
DB	Der Betrieb (Zeitschrift)

DeckRV	Verordnung über Rechnungsgrundlagen für die Deckungsrückstellungen (Deckungsrückstellungsverordnung)
DFA	Dynamic Financial Analysis
DP	Discussion Paper (IFRS-Fundstelle)
DStR	Deutsches Steuerrecht (Zeitschrift)

E

EA	Effect Analysis (IFRS-Fundstelle)
ED	Exposure Draft (IFRS-Fundstelle)
EG	Europäische Gemeinschaft
ERS	Entwurf einer Stellungnahme zur Rechnungslegung (des IDW)
erw.	erwartet(en)
et al.	et alii (und andere)
EU	Europäische Union
EMIR	European Market Infrastructure Regulation

F

f.	folgende
FASB	Financial Accounting Standards Board
FH	Fachhochschule

G

GAAP	Generally Accepted Accounting Principles
GDV	Gesamtverband der Deutschen Versicherungswirtschaft
GE	Geldeinheiten
ggfs.	gegebenenfalls
GmbH	Gesellschaft mit beschränkter Haftung
GuV	Gewinn- und Verlustrechnung

H

HdV	Handwörterbuch der Versicherung
HFA	Hauptfachausschuss (des IDW)
HGB	Handelsgesetzbuch
hrsg. v.	herausgegeben von
Hrsg.	Herausgeber

HSG	Hochschule Sankt Gallen (Schweiz)
HWB	Handwörterbuch der Betriebswirtschaft
HWF	Handwörterbuch des Bank- und Finanzwesens

I

i. d. R.	in der Regel
i. V. m.	in Verbindung mit
IAS	International Accounting Standards
IASB	International Accounting Standards Board (vormals: IASC)
IASC	International Accounting Standards Committee
IDW	Institut der Wirtschaftsprüfer in Deutschland
IE	Illustrative Examples (IFRS-Fundstelle)
IFRS	International Financial Reporting Standards
IMF	International Monetary Fund
IN	Introduction (IFRS-Fundstelle)
IRZ	Zeitschrift für Internationale Rechnungslegung

K

Kfz	Kraftfahrzeug
KoR	Zeitschrift für internationale und kapitalmarktorientierte Rechnungslegung

L

LLP	Limited Liability Partnership
LVRG	Gesetz zur Absicherung stabiler und fairer Leistungen für Lebensversicherte (Lebensversicherungsreformgesetz)

M

M. Sc.	Master of Science
Mass.	Massachusetts (USA)
MindZV	Verordnung über die Mindestbeitragsrückerstattung in der Lebensversicherung (Mindestzuführungsverordnung)

N

Nr./No.	Nummer(n)/Numero (number(s))

O

OB	Objective (IFRS-Fundstelle)
OCI	Other Comprehensive Income (Sonstiges Gesamtergebnis)

P

PiR	Praxis der internationalen Rechnungslegung (Zeitschrift)

Q

QC	Qualitative Characteristics (IFRS-Fundstelle)

R

RechVersV	Verordnung über die Rechnungslegung von Versicherungsunternehmen (Versicherungsunternehmens-Rechnungslegungsverordnung)
RfB	Rückstellung für Beitragsrückerstattung
RS	Stellungnahme zur Rechnungslegung (des IDW)

S

S.	Seite(n)
sog.	sogenannte(n)
SE	Societas Europaea (Europäische Gesellschaft)
Sp.	Spalte(n)

T

Tz.	Textziffer(n)

U

u. a.	unter anderem
US	United States (of America)
USA	United States of America

V

VAG	Gesetz über die Beaufsichtigung der Versicherungsunternehmen (Versicherungsaufsichtsgesetz)
vgl.	vergleiche
vs.	versus (gegenüber)
VVG	Gesetz über den Versicherungsvertrag (Versicherungsvertragsgesetz)
VW	Versicherungswirtschaft (Zeitschrift)

W

WPg	Die Wirtschaftsprüfung (Zeitschrift)

Z

z. B.	zum Beispiel
ZVersWiss	Zeitschrift für die gesamte Versicherungswissenschaft

1 Einleitung

11 Problemstellung

Historisch wurde die Aktivseite einer **Versicherungsbilanz** weitgehend getrennt von der Passivseite einer Versicherungsbilanz gesteuert. Denn die mit der Passivseite befassten Aktuare eines Versicherers interagierten kaum mit den für die Aktivseite zuständigen Kapitalanlage-Managern.[1] In der Vergangenheit waren nämlich die großteils festverzinslichen Finanzinstrumente im Bestand der Versicherer ausreichend sicher und gewinnbringend, sodass die an die Versicherungsnehmer gegebenen Leistungsversprechen mühelos finanziert werden konnten.[2]

Inzwischen hat sich die einst komfortable Lage für Versicherungsunternehmen durch die in den entwickelten Volkswirtschaften seit den 1980er Jahren vorkommenden **Niedrigzinsphasen** verschlechtert.[3] Darüber hinaus wurden die Kapitalmärkte volatiler und sowohl der internationale Wettbewerb um Versicherungskunden als auch die Eigenmittelanforderungen für Versicherungsgeschäfte nahmen zu.[4] Diese schwierigen Rahmenbedingungen stellen die deutschen Lebensversicherer vor das Problem, die ihren Kunden versprochenen Leistungen in der Form von Zinsgarantien und Überschussbeteiligungen zu erwirtschaften.[5]

Die Lebensversicherer reagieren auf diese veränderten Rahmenbedingungen unter anderem dadurch, dass sie die auf der Aktivseite bilanzierten Finanzinstrumente und die auf der Passivseite bilanzierten Verpflichtungen aus den Lebensversicherungsverträgen eher gemeinsam analysieren und steuern.[6] Ein derartiges **Bilanzstrukturmanagement** wird in der Versicherungswirtschaft als ein **Asset-Liability-Management** (ALM) bezeichnet. Dieses Konzept soll die Aktuare und die Kapitalanlage-Manager eines Lebensversicherers dabei unterstützen, ihre Entscheidungen zu koordinieren.[7] Seit dem 1.1.2016 ist ein ALM für die deutschen Lebensversicherer auch gemäß dem Versicherungsaufsichtsgesetz (VAG) vorgeschrieben, durch das die sogenannte Solvency II-Rahmenrichtlinie 2009/138/EG national umgesetzt wurde.[8]

---

1 Vgl. ELING, M./PARNITZKE, T., Dynamic Financial Analysis, S. 35.
2 Vgl. BUSSON, M. ET AL., Asset Liability Management, S. 626.
3 Vgl. IMF (Hrsg.), Economic Outlook 2014, S. 81; GRÜNDL, H., Niedrigzinsen, S. 191 f.
4 Vgl. ALBRECHT, P./MAURER, R./SCHRADIN, H. R., Kapitalanlageperformance, S. 1; HEINKE, V. G., Asset-Liability-Management, Sp. 143; KNAUTH, K.-W., Deregulierung, S. 157-162.
5 Vgl. BERDIN, E./GRÜNDL, H., Low Interest Rate, S. 385 f.; SCHRADIN, H. R., Niedrigzinsen, S. 217 f.; DEUTSCHE BUNDESBANK (Hrsg.), Finanzstabilitätsbericht 2013, S. 74.
6 Vgl. FÜHRER, C., ALM in der Lebensversicherung, S. 12-16.
7 Vgl. ALBRECHT, P., Asset Liability Management, S. 428.
8 So muss das Risikomanagement eines Versicherungsunternehmens nach § 26 Abs. 5 Nr. 2 VAG unter anderem das Aktiv-Passiv-Management (Asset-Liability-Management) abdecken.

Die **konkurrierenden Ziele** des Asset-Liability-Managements (ALM) sind erstens, dass die gegenüber den Versicherten eingegangenen Verpflichtungen jederzeit erfüllt werden können (Sicherheitsziel) und zweitens, dass die Prämien der Versicherungsnehmer möglichst hoch verzinst werden (Gewinnziel).[9] Mit dem ALM lassen sich diese zwei Ziele erreichen, indem die aus dem Kapitalanlagegeschäft stammenden Kapitalanlagerisiken **zusammen** mit den aus dem Risikogeschäft eines Versicherer resultierenden versicherungstechnischen Risiken analysiert und gesteuert werden. Eine derartige integrierte Steuerung (Management) lässt sich nur gewährleisten, indem **gemeinsame Kennzahlen** überwacht und verwaltet werden, z. B. Laufzeiten, Zinssensitivitäten und das Rendite-/Risikoprofil sowohl der aktivierten Finanzinstrumente (Assets) als auch der passivierten Lebensversicherungsverträge, d. h. der für diese Verträge auf der Passivseite gebildeten versicherungstechnischen Rückstellungen (Liabilities).[10]

In Deutschland werden Lebensversicherungsverträge sehr langfristig geschlossen. Daher sind die für sie zu bildenden versicherungstechnischen Rückstellungen für mehrere Jahrzehnte im Jahresabschluss anzusetzen. Hingegen können die eingenommenen Prämien oft nur in relativ kurzfristige aktivisch abzubildende Finanzinstrumente investiert werden.[11] Diese Laufzeitinkongruenz zwischen den aktivischen Finanzinstrumenten und den versicherungstechnischen Rückstellungen ist ein **ökonomisches Abstimmungsproblem** (Economic Mismatch). Durch das ALM ist die Laufzeitinkongruenz so zu steuern, dass sowohl das Sicherheits- als auch das Gewinnziel gut erreicht werden. Dadurch wird gewährleistet, dass ein Lebensversicherer stets dazu in der Lage ist, seine Verpflichtungen bzw. versicherungstechnischen Rückstellungen zu erfüllen, obwohl er die Prämien nur in relativ kurzfristige Kapitalanlagen investieren kann.[12]

In der Abbildung 1-1 sei der zuvor erläuterte Zusammenhang skizziert. Er liegt darin, dass die aus den Teilbereichen des Lebensversicherungsgeschäfts (Kapitalanlagegeschäft und Risikogeschäft) stammenden Kapitalanlagerisiken und versicherungstechnischen Risiken durch das ALM integriert gesteuert werden und die diesbezüglichen Entscheidungen sich wiederum in den aktivischen **Finanzinstrumenten** und den passivischen **Lebensversicherungsverträgen** einer Lebensversicherungsbilanz darstellen. Würde im ALM z. B. entschieden, diese beiden Bilanzposten zur Erreichung des Gewinnziels **laufzeitinkongruent** abzustimmen, würde dies aus ökonomischer Sicht zu höheren Risiken und somit zu einer volatileren Ertragslage führen.

[9] Vgl. ALBRECHT, P., Asset Liability Management, S. 428; FARNY, D., Gewinn und Sicherheit, S. 76 f.
[10] Vgl. HEINKE, V. G., Asset-Liability-Management, Sp. 141.
[11] Vgl. PERLET, H., Zeitwertbilanzierung, S. 301; IMF (Hrsg.), Financial Stability Report 2015, S. 22.
[12] Vgl. HAMMERS, B., Full Fair Value-Bilanzierung, S. 54 f.

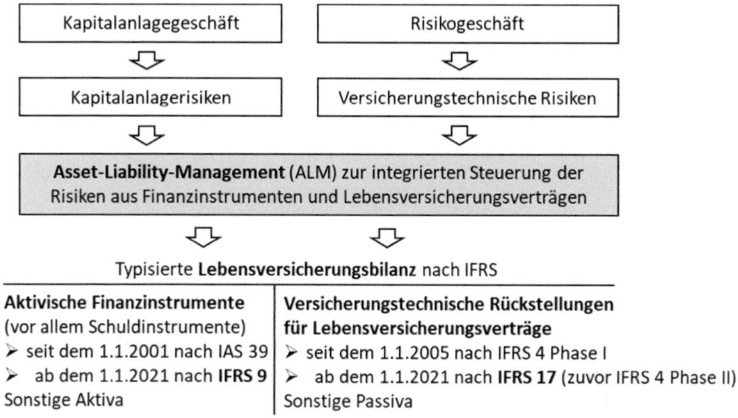

Abbildung 1-1: Bilanzielle Darstellung des Asset-Liability-Managements von Finanzinstrumenten und Lebensversicherungsverträgen[13]

Aufgrund der EU-Verordnung Nr. 1606/2002 vom 19. Juli 2002 (IAS-Verordnung) müssen **kapitalmarktorientierte** Mutterunternehmen ihren Konzernabschluss für seit dem 1.1.2005 begonnene Geschäftsjahre nach den IFRS aufstellen. Ein Mutterunternehmen ist kapitalmarktorientiert, sobald von diesem emittierte Eigen- oder Fremdkapitalinstrumente zum Handel an einem geregelten Markt eines EU-Mitgliedsstaats zugelassen sind.[14] Dabei bewerten die deutschen kapitalmarktorientierten Lebensversicherungsunternehmen ihre aktivischen Finanzinstrumente nach **IAS 39**, der für seit dem 1.1.2001 begonnene Geschäftsjahre anzuwenden ist, vor allem zum Fair Value und zeigen marktzinsinduzierte Fair Value-Änderungen entweder in der Gewinn- und Verlustrechnung (GuV) oder im Sonstigen Gesamtergebnis (OCI).[15] Hingegen bewerten sie Lebensversicherungsverträge nach **IFRS 4 Phase I**, der seit dem 1.1.2001 anzuwenden ist, und somit in der Höhe eines marktzinsneutralen Erfüllungsbetrags, den die **versicherungsspezifischen Regeln** des HGB oder der US-GAAP vorsehen.[16] Dies ist nötig, da IFRS 4 Phase I (noch) keine umfassenden Regeln enthält, nach denen Versicherungsverträge bewertet und bilanziert werden könnten. Daher üben die deutschen Lebensversicherer das in IFRS 4.13 Phase I enthaltene Wahlrecht aus, durch das sie ihre Lebensversicherungsverträge weitestgehend nach **nationalen Bilanzierungsregeln** bewerten und bilanzieren dürfen.[17]

[13] Die Abbildung ist angelehnt an SURREY, I., Versicherungsgeschäfte nach IFRS, S. 63.
[14] Vgl. PELLENS, B. ET AL., Internationale Rechnungslegung, S. 40.
[15] Vgl. ASCHE, B./HARTUNG, T., IFRS 4 und IFRS 9, S. 1189.
[16] Vgl. SPÄTH, J., Deckungsrückstellungen, S. 103 und S. 231; PERLET, H., Rückstellungen, S. 85 f.
[17] Vgl. KÖLSCHBACH, J./ENGELÄNDER, S., Versicherungsgeschäfte, S. 745-748.

Indes entsteht dann ein sogenannter **Accounting Mismatch**, da die marktzinsinduzierten Fair Value-Änderungen der Finanzinstrumente nach IAS 39 in der GuV oder im OCI zu erfassen sind, während der Erfüllungsbetrag der für die Lebensversicherungsverträge passivierten versicherungstechnischen Rückstellungen nach IFRS 4 Phase I auf geänderte Marktzinsen **nicht reagiert**.[18] Da somit die marktzinsinduzierten Fair Value-Änderungen der aktivischen Finanzinstrumente nicht durch **gegenläufige Wertänderungen** des passivischen Erfüllungsbetrags für die Lebensversicherungsverträge ausgeglichen werden, obwohl dieses aus ökonomischer Sicht richtig wäre, wird entweder die GuV oder das OCI eines Lebensversicherers durch eine bilanzierungsbedingte Ergebnisvolatilität verzerrt. Somit wird die Ertragslage von Lebensversicherern falsch dargestellt, die das durch IFRS 4.13 Phase I ermöglichte Wahlrecht ausüben und folglich für den IFRS-Konzernabschluss ihre Lebensversicherungsverträge entweder nach HGB oder nach US-GAAP bilanzieren.[19]

Die kapitalmarktorientierten Lebensversicherer müssen für ab dem **1.1.2021** beginnende Geschäftsjahre ihre aktivischen Finanzinstrumente nach **IFRS 9** bilanzieren, gemäß dem sie ihre Finanzinstrumente wie unter IAS 39 hauptsächlich zum Fair Value bewerten sollten. Die Lebensversicherungsverträge bzw. die für sie zu passivierenden versicherungstechnischen Rückstellungen sind voraussichtlich für ab dem **1.1.2021** beginnende Geschäftsjahre nach **IFRS 17** zu bilanzieren, der zuvor als IFRS 4 Phase II bezeichnet wurde.[20] Nach IFRS 17 sind die Versicherungsverträge nicht mehr marktzinsneutral, sondern in der Höhe eines **marktzinssensitiven Erfüllungsbetrages** zu bewerten.[21] Fraglich ist, ob es dem IASB hierdurch gelingt, das Problem von ergebnisverzerrenden Accounting Mismatches zwischen aktivischen Finanzinstrumenten und passivischen Lebensversicherungsverträgen zu vermeiden.[22]

Um diese Frage beantworten zu können, muss zunächst detailliert untersucht werden, wie Lebensversicherer ihre Finanzinstrumente nach dem im **Juli 2014** erschienenen **IFRS 9** und ihre Lebensversicherungsverträge bzw. die für letztere zu bildenden versicherungstechnischen Rückstellungen nach dem im **Mai 2017** veröffentlichten **IFRS 17** bilanzieren müssen. In dem

[18] Vgl. IASB (Hrsg.), IFRS 4 (Phase I), Tz. BC167; HASSLER, M./SAUER, R./SCHNEIDER, I., Sicherheitslage, S. 1545 f.; SCHLÜTER, J./BONIN, C., in: Beck'sches IFRS-Handbuch, 5. Aufl., § 40, Tz. 93 f. Diese inkongruente Bewertung von Aktiva und Passiva wird auch als bilanzieller Asset-Liability-Mismatch bezeichnet. Vgl. KREEB, M., IFRS-Versicherungskonzernabschluss, S. 55 f.

[19] Vgl. ROCKEL, W. ET AL., Versicherungsbilanzen, S. 77 f.

[20] Vgl. POLLMANN, R./KÜMPEL, T./KASTE, J., IFRS 9 und IFRS 4 Phase II, S. 217-219.

[21] Vgl. WENG, A., ED/2010/8, S. 31 f.; GALLASCH, F., IFRS 4 Phase II, S. 98 f.

[22] Vgl. IASB (Hrsg.), ED/2013/7, Tz. BC13 (c), Tz. BC13 (e), Tz. BC40, Tz. BC147 und Tz. EA17; IASB (Hrsg.), Reducing accounting mismatches (agenda paper 6B), S. 3 f.

Fall, dass Finanzinstrumente und Lebensversicherungsverträge nach diesen zwei neuen IFRS nämlich **inkonsistent** angesetzt, erst- und folgebewertet oder ausgewiesen werden, obwohl sie ökonomisch verbunden und daher zusammen zu betrachten sind, entstehen Accounting Mismatches und bilanzierungsbedingte Ergebnisvolatilitäten. Diese können z. B. auftreten, sofern aktivische Finanzinstrumente nach IFRS 9 anders bewertet oder ausgewiesen werden müssen als die mit ihnen wirtschaftlich verbundenen Lebensversicherungsverträgen nach IFRS 17.

Bereits im zweiten Standardentwurf **ED/2013/7** zu IFRS 17 aus dem Juni 2013 wurde vorgeschlagen, Versicherungsverträge mit einem vierstufigen sogenannten Bausteinansatz erst- und folgezubewerten. Dabei wurde dieser **Bausteinansatz** durch die vom IASB bis zum Februar des Jahres 2017 vorläufig getroffenen Entscheidungen geändert, wobei diese Entscheidungen weitgehend für den finalen IFRS 17 übernommen wurden.[23] Ferner wurde im ED/2013/7 vorgeschlagen, dass die überschussbeteiligten Lebensversicherungsverträge mit dem sogenannten *mirroring approach* bewertet und bilanziert werden sollen. Indes entschied der IASB im Juni 2015 vorläufig, dass dieser Bewertungsansatz durch den sogenannten ***variable fee approach*** ersetzt wird, welcher ebenso in den finalen IFRS 17 übernommen wurde. In jenen drei Bewertungsansätzen für (Lebens-)Versicherungsverträge ist in vielerlei Hinsicht reflektiert, welche wirtschaftlichen und rechtlichen Merkmale das nationale Geschäft eines Lebensversicherers prägen.[24] So können z. B. kurzfristige Verträge über eine Schaden-/Unfallversicherung nach IFRS 17 einfacher bilanziert werden als die zumeist langfristig gezeichneten Lebensversicherungsverträge. Auch richten sich die in Lebensversicherungsverträgen eingebetteten **Optionen und Garantien** nach nationalen Vorschriften, welche sich in ihrer Bilanzierung nach IFRS 17 widerspiegeln. Zudem ist es problematisch, dass die für die jeweiligen nationalen Versicherungsmärkte gestalteten Lebensversicherungsprodukte wegen des nicht trennscharf definierten Anwendungsbereichs von IFRS 17 häufig entweder als Versicherungsverträge und somit nach IFRS 17 oder aber als Finanzinstrumente und somit nach IFRS 9 bilanziert werden können.[25]

1) Deshalb ist es das **erste Ziel** dieser Arbeit aus der Sicht der **deutschen Lebensversicherer** zu erläutern und zu konkretisieren wie **Lebensversicherungsgeschäfte** zu bilanzieren sind, die sowohl aus nach IFRS 9 bilanzierten aktivischen Finanzinstrumenten als auch aus nach IFRS 17 bilanzierten passivischen Lebensversicherungsverträgen bestehen.

---

[23] Vgl. IASB (Hrsg.), IFRS 17, Tz. BC5 und Tz. BC259-BC263; KREEB, M./ZEITLER, M., IFRS 17, S. 301-304.

[24] Vgl. für einen Überblick zu den wirtschaftlichen und rechtlichen Besonderheiten der deutschen Versicherungsunternehmen z. B. ROCKEL, W. ET AL., Versicherungsbilanzen, S. 3-6.

[25] Vgl. z. B. HUSMANN, R./SAUER, R., in: Haufe IFRS-Kommentar, 6. Aufl., § 39, Tz. 12.

Durch das bereits erwähnte Asset-Liability-Management werden die beiden wichtigsten Positionen einer typischen **IFRS-Lebensversicherungsbilanz** gesteuert, und zwar einerseits die aktivischen Finanzinstrumente und andererseits die passivischen Lebensversicherungsverträge bzw. die für diese zu passivierenden versicherungstechnischen Rückstellungen.[26] Dass durch eine bestimmte **ALM-Steuerungsart** erzielte und entweder in der GuV oder im OCI erfasste ALM-Ergebnis ist für die Bilanzleser allerdings nur aussagekräftig, sofern es nicht durch eine bilanzierungsbedingte Ergebnisvolatilität, also durch einen Accounting Mismatch, verzerrt ist. Des Weiteren können die unternehmensexternen Bilanzleser nicht auf interne Unternehmensinformationen zugreifen, weshalb sie – vorbehaltlich der Abschlussprüfung – darauf vertrauen müssen, dass die Abschlussinformationen bezüglich des ALM-Ergebnisses den **tatsächlichen wirtschaftlichen Erfolg** eines Lebensversicherers zutreffend reflektieren.[27] Zugleich ist es der Zweck der IFRS-Rechnungslegung einem weiten Adressatenkreis, welcher sich vornehmlich aus Eigen- und Fremdkapitalgebern zusammensetzt, solche Informationen zu vermitteln, die für die von den jeweiligen Adressaten zu treffenden wirtschaftlichen Entscheidungen nützlich sind. Laut dem IFRS-Rahmenkonzept ist eine Abschlussinformation aber nur entscheidungsnützlich, sofern sie sowohl für die wirtschaftlichen Entscheidungen der jeweiligen Adressaten relevant (fundamentale Anforderung der Relevanz) als auch glaubwürdig dargestellt ist (fundamentale Anforderung der Glaubwürdigen Darstellung).[28]

2) Deswegen ist es das **zweite Ziel** dieser Arbeit zu analysieren, ob den IFRS-Abschlussadressaten sowohl relevante als auch glaubwürdig dargestellte und somit insgesamt **entscheidungsnützliche** Informationen über das **Asset-Liability-Management** der deutschen Lebensversicherer vermittelt werden, die ihre aktivischen Finanzinstrumente nach IFRS 9 und ihre passivischen Lebensversicherungsverträge nach IFRS 17 bilanzieren.

12 Gang der Untersuchung

In der vorliegenden Arbeit soll erstens erläutert und konkretisiert werden, wie die deutschen kapitalmarktorientierten Lebensversicherungsunternehmen ihre Lebensversicherungsgeschäfte bilanzieren, die zum einen aus nach IFRS 9 zu bilanzierten aktivischen Finanzinstrumenten und zum anderen aus nach IFRS 4 Phase II bilanzierten Lebensversicherungsverträgen bzw.

[26] Vgl. ALBRECHT, P., Asset Liability Management, S. 428-430; FÜHRER, C., ALM in der Lebensversicherung, S. 28-34; FARNY, D., Versicherungsbetriebslehre, S. 882.

[27] Vgl. PELLENS, B. ET AL., Internationale Rechnungslegung, S. 18 f. und S. 74-76.

[28] Vgl. WAGENHOFER, A., Neues Rahmenkonzept, S. 549; BALLWIESER, W., Analyse des Rahmenkonzepts, S. 460-463; BAETGE, J. ET AL., in: Rechnungslegung nach IFRS, 2. Aufl., Kapitel II, Tz. 41-43 und Tz. 48.

den für diese zu passivierenden versicherungstechnischen Rückstellungen bestehen. Somit ist die Arbeit dem Themengebiet der Versicherungsbilanzierung nach IFRS zuzuordnen.

Im **zweiten Kapitel** werden die wirtschaftlichen Grundlagen der Lebensversicherung vorgestellt, zu denen auch das Konzept des Asset-Liability-Managements gehört. Diese Grundlagen sind anfangs zu erläutern, damit im dritten Kapitel konkretisiert werden kann, wie die deutschen Lebensversicherer ihre aktivischen Finanzinstrumente nach IFRS 9 und ihre passivischen Lebensversicherungsverträge nach IFRS 4 Phase II bilanzieren müssen. Auch sind die Grundlagen nötig, da im vierten Kapitel kritisch beurteilt und verbessert werden soll, wieweit die bilanzielle Darstellung des Asset-Liability-Managements von nach IFRS 9 bilanzierten Finanzinstrumenten und nach IFRS 4 Phase II bilanzierten Lebensversicherungsverträgen den ökonomischen Erfolg der deutschen Lebensversicherer zutreffend widerspiegelt.

Im **Abschnitt 21** des zweiten Kapitels wird die in der Arbeit behandelte Lebensversicherung von der Schaden-/Unfallversicherung abgegrenzt. Lebensversicherungen ermöglichen es, die finanziellen Nachteile aus Todesfällen an einen Versicherer zu transferieren. Überdies bieten Lebensversicherungen einen Spar- und Entsparprozess, durch den eine finanzielle Altersvorsorge aufgebaut und ausgezahlt werden kann.[29] Infolgedessen sind Lebensversicherungsverträge **langfristiger** gestaltet als Schaden-, Unfall-, oder Krankenversicherungsverträge.[30] Diese Arbeit **beschränkt** sich auf die Lebensversicherung, da Accounting Mismatches zwischen langfristigen und zinssensitiven Lebensversicherungsverträgen und Finanzinstrumenten das in der GuV oder im OCI dargestellte Ergebnis aus dem ALM eines Lebensversicherers stärker verzerren als Accounting Mismatches zwischen kurzfristigen und deshalb weniger zinssensitiven Schaden-/Unfallversicherungsverträgen und Finanzinstrumenten.[31] Überdies ist es sinnvoll, nur Lebensversicherungsverträge zu betrachten, weil sie gemäß IFRS 17 in vielen Aspekten anders bilanziert werden müssen als die in der Regel eher kurzfristig gestalteten Versicherungsverträge über eine Schaden-/Unfallversicherung.

Im **Abschnitt 22** wird gezeigt, dass sich das Lebensversicherungsgeschäft in das Risikogeschäft und das Kapitalanlagegeschäft teilen lässt. Dadurch soll verdeutlicht werden, dass diese zwei Teilgeschäfte der Lebensversicherung wirtschaftlich verbunden sind, weshalb die für sie

[29] Vgl. GONDRING, H., Versicherungswirtschaft, S. 924 f.; LÜHRS, D., Lebensversicherung, S. 53-56.

[30] Vgl. SCHWINTOWSKI, H.-P., Langfristigkeit, S. 95; ELLENBÜRGER, F., Rechnungslegung von Versicherungsunternehmen, Tz. 61; FÜHRER, C./GRIMMER, A., Versicherungsbetriebslehre, S. 47; IMF (Hrsg.), Country Report 14/217, S. 55; IMF (Hrsg.), Country Report 16/192, S. 15.

[31] Vgl. PERLET, H., Zeitwertbilanzierung, S. 301. Zum Ausmaß der Diskontierung bei langfristigen Versicherungsverträgen vgl. FÜHRER, C./GRIMMER, A., Lebensversicherungsmathematik, S. 73.

zu aktivierenden Finanzinstrumente und zu passivierenden versicherungstechnischen Rückstellungen auch bilanziell zusammen betrachtet werden müssen. Zudem werden der durch eine Versicherung erzielte Risikotransfer und der Risikoausgleich im Kollektiv sowie in der Zeit erläutert, da der Risikotransfer für den Anwendungsbereich von IFRS 17 und der Risikoausgleich unter anderem für die Portfoliobildung gemäß IFRS 17 relevant sind.

In dem **Abschnitt 23** werden die für den deutschen Lebensversicherungsmarkt üblichen Arten von Lebensversicherungen systematisiert. Dies ist erforderlich, da in dem Abschnitt 332 die drei für den Anwendungsbereich von IFRS 17 zu erfüllenden Definitionskriterien eines Versicherungsvertrags für ausgewählte Vertragskonstruktionen geprüft wird. Anschließend wird im **Abschnitt 24** vorgestellt, wie die von den Versicherten als Gegenleistung für eine Lebensversicherung zu zahlenden Prämien kalkuliert werden, da der von dem IASB für IFRS 17 neu entwickelte Bewertungsansatz, der sogenannte Bausteinansatz, hierauf basiert.

Im **Abschnitt 25** wird das Konzept des Asset-Liability-Managements (ALM) illustriert, mit dem Finanzinstrumente und Lebensversicherungsverträge intergiert gesteuert werden. Dies ist zum einen hilfreich, da das ALM in der vorliegenden Arbeit als ein Bindeglied zwischen den aktivischen Finanzinstrumenten und den passivischen Lebensversicherungsverträgen dienen soll. Zum anderen ist es nötig, weil im vierten Kapitel analysiert wird, ob das ALM von nach IFRS 9 bilanzierten Finanzinstrumenten und nach IFRS 17 bilanzierten Lebensversicherungsverträgen bilanziell entscheidungsnützlich abgebildet wird. Hierzu werden im Abschnitt 251.1 die versicherungstechnischen Risiken beschrieben, welche ein Versicherer durch ausgegebene Versicherungsverträge übernimmt, da sich diese Risiken durch die Risikomarge ausdrücken (3. Baustein des Bausteinansatzes). In dem **Abschnitt 253** wird erläutert, dass die deutschen Lebensversicherer sowohl aus wirtschaftlichen als auch aus aufsichtsrechtlichen Gründen ein ALM implementieren müssen, und zwar hauptsächlich um zu gewährleisten, dass sie die in den Lebensversicherungsverträgen enthaltenen und den Versicherungsnehmern zugesicherten Zinsgarantien trotz der anhaltenden Niedrigzinsphase erfüllen können. In dem **Abschnitt 255** werden die ALM-Methoden des Cashflow-Matching und des Duration-Matching beschrieben. Durch diese beiden ALM-Methoden kann sich ein Versicherer gegen das Zinsänderungsrisiko immunisieren, indem er die Laufzeiten und somit auch die Zahlungsströme (Cashflows) und Zinssensitivitäten (Durationen) von Finanzinstrumenten sowie Lebensversicherungsverträgen einander angleicht. Dies ist nötig, da in dem Abschnitt 41 zwei Zahlenbeispiele zu dem ALM eines Lebensversicherers aufgestellt werden. Durch sie soll veranschaulicht werden, wie sich ein **Accounting Mismatch** auf das **ALM-Ergebnis** eines Lebensversicherers bei erstens für das Sicherheitsziel laufzeitkongruent abgestimmten und zweitens für das Gewinnziel laufzeitinkongruent abgestimmten Finanzinstrumenten und Lebensversicherungsverträgen auswirkt.

Im **dritten Kapitel** wird konkretisiert, wie die deutschen Lebensversicherer ihre aktivischen Finanzinstrumente nach IFRS 9 und passivischen Lebensversicherungsverträge nach IFRS 17 zu bilanzieren haben. Hierfür wird die juridische Methode der **Hermeneutik** angewendet, mit der Gesetze ganzheitlich ausgelegt werden.[32] Dazu wird der englische Wortlaut der relevanten IFRS-Textstellen zuerst ins Deutsche übersetzt und mit Hilfe der weiteren relevanten IFRS-Materialen und der finanz- sowie versicherungsfachlichen Literatur der Wortsinn erschlossen.

Im **Abschnitt 31** werden die Grundlagen der IFRS-Bilanzierung dargelegt, die nötig sind, um die zweite Forschungsfrage der vorliegenden Arbeit zu beantworten. Sie umfassen den Rechnungszweck der IFRS laut IFRS-Rahmenwerk, und zwar Informationen zu vermitteln, die für Kapitalgeber **entscheidungsnützlich** sind. Dafür werden auch die beiden für diesen Zweck zu erfüllenden qualitativen Anforderungen der Relevanz und Glaubwürdigen Darstellung erläutert. Im Abschnitt 42 wird nämlich konkretisiert, unter welchen Bedingungen das ALM eines Lebensversicherers bilanziell sowohl relevant als auch glaubwürdig dargestellt ist. Außerdem wird in dem Abschnitt 314 die für die Bilanzierung von aktivischen Finanzinstrumenten bei Lebensversicherern grundlegende Fair Value-Bewertung nach IFRS 13 skizziert.

In dem **Abschnitt 32** wird konkretisiert, wie die deutschen Lebensversicherer ihre aktivischen Finanzinstrumente nach **IFRS 9** ansetzen, ausbuchen, kategorisieren, erst- und folgebewerten sowie wertmindern müssen. Zwar investieren die Lebensversicherer die von den Versicherten gezahlten Prämien auch in andere Kapitalanlagen, z. B. in als Finanzinvestition gehaltene Immobilien. Aber die Aktivseite einer Versicherungsbilanz besteht überwiegend aus Finanzinstrumenten, und zwar vor allem aus Fremdkapitalinstrumenten. Hierbei fokussieren sich die Ausführungen auf die zwei für die Lebensversicherer wichtigsten Neuerungen durch IFRS 9. Jene Neuerungen bestehen erstens darin, dass die aktivischen Finanzinstrumente nach IFRS 9 kategorisiert werden, indem sie mit zwei neuen Kriterien (dem Zahlungsstrom-Kriterium und dem Geschäftsmodell-Kriterium) für ihre Folgebewertung einer von drei Bewertungskategorien zugeordnet werden. Zweitens sind aktivische Finanzinstrumente nach IFRS 9 im Rahmen des vom IASB neu entwickelten Modells der erwarteten Kreditverluste wertzumindern.

[32] Vgl. zur Methode der Hermeneutik BAETGE, J./KIRSCH, H.-J./THIELE, S., Bilanzen, S. 115-119.

Im **Abschnitt 33** wird weitgehend analog zum Abschnitt 32 erörtert, wie passivische Lebensversicherungsverträge bzw. die für sie zu bildenden versicherungstechnischen Rückstellungen nach IFRS 17 angesetzt, ausgebucht sowie erst- und folgebewertet werden. Dafür wird in dem Abschnitt 332 der Anwendungsbereich von IFRS 17 definiert und geprüft, welche ausgewählten Vertragskonstruktionen die Definitionskriterien eines Versicherungsvertrages erfüllen und daher nach **IFRS 17** zu bilanzieren sind. Dann wird diskutiert, ob die in deutschen Lebensversicherungsverträgen eingebetteten Optionen und Garantien sowie Investment- bzw. Dienstleistungskomponenten von ihrem Basisvertrag abzuspalten und dann einzeln nach den für sie relevanten IFRS zu bilanzieren sind oder nicht. Anschließend wird in den **Abschnitten 334 und 335** erläutert und konkretisiert, wie die typischen deutschen Lebensversicherungsverträge nach dem vom IASB für IFRS 17 neu entwickelten Bausteinansatz erst- und folgezubewerten sind. Hierauf aufbauend wird nämlich im Abschnitt 431 analysiert, ob und weshalb bilanzielle Bewertungsinkonsistenzen (**Accounting Mismatches**) zwischen den nach IFRS 9 bilanzierten Finanzinstrumenten und den nach IFRS 17 bilanzierten Lebensversicherungsverträgen vorliegen können. Zum Abschluss des dritten Kapitels wird im **Abschnitt 336** versucht auszulegen, wie die überschussbeteiligten Lebensversicherungsverträge mit dem *mirroring approach* nach ED/2013/7 und mit dem letztlich für IFRS 17 übernommenen *variable fee approach*, der vom IASB im Juni 2015 vorläufig beschlossen wurde, zu bilanzieren sind. Denn zum einen ist zu diesen beiden Bewertungsansätzen bisher nur wenig Literatur veröffentlicht worden und zum anderen resultieren aus diesen beiden Bewertungsansätzen ebenfalls Accounting Mismatches, wie im Abschnitt 431 genauer erläutert werden wird.

Zur Klärung der zweiten Forschungsfrage wird im **vierten Kapitel** analysiert, ob den IFRS-Abschlussadressaten entscheidungsrelevante und glaubwürdige dargestellte und folglich entscheidungsnützliche Informationen über das ALM der deutschen Lebensversicherer vermittelt werden, wenn sie spätestens ab dem 1.1.2021 ihre aktivischen Finanzinstrumente nach IFRS 9 und ihre passivischen Lebensversicherungsverträge nach IFRS 17 bilanzieren müssen.

Dafür wird zunächst im **Abschnitt 41** durch zwei Beispiele verdeutlicht, dass es besonders problematisch ist, dass das ALM-Ergebnis durch Accounting Mismatches verzerrt wird, wenn Finanzinstrumente und Lebensversicherungsverträge durch das ALM laufzeitkongruent abgestimmt sind. In diesem Fall ist es aus rein ökonomischer Sicht nämlich eigentlich zu erwarten, dass ein Lebensversicherer auch bilanziell eine weniger volatile Ertragslage aufweist. Hierauf aufbauend wird im **Abschnitt 42** durch zwei weitere Zahlenbeispiele konkretisiert, unter welchen Voraussetzungen das ALM eines Lebensversicherers (entscheidungs-)relevant bilanziell dargestellt wird. Zudem wird im Abschnitt 42 erörtert, wann das ALM eines Lebensversicherers als bilanziell glaubwürdig dargestellt anzusehen ist. In dem **Abschnitt 43** wird vor dem Hintergrund dieser zwei im Abschnitt 42 konkretisierten Anforderungen analysiert, wieweit das ALM von nach IFRS 9 bilanzierten aktivischen Finanzinstrumenten und nach IFRS 17 bilanzierten passivischen Lebensversicherungsverträgen sowohl (entscheidungs-)relevant als auch glaubwürdig dargestellt wird und daher insgesamt im Sinne des IFRS-Rahmenwerks als entscheidungsnützlich für die IFRS-Abschlussadressaten zu beurteilen ist.

Abschließend werden in dem **Abschnitt 44** drei Möglichkeiten diskutiert, durch die die bilanzielle Darstellung des ALM unter IFRS 9 sowie IFRS 17 verbessert werden könnte. Denn die Ertragslage der deutschen Lebensversicherer ist auch dann nicht vollkommen frei von einer bilanzierungsbedingten Ergebnisvolatilität, sofern sie für die gemäß IFRS 9 grundsätzlich mit fortgeführten Anschaffungskosten folgezubewertenden aktivischen Finanzinstrumente die sogenannte Fair Value-Option ausüben. In dem **Abschnitt 443** wird ausleitend erörtert, wie die bilanzielle Abbildung des ALM unter IFRS 9 und IFRS 17 verbessert werden könnte, indem nicht die relevanten Bilanzierungsregeln, sondern die Lebensversicherungsgeschäfte selbst an die bestehenden Bewertungsinkonsistenzen angepasst werden.

In dem **fünften Kapitel** werden die Ergebnisse der Arbeit thesenförmig zusammengefasst.

2 Wirtschaftliche Grundlagen der Lebensversicherung

21 Definition und Einordnung der Lebensversicherung

211. Definition der Lebensversicherung

Im Schrifttum wird eine Versicherung unterschiedlich definiert, wobei jeweils andere Merkmale herausgestellt werden.[33] Eine sehr ausführliche **Definition** lautet: „Versicherung ist die Verknüpfung eines Kapital-, Risiko-, und Informationstransfers. Der Kapitaltransfer löst eine bedingte Forderung aus, die bei dem Versicherungsnehmer risikomindernd wirkt. Im Versicherungsvertrag verpflichtet sich der Versicherte, dem Versicherer bestimmte Informationen zu überlassen.“[34] Als eine besondere Versicherungsform gilt die **Lebensversicherung**, welche definiert werden kann als „[...] eigenverantwortliche Absicherung des wirtschaftlichen Risikos, das aus der Ungewißheit und der Unberechenbarkeit des menschlichen Lebens resultiert.“[35]

Bei einer Lebensversicherung besteht der **Kapitaltransfer** darin, dass die Versicherungsnehmer die über die Zeit relativ konstanten Versicherungsprämien im Voraus zahlen und sie als Gegenleistung bei einem versicherten Erlebens- oder Todesfall die vertraglich festgelegten Entschädigungszahlungen erhalten. Mit dem **Risikotransfer** wird beschrieben, dass die Versicherungsnehmer ihre finanziellen Nachteile aus den versicherten Lebensrisiken an ein Versicherungsunternehmen übertragen. Durch den **Informationstransfer** wird in der obenstehenden Definition gekennzeichnet, dass Informationen zwischen den Parteien eines Versicherungsvertrags ausgetauscht werden, die z. B. den Gesundheitszustand der versicherten Person betreffen.[36]

Einem potentiellen Versicherungskunden bietet die Lebensversicherung sowohl eine Sicherheits- als auch eine Sparfunktion.[37] Die **Sicherheitsfunktion** liegt darin, dass die finanziellen Nachteile aus einem Erlebens-, Todes- oder Berufsunfähigkeitsfall durch Kapitalzahlungen an

---

[33] Die Merkmale von einer Versicherung sind z. B. Risikoausgleich, Zufälligkeit und Schätzbarkeit. Vgl. SCHULENBURG, J.-M. v. d./LOHSE, U., Versicherungsökonomik, S. 34; SCHUG, A., Versicherungsgedanke, S. 46. Nach der Bedarfstheorie wird „Versicherung“ definiert als die „[...] Deckung eines im Einzelnen ungewissen, insgesamt geschätzten Mittelbedarfs auf der Grundlage des Risikoausgleichs im Kollektiv und in der Zeit.“ (FARNY, D., Versicherungsbetriebslehre, S. 8 f.) Vgl. auch HAX, K., Versicherungswesen, S. 22.

[34] SCHULENBURG, J.-M. v. d./LOHSE, U., Versicherungsökonomik, S. 38. Jene umfassende Definition besitzt den Vorteil, dass sie Versicherung von einer Wette abgrenzt, für die Risiken gegen einen erhofften Gewinn übernommen werden. Demgegenüber werden Risiken durch eine Versicherung auf einen Versicherer abgewälzt und somit gemindert. Vgl. HAX, K., Versicherungswesen, S. 34 f. Für weitere Definitionen von Versicherung vgl. SCHULENBURG, J.-M. v. d./LOHSE, U., Versicherungsökonomik, S. 34 f.; ZWEIFEL, P./EISEN, R., Versicherungsökonomie, S. 3 f.; NGUYEN, T., Versicherungsrechnungslegung, S. 280.

[35] SCHWEBLER, R., Lebensversicherung, S. 417.

[36] Vgl. ALBRECHT, P., Was ist Versicherung?, S. 23; GONDRING, H., Versicherungswirtschaft, S. 137.

[37] Vgl. SCHULENBURG, J.-M. v. d./LOHSE, U., Versicherungsökonomik, S. 121.

die versicherten Personen oder ihre Hinterbliebenen gemindert werden. Die **Sparfunktion** beschreibt, dass durch eine Lebensversicherung zusätzliches Kapital aufgebaut werden soll, welches z. B. für die Altersvorsorge oder zur Schuldentilgung verwendet werden kann.[38]

Der Begriff des „Risikos" wird im Zusammenhang mit dem Produkt „Versicherung" als eine **Verlustgefahr** verstanden, da durch eine Versicherung die nachteiligen wirtschaftlichen Folgen aus versicherten Ereignissen, beispielsweise dem Verlust der Arbeitskraft, im Umfang der vereinbarten Leistungen entschädigt werden. Demgegenüber umfasst der Begriff des „Risikos" im Zusammenhang mit dem Asset-Liability-Management eines Versicherers neben Verlustgefahren auch **Gewinnchancen**, die sich z. B. aus der Kapitalanlage vorteilhaft geänderten Marktzinsen ergeben können.[39]

Unter „Versicherungsunternehmen" bzw. „Versicherern" werden in dieser Arbeit alle privatwirtschaftlichen Unternehmen verstanden, die Versicherungsleistungen erbringen und hierdurch Versicherungsschutz produzieren.[40] Die in Deutschland ansässigen privatwirtschaftlich organisierten Versicherungsunternehmen können entweder in der Rechtsform der Aktiengesellschaft, der Europäischen Gesellschaft oder des Versicherungsvereins auf Gegenseitigkeit bestehen.[41] Außerdem müssen sie nach dem aufsichtsrechtlichen Spartentrennungsprinzip das Lebens- und das Krankenversicherungsgeschäft jeweils in rechtlich selbständigen Einheiten betreiben, wohingegen die deutschen Versicherer alle anderen Versicherungssparten in einer rechtlichen Einheit zusammenfassen dürfen.[42]

212. Einordnung in die Gesamtheit der Versicherungen

Die Gesamtheit der Versicherungen kann mittels zahlreicher Kriterien unterteilt werden. Nach ihren unterschiedlichen **sozialpolitischen Zielen** sind die Sozial- und die Individualversicherung zu unterscheiden.[43] Das deutsche Sozialversicherungssystem sichert die Grundversorgung der Bürger. Es besteht aus den gesetzlichen Renten-, Kranken-, Arbeitslosen-, und Unfallversicherungen sowie der sozialen Pflegeversicherung und wird durch einkommensab-

---

[38] Vgl. NGUYEN, T./ROMEIKE, F., Versicherungswirtschaftslehre, S. 223 f.; ORTMANN, K. M., Lebensversicherungsmathematik, S. 8; LÜHRS, D., Lebensversicherung, S. 19.

[39] Vgl. ZWEIFEL, P./EISEN, R., Versicherungsökonomie, S. 2; ALBRECHT, P./HUGGENBERGER, M., Risikomanagement, S. 1-7; GABRIEL, A./ROCKEL, W., Risikomanagement, S. 103.

[40] Vgl. METZLER, M., Versicherungsunternehmen, S. 13. Nach § 7 Nr. 33 VAG sind Versicherungsunternehmen definiert als Erst- oder Rückversicherungsunternehmen, die Versicherungsgeschäfte betreiben und nicht Träger der Sozialversicherung sind.

[41] Vgl. FÜHRER, C./GRIMMER, A., Versicherungsbetriebslehre, S. 167-169.

[42] Vgl. § 8 Abs. 4 VAG und FARNY, D., Versicherungsbetriebslehre, S. 120.

[43] Vgl. FÜHRER, C./GRIMMER, A., Versicherungsbetriebslehre, S. 29.

hängige Versicherungsprämien finanziert.[44] Hingegen ist eine Individualversicherung privatwirtschaftlich organisiert. Durch sie können alle versicherbaren Risiken je nach individuellem Bedarf gedeckt werden, zu diesem Zweck die Versicherungsunternehmen von den Versicherungsnehmern risikoabhängige Versicherungsprämien verlangen.[45]

Die Erst- und die Rückversicherung lässt sich anhand der in einen Versicherungsvertrag involvierten **Vertragsparteien** differenzieren. Während Erstversicherungen von gewerblichen Unternehmen und öffentlichen oder privaten Haushalten abgeschlossen werden, bestehen Rückversicherungen zwischen Versicherungsunternehmen.[46] Durch Rückversicherung transferieren Erstversicherer die von ihnen übernommene Risiken auf verschiedene Arten ganz oder teilweise an Rückversicherer, die dafür bestimmte Anteile an den Prämien der Erstversicherer erhalten.[47]

Die Summen- und die Schadenversicherung unterscheiden sich in der **Art der Versicherungsleistung**. Durch Schadenversicherung werden tatsächliche und daher vorab ungewisse Schäden an Sachen oder Vermögen im vertraglich festgelegten Umfang durch finanzielle Leistungen entschädigt. Hingegen wird durch Summenversicherung eine vorab vereinbarte Versicherungssumme gezahlt, wenn das bzw. die versicherten Risiken eintreten.[48] Dabei ist es nur in der Schadenversicherung üblich, dass die Versicherungsnehmer durch eine Selbstbeteiligung an den Schadenhöhen beteiligt sind.

Nach dem **Versicherungsgegenstand** lässt sich die Schadenversicherungen in Sach- und in Vermögensversicherungen teilen, während Summenversicherungen immer die Risiken von natürlichen Personen betreffen. Indes werden bestimmte Personenversicherungen nach Art der Schadenversicherung organisiert. So ersetzen z. B. private Krankenversicherungen statt einer fixen Versicherungssumme oftmals die tatsächlich entstandenen Kosten, was eigentlich für die Schadenversicherungen üblich ist.[49]

Wie auf der untersten Ebene in Abbildung 2-1 gezeigt, wird letztlich die **Gesamtheit** der Versicherungen nach den **Arten der versicherten Risiken** in sogenannte Versicherungszweige

[44] Vgl. FÜHRER, C./GRIMMER, A., Versicherungsbetriebslehre, S. 31-33. Da in dieser Arbeit die Bilanzierung von privatwirtschaftlichen Lebensversicherungsgeschäften analysiert werden soll, wird im Folgenden nicht weiter auf die Sozialversicherung eingegangen.

[45] Vgl. SCHULENBURG, J.-M. V. D./LOHSE, U., Versicherungsökonomik, S. 427-430. Zur Kalkulation von risikoabhängigen Lebensversicherungsprämien vgl. Abschnitt 24.

[46] Vgl. FARNY, D., Versicherungsbetriebslehre, S. 240 f.; KOCH, P., Rückversicherung, S. 689.

[47] Vgl. ZWEIFEL, P./EISEN, R., Versicherungsökonomie, S. 206 f.

[48] Vgl. GONDRING, H., Versicherungswirtschaft, S. 153 f.; KOCH, P., Versicherungswirtschaft, S. 36.

[49] Vgl. SCHULENBURG, J.-M. V. D./LOHSE, U., Versicherungsökonomik S. 82-84.

differenziert. Versicherungszweige werden gebildet, um die Prämien risikogerecht zu kalkulieren, welches voraussetzt, dass sich einzelne Risiken innerhalb einer Gruppe aus ähnlichen Risiken **ausgleichen** können.[50] Einzelne Zweige der Sachversicherung sind z. B. die Hausrat- und die Sturmversicherung, wohingegen die Haftpflicht- und die Rechtsschutzversicherung zu der Vermögensversicherung gehören. Zu der Personenversicherung zählen die Versicherungszweige bzw. -sparten der Lebens-, Kranken-, und Unfallversicherung, wobei diese Arbeit die Lebensversicherung und das Lebensversicherungsgeschäft behandeln wird.[51]

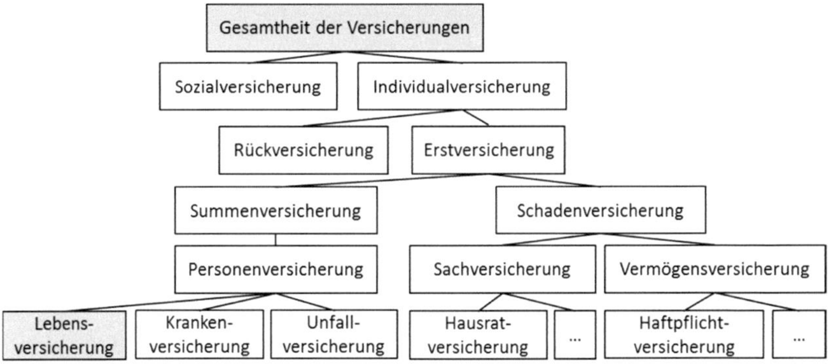

Abbildung 2-1: Einordnung der Lebensversicherung in die Versicherungsgesamtheit[52]

22 Teilbereiche des Lebensversicherungsgeschäfts

221. Risikogeschäft

221.1 Risikotransfer

Ein als Verlustgefahr aufgefasstes Risiko entsteht aus Schadenereignissen, z. B. dem Tod des Hauptversorgers einer Familie.[53] Weil künftige Ereignisse zufällig eintreten und wegen unvollständiger Informationen nicht sicher vorhergesagt werden können, werden sie als Zufallsvariablen modelliert und stochastisch geschätzt.[54] Dabei können Wirtschaftssubjekte unterschiedlich auf potentielle Schadenereignisse reagieren, beispielsweise indem sie diese

---

50 Vgl. HAX, K., Versicherungswesen, S. 60; FÜHRER, C./GRIMMER, A., Versicherungsbetriebslehre, S. 39. Für weitere mögliche Kriterien zur Bildung von Versicherungszweigen vgl. FARNY, D., Versicherungsbetriebslehre, S. 370-372; KOCH, P., Versicherungszweige, S. 1252 f.

51 Vgl. GALLASCH, F., IFRS 4 Phase II, S. 21; SURREY, I., Versicherungsgeschäfte nach IFRS, S. 26.

52 Die Abbildung ist angelehnt an FÜHRER, C./GRIMMER, A., Versicherungsbetriebslehre, S. 29; GALLASCH, F., IFRS 4 Phase II, S. 21; SURREY, I., Versicherungsgeschäfte nach IFRS, S. 26.

53 Vgl. FÜHRER, C./GRIMMER, A., Versicherungsbetriebslehre, S. 13.

54 Vgl. ORTMANN, K. M., Lebensversicherungsmathematik, S. 22; ALBRECHT, P., Risikotransformationstheorie, S. 8; MÜLLER, W., Risiko und Ungewissheit, Sp. 3813.

akzeptieren oder ihnen vorbeugen.[55] Stattdessen können die Wirtschaftssubjekte eine vertraglich definierte **Verlustgefahr** an Versicherungsunternehmen **transferieren**, indem sie zu ihnen vorab bekannten Vertragsbedingungen einen Versicherungsvertrag abschließen. Hierdurch tauscht ein Versicherungsnehmer seine individuelle Wahrscheinlichkeitsverteilung für das versicherte Risiko gegen die Zahlungen von über die Zeit nur leicht steigend kalkulierten Versicherungsprämien.[56]

Dieser **Risikotransfer** wird im **Risikogeschäft** angeboten, welches wiederum als der Kern des Versicherungsgeschäfts anzusehen ist.[57] Durch Lebensversicherung werden dazu biometrische Risiken an einen Versicherer übertragen, die z. B. entstehen, wenn eine Person stirbt, überdurchschnittlich lange lebt oder berufsunfähig wird. Im Vergleich zu anderen Finanzprodukten, z. B. von Banken vertriebenen Spargeschäften, können biometrische Risiken durch Lebensversicherungen umfänglicher abgesichert werden.[58] Der Grund dafür ist, dass ein Versicherer die gemäß dem Versicherungsvertrag anspruchsberechtigten Personen vollständig entschädigen muss, sofern das versicherte Risiko während der Deckungsperiode eintritt; und zwar selbst falls bisher nur wenige Prämien geleistet worden sind, da die versicherte Person früh verstirbt. Neben dem Risikogeschäft betreiben die Lebensversicherer das Spar- und Entspargeschäft, das Kapitalanlagegeschäft sowie das Dienstleistungsgeschäft. Das letztere wird in dieser Arbeit nicht weiter erläutert, weil es keinen direkten Bezug zu der Bilanzierung von Finanzinstrumenten bzw. versicherungstechnischen Rückstellungen besitzt.

Wirtschaftssubjekte transferieren ihre Verlustgefahren auf Versicherer, um ihr individuelles **Sicherheitsbedürfnis** zu befriedigen.[59] Dazu eignen sich Lebensversicherungen, weil durch sie die Verlustgefahren aus der Ungewissheit und der Unberechenbarkeit des menschlichen Lebens zumindest **finanziell** ausgeglichen werden können. Dies ist mit **langfristig** orientierten Lebensversicherungsverträgen gut möglich, weil für sie trotz geänderter persönlicher oder wirtschaftlicher Bedingungen sowohl ein zum Konsum verfügbarer Kapitalbetrag angespart als auch ein für die vertragliche Deckungsperiode garantierter finanzieller Risikoschutz individuell vereinbart werden kann.[60]

---

55 Vgl. ROHLFS, C., Schadenverhütung, S. 743; HAX, K., Versicherungswesen, S. 10 f.
56 Vgl. FARNY, D., Versicherung, Sp. 4583; ZWEIFEL, P./EISEN, R., Versicherungsökonomie, S. 34.
57 Vgl. SCHULENBURG, J.-M. V. D./LOHSE, U., Versicherungsökonomik, S. 24 f.
58 Vgl. ALBRECHT, P./MAURER, R./SCHRADIN, H. R., Kapitalanlageperformance, S. 8.
59 Vgl. ZWEIFEL, P./EISEN, R., Versicherungsökonomie, S. 42; MÜLLER, W., Risiko und Ungewissheit, Sp. 3817. *Hax* bezeichnet mögliche Schäden und das Sicherheitsbedürfnis des Menschen als die Ausgangspunkte der Versicherung. Vgl. HAX, K., Versicherungswesen, S. 10.
60 Vgl. HANEKOPF, S., Langfristige Versicherung, S. 404.

In der Schadenversicherung sind sowohl **zufällig**, wie hoch Sach- oder Vermögensschäden ausfallen, als auch wann versicherte Risiken eintreten. Im Unterschied dazu bestehen die Schadenhöhen in der Lebensversicherung aus den vertraglich fixierten Versicherungssummen, weshalb für sie lediglich zu schätzen ist, wie wahrscheinlich bzw. wann die versicherten Risiken eintreten.[61] Hierzu wird mit versicherungsmathematischen Modellen eine kontinuierliche Wahrscheinlichkeitsverteilung der versicherten Risiken aufgestellt, die der tatsächlichen diskreten Verteilung der versicherten Risiken möglichst genau entspricht. Die Merkmale einer Verteilung sind vor allem durch **Erwartungswert, Standardabweichung und Schiefe** beschrieben. Während der Erwartungswert angibt, wie hoch Schäden durchschnittlich ausfallen, misst die Standardabweichung, wie sehr die Schadenhöhen um den Erwartungswert streuen. Die Schiefe repräsentiert, wie symmetrisch eine Verteilung ist. Sie ist für viele Versicherungen **rechtsschief**, da niedrige Schäden wahrscheinlicher als hohe sind.[62]

221.2 Risikoausgleich im Kollektiv

Wie erläutert wurde, übertragen Versicherungsnehmer individuelle Verlustgefahren durch Versicherung an ein Versicherungsunternehmen. Dazu sind Versicherungsverträge im Vergleich zu anderen Risikotransferinstrumenten vorteilhaft, da die Versicherer die einzelnen übernommenen Risiken planmäßig **transformieren.**[63] Daher können Versicherer die zufällig schwankenden Schadenhöhen zu einem konstanten Sicherheitsniveau trotz der in die Prämie einkalkulierten Kosten- und Gewinnzuschläge zu niedrigeren Preisen tragen, als wenn Wirtschaftssubjekte das hierfür notwendige Risikokapital individuell vorhielten.[64] Hierzu fasst der Versicherer einzelne Risiken so zu einem Kollektiv zusammen, dass sich über und unter dem Erwartungswert der Gesamtschadenverteilung liegende Schäden (**Über- und Unterschäden**) dahingehend soweit wie möglich ausgleichen, wann und wie hoch sie eintreten werden.

Ein Versicherer stellt jenen sogenannten **Risikoausgleich im Kollektiv** her, indem er die versicherten Risiken so aggregiert, dass sich die seltenen, dafür aber hohen Überschäden mit den häufigen, dafür aber geringen Unterschäden voraussichtlich ausgleichen werden.[65] Es ist eine der hauptsächlichen Aufgaben von Versicherungsunternehmen, auf diese Art Versicherungs-

---

[61] Vgl. KURZENDÖRFER, V., Lebensversicherung, S. 42.

[62] Vgl. FÜHRER, C./GRIMMER, A., Versicherungsbetriebslehre, S. 16 f.; SCHULENBURG, J.-M. V. D./LOHSE, U., Versicherungsökonomik, S. 46 f.

[63] Vgl. ALBRECHT, P., Was ist Versicherung?, S. 24; BANK, M., Finanzintermediation, Sp. 838.

[64] Vgl. ALBRECHT, P., Risikotransformationstheorie, S. 27.

[65] Vgl. FARNY, D., Versicherungsbetriebslehre, S. 47.

kollektive zu bilden.[66] Dieses gelingt umso besser, je mehr Risiken ein Versicherungsportfolio enthält und je ähnlicher und unabhängiger die einzelnen in einem Kollektiv zusammengefassten Risiken voneinander sind.[67]

Aus statistischer Sicht basiert der Risikoausgleich im Kollektiv auf dem **Gesetz der großen Zahlen.**[68] Es besagt, dass tatsächliche Schäden dem geschätzten Schadenerwartungswert eines Kollektivs eher entsprechen, je mehr unabhängige Einzelrisiken in einem Kollektiv zusammengefasst werden. Denn viele voneinander unabhängige Einzelrisiken streuen zwar absolut stärker um den Erwartungswert. Allerdings streut ein einzelnes Risiko dann relativ zu der Gesamtstreuung weniger, was sich zum Beispiel in einem fallenden Variationskoeffizienten ausdrückt.[69] Allerdings wird in der Literatur darauf hingewiesen, dass ein Versicherer nicht nur anhand von Streuungsmaßen wie dem Variationskoeffizienten beurteilen soll, wie gut sich die einzelnen Risiken eines Versicherungsportfolios gegenseitig kompensieren. Vielmehr sei dafür vor allem die Ruinwahrscheinlichkeit eines Portfolios zu betrachten, welche die Gefahr reflektiert, dass die eingenommenen Prämien und das vorhandene Risikokapital nicht ausreichen, um alle fällig werdenden Versicherungsleistungen zu decken.[70]

221.3 Risikoausgleich in der Zeit

Zum einen transformieren Versicherer einzelne Risiken, indem sie diese wie erläutert derartig aggregieren, dass sie sich gegenseitig kompensieren. Auch schließen sie Rückversicherungen ab, auf die in dieser Arbeit aber nicht eingegangen wird.[71] Ferner verändern sie die originalen Risiken durch den **Risikoausgleich in der Zeit**, für den der innerhalb einer Periode stattfindende Risikoausgleich im Kollektiv über mehrere Perioden wiederholt wird, da sich die nach dem einperiodigen Risikoausgleich **verbleibenden Über- und Unterschäden** typischerweise über mehrere Perioden ausgleichen.[72] Auf diese Art durch stellen vor allem spezielle Schaden- und Unfallversicherer einen Risikoausgleich her. Zum Beispiel sind Katastrophenrisiken oft sehr heterogen und fallen in verschiedenen Jahren der Höhe nach sehr unterschiedlich aus.

[66] Vgl. HAX, K., Versicherungswesen, S. 19; ALBRECHT, P., Was ist Versicherung?, S. 32.

[67] Vgl. FARNY, D., Versicherungsbetriebslehre, S. 47; SCHULTE-NOELLE, H., Risikopolitik, Sp. 2156.

[68] Vgl. ZWEIFEL, P./EISEN, R., Versicherungsökonomie, S. 246; GONDRING, H., Versicherungswirtschaft, S. 525; ALBRECHT, P., Gesetze der großen Zahlen, S. 514. Für eine Kritik dieses Gesetzes als Grundlage für den Risikoausgleich vgl. ALBRECHT, P., Gesetze der großen Zahlen, S. 533-535.

[69] Vgl. SCHULENBURG, J.-M. V. D./LOHSE, U., Versicherungsökonomik, S. 36-38; FARNY, D., Versicherungsbetriebslehre, S. 48; ALBRECHT, P., Gesetze der großen Zahlen, S. 515.

[70] Vgl. ALBRECHT, P., Was ist Versicherung?, S. 26.

[71] Vgl. ALBRECHT, P./SCHRADIN, H. R., Versicherungswirtschaft, Sp. 2176 f.

[72] Vgl. SCHIERENBECK, H./HÖLSCHER, R., BankAssurance, S. 198; FARNY, D., Versicherungsbetriebslehre, S. 51; ALBRECHT, P., Risikotransformationstheorie, S. 22 f.

Aus diesem Grund können sich Katastrophenrisiken in der Regel erst über einen mehrjährigen Zeitraum gegenseitig ausgleichen.[73]

Zu den Posten, mit denen der Risikoausgleich in der Zeit bilanziell widergespiegelt wird, zählen hauptsächlich die sogenannten **Schwankungs- und Großrisikenrückstellungen**. Sie sind gemäß § 341h HGB zwingend zu passivieren, sofern bestimmte Voraussetzungen vorliegen, während sie nach IFRS 4.14 (a) in einem IFRS-Abschluss nicht angesetzt werden dürfen.[74] Ein Versicherer bildet Schwankungs- und Großrisikenrückstellungen für ungewisse Verbindlichkeiten aus dem Risikogeschäft nach § 341h HGB, falls in einer Periode größtenteils unter dem kollektiven Schadenerwartungswert liegende Schäden anfallen (Unterschäden). Diese passivierten versicherungstechnischen Rückstellungen werden anschließend in Perioden mit sehr vielen Überschäden aufgelöst, um so das dann niedrige oder negative Risikoergebnis der Periode zu verbessern.[75] Somit dienen jene Rückstellungen dazu, die HGB-Periodenergebnisse von Versicherern zeitlich zu glätten. Durch jene Ergebnisglättung können Versicherer andernfalls nicht versicherbare Risiken zeichnen, die oft kumuliert auftreten und sehr hoch ausfallen können, wie z. B. Gebäudeversicherungen in Erdbebengebieten.[76]

222. Kapitalanlagegeschäft

In der Schaden- und Unfallversicherung wird vor allem das Risikogeschäft betrieben. In dem Zweig der Lebensversicherung werden darüber hinaus das Kapitalanlagegeschäft und das mit ihm verbundene Spar- und Entspargeschäft angeboten. Ebenso wie das Kapitalanlagegeschäft wird auch das Spar- und Entspargeschäft nicht nur von Versicherungsunternehmen, sondern auch von Banken und anderen Finanzintermediären vollzogen.[77] Das **Kapitalanlagegeschäft** besteht daraus, dass ein Unternehmen die verfügbaren Geldmittel nicht ungenutzt lässt, sondern in verzinsliche Kapitalanlagen investiert,[78] wozu sich für die eher langfristig orientierten Lebensversicherer vor allem Fremdkapitalinstrumente eignen. Diese verfügbaren Mittel resultieren aus drei **Quellen**.[79] Erstens kann der nicht direkt zur Risiko- und Kostendeckung nötigte

---

[73] Vgl. BOETIUS, J., Versicherungstechnische Rückstellungen, S. 35.

[74] Die Schwankungs- und Großrisikenrückstellungen sind auch nach IFRS 4 Phase II verboten. Dies wird damit begründet, dass sie für künftige Überschäden aus am Bilanzstichtag nicht bestehenden Versicherungsverträgen gebildet werden, weshalb sie die Ansatzkriterien der IFRS nicht erfüllen. Vgl. SURREY, I., Versicherungsgeschäfte nach IFRS, S. 231 f. Vgl. kritisch hierzu GROßER, C., Abschlußaufwendungen, S. 312-316.

[75] Vgl. NGUYEN, T./ROMEIKE, F., Versicherungswirtschaftslehre, S. 221 f.

[76] Vgl. GONDRING, H., Versicherungswirtschaft, S. 279 f.

[77] Vgl. NGUYEN, T./ROMEIKE, F., Versicherungswirtschaftslehre, S. 14; FARNY, D., Versicherungsbetriebslehre, S. 55; LÜHRS, D., Lebensversicherung, S. 75.

[78] Vgl. SCHIERENBECK, H./HÖLSCHER, R., BankAssurance, S. 331 f.

[79] Vgl. FARNY, D., Versicherung, Sp. 4591; FARNY, D., Versicherungsbetriebslehre, S. 648 f.

Teil der eingenommenen Prämien in Kapitalanlagen investiert werden. Zweitens entstehen verfügbare Mittel daraus, dass die Versicherungsnehmer ihre Prämien **vorauszahlen**, da die Versicherer erst später Entschädigungs- oder Kapitalzahlungen leisten. Drittens müssen die Versicherungsunternehmen die aufsichtsrechtlich mindestens geforderte Menge an Risiko- bzw. Eigenkapital **vorhalten,** die mit einer sehr hohen Wahrscheinlichkeit ausreicht, damit sie ihre abgegebenen Leistungsversprechen gegenwärtig und künftig erfüllen können.

Die vor allem in Finanzinstrumente investierten Geldmittel **stammen** also einerseits aus dem Risiko- und Spargeschäft, nämlich aus den erhaltenen Prämien. Andererseits sind die für das Risiko- und Spargeschäft **nötigen** Finanzmittel von den Kapitalanlagen zu erwirtschaften, um abgegebene Zinsgarantien und Überschussbeteiligungen zu finanzieren. Auch werden die versicherungstechnischen Rückstellungen durch die Kapitalanlagen **gedeckt**, die hierzu gegebenenfalls liquidiert werden müssen.[80] Daher bilden die Kapitalanlagen eines Versicherers und die für emittierte Versicherungsverträge zu passivierenden versicherungstechnischen Rückstellungen eine „[...] letztlich **nicht zu trennende** Einheit.“[81]

Im Kapitalanlagegeschäft müssen die Versicherer zahlreiche wirtschaftliche und aufsichtsrechtliche **Restriktionen** befolgen.[82] So sind durch die Kapitalanlagepolitik und -strategie z. B. sicherzustellen, dass abgegebene Zinsgarantien und beworbene Überschussbeteiligungen erbracht werden können. Denn seitdem der deutsche Lebensversicherungsmarkt im Jahr 1994 dereguliert wurde, konkurrieren die Lebensversicherer oft miteinander, indem sie mit hohen Überschussbeteiligungen werben.[83] Eine der aufsichtsrechtlichen Restriktionen ist es, dass die Versicherungsunternehmen gemäß den in § 124 Abs. 1 VAG kodifizierten Anlagegrundsätzen sämtliche Vermögenswerte **vorsichtig anlegen** müssen. Hierfür sind unter anderem:[84]

- alle Vermögenswerte so zu wählen, dass das Portfolio als Ganzes sicher, liquide, und rentabel ist (§ 124 Abs. 1 Nr. 2 VAG);
- der Anteil von nicht an geregelten Finanzmärkten gehandelten Vermögenswerten auf einem vorsichtigen Niveau zu halten (§ 124 Abs. 1 Nr. 6 VAG); und

[80] Vgl. FARNY, D., Versicherungsbetriebslehre, S. 54 f. und S. 892 f.

[81] SCHIERENBECK, H./HÖLSCHER, R., BankAssurance, S. 332 (Hervorhebung durch den Verfasser). *Weng* sieht diesbezüglich eine „[...] starke Koppelung zwischen Kapitalanlagen und Versicherungsverträgen bei Lebensversicherern.“ (WENG, A., ED/2010/8, S. 23).

[82] Vgl. SCHMIDT, H.-P., Anlagepolitik, Sp. 2139.

[83] Vgl. TEKÜLVE, V., Überschussbeteiligung, S. 2; STINDT, S., Überschussbeteiligung, S. 30.

[84] Vgl. auch GRÜNDL, H./KRAFT, M., Solvency II, S. 43; LEITERMANN, U., Solvency II, S. 300.

- die Anlagen so zu mischen und zu streuen, dass übermäßige Risikokonzentration im Portfolio als Ganzem vermieden werden (§ 124 Abs. 1 Nr. 7 VAG).

Das **Spargeschäft** besteht darin, einem Versicherungsnehmer zu ermöglichen, mehrere und für sich genommen geringe Sparprämien planmäßig und verzinslich über die Zeit anzusammeln. Das angesparte Kapital wird verzinst und den Anspruchsberechtigten als Einmalbetrag oder als eine regelmäßige Rente zurückgezahlt, sofern die versicherte Person stirbt, das Rentenalter erreicht, oder der Vertrag ausläuft. Hingegen überlässt der Versicherungsnehmer bei einem **Entspargeschäft** dem Versicherer einen großen Kapitalbetrag, den er zum Beginn der Vertragslaufzeit einzahlt. Im Gegenzug verzinst der Lebensversicherer dieses Kapital und leistet hieraus eine lebenslange oder laut den Vertragsbedingungen befristete Rente.[85]

Zwar kann eine Altersvorsorge auch durch Termin- oder Spareinlagen bei Banken aufgebaut werden.[86] Lebensversicherer sind allerdings die einzigen Unternehmen, die Risikogeschäfte und Spar- bzw. Entspargeschäfte in einer sogenannten „gemischten Lebensversicherung" miteinander **kombinieren.** Nur auf diese Weise kann ein sofortiger umfassender Risikoschutz gewährleistet werden, da im Versicherungsfall schon die gesamte vertragliche Versicherungssumme geleistet werden muss, nachdem der Versicherungsnehmer die erste Prämienzahlung erbracht hat. Hingegen wird bei einem Spargeschäft nur das bisher angesparte Kapital ausgezahlt, falls die versicherte Person stirbt, das Rentenalter erreicht, oder der Vertrag von einer der Vertragsparteien gekündigt wird.[87]

Ein Beispiel für solch eine gemischte Versicherung ist die **kapitalbildende Lebensversicherung**, die als ein „[…] planmäßiger Sparprozeß mit versicherungsmäßiger Absicherung […]"[88] charakterisiert wird. Durch sie werden sowohl ein Kapitalbetrag angespart als auch eine Risikoabsicherung in Höhe der vereinbarten Todesfallsumme garantiert. Der mit ihnen verbundene Sparprozess zeichnet sich darin aus, dass die eingezahlten Sparprämien mindestens in der Höhe der vertraglichen Zinsgarantie und darüber hinaus in Höhe der im Ermessen eines Lebensversicherers liegenden Überschussbeteiligung verzinst werden. Außerdem garantieren die Lebensversicherer den Nominalwert der von den Versicherungsnehmern bisher eingezahlten Sparprämien.[89]

---

85 Vgl. SCHIERENBECK, H./HÖLSCHER, R., BankAssurance, S. 331.
86 Vgl. SCHIERENBECK, H./HÖLSCHER, R., BankAssurance, S. 346-354.
87 Vgl. SCHWEBLER, R., Lebensversicherung, S. 418.
88 FARNY, D., Versicherungsbetriebslehre, S. 54.
89 Vgl. LÜHRS, D., Lebensversicherung, S. 72; FARNY, D., Versicherungsbetriebslehre, S. 54.

23 Systematisierung der Lebensversicherungsarten

Unter dem Zweig der Lebensversicherung, welcher im Abschnitt 212 in die Versicherungsgesamtheit eingeordnet wurde, werden verschiedene Arten von Lebensversicherungen zusammengefasst.[90] Sie unterscheiden sich in vielen Merkmalen,[91] aus deren unterschiedlicher Kombination im Zeitablauf ein breites Angebot an Lebensversicherungsverträgen entwickelt worden ist.[92]

Die Lebensversicherungsarten lassen sich beispielsweise dahingehend differenzieren, ob die **Leistungspflicht des Versicherers** bedingt oder unbedingt ist. Bei einer Versicherung mit bedingter Leistungspflicht werden die Anspruchsberechtigten nur entschädigt, wenn das versicherte Risiko während eines vertraglich fixierten Zeitraums eintritt.[93] Diese werden als Risikoversicherungen bezeichnet und umfassen die Risikolebens-, Berufsunfähigkeits- und Zeitrentenversicherung. Demgegenüber leistet eine Versicherung mit einer unbedingten Leistungspflicht unabhängig vom Eintritt eines Versicherungsfalls eine Entschädigung. Dies trifft beispielsweise zu auf die kapitalbildenden Lebensversicherungen und die Todesfallversicherungen, wobei die Todesfallversicherungen einen lebenslangen Todesfallschutz vorsehen.[94]

Auch unterscheiden sich die Lebensversicherungsarten darin, **wie häufig** der Versicherer eine Entschädigung leistet und die Versicherungsnehmer die Prämien zahlen. Während durch eine kapitalbildende Lebensversicherung die Versicherungssumme entweder einmalig oder in wenigen Zahlungen gewährt wird, leistet eine Rentenversicherung regelmäßig, z. B. monatlich oder vierteljährlich. Ferner sind die Prämien normalerweise regelmäßig an den Versicherer zu überweisen, wobei jedoch einige Lebensversicherungsarten gegen eine Einmalprämie abgeschlossen werden können, was hauptsächlich bei Rentenversicherungen möglich ist.[95]

Weiterhin besitzen die Lebensversicherungsarten aus der Sicht des Versicherungsunternehmens verschiedene **Risikocharakteristika**. Bei Versicherungen mit Todesfallcharakter, z. B. der Risikolebensversicherung, ist es für den Versicherer **nachteilig**, wenn die versicherten Personen überdurchschnittlich früh sterben, da der zu zahlenden Todesfallsumme dann nur

---

[90] Vgl. HAX, K., Versicherungswesen, S. 60; KOCH, P., Versicherungszweige, S. 1252.

[91] Vgl. SCHULENBURG, J.-M. V. D./LOHSE, U., Versicherungsökonomik, S. 125; SCHIERENBECK, H./HÖLSCHER, R., BankAssurance, S. 700 f.; GONDRING, H., Versicherungswirtschaft, S. 921-924.

[92] Vgl. KURZENDÖRFER, V., Lebensversicherung, S. 8; LÜHRS, D., Lebensversicherung, S. 53.

[93] Vgl. KURZENDÖRFER, V., Lebensversicherung, S. 42; DEUTSCH, E./IVERSEN, T., Versicherungsvertragsrecht, S. 207 f.; SCHIERENBECK, H./HÖLSCHER, R., BankAssurance, S. 701.

[94] Vgl. SCHIERENBECK, H./HÖLSCHER, R., BankAssurance, S. 702 f.

[95] Vgl. Vgl. FÜHRER, C./GRIMMER, A., Versicherungsbetriebslehre, S. 47; KURZENDÖRFER, V., Lebensversicherung S. 121.; GONDRING, H., Versicherungswirtschaft, S. 920.

wenige Prämien gegenüberstehen. Hingegen ist es bei Lebensversicherungen mit Erlebensfallcharakter, z. B. der Rentenversicherung, nachteilig, wenn die versicherten Personen überdurchschnittlich spät sterben. In diesem Fall sind die lebenslang oder für einen vereinbarten Zeitraum zu zahlenden Renten nämlich nur durch die während der Ansparphase eingezahlten Prämien gedeckt.[96]

Konventionelle und anteilgebundene Lebensversicherungen unterscheiden sich darin, wie die Prämien in **Kapitalanlagen** investiert werden.[97] Bei konventioneller Lebensversicherung investiert der Versicherer die Prämien in verschiedene Anlageklassen, wobei er die in § 124 Abs. 1 VAG enthaltenen Anlagegrundsätze beachten muss. Im Unterschied dazu investiert er die Prämien bei anteilgebundenen Lebensversicherungen in Investmentfonds oder Indizes, die normalerweise vom Versicherungsnehmer gewählt werden können.[98] Deshalb hängt bei diesen fonds- oder indexgebundenen Lebensversicherungen die Höhe der Versicherungsleistung davon ab, wie rentierlich sich die gewählten Fonds oder Indizes entwickeln. Dabei muss der Lebensversicherer die für die Versicherungsnehmer gekauften Fonds- oder Indexanteile nach § 125 Abs. 5 Nr. 4 VAG in einem vom übrigen Sicherungsvermögen getrennten Anlagestock verwalten.[99] Des Weiteren sind die Anlagegrundsätze für die fonds- oder indexgebundene Lebensversicherungsverträge nach § 124 Abs. 2 VAG weniger restriktiv als für die konventionellen Lebensversicherungsverträge, weil bei ihnen die **Kapitalanlagerisiken** nicht vom Versicherer, sondern vom Versicherungsnehmer getragen werden. Jedoch können auch bei den anteilgebundenen Lebensversicherungen Beitrags- und Zinsgarantien vereinbart werden, wodurch der Versicherer teilweise Kapitalanlagerisiken eingeht.[100]

Für diese Arbeit ist es gut geeignet, die Lebensversicherungsarten nach den **Auszahlungsursachen** zu systematisieren, was in der Abbildung 2-2 dargestellt wird. Denn mit einer solchen Unterscheidung lassen sich die Merkmale der in Deutschland weit verbreiteten, nach IFRS 9 und IFRS 17 aber anspruchsvoll zu bilanzierenden, gemischten Todes- und Erlebensfallversicherung hervorheben.[101]

96 Vgl. Führer, C./Grimmer, A., Versicherungsbetriebslehre, S. 47.
97 Vgl. Tekülve, V., Überschussbeteiligung, S. 22.
98 Vgl. Schulenburg, J.-M. v. d./Lohse, U., Versicherungsökonomik, S. 134 f.; Schierenbeck, H./Hölscher, R., BankAssurance, S. 708-712.
99 Vgl. Greb, W., Fondsgebundene Lebensversicherung, S. 427.
100 Vgl. Kurzendörfer, V., Lebensversicherung, S. 105-108.
101 Vgl. Schierenbeck, H./Hölscher, R., BankAssurance, S. 706 f.

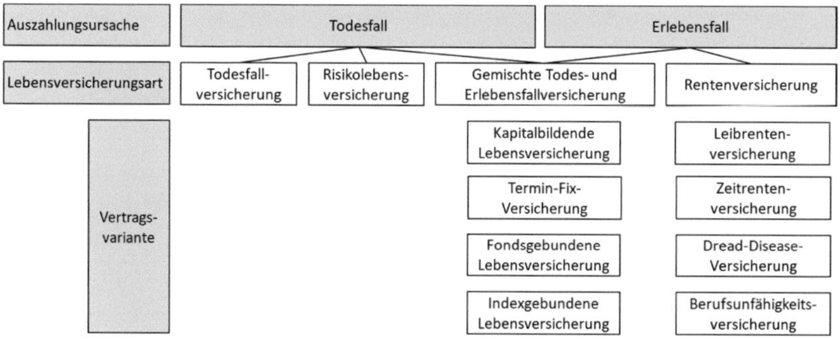

Abbildung 2-2: Systematisierung der Lebensversicherungsarten nach Auszahlungsursachen[102]

Bei den Lebensversicherungsarten der Todesfall- und Risikolebensversicherung wird die Versicherungssumme nur ausgezahlt, wenn die versicherte Person – gegebenenfalls während der vertraglich bestimmten Deckungsperiode – stirbt. Andernfalls kann der Anspruchsberechtigte nichts erhalten, da die risiko- und kostendeckend kalkulierten Prämien zu dem Ende der Vertragslaufzeit verbraucht sind.[103] Deshalb wird diese Lebensversicherungsart als reine **Todesfallversicherung** bezeichnet.[104] Weil für sie zumeist kein Kapital angespart wird, kann auch nichts an den Anspruchsberechtigten zurückgezahlt werden, falls er den Versicherungsvertrag vorzeitig kündigt. Hingegen zahlt der Versicherer die Versicherungssumme bei der Rentenversicherung nur, falls die versicherte Person während der Deckungsperiode lebt. Daher wird diese Lebensversicherungsart als eine reine **Erlebensfallversicherung** bezeichnet. Jedoch können Rentenversicherungen auch so gestaltet werden, dass die bereits gezahlten Prämien teilweise an die Hinterbliebenen zurückzuerstatten sind, wenn die versicherte Person schon während der Ansparphase der Rentenversicherung sterben sollte.[105]

Eine **Rentenversicherung** wird in mehreren Vertragsvarianten angeboten. Bei einer Leibrentenversicherung wird die Rente gewährt, solange die versicherte Person lebt, während sie bei einer Zeitrentenversicherung nur für einen begrenzten Zeitraum ausgezahlt wird. Hierfür kann vereinbart werden, dass die Rentenauszahlungen entweder sofort beginnen oder bis nach der Ansparphase aufgeschoben werden. Zu den Rentenversicherungen zählen auch die sogenann-

[102] Die Abbildung ist angelehnt an TEKÜLVE, V., Überschussbeteiligung, S. 18; SURREY, I., Versicherungsgeschäfte nach IFRS, S. 28; SCHIERENBECK, H./HÖLSCHER, R., BankAssurance, S. 702.
[103] Vgl. SCHULENBURG, J.-M. V. D./LOHSE, U., Versicherungsökonomik, S. 126.
[104] Vgl. SCHWEBLER, R., Lebensversicherung, S. 419.
[105] Vgl. KURZENDÖRFER, V., Lebensversicherung, S. 11; LÜHRS, D., Lebensversicherung, S. 74.

ten Dread-Disease-Versicherungen, mit der die finanziellen Folgen von schwerwiegenden Krankheiten abgesichert wird, und die **Berufsunfähigkeitsversicherung**, wobei die Höhe der durch sie zu leistenden Renten vom Grad der Berufsunfähigkeit der versicherten Person abhängt.[106]

Die gemischte **Todes- und Erlebensfallversicherung** zeichnet sich darin aus, dass für sie die Merkmale der Todes- und der Erlebensfallversicherung in einem einzigen Versicherungsvertrag kombiniert werden. Folglich leistet der Versicherer bei ihr sowohl, wenn die versicherte Person stirbt, als auch, sobald sie das Rentenalter erlebt oder der Vertrag gekündigt wird oder ausläuft. Daher erfüllen diese Versicherungen zum einen die Sicherheits- und zum anderen die Sparfunktion.[107] Zu der gemischten Lebensversicherung gehört auch die **kapitalbildende Lebensversicherung**. Ihre Prämie setzt sich zusammen aus einer Risikoprämie, durch die das Todesfallrisiko gedeckt wird, und einer Sparprämie, die für den Erlebensfall verzinslich angesammelt wird. Kündigt jedoch der Versicherungsnehmer, steht ihm der nach § 169 VVG mit Abzügen berechnete **Rückkaufswert** der Lebensversicherung zu. Er entspricht größtenteils dem sogenannten Deckungskapital, dass aus den verzinsten Sparprämien und den unverbrauchten Risikoprämien besteht.[108] Stirbt die versicherte Person, bevor der Vertrag ausläuft, wird die fällige Todesfallleistung sowohl aus den eingezahlten Risiko- als auch Sparprämien erbracht.[109] Ferner sieht eine deutsche kapitalbildende Lebensversicherung vor, dass die Sparprämien in der Höhe der indirekt durch die in § 2 Abs. 1 DeckRV normierten **garantierten Mindestverzinsung** über die Zeit verzinst werden. Zudem sind die Versicherungsnehmer an den Überschüssen eines Versicherers zu beteiligen, es sei denn dies wurde nach § 153 Abs. 1 VVG explizit ausgeschlossen. Durch diese **Überschussbeteiligung** werden die vorsichtig und deshalb oft zu hoch kalkulierten Prämien auf verschiedenen Wegen an die Versicherungsnehmer zurückerstattet, z. B. indem die nötigen Prämien reduziert oder die Versicherungssummen erhöht werden. Dafür sind die Versicherungsnehmer sowohl an den handelsrechtlich ermittelten Überschüssen eines Versicherers als auch seit dem 1. Januar 2008 an den unrealisierten Bewertungsreserven aus seinen Kapitalanlagen verursachungsgerecht zu beteiligen.[110]

[106] Vgl. TEKÜLVE, V., Überschussbeteiligung, S. 20 f.; LÜHRS, D., Lebensversicherung, S. 75 f.
[107] Vgl. ORTMANN, K. M., Lebensversicherungsmathematik, S. 8.
[108] Vgl. GONDRING, H., Versicherungswirtschaft, S. 189-197; LÜHRS, D., Lebensversicherung, S. 167.
[109] Vgl. KURZENDÖRFER, V., Lebensversicherung, S. 42; LÜHRS, D., Lebensversicherung, S. 19.
[110] Vgl. SCHWEBLER, R., Lebensversicherung, S. 423 f.; TEKÜLVE, V., Überschussbeteiligung, S. 34; FARNY, D., Gewinnbeteiligung, S. 91-93. Zur Prämienkalkulation vgl. Abschnitt 24.

Eine weitere Variante der gemischten Todes- und Erlebensfallversicherung ist die **Termin-Fix-Versicherung**. Bei ihr wird die Versicherungssumme zu einem fixen Termin fällig, und zwar unabhängig davon, ob die versicherte Person während der Vertragslaufzeit lebt oder stirbt. Auch zählen **fonds- oder indexgebundene Lebensversicherungen** zu der gemischten Todes- und Erlebensfallversicherung, sofern sie im Todesfall der versicherten Person einen Versicherungsschutz gewährleisten.[111]

Wie im Gang der Untersuchung genannt, wurden in diesem Abschnitt die Lebensversicherungsarten nach verschiedenen Merkmalen systematisiert. Denn im Abschnitt 332 sollen die drei für den Anwendungsbereich von IFRS 17 kumulativ zu erfüllenden Definitionskriterien eines Versicherungsvertrags unter anderem für einige ausgewählte Vertragsvarianten der für den deutschen Lebensversicherungsmarkt üblichen Lebensversicherungsarten geprüft werden.

24 Kalkulation von Lebensversicherungsprämien

Damit Versicherer die im Abschnitt 22 erklärten Teilbereiche des Risiko-, Spar- und Entspar- sowie Kapitalanlagegeschäfts für die im Abschnitt 23 systematisierten Lebensversicherungsarten durchführen können, erheben sie eine **Prämie**. Sie stellt den Preis für das immaterielle Wirtschaftsgut „Versicherung" dar.[112] Die für eine Lebensversicherung zu zahlenden Prämien werden nach dem **versicherungsmathematischen Äquivalenzprinzip** kalkuliert. Es besagt, dass der Preis für Versicherungsschutz so zu bestimmen ist, dass der Barwert der erwarteten Prämien genau dem Barwert der erwarteten Versicherungsleistungen entspricht.[113] Das Äquivalenzprinzip unterstellt dazu ein Kollektiv bzw. Portfolio aus Versicherungsverträgen, damit die Risikoausgleiche im Kollektiv und in der Zeit in den Prämien berücksichtigt werden.[114]

Um die Prämien für Lebensversicherungen zu kalkulieren, greifen die Aktuare eines Versicherers auf die sogenannten **Rechnungsgrundlagen** erster Ordnung zurück. Diese enthalten **Sicherheitszuschläge**, weil sie vorsichtig aufgestellt werden.[115] Der Grund dafür ist, dass die zum Vertragsabschluss berechneten Prämien während der oftmals langfristigen Laufzeiten der Lebensversicherungsverträge entweder nicht oder nur in sehr begrenztem Umfang angepasst werden können, während sich die ohne Sicherheitszuschläge und somit realistisch geschätzten

---

[111] Vgl. SCHIERENBECK, H./HÖLSCHER, R., BankAssurance, S. 706.

[112] Vgl. ALBRECHT, P./LIPPE, S., Prämie, S. 525.

[113] Vgl. SCHULENBURG, J.-M. V. D./LOHSE, U., Versicherungsökonomik, S. 137 f.; FÜHRER, C./GRIMMER, A., Versicherungsbetriebslehre, S. 76 f.; EISEN, R., Äquivalenz-Prinzip, S. 538-540.

[114] Vgl. SCHULENBURG, J.-M. V. D./LOHSE, U., Versicherungsökonomik, S. 138; ORTMANN, K. M., Lebensversicherungsmathematik, S. 118; FARNY, D., Versicherungsbetriebslehre, S. 67-69.

[115] Vgl. ALBRECHT, P., Grundprinzipien, S. 69.

Rechnungsgrundlagen zweiter Ordnung im Zeitablauf auf nicht ex-ante vorhersehbare Weise ändern.[116] Indem die Rechnungsgrundlagen erster und zweiter Ordnung gegenübergestellt werden, kann der zu erwartende **Überschuss** aus dem Kapitalanlage- und dem Risikoergebnis sowie dem übrigen Ergebnis eines Lebensversicherers vorhergesagt werden.[117] An den aufgrund der eingepreisten Sicherheitszuschläge normalerweise erzielten Überschüssen sind die Versicherungsnehmer im Gegenzug durch die vorwiegend in § 153 VVG und § 139 VAG geregelte Überschussbeteiligung angemessen und verursachungsgerecht zu beteiligen.[118]

Zu den Rechnungsgrundlagen zählen erstens die **Eintrittswahrscheinlichkeiten** der versicherten Risiken. So wird z. B. die Prämie einer Todesfallversicherung errechnet, indem die Sterbewahrscheinlichkeiten der versicherten Personen je Vertragsjahr geschätzt und mit den vereinbarten Versicherungssummen multipliziert werden.[119] Um die Sterbewahrscheinlichkeiten vorherzusagen wird ermittelt und in die Zukunft fortgeschrieben, wie viele Personen in einem festen Zeitintervall sterben und so aus dem repräsentativen Personenkollektiv ausscheiden. Hierfür können veröffentlichte Ausscheideordnungen sowie versicherungsinterne Daten genutzt werden.[120] Überdies ist zu quantifizieren, wie wahrscheinlich die Versicherungsnehmer die in den Versicherungsverträgen eingebetteten Optionen ausüben, z. B. um den Versicherungsvertrag vorzeitig zu kündigen.[121]

Zweitens zählt der sogenannte **Rechnungszins** zu den Rechnungsgrundlagen. Indem die für einen Versicherungsvertrag erwarteten Prämien und Versicherungsleistungen mit diesem Zins auf einen Zeitpunkt diskontiert werden, werden jene künftigen Zahlungsströme vergleichbar gemacht.[122] Außerdem wird durch die Diskontierung schon bei der Kalkulation berücksichtigt, dass ein Versicherer erhaltene Prämien investiert und so Kapitalerträge erzielt, die größtenteils den Versicherungsnehmern zustehen.[123] Zwar ist der Rechnungszins für die deutschen Lebensversicherungsarten frei wählbar, solange der Versicherer alle Verpflichtungen erfüllen

---

[116] Vgl. ORTMANN, K. M., Lebensversicherungsmathematik, S. 119; NGUYEN, T./ROMEIKE, F., Versicherungswirtschaftslehre, S. 230. Jedoch können Versicherer die geforderten Prämien unter sehr restriktiven Bedingungen neu festsetzen. Vgl. hierzu § 163 Abs. 1 VVG. Die Sicherheitszuschläge bei der Prämienkalkulation sind auch nötig, weil die tatsächlichen Versicherungsleistungen wegen den im Abschnitt 251.1 erläuterten versicherungstechnischen Risiken über dem kollektiven Schadenerwartungswert liegen können. Vgl. GONDRING, H., Versicherungswirtschaft, S. 563.

[117] Vgl. FÜHRER, C./GRIMMER, A., Lebensversicherungsmathematik, S. 138-143.

[118] Vgl. § 139 Abs. 1 VAG und § 153 Abs. 2 VVG sowie FARNY, D., Gewinnbeteiligung, S. 91-93.

[119] Vgl. HELBIG, M., Personenversicherungsmathematik, S. 504 f.

[120] Vgl. ORTMANN, K. M., Lebensversicherungsmathematik, S. 89 f.

[121] Vgl. HEUBECK, K., Lebensversicherungsmathematik, S. 432; NGUYEN, T./ROMEIKE, F., Versicherungswirtschaftslehre, S. 230; KÖLSCHBACH, J., Überschussbeteiligung, S. 247.

[122] Vgl. SCHULENBURG, J.-M. V. D./LOHSE, U., Versicherungsökonomik, S. 139.

[123] Vgl. HEUBECK, K., Lebensversicherungsmathematik, S. 432.

kann und den einzelnen Verträgen ausreichende Deckungsrückstellungen gegenüberstehen. Üblicherweise nutzen Aktuare jedoch den für Lebensversicherungsverträge mit Zinsgarantie in § 2 Abs. 1 DeckRV normierten **Höchstzinssatz**, welcher einmal festgelegt wird und dann für die gesamte Laufzeit eines Versicherungsvertrags unverändert beizubehalten ist.[124]

Drittens umfassen die Rechnungsgrundlagen **kalkulatorische Kostenzuschläge**. Sie werden in den Versicherungsprämien berücksichtigt, um sowohl die unmittelbaren Abschlusskosten eines Portfolios aus Versicherungsverträgen als auch die Verwaltungskosten eines Portfolios aus Versicherungsverträgen zu decken.[125]

In der Abbildung 2-3 ist dargestellt, woraus sich die durch die Rechnungsgrundlagen erster und zweiter Ordnung kalkulierte **Bruttoprämie** einer Lebensversicherung zusammensetzt. Sie basiert auf der mit den realistisch geschätzten Eintrittswahrscheinlichkeiten und Rechnungszinsen zweiter Ordnung berechneten **Nettorisikoprämie**.[126] Diese muss ausreichen, um den kollektiven Schadenerwartungswert der betrachteten Lebensversicherungsverträge zu decken. Anschließend wird die **Bruttorisikoprämie** bestimmt, indem durch die Eintrittswahrscheinlichkeiten und Rechnungszinsen erster Ordnung **Sicherheitszuschläge** einbezogen werden. Die Bruttorisikoprämie muss ausreichen, um sowohl den Schadenerwartungswert als auch die Streuung der Gesamtschadenverteilung um den Erwartungswert zu finanzieren.[127] Die Bruttoprämie resultiert nun daraus, dass zu der Bruttorisikoprämie die kalkulatorischen Kostenzuschläge und die für die kapitalbildenden Lebensversicherungsarten gezahlten Sparprämien addiert werden.[128]

In der Literatur ist umstritten, ob die Bruttoprämie explizite Gewinnzuschläge enthält oder die vorgesehenen Gewinne durch die Sicherheitszuschläge implizit eingerechnet werden.[129] Für die Abbildung 2-3 wird angenommen, dass die vorgesehenen Gewinne als Sicherheitszuschläge eingerechnet sind, weshalb die Abbildung keine Gewinnzuschläge umfasst. Während ein Versicherer die zugeflossenen Spar- und Bruttorisikoprämien als versicherungstechnische Rückstellungen ansammelt, werden die kalkulatorischen Kostenzuschläge für den laufenden Versicherungsbetrieb verbraucht.[130]

[124] Vgl. § 138 Abs. 1 VAG; WANDT, M./DREHER, M., VAG 2016, S. 87 f.; FÜHRER, C./GRIMMER, A., Lebensversicherungsmathematik, S. 55 f. Zu den Deckungsrückstellungen vgl. Abschnitt 334.1.
[125] Vgl. SCHULENBURG, J.-M. V. D./LOHSE, U., Versicherungsökonomik, S. 147.
[126] Vgl. HELTEN, E., Versicherungsbetriebslehre, Sp. 4601.
[127] Vgl. FÜHRER, C./GRIMMER, A., Versicherungsbetriebslehre, S. 81.
[128] Vgl. GONDRING, H., Versicherungswirtschaft, S. 569 f.; ALBRECHT, P./LIPPE, S., Prämie, S. 526.
[129] Vgl. ALBRECHT, P./LIPPE, S., Prämie, S. 527; HELTEN, E., Versicherungsbetriebslehre, Sp. 4601.
[130] Vgl. HEUBECK, K., Lebensversicherungsmathematik, S. 432.

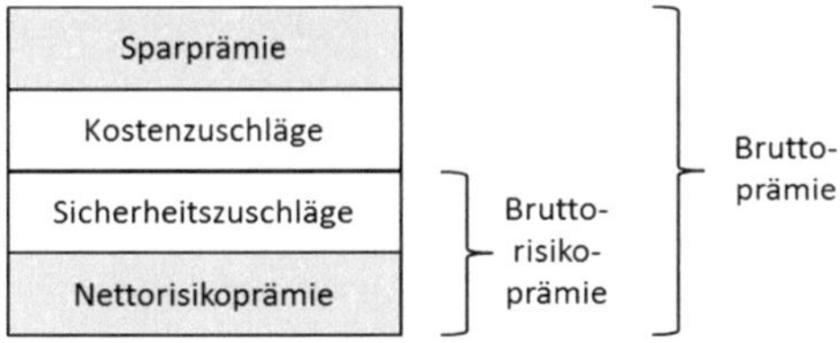

Abbildung 2-3: Zusammensetzung der Bruttoprämie einer Lebensversicherung[131]

25 Asset-Liability-Management zur integrierten Steuerung der Risiken von Finanzinstrumenten und Lebensversicherungsverträgen

251. Risiken des Lebensversicherungsgeschäfts

251.1 Versicherungstechnische Risiken

Aus dem Risikogeschäft, das als der Kern des Versicherungsgeschäfts gilt, entstehen für die Versicherungsunternehmen die versicherungstechnischen Risiken.[132] Sie sind versicherungsspezifisch; sie kommen also nicht im Industrie- oder Kreditgeschäft vor.[133] Das sogenannte **versicherungstechnische Gesamtrisiko** besteht aus der Gefahr, dass die für ein versichertes Kollektiv angefallenen Schadenkosten die zur ihrer Deckung erhobenen Prämien und das verfügbare Risikokapital des Versicherers übersteigen.[134] Dies kann z. B. vorkommen, wenn die Prämien im Vergleich zu den eingegangenen Risiken zu niedrig kalkuliert worden sind, was bis zum Ruin des Versicherers führen kann.

Das versicherungstechnische Gesamtrisiko wird in der Literatur in unterschiedlichen Weisen weiter unterteilt.[135] Nach *Farny* können anhand der **Gründe** dafür, dass die **tatsächlichen** von den **erwarteten** Schäden abweichen, das Zufalls-, das Änderungs- und das Irrtumsrisiko unterschieden werden.[136] Das **Zufallsrisiko** basiert darauf, dass künftige Ereignisse prinzipiell zufällig eintreten, weshalb tatsächliche Schäden falsch geschätzt werden können, obwohl die wahre Schadenverteilung bekannt ist. Im Unterschied dazu wird ein Schätzfehler durch das **Änderungsrisiko** damit begründet, dass die unterstellte Schadenverteilung sich auf nicht vorhersehbare Art verändern kann, z. B. durch disruptive Technologien, rechtliche Änderungen oder gesellschaftliche bzw. politische Umbrüche.[137]

[131] Die Abbildung ist angelehnt an SURREY, I., Versicherungsgeschäfte nach IFRS, S. 41-45; FÜHRER, C./GRIMMER, A., Versicherungsbetriebslehre, S. 80.
[132] Vgl. SCHULENBURG, J.-M. V. D./LOHSE, U., Versicherungsökonomik, S. 62.
[133] Vgl. ALBRECHT, P./SCHWAKE, E., Versicherungstechnisches Risiko, S. 651.
[134] Vgl. ALBRECHT, P., Was ist Versicherung?, S. 26; ALBRECHT, P./SCHWAKE, E., Versicherungstechnisches Risiko, S. 652; HELTEN, E., Versicherungsbetriebslehre, Sp. 4602.
[135] Vgl. FARNY, D., Versicherung, Sp. 4584 f.
[136] Vgl. FARNY, D., Versicherungsbetriebslehre, S. 83 f.
[137] Vgl. ALBRECHT, P., Was ist Versicherung?, S. 27.

Ein Versicherer kann im Zuge seiner Zeichnungs- und Rückversicherungspolitik nur wenig beeinflussen, welche Ausmaße diese beiden versicherungstechnischen Risiken einnehmen. Jedoch ist er dazu fähig, den als **Irrtumsrisiko** beschriebenen Schätzfehler einzudämmen. Dieser besteht darin, dass sich die tatsächlichen und die erwarteten Schäden unterscheiden, da die Schadenverteilung durch versicherungsmathematische Methoden falsch aufgestellt wurde. Das Irrtumsrisiko kann deshalb reduziert werden, indem die Aktuare zum einen Schadendaten erheben, die möglichst repräsentativ für das betrachtete Vertragsportfolio sind, und zum anderen Schätzverfahren verwenden, die möglichst wenig fehleranfällig sind.[138]

Helten teilt das versicherungstechnische Gesamtrisiko anhand der unterschiedlichen statistischen **Grundlagen** in ein Diagnose- und ein Prognoserisiko.[139] Das **Diagnoserisiko** liegt vor, falls die statistischen Merkmale von historischen Schadendaten nicht zutreffend diagnostiziert werden und deshalb keine repräsentative Schadenverteilung erstellt wird. Hingegen reflektiert das **Prognoserisiko**, dass trotz zutreffend erstellter und konstanter Schadenverteilung die erwarteten von den tatsächlichen Schäden abweichen können, da letztere zufällig eintreten.

Überdies werden die genannten Begriffe für die einzelnen versicherungstechnischen Risiken in der Literatur unterschiedlich verwendet. So setzt *Farny* einerseits das Diagnoserisiko mit dem Irrtumsrisiko gleich und sieht andererseits das Prognoserisiko als inhaltlich übereinstimmend mit dem Zufalls- sowie dem Änderungsrisiko.[140] Demgegenüber teilt *Albrecht* das versicherungstechnische Gesamtrisiko in Zufalls- und Irrtumsrisiko, wobei für ihn das letztere Risiko wiederum aus dem Diagnose- und dem Prognoserisiko besteht.[141]

Ein Versicherungsunternehmen kann das durch Versicherungsverträge übernommene versicherungstechnische Gesamtrisiko wie erläutert nicht vollständig neutralisieren. Gleichwohl ist es durch **risikopolitische Instrumente** steuerbar. Zum Beispiel können die gezeichneten Risiken teilweise an einen Rückversicherer weitergegeben werden, was beim Erstversicherer sowohl risiko- als auch ertragsmindernd wirkt. Außerdem können die Prämien nach verschiedenen Risikomerkmalen differenziert kalkuliert werden, z. B. separat für Personen mit dem Merkmal Raucher und für Personen mit dem Merkmal Nichtraucher.[142]

[138] Vgl. FARNY, D., Versicherungsbetriebslehre, S. 93.
[139] Vgl. HELTEN, E., Messung des Risikos, S. 49 f.
[140] Vgl. FARNY, D., Versicherungsbetriebslehre, S. 84.
[141] Vgl. ALBRECHT, P./SCHWAKE, E., Versicherungstechnisches Risiko, S. 653.
[142] Vgl. SCHULTE-NOELLE, H., Risikopolitik, Sp. 2160-2164.

251.2 Kapitalanlagerisiken

Die in Abschnitt 251.1 erörterten versicherungstechnischen Risiken sind bilanziell in den versicherungstechnischen Rückstellungen reflektiert. Hingegen spiegeln sich die Kapitalanlagerisiken eines Lebensversicherers in seinen Kapitalanlagen bzw. Finanzinstrumenten.[143] Für bestimmte Lebensversicherer können die Kapitalanlagerisiken sogar bedeutender sein als die versicherungstechnischen Risiken, da für die Spar- und Entsparprozesse von Lebensversicherungen umfangreiche Kapitalanlagen nötig sind und die in der Vergangenheit versprochenen Zinsgarantien in der aktuellen Niedrigzinsphase nur schwer erwirtschaftet werden können.[144]

Zwar sind die Kapitalanlagerisiken direkt mit dem Kapitalanlagegeschäft verbunden, das im Abschnitt 222 erläutert wurde. **Indirekt** sind sie aber auch vom Risiko- sowie Spar- und Entspargeschäft abhängig. So verpflichtet sich ein Versicherer z. B. bei einer kapitalbildenden Lebensversicherung dazu, die erhaltenen Sparprämien und die ggfs. nicht verbrauchten Risikoprämien verzinst zurückzuzahlen. Sofern es ihm aber nicht gelingt, die Sparprämien so zu investieren, dass zumindest die gegebene Zinsgarantie erzielt wird, übersteigen die Deckungsrückstellungen die nach § 125 Abs. 1 VAG als Teil des Sicherungsvermögens zu haltenden Kapitalanlagen des Versicherers. Diese sogenannte **Unterdeckung** muss dann folglich durch das Eigenkapital des Versicherers ausgeglichen werden.[145]

In der Literatur werden Kapitalanlagerisiken unterschiedlich differenziert und aufgefasst.[146] Hier sei die für das Asset-Liability-Management relevante Sicht vertreten, dass Risiken nicht nur Verlustgefahren, sondern auch Gewinnchancen aus ggfs. positiven Abweichungen zwischen Plan-Größen und Ist-Größen darstellen. Da dies relevant dafür ist, wie die Lebensversicherungsgeschäfte nach IFRS 9 und nach IFRS 17 bewertet und bilanziert werden, werden hier die folgenden vier Risikoarten unterschieden:

- **Marktpreisrisiko**, z. B. von Aktien, Derivaten, Immobilien, Rohstoffen oder Fondsanteilen. Darunter fallen auch modellierte Marktwerte bzw. Fair Value von nicht an Märkten gehandelten Vermögenswerten, wie z. B. illiquide Unternehmensbeteiligungen.

---

143 Vgl. SCHRADIN, H. R., Erfolgsorientiertes Versicherungsmanagement, S. 36.

144 Vgl. BOWÉ, N./SCHANZ, W./KEIL, T., Risiken im Lebensversicherungsgeschäft, S. 1.

145 Vgl. KÖNIG, A./KNEMEYER, U./MÜLLER, E., Risikoidentifikation, S. 26 f.

146 Zum Beispiel unterscheidet *Farny* das Risiko der Kapitalminderung durch Kurs- oder Bonitätsverschlechterungen, das Risiko der Unterschreitung von Gewinnzielen, z. B. durch nachteilige Zinsänderungen, und das Risiko der eingeschränkten Liquidierbarkeit von Kapitalanlagen. Vgl. FARNY, D., Versicherungsbetriebslehre, S. 900 f. *Gondring* differenziert in Kapitalmarkt-, Kredit- und Liquiditätsrisiken. Vgl. GONDRING, H., Versicherungswirtschaft, S. 521. *Hartmann-Wendels/ Pfingsten/Weber* unterscheiden im Kontext der Bankbetriebslehre in Liquiditäts-, Ausfall-, und Preisrisiken. Vgl. HARTMANN-WENDELS, T./PFINGSTEN, A./WEBER, M., Bankbetriebslehre, S. 381.

- **Zinsrisiko**, z. B. von fest- oder variabel verzinslichen Staats- und Unternehmensanleihen oder Schuldverschreibungen. Obwohl der Zins ein Preis ist – nämlich für die Überlassung von Kapital – wird das Zinsrisiko wegen seiner Bedeutsamkeit für Lebensversicherer hier separat genannt. Das Zinsrisiko spaltet sich zum einen in ein Kursrisiko, da die Fair Value von Fremdkapitalinstrumenten sinken, wenn die zur Diskontierung der zukünftig aus den Fremdkapitalinstrumenten resultierenden Zahlungsströme genutzten Marktzinsen steigen und vice versa. Zum anderen besteht es als ein Wiederanlagerisiko, sofern die Kupon- und Tilgungszahlungen zu anderen als den erwarteten Zinsen erneut investiert werden müssen.
- **Liquiditätsrisiko**, z. B. von langfristigen Unternehmensbeteiligungen oder Infrastrukturinvestments, die für die Lebensversicherer aufgrund der historisch niedrigen Renditen von Fremdkapitalinstrumenten zurzeit attraktiv sind.
- **Kreditrisiko**, z. B. von Staats- und Unternehmensanleihen. Dieses Risiko umfasst sowohl nicht oder verspätet geleistete Zins- und Tilgungszahlungen als auch durch verschlechterte Emittenten- oder Emissionsratings gestiegene Risikozuschläge.[147]

Sowohl die Kapitalanlagerisiken als auch die versicherungstechnischen Risiken müssen für **Solvency II** quantifiziert werden, durch das die aufsichtsrechtlichen Regeln zur Mindestausstattung von europäischen Versicherern mit Eigenmitteln reformiert wurde.[148] Die Mindestausstattung der Versicherer mit Eigenmitteln wird als Solvenzkapitalanforderung bezeichnet und kann beispielsweise durch eine von der Versicherungsaufsicht vorgegebenen Standardformel berechnet werden.[149] Durch die modular aufgebaute **Standardformel** wird die für die Kapitalanlagerisiken benötigte Solvenzkapitalanforderung im sogenannten Marktrisikomodul ermittelt, das abermals aus Modulen für das Zins-, Aktien-, Immobilien-, Spread-, Wechselkurs-, Konzentrations- und Illiquiditätsprämienrisiko besteht. Zwar ist solch eine detaillierte Differenzierung der Kapitalanlagerisiken vornehmlich dafür relevant, die aufsichtsrechtlichen Eigenmittelvorschriften gemäß Solvency II zu befolgen.[150] Weil die genannten Kapitalanlagerisiken – und die jeweiligen Berechnungsregeln – sich aber auch auf das als ein Teil des Risikomanagementsystems eines deutschen Lebensversicherers zu implementierende Asset-Liability-Management auswirken, seien sie hier dennoch genannt.[151]

[147] Vgl. Farny, D., Versicherungsbetriebslehre, S. 900 f.; Albrecht, P./Huggenberger, M., Risikomanagement, S. 238; Möbius, C./Pallenberg, C., Risikomanagement, S. 117 f.
[148] Vgl. Albrecht, P./Huggenberger, M., Risikomanagement, S. 16-18.
[149] Vgl. § 96 Abs. 1 VAG; Gründl, H./Kraft, M., Solvency II, S. 47 f.
[150] Vgl. § 104 Abs. 2 VAG; Albrecht, P./Huggenberger, M., Risikomanagement, S. 17.
[151] Vgl. Schradin, H. R./Zons, M., Wertorientierte Steuerung, S. 164 f.; Knauth, K.-W., Systemwandel, S. 27.

252. Begriff und Ziele des Asset-Liability-Managements

Der Begriff des Asset-Liability-Managements wird in der Literatur unterschiedlich definiert.[152] *Jost* versteht hierunter umfassend einen „[...] Managementansatz, bei dem die **Risiken** aus dem leistungswirtschaftlichen und dem finanzwirtschaftlichen Bereich unternehmenszielbezogen aufeinander abgestimmt werden."[153] Diese Risiken bestehen aus den versicherungstechnischen Risiken und den Kapitalanlagerisiken.[154] Um zu verdeutlichen, dass im Asset-Liability-Management auch zu berücksichtigen ist, wie ein Lebensversicherer seine Finanzinstrumente und Lebensversicherungsverträge bilanziert, sei hier die auf das **Bilanzstrukturmanagement** abstellende Definition von *Heinke* genannt: „Unter Asset-/Liability-Management (ALM) kann allgemein die integrierte Analyse und optimierte **strategische Steuerung** eines Unternehmens nach finanziellen Kriterien verstanden werden, bei der die bestehenden **Vermögenspositionen** (Assets) und die **Verpflichtungen** (Liabilities) des Unternehmens sowie ihre gegenseitigen Interdependenzen simultan betrachtet werden. [...] Ziel des ALM ist es, eine Informationsgrundlage für Entscheidungen zu schaffen, die nicht durch Funktions- oder Spartendenken, sondern durch **gesamtunternehmerisches Denken** geprägt sind."[155] Wegen der gesamtunternehmerischen Sichtweise ist das Asset-Liability-Management meistens als eine übergeordnete und koordinierende Stabsstelle organisiert.[156] Die Verbindung zwischen dem Asset-Liability-Management und der Bilanzstruktur eines Lebensversicherers betont ebenfalls die folgende Definition von *Albrecht*: „ALM beinhaltet im Kern die *zielgerichtete Koordination der Steuerung der Aktiva und Passiva*, der Abstimmung des Kapitalanlageportefeuilles (Assets) mit den durch die Versicherungsprodukte induzierten versicherungstechnischen Verpflichtungen (Liabilities)."[157]

Die als erstes genannte Definition von *Jost* verdeutlicht, dass das ALM als eine versicherungsspezifische Anwendung des betrieblichen Risikomanagements verstanden werden kann, da sie auf die leistungs- und finanzwirtschaftlichen Risiken eines Versicherungsunternehmens abstellt.[158] Hingegen betont die Definition von *Heinke*, dass im Asset-Liability-Management eine gesamtunternehmerische Sicht einzunehmen ist, aus der ein Unternehmen nach finanziel-

[152] Vgl. JOST, C., Asset-Liability-Management (b), S. 285.
[153] JOST, C., Asset-Liability-Management (a), S. 9 (Hervorhebung durch den Verfasser).
[154] Vgl. JOST, C., Asset-Liability-Management (a), S. 90 f.
[155] HEINKE, V. G., Asset-Liability-Management, Sp. 141 (Hervorhebungen durch den Verfasser).
[156] Vgl. GRAUMANN, M./HEIMSTÄTTER, M., Planung des ALM, S. 55.
[157] ALBRECHT, P., Asset Liability Management, S. 428.
[158] Vgl. JOST, C., Asset-Liability-Management (b), S. 286. Vgl. zu dem Begriff des Risikomanagements z. B. ALBRECHT, P./HUGGENBERGER, M., Risikomanagement, S. 5-7.

le Kriterien analysiert und optimiert werden soll. In diesem Sinn kann das ALM auch als ein integriertes Chancen- und Risikomanagement verstanden werden,[159] durch das letztendlich der Wert eines betrachteten Unternehmens gesteigert werden soll.[160]

Hierzu werden durch das Asset-Liability-Management einerseits ein **Sicherheitsziel** und andererseits ein **Gewinnziel** verfolgt.[161] Für das Sicherheitsziel ist zu gewährleisten, dass ein Versicherungsunternehmen langfristig fortbesteht, was vor allem für die langfristig orientierten deutschen Lebensversicherer eine hohe Priorität besitzt.[162] Es steht in einem **Konflikt** mit dem Gewinnziel, da höhere Kapitalerträge üblicherweise nur möglich sind, indem im Gegenzug höhere Risiken am Kapitalmarkt eingegangen werden.[163]

Um das Sicherheitsziel zu erreichen, kann ein Versicherer die Kapitalanlagen durch das im Abschnitt 255.2 erläuterte Cashflow-Matching so mit den versicherungstechnischen Rückstellungen **abstimmen**, dass sich die aus den beiden Posten erwarteten Zahlungsströme zeitlich und betragsmäßig ausgleichen. Hierdurch wird es wahrscheinlicher, dass die liquiden Mittel des Versicherers dazu ausreichen, die eingegangenen Verpflichtungen zu bedienen. Im Gegenzug dazu verzichtet der Versicherer durch ein vollständiges Cashflow-Matching aber auf Gewinnchancen, die mit der Fristentransformation zwischen den Finanzinstrumenten und den Lebensversicherungsverträgen bzw. den für letztere anzusetzenden versicherungstechnischen Rückstellungen üblicherweise verbunden sind.[164] Außerdem kann ein vollständiges Cashflow-Matching nicht dazu beitragen, den Unternehmenswert zu steigern, da hierfür sowohl die vertraglich garantierte Mindestverzinsung als auch eine relativ attraktive Überschussbeteiligung erwirtschaftet werden müssen. Statt einseitig das Sicherheitsziel zu gewährleisten, muss im Asset-Liability-Management deshalb **gleichgewichtig** auch das Gewinnziel verfolgt werden, und zwar indem zunächst Risikolimits festgesetzt werden und anschließend in jenem Rahmen gezielt bestimmte Kapitalanlagerisiken eingegangen werden.[165]

---

159 Vgl. ebenso GABRIEL, A./ROCKEL, W., Risikomanagement, S. 103.

160 Vgl. BASSE, T. ET AL., Asset-Liability Management, S. 621.

161 Vgl. ALBRECHT, P., Asset Liability Management, S. 428. Zu Gewinn und Sicherheit als konkurrierende Ziele von (Versicherungs-)unternehmen vgl. FARNY, D., Gewinn und Sicherheit, S. 76 f.; HAX, K., Versicherungswesen, S. 82; BAETGE, J./KIRSCH, H.-J./THIELE, S., Bilanzen, S. 6 f.

162 Vgl. NGUYEN, T., Risikoorientierte Steuerung, S. 197 f.; GONDRING, H., Versicherungswirtschaft, S. 319; HAX, K., Versicherungswesen, S. 82.

163 Vgl. ALBRECHT, P./MAURER, R./SCHRADIN, H. R., Kapitalanlageperformance, S. 5.

164 Vgl. FARNY, D., Versicherungsbetriebslehre, S. 886; BASSE, T. ET AL., Asset-Liability Management, S. 626.

165 Vgl. FÜHRER, C., ALM in der Lebensversicherung, S. 48-51.

Diesbezüglich wurden spezielle ALM-Modelle für die Lebensversicherung entwickelt, um die Eigenschaften dieses Versicherungszweiges zu berücksichtigen.[166] Diese bestehen vor allem im Vergleich zur Schaden-/Unfallversicherung darin, dass Lebensversicherungsverträge meistens sehr langfristig abgeschlossen werden und umfangreiche Optionen sowie Zinsgarantien und eine Überschussbeteiligung der Versicherungsnehmer vorsehen.[167]

253. Notwendigkeit des Asset-Liability-Managements

253.1 Wirtschaftliche Notwendigkeit

Das Konzept des Asset-Liability-Managements wurde entwickelt, um das Zinsrisiko von US-amerikanischen Kreditinstituten zu steuern.[168] Dies besteht – ähnlich wie für die Lebensversicherung – darin, dass sich die sogenannte **Zinsspanne** zwischen ausgegebenen Krediten und hereingenommenen Bankeinlagen ändert.[169] In den 1980er Jahren wurde das Konzept des Asset-Liability-Managements erstmals auch von Lebensversicherern angewandt, und zwar um Unternehmensinsolvenzen vorzubeugen.[170]

Aus wirtschaftlicher Sicht ist ein systematisches ALM von Kapitalanlagen und versicherungstechnischen Rückstellungen notwendig, um auf **veränderte Rahmenbedingungen** für das Lebensversicherungsgeschäft zu reagieren. Zum Beispiel wurde die Preisentwicklung auf den Renten- und Aktienmärkten der Industrienationen seit den 1970er Jahren zunehmend volatil. Zudem wurden Lebensversicherungsmärkte und -produkte im Zuge des einheitlichen europäischen Binnenmarkts dereguliert, um den Wettbewerb zwischen den Altersvorsorgeprodukten länderübergreifend zu intensivieren.[171] Ferner führen eine alternde Bevölkerung und neuartige Kundenanforderungen zu einem sinkenden Neugeschäft, z. B. für die auf dem deutschen Versicherungsmarkt traditionell beliebten kapitalbildenden Lebensversicherungen.[172]

---

[166] Vgl. z. B. ALBRECHT, P., Asset Liability Management, S. 433 f.; ROTHE, L., ALM von Lebensversicherern, S. 78 f.; RATHMANN, D., ALM von Lebensversicherern, S. 49-53; ROSSKOPF, J., ALM bei Lebensversicherungen, S. 184; HORN, O./ZWIESLER, H.-J., ALM deutscher Lebensversicherer, S. 168-170; HORN, O., ALM in der Lebensversicherung, S. 253 f.

[167] Vgl. FARNY, D., Versicherungsbetriebslehre, S. 882; HEINKE, V. G., Asset-Liability-Management, Sp. 142; SCHÖLISCH, D., Risikomanagement von Lebensversicherern, S. 166-170.

[168] Vgl. JOST, C., Asset-Liability-Management (b), S. 283 f.

[169] Vgl. HARTMANN-WENDELS, T./PFINGSTEN, A./WEBER, M., Bankbetriebslehre, S. 568 f.

[170] Vgl. HEINKE, V. G., Asset-Liability-Management, Sp. 143; FÜHRER, C., ALM in der Lebensversicherung, S. 14; JOST, C., Asset-Liability-Management (b), S. 284.

[171] Vgl. FÜHRER, C., ALM in der Lebensversicherung, S. 12-16; ALBRECHT, P., Asset Liability Management, S. 428; ALBRECHT, P./MAURER, R./SCHRADIN, H. R., Kapitalanlageperformance, S. 1; JOST, C., Asset-Liability-Management (b), S. 284 f.; HOFMEIER, H./KRAUSE, D./MENNING, T., Risikotragfähigkeit, S. 1477 f.

[172] Vgl. SCHRADIN, H. R., Niedrigzinsen, S. 215; BONADURER, W., US-Lebensversicherung, S. 499; KNAUTH, K.-W., Systemwandel, S. 22.

Für deutsche Lebensversicherer ist es besonders notwendig, die durch die erhaltenen Prämien aufgebauten Kapitalanlagen und versicherungstechnischen Rückstellungen durch ein ALM simultan zu analysieren und zu steuern, da sich die Rentenmärkte in einer Niedrigzinsphase befinden.[173] Hieran ist problematisch, dass die deutschen Lebensversicherer wegen den in der Vergangenheit vergleichsweise hohen Renditen von Fremdkapitalinstrumenten **umfassende Zinsgarantien** gewährten, die sich auch weiterhin in den Versicherungsbeständen befinden.[174] Deshalb betrug die durchschnittliche jährliche garantierte Verzinsung von den als Deckungsrückstellungen angesammelten Sparprämien z. B. im Jahr 2015 noch vor der unten erläuterten Zinszusatzreserve ungefähr 3 %.[175] Allerdings können die Lebensversicherer ihre gegebenen Zinsgarantien nur zu stetig abnehmenden Teilen aus der **laufenden Verzinsung** ihrer überwiegend festverzinslichen Kapitalanlagen erbringen. Zum Beispiel sank die durchschnittliche Rendite der Kapitalanlagen der deutschen Lebensversicherer kontinuierlich von ca. 4,6 % im Jahr 2008 auf ca. 3,9 % im Jahr 2014.[176]

Seit dem Jahr 2015 wird davor gewarnt, dass bei Lebensversicherern künftig eine existenzbedrohende Finanzierungslücke zwischen den Kapitalerträgen und dem Aufwand für die gegebenen Zinsgarantien entstehen könnte.[177] So bezifferte sich im Jahr 2015 die Umlaufrendite von Bundeswertpapieren mit Restlaufzeiten von über 8 bis 15 Jahren, die zu den für deutsche Versicherer wichtigsten Finanzinstrumenten gehören, auf durchschnittlich 0,52 %.[178] Hingegen schätzt die Deutsche Bundesbank im Jahr 2015, dass die mittlere Zinsgarantie aus den abgeschlossenen Lebensversicherungsverträgen langfristig ca. 2,5 % betragen wird, was eine **negativen Zinsspanne** von 1,98 % bedeuten würde.[179] Um die Versicherten dennoch an Überschüssen und Bewertungsreserven zu beteiligen, verkaufen die Lebensversicherer derzeit Altbestände an hochverzinsten Schuldinstrumenten. Da sich jene hochverzinsten Instrumente aber am besten eignen, um die langfristigen Zinsgarantien aus Lebensversicherungsverträgen zu decken, konterkariert diese Entwicklung das Ziel eines stabilen Finanzsystems.[180]

---

[173] Vgl. DEUTSCHE BUNDESBANK (Hrsg.), Finanzstabilitätsbericht 2015, S. 42.

[174] Vgl. GRÜNDL, H., Niedrigzinsen, S. 191 f.

[175] Vgl. ASSEKURATA RATING-AGENTUR GMBH (Hrsg.), Präsentation Überschussstudie 2016, S. 11.

[176] Vgl. DEUTSCHE BUNDESBANK (Hrsg.), Finanzstabilitätsbericht 2015, S. 43.

[177] Vgl. DEUTSCHE BUNDESBANK (Hrsg.), Finanzstabilitätsbericht 2015, S. 49-51; SCHRADIN, H. R., Niedrigzinsen, S. 217 f.; GRÜNDL, H., Niedrigzinsen, S. 191 f. Zu dieser Gefahr bereits für den Zeitraum von 1998 bis 2004 vgl. FAULHABER, M., Verantwortlicher Aktuar, S. 102-104.

[178] Vgl. DEUTSCHE BUNDESBANK (Hrsg.), Kapitalmarktstatistik Mai 2016, S. 39.

[179] Vgl. DEUTSCHE BUNDESBANK (Hrsg.), Finanzstabilitätsbericht 2015, S. 50.

[180] Vgl. ROCKEL, W. ET AL., Versicherungsbilanzen, S. 327; GRÜNDL, H., Niedrigzinsen, S. 197.

Als eine Reaktion auf die geänderten Rahmenbedingungen und die Niedrigzinsphase kann das Asset-Liability-Management verschiedene **Steuerimpulse** geben. Beispielsweise könnte die Kapitalmarktsituation analysiert und daraus gefolgert werden, dass keine Lebensversicherungsverträge mit Zinsgarantien mehr angeboten werden sollen, weil von langfristig niedrigen Zinsen ausgegangen wird. Statt vertraglichen Zinsgarantien kann eine von der Kapitalmarktentwicklung abhängige Verzinsung der gezahlten Sparprämien vorgesehen werden, wobei im Unterschied zu den etablierten fonds- oder indexgebundenen Lebensversicherungen der Wert der eingezahlten Sparprämien garantiert werden würde.[181] Auch könnte versucht werden, laufende Überschussanteile zugunsten von zum Vertragsende fälligen Schlussüberschussanteilen zu senken, falls unterstellt wird, dass das Zinsniveau mittelfristig steigt.[182] Ferner kann durch das ALM angeregt werden, auf die Niedrigzinsphase zu reagieren, indem stärker in Aktien und alternative Kapitalanlagen investiert wird, z. B. in illiquide Infrastrukturinvestments.

Zudem beschloss die Bundesregierung in den Jahren 2011 bis 2014 mehrere Gesetze, um der gestiegenen Insolvenzgefahr von deutschen Lebensversicherern vorzubeugen. Erstens schrieb sie die Bildung einer **Zinszusatzreserve** vor, indem die Deckungsrückstellungsverordnung (DeckRV) geändert wurde. Durch sie bezweckt die Bundesregierung, dass die deutschen Lebensversicherer ihre Deckungsrückstellungen vorsorglich erhöhen sollen, um für auch künftig weiter sinkende Kapitalerträge vorzusorgen.[183] Tatsächlich bildeten die deutschen Lebensversicherer bis Ende des Jahres 2015 eine Zinszusatzreserve in Höhe von 30 Milliarden Euro, wobei zum Vergleich hierzu ihr bilanzielles Eigenkapital am Ende des Jahres 2015 insgesamt ca. 15 Milliarden Euro betrug.[184] Da die Änderung der DeckRV als nicht ausreichend erachtet wurde, beschloss die Bundesregierung im Jahr 2014 das **Lebensversicherungsreformgesetz** (LVRG), durch das beispielsweise der Höchstzinssatz gemäß § 2 Abs. 1 DeckRV von 1,75 % auf 1,25 % gesenkt wurde. Außerdem wurde durch das LVRG die Beteiligung der Versicherungsnehmer an den Bewertungsreserven eines Versicherers für den Fall eingeschränkt, dass die Solvenzlage des Versicherers nach § 139 Abs. 4 VAG als gefährdet einzustufen ist.[185]

---

[181] Vgl. GRÜNDL, H., Niedrigzinsen, S. 200 f.; ASSEKURATA RATING-AGENTUR GMBH (Hrsg.), Marktausblick zur Lebensversicherung 2016/2017, S. 18 f.
[182] Vgl. SCHRADIN, H. R., Niedrigzinsen, S. 222 f.
[183] Vgl. § 5 Abs. 4 DeckRV; HOFMEIER, H./KRAUSE, D./MENNING, T., Risikotragfähigkeit, S. 1477 f.
[184] Vgl. ASSEKURATA RATING-AGENTUR GMBH (Hrsg.), Präsentation Überschussstudie 2016, S. 10.
[185] Vgl. Art. 4 Nr. 1 LVRG; GRÜNDL, H., Niedrigzinsen, S. 196.

253.2 Aufsichtsrechtliche Notwendigkeit

Ein Asset-Liability-Management ist nicht nur aus wirtschaftlichen Gründen notwendig, sondern auch durch aufsichtsrechtliche Regeln vorgeschrieben. Nachdem das Versicherungsaufsichtsgesetz (VAG) im Jahr 2015 geändert wurde, um die sogenannte Solvency II-Richtlinie 2009/138/EG national umzusetzen, finden sich in dem VAG zwei entsprechende Textstellen.

Erstens muss das Risikomanagementsystem eines Versicherers nach § 26 Abs. 5 Nr. 2 VAG das **Aktiv-Passiv-Management** abdecken. Darunter wird in der Literatur ein darauf fokussiertes Asset-Liability-Management verstanden, die Kapitalanlagen bzw. Finanzinstrumente und die Lebensversicherungsverträge bzw. für sie gebildeten versicherungstechnischen Rückstellungen koordiniert zu steuern.[186] Jedoch wurde der Begriff „Aktiv-Passiv-Management" in einem der ersten Entwürfe zu dem VAG aus dem Jahr 2012 noch als ein „Asset-Liability-Management" bezeichnet.[187]

Zweitens ist im **Marktrisikomodul** der Solvenzkapitalanforderung gemäß § 104 Abs. 1 Satz 2 VAG „[...] die strukturelle Inkongruenz zwischen Vermögenswerten und Verbindlichkeiten, insbesondere bezüglich deren Laufzeit, angemessen widerzuspiegeln." Im Gegensatz zur Kreditwirtschaft besteht eine **Laufzeitinkongruenz** im Lebensversicherungsgeschäft daraus, dass an den Kapitalmärkten nur Finanzinstrumente angeboten werden, die eine kürzere Frist aufweisen, als nötig wäre, um die für langfristig abgeschlossene Lebensversicherungsverträge zu passivierenden versicherungstechnischen Rückstellungen vollständig zu bedecken.[188] Wenn im ALM also entschieden wird, den Laufzeitunterschied zwischen Finanzinstrumenten sowie Versicherungsverträgen zu reduzieren, schlägt sich dieses u. a. in einer sinkenden Solvenzkapitalanforderung aus dem Marktrisikomodul der Standardformel nach Solvency II nieder.[189]

Überdies ist ein ALM implizit nötig, um den in § 124 VAG normierten Anlagegrundsätzen zu entsprechen[190] Denn nach § 124 Abs. 1 Nr. 3 VAG sind „Vermögenswerte, die zur Bedeckung der versicherungstechnischen Rückstellungen gehalten werden, [...] in einer der Art und

[186] Vgl. HEINKE, V. G., Asset-Liability-Management, Sp. 141; JOST, C., Asset-Liability-Management (b), S. 292-295; FÜHRER, C., ALM in der Lebensversicherung, S. 38-43. Ein vollständiges ALM umfasst zusätzlich eine marktwertorientierte Ergebnissteuerung, ein Risikomanagementsystem und eine Analyse der aus den einzelnen Positionen resultierenden Zahlungsströme. Vgl. HEINKE, V. G., Asset-Liability-Management, Sp. 142.

[187] Vgl. DEUTSCHER BUNDESTAG (Hrsg.), BT-Drucksache 17/9342, S. 25; DREHER, M., Solvenzanforderungen, S. 407.

[188] Vgl. DEUTSCHE BUNDESBANK (Hrsg.), Finanzstabilitätsbericht 2015, S. 42; GRÜNDL, H., Niedrigzinsen, S. 192; SCHRADIN, H. R., Niedrigzinsen, S. 214.

[189] Vgl. BASSE, T. ET AL., Asset-Liability Management, S. 625 f.

[190] Vgl. – allerdings auf den Rechtsstand vor Solvency II bezogen – SHEVCHENKO, G., Kapitalanlagen von Lebensversicherern, S. 54 f.; JOST, C., Asset-Liability-Management (b), S. 293 f.

Laufzeit der Erstversicherungs- und Rückverbindlichkeiten des Unternehmens angemessenen Weise anzulegen […].“ Aus diesem Grund ist auch im Kapitalanlagemanagement zu berücksichtigen, welche Laufzeiten und weiteren Eigenschaften die gebildeten versicherungstechnischen Rückstellungen aufweisen, welches eine der Kernaufgaben des ALM darstellt.[191]

254. Arten und Umfänge des Asset-Liability-Managements

Die Art und der Umfang des Asset-Liability-Managements sind in der Unternehmenspraxis unterschiedlich ausgeprägt, wie anhand von verschiedenen Kriterien deutlich wird. Erstens kann das ALM entweder auf einer Makro-Ebene oder auf einer Mikro-Ebene ausgeführt werden. Ein auf der Makro-Ebene vollzogenes ALM betrachtet die gesamten Vermögenswerte und Verbindlichkeiten eines Versicherers. Demgegenüber wird bei einem auf der Mikro-Ebene durchgeführtem ALM nur eine Teilmenge analysiert und gesteuert, z. B. die zu einer bestimmten Lebensversicherungsart gehörenden Kapitalanlagen bzw. Finanzinstrumente und versicherungstechnischen Rückstellungen.[192]

Zweitens kann davon abhängig, ob im ALM die Kapitalanlagen und versicherungstechnischen Rückstellungen als gegeben oder als sich wechselseitig beeinflussend modelliert werden, ein **sukzessives** von einem **simultanen ALM** unterschieden werden.[193] Beim sukzessiven ALM werden die versicherungstechnischen Rückstellungen als gegeben angenommen und von ihnen ausgehend die Kapitalanlagen hinsichtlich finanzieller Kennzahlen optimiert, z. B. bezüglich des erwarteten Rendite-/Risikoprofils. Im Unterschied dazu werden bei einem simultanen ALM die Interdependenzen zwischen den Kapitalanlagen und den versicherungstechnischen Rückstellungen modelliert, wozu mehrere sukzessive Schritte notwendig sind.[194]

Drittens kann sich die Art des Asset-Liability-Managements darin unterscheiden, ob die zugrunde gelegten Eingangsparameter entweder **deterministisch** oder **stochastisch** modelliert sind. Deterministisch ermittelte Parameter basieren auf Erfahrungswerten oder Szenarien.[195] Hingegen werden stochastische Parameter geschätzt, indem Wahrscheinlichkeitsverteilungen für eine Vielzahl an theoretisch möglichen Parameterausprägungen aufgestellt werden.[196] Ein deterministisches ALM-Modell eignet sich eher, wenn erwartet wird, dass die Kapitalanlagen und versicherungstechnischen Rückstellungen über die Zeit relativ konstant bleiben. Andern-

[191] Vgl. BUSSON, M. ET AL., Asset Liability Management, S. 635 f.
[192] Vgl. ALBRECHT, P., Asset Liability Management, S. 431 f.
[193] Vgl. HORN, O., ALM in der Lebensversicherung, S. 22 f.
[194] Vgl. FÜHRER, C., ALM in der Lebensversicherung, S. 34.
[195] Vgl. ZWIESLER, H.-J., Asset-Liability-Management, S. 123 f.
[196] Vgl. MÜLLER-REICHART, M., Risikomanagement, S. 275-277.

falls werden die Eingangsparameter stochastisch modelliert, z. B. für Zinssätze, Aktien- und Immobilienrenditen sowie Stornowahrscheinlichkeiten.[197]

255. Methoden des Asset-Liability-Managements

255.1 Überblick

Die zum Asset-Liability-Management angewendeten Methoden sind in drei Gruppen einteilbar, wie aus der Abbildung 2-4 ersichtlich ist. Zu der Gruppe der **Immunisierungsstrategien** gehören die Methoden des Cashflow-Matching und des Duration-Matching,[198] die in den Abschnitten 255.2 und 255.3 erläutert werden. Denn im Abschnitt 41 wird anhand dieser beiden Methoden veranschaulicht, wie sich ein Accounting Mismatch auf die bilanzielle Darstellung des Asset-Liability-Managements auswirkt.

Gruppe	Immunisierungs-strategien	Optimierungs-strategien	Unternehmens-simulationen
ALM-Methode	Cashflow-Matching Duration-Matching	Nach Markowitz Nach Leibowitz	Dynamic Financial Analysis Stress-Tests
Ziel	Immunisierung gegen Liquiditäts- oder Zinsänderungsrisiken	Optimierung des Rendite-/Risikoprofils der Kapitalanlagen	Langfristige Vorhersage der gesamten Finanzlage eines Unternehmens
Zeithorizont	Mehrperiodig	Einperiodig	Mehrperiodig
Explizite Risikomodellierung	Nein	Durch Varianz und Kovarianz	Durch stochastische Verteilungsfunktionen

Abbildung 2-4: Überblick zu den Methoden des Asset-Liability-Managements[199]

Zu den **Optimierungsstrategien** zählen die Optimierungsmethoden nach Markowitz und nach Leibowitz. Sie werden eingesetzt, um das Rendite-/Risikoprofil der Kapitalanlagen für einen einperiodigen Zeithorizont zu optimieren. Dafür sind die rendite-/risikooptimalen Portfoliogewichte der einzelnen Anlageklassen zu ermitteln, wobei die für die versicherungstechnischen Rückstellungen nötige Liquidität berücksichtigt werden muss.[200] Dieses Optimierungskalkül basiert auf dem Diversifikationseffekt, welcher eintritt, wenn nicht perfekt positiv korrelierte Investments zu einem bestehenden Portfolio hinzugefügt werden.[201] Risiko wird

---

[197] Vgl. FAULHABER, M., Verantwortlicher Aktuar, S. 109 f.

[198] Vgl. ELING, M./PARNITZKE, T., ALM Studie, S. 11 f.

[199] Die Abbildung ist angelehnt an FÜHRER, C., ALM in der Lebensversicherung, S. 68; JOST, C., Asset-Liability-Management (b), S. 300; ELING, M./PARNITZKE, T., ALM Studie, S. 11 f.

[200] Vgl. FH BIELEFELD (Hrsg.), ALM in der Lebensversicherung, Kap. E, S. 8 f.

[201] Vgl. ALBRECHT, P., Portefeuille-Management, S. 73-75.

bei den Optimierungsstrategien explizit modelliert, und zwar als Varianzen und Kovarianzen der zu schätzenden Renditeverteilungen der Investments.[202]

Als **Unternehmenssimulation** werden alle Methoden bezeichnet, durch die prognostiziert werden soll, wie sich ein gesamtes Unternehmen und seine Finanzlage künftig entwickeln wird. Dabei wird ein langfristiger Zeithorizont betrachtet. Um die Unternehmensentwicklung zu simulieren, sind zunächst geeignete Parameter auszuwählen und fortzuschreiben, z. B. künftige Marktzinsen.[203] Im ALM von Lebensversicherern werden die sogenannte Dynamic Financial Analysis (DFA) sowie die sogenannten Stress-Tests eingesetzt. Durch ein DFA-Modell wird die gesamte Finanz- und Risikolage eines Versicherers abgebildet, wofür die Abhängigkeiten zwischen den ausgewählten Parametern modelliert werden.[204] Dies geschieht mit einer **Monte-Carlo-Simulation**, indem anhand von Zufallszahlen sehr viele Szenarien generiert werden, um eine realistischere Ergebnisverteilung zu erhalten.[205] Hingegen werden bei Stress-Tests lediglich wenige und üblicherweise negative Szenarien unterstellt. Ein Beispiel hierfür ist, wie gemäß Solvency II das nötige Solvenzkapital durch die Standardformel berechnet wird. Hierzu wird nämlich simuliert, wie viele Eigenmittel notwendig sind, um die bilanziellen Auswirkungen von einigen Stressszenarien zu kompensieren.[206]

255.2 Cashflow-Matching

Durch das Cashflow-Matching werden die jeweils aus Kapitalanlagen und versicherungstechnischen Rückstellungen erwarteten **Zahlungsströme** zeitlich und betragsmäßig aufeinander **abgestimmt**.[207] Ein Versicherer immunisiert sich hierdurch gegen das Liquiditätsrisiko, da stets ausreichend Kapitalanlagen liquidierbar sind, um fällig werdende Verpflichtungen aus den Versicherungsverträgen zu erfüllen.[208] Dafür wird ein Portfolio aus Schuldinstrumenten so strukturiert, dass die erwarteten Kupon- und Tilgungszahlungen betragsmäßig und zeitlich mit den erwarteten Mittelabflüssen für versicherungstechnische Rückstellungen übereinstimmen. Je nachdem, wie sehr die Zahlungsströme aufeinander abgestimmt werden, **immunisiert** sich ein Lebensversicherer gegen das Liquiditätsrisiko, wobei er bei einer vollständigen Absiche-

---

[202] Vgl. FH BIELEFELD (Hrsg.), ALM in der Lebensversicherung, Kap. E, S. 9 f.
[203] Vgl. FÜHRER, C., ALM in der Lebensversicherung, S. 139-142.
[204] Vgl. ROMEIKE, F., Dynamische Finanzanalyse, S. 338.
[205] Vgl. ELING, M./PARNITZKE, T., Dynamic Financial Analysis, S. 35.
[206] Vgl. GRÜNDL, H./KRAFT, M., Solvency II, S. 50-60; BUTZKE, M./LUDWIG, S./VIEVERS, C., Standardformel, S. 45-54.
[207] Vgl. ALBRECHT, P., Portefeuille-Management, S. 237; FÜHRER, C., ALM in der Lebensversicherung, S. 100. *Jost* spricht von einer Abstimmung der Zahlungsströme aus dem leistungs- und dem finanzwirtschaftlichen Bereich. Vgl. JOST, C., Asset-Liability-Management (b), S. 300 f.
[208] Vgl. ROTHE, L., ALM von Lebensversicherern, S. 61 f.

rung auf Gewinnchancen verzichtet.[209] Da Lebensversicherungsverträge langfristig bestehen, sind sowohl das Cashflow- als auch das Duration-Matching **mehrperiodig** angelegt.

Zur Ausführung des Cashflow-Matching müssen zunächst künftige Zahlungsströme **geschätzt** werden. Dies erfolgt aus der Sicht des Versicherers so, dass die Prämien aus Versicherungsverträgen als deterministisch angenommen werden, da sie vertraglich festgeschrieben und somit relativ sicher vorhersagbar sind. Hingegen werden die Entschädigungs- und Kapitalauszahlungen stochastisch modelliert, weil versicherte Risiken definitionsgemäß immer **zufällig** eintreten. Ein Portfolio aus Kapitalanlagen verursacht überwiegend deterministische Auszahlungen für Reinvestitionen und teilweise deterministische, teilweise aber auch stochastische Einzahlungen aus Dividenden, Mieten und Zins- sowie Verkaufserträgen.[210] Sonstige für das Cashflow-Matching maßgebliche Ein- und Auszahlungen sind beispielsweise Transaktionskosten für Neuinvestments, ausgezahlte Rückkaufswerte für vorzeitig gekündigte Versicherungsverträge sowie zahlungswirksame Abschluss- und Verwaltungskosten.[211]

Das Cashflow-Matching ist dadurch **begrenzt**, dass nicht für alle künftigen Auszahlungen aus Versicherungsverträgen zeit- und betragsmäßig kongruente Einzahlungen aus Kapitalanlagen gefunden werden können.[212] Denn die Zahlungsstromprofile aus versicherungstechnischen Rückstellungen und Kapitalanlagen weichen in der Regel voneinander ab.[213] Weiterhin ist zu beachten, dass künftige Zahlungsströme davon abhängig sind, wie sich die Marktzinsen entwickeln, was nicht sicher vorhergesagt werden kann. So führt z. B. ein steigendes Zinsniveau sowohl zu höheren Kapitalerträgen als auch zu höheren Auszahlungen für Versicherungsverträge, wobei der gesamte Effekt einer Zinserhöhung schwer zu antizipieren ist. Dies liegt auch daran, dass sich Versicherungsnehmer häufig **nicht finanzrational** verhalten, wenn sie die in Lebensversicherungsverträgen eingebettete Kündigungsoptionen ausüben.[214]

Dennoch wird Cashflow-Matching, wie es in Abbildung 2-5 schemenhaft für einen sechsjährigen Zeithorizont dargestellt ist, im ALM in vielen Fällen eingesetzt. Dies ist vor allem für Fremdkapitalinstrumente möglich, da ihre Zahlungsströme besser vorhersagbar sind als diejenigen von Eigenkapitalinstrumenten.[215] Zudem werden Zahlungsströme aus festverzinslichen

[209] Vgl. FARNY, D., Versicherungsbetriebslehre, S. 886.
[210] Vgl. FARNY, D., Versicherungsbetriebslehre, S. 882.
[211] Vgl. FÜHRER, C., ALM in der Lebensversicherung, S. 100 f.
[212] Vgl. HEINKE, V. G., Asset-Liability-Management, Sp. 145.
[213] Vgl. FÜHRER, C., ALM in der Lebensversicherung, S. 103-112.
[214] Vgl. KÖLSCHBACH, J., Überschussbeteiligung, S. 247.
[215] Vgl. BUSSON, M. ET AL., Asset Liability Management, S. 636.

Fremdkapitalinstrumenten als vergleichbar und sogar teilweise als ökonomisch äquivalent zu den Zahlungsströmen aus Lebensversicherungsverträgen gesehen.[216]

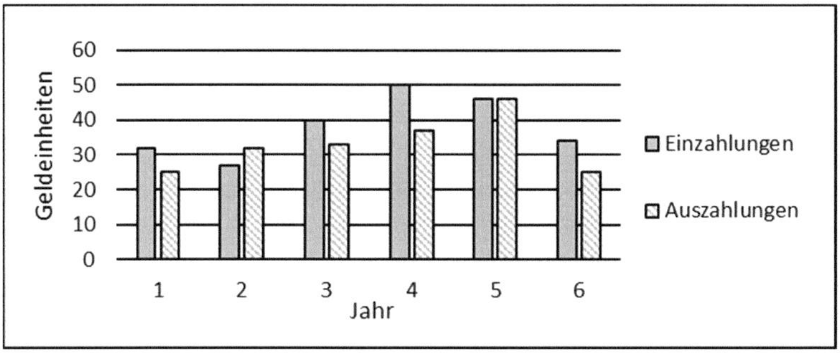

Abbildung 2-5: Schema des Cashflow-Matching[217]

255.3 Duration-Matching

Per Duration-Matching werden die Durationen von Kapitalanlagen und von versicherungstechnischen Rückstellungen angeglichen.[218] Im Vergleich zu dem Cashflow-Matching kann das Duration-Matching vorteilhaft sein, falls kaum zeitlich und betragsmäßig kongruente Ein- und Auszahlungen verfügbar sind.[219] Das Zinssensitivitätsmaß der **Duration** ist definiert als die mit den diskontierten Zahlungsströmen **gewichtete mittlere Restbindungsdauer** eines Finanzinstruments.[220] Durch diese finanzmathematische Kennzahl wird erfasst, dass der Barwert von langfristigen Finanzinstrumenten stärker auf anfallende Zinsänderungen reagiert als der Barwert von kurzfristigen Finanzinstrumenten.[221]

Durch Duration-Matching wird ein Versicherer ganz oder teilweise gegen das Zinsänderungsrisiko **immunisiert**.[222] Dies besteht für deutsche Lebensversicherer daraus, dass die Barwerte von langfristigen versicherungstechnischen Rückstellungen **zinssensitiver** sind als die Barwerte von kurzfristigeren Kapitalanlagen. Aufgrund dieser sogenannten Durationslücke steigt in einer **Marktwertbilanz** der Barwert der versicherungstechnischen Rückstellungen infolge

---

[216] Zum Beispiel erachtet *Förterer* die Zahlungen für die garantierten Leistungen einer Kapitallebensversicherung als ökonomisch äquivalent zu einer Kuponanleihe, die sichere Zahlungen in Höhe der erwarteten Todes- und Erlebensfallleistung leistet. Vgl. FÖRTERER, D., Risikosteuerung von Lebensversicherern, S. 65 f. Vgl. auch RATHMANN, D., ALM von Lebensversicherern, S. 73.

[217] Die Abbildung ähnelt der in FH BIELEFELD (Hrsg.), ALM in der Lebensversicherung, Kap. E, S. 3.

[218] Vgl. JOST, C., Asset-Liability-Management (b), S. 301; FH BIELEFELD (Hrsg.), ALM in der Lebensversicherung, Kap. E, S. 4; ALBRECHT, P., Portefeuille-Management, S. 240-244.

[219] Vgl. HEINKE, V. G., Asset-Liability-Management, Sp. 145.

[220] Vgl. SIEMßEN, S. J., Durationssteuerung, S. 137-139.

[221] Vgl. ROTHE, L., ALM von Lebensversicherern, S. 123.

[222] Vgl. FÜHRER, C., ALM in der Lebensversicherung, S. 123.

gesunkener Marktzinsen **stärker** als der Barwert der Kapitalanlagen, wie es in der Abbildung 2-6 skizziert wird.[223] Insgesamt steigt zwar die Bilanzsumme der Marktwertbilanz durch die Zinssenkung. Weil die zinssensitiveren versicherungstechnischen Rückstellungen wegen der Zinssenkung aber stärker steigen als die die vor allem aus festverzinslichen Fremdkapitalinstrumenten bestehenden Kapitalanlagen, muss der hieraus resultierende **Differenzbetrag** durch das Eigenkapital des Lebensversicherers kompensiert werden.[224] Der durch eine Marktzinssenkung bei zinssensitiveren Passiva als Aktiva verursachte Eigenkapitalrückgang ist ein negatives Indiz über die Finanzlage eins Unternehmens.[225]

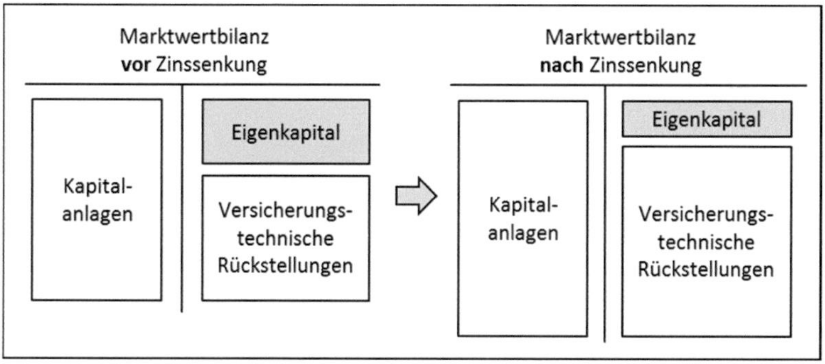

Abbildung 2-6: Wirkung einer Zinssenkung bei vorhandener Durationslücke[226]

Indem durch das Duration-Matching die Zinssensitivitäten der Aktiv- und Passivseite einer Versicherungsbilanz angeglichen werden, wird der Gefahr einer Unterdeckung durch einen Zinsrückgang entgegengewirkt. Der Grund dafür ist, dass die Kapitalanlagen bzw. Finanzinstrumente und die versicherungstechnischen Rückstellungen gleich stark auf Zinsänderungen reagieren, falls ihre Durationen gleichhoch sind. Infolgedessen bleibt die Residualgröße des Eigenkapitals trotz der Zinsänderungen unverändert.[227] Dazu kann die Duration eines Kapitalanlageportfolios erhöht und somit an die Duration eines Portfolios aus Lebensversicherungen angepasst werden, z. B indem in längerfristige Fremdkapitalinstrumente oder in durationssteigernde Zinstermingeschäfte investiert wird.[228]

[223] Vgl. ALBRECHT, P., Portefeuille-Management, S. 217.

[224] Vgl. für das Wiederanlagerisiko von Rückflüssen aus Kapitalanlagen zu geänderten Zinssätzen, das Teil des Zinsänderungsrisikos ist, das Beispiel in GRÜNDL, H./KRAFT, M., Solvency II, S. 41 f.

[225] Vgl. BAETGE, J./KIRSCH, H.-J./THIELE, S., Bilanzanalyse, S. 74.

[226] Die Abbildung ist angelehnt an RATHMANN, D., ALM von Lebensversicherern, S. 80.

[227] Vgl. BASSE, T. ET AL., Asset-Liability Management, S. 626.

[228] Vgl. ALBRECHT, P., Portefeuille-Management, S. 248; ROTHE, L., ALM von Lebensversicherern, S. 124.

Gleichwohl kann die Methode des Duration-Matching auch **nachteilig** sein. Zum einen ist sie aufwendig, weil bei jeder Marktzinsänderung theoretisch das Kapitalanlageportfolio umgeschichtet werden müsste.[229] Zum anderen ist die Duration ein lediglich näherungsweise korrektes Maß der Zinssensitivität; und zwar besonders für Finanzinstrumente und Versicherungsverträge mit eingebetteten Optionen.[230] Überdies kann es beim Duration-Matching zu ungewollten Liquiditätsengpässen oder -überschüssen kommen, die bei einem vollständigen Cashflow-Matching entweder ganz ausgeschlossen sind oder aber nur äußerst selten auftreten sollten.[231]

[229] Vgl. ALBRECHT, P., Portefeuille-Management, S. 247.
[230] Vgl. SIEMßEN, S. J., Durationssteuerung, S. 142 f.
[231] Vgl. ROTHE, L., ALM von Lebensversicherern, S. 223.

3 Konkretisierung der Bilanzierung von aktivischen Finanzinstrumenten und passivischen Lebensversicherungsverträgen nach IFRS

31 Grundlagen der IFRS-Bilanzierung

311. Rahmenkonzept als Fundstelle der theoretischen Grundlagen

Die theoretischen Grundlagen der IFRS-Bilanzierung können dem sogenannten Rahmenkonzept der IFRS entnommen werden. Es ist nicht verbindlich, weshalb alle Sachverhalte grundsätzlich nach den für sie einschlägigen IFRS zu bilanzieren sind. Das Rahmenkonzept dient dazu, den IASB dabei zu unterstützen, neue Standards zu entwickeln und bestehende zu überarbeiten. Ferner soll es Dritten, z. B. Abschlusserstellern und -prüfern dabei helfen, die IFRS anzuwenden und zu interpretieren. Auch ist es neben den IAS bzw. IFRS und Interpretationen des IASB eine Deduktionsbasis für den Fall, dass ein Sachverhalt durch die einzelnen IAS bzw. IFRS nicht geregelt wird und deshalb eine Regelungslücke ausgefüllt werden muss.[232]

Im Rahmenkonzept werden grundlegende **Definitionen, Annahmen und der Zweck** der IFRS-Rechnungslegung genannt. Dort werden z. B. Vermögenswerte, Schulden, Aufwendungen und Erträge definiert.[233] Für die IFRS-Bilanzierung wird eine Unternehmensfortführung in absehbarer Zeit und eine Periodenabgrenzung angenommen.[234] Der in Abschnitt 312 erläuterte Zweck der IFRS ist es, den berechtigten Adressaten entscheidungsnützliche Informationen zu vermitteln. Das Rahmenkonzept durchlief nicht den sogenannten Endorsement-Prozess, mit dem die EU-Instanzen veröffentlichte IFRS **gemeinschaftsrechtlich** anerkennen, weshalb es für die europäischen IFRS-Abschlüsse nicht rechtsverbindlich ist. Allerdings sind wesentliche Inhalte des Rahmenkonzepts in den von der EU anerkannten IAS 1 oder IAS 8 enthalten und somit indirekt rechtsverbindlich, z. B. der Zweck der IFRS.[235]

Im Jahr 2004 beschlossen IASB und der US-amerikanische FASB ein in acht Phasen unterteiltes Projekt, um ein **gemeinsames Rahmenkonzept** zu entwerfen. Auf dieser Basis sollten die IFRS und die US-GAAP weiter angeglichen werden.[236] Die Resultate der im Jahr 2010 beendeten Phase A zu dem Zweck der IFRS und den qualitativen Anforderungen sind in dem

[232] Vgl. IASB (Hrsg.), Conceptual Framework 2010, S. 6; PELLENS, B. ET AL., Internationale Rechnungslegung, S. 84 f. Die Hierarchie der zur Ausfüllung von Regelungslücken heranzuziehenden Informationsquellen gemäß IAS 8.11-12 ist für kapitalmarktorientierte Versicherungsunternehmen besonders relevant, weil IFRS 4 Phase I kein umfassendes Bilanzierungsregeln für Versicherungsverträge enthält, weshalb viele Versicherer auf nationale Regeln zurückgreifen, z. B. auf das HGB oder die US-GAAP. Vgl. ROCKEL, W. ET AL., Versicherungsbilanzen, S. 55 f.

[233] Vgl. WAWRZINEK, W./LÜBBIG, M., in: Beck'sches IFRS-Handbuch, 5. Aufl., § 2, Tz. 1.

[234] Vgl. WIEDMANN, H./SCHWEDLER, K., Rahmenkonzepte, S. 690.

[235] Vgl. MERKT, H., IFRS Conceptual Framework, S. 497-499.

[236] Vgl. WIEDMANN, H./SCHWEDLER, K., Rahmenkonzepte, S. 693-695.

aktuellen IFRS-Rahmenkonzept berücksichtigt. Im Jahr 2015 veröffentlichte der IASB den Entwurf ED/2015/3. In ihm wird vorgeschlagen, den Zweck und die qualitativen Anforderungen an die IFRS zu ändern.[237] Daher werden in den Abschnitten 312 und 313 der Zweck und die qualitativen Anforderungen an die IFRS so erläutert, wie sie im aktuellen Rahmenkonzept und – soweit dadurch Änderungen vorgeschlagen werden – durch ED/2015/3 kodifiziert sind.

312. Zweck der Entscheidungsnützlichkeit für Kapitalgeber

Im Gegensatz zu der Rechnungslegung nach HGB, die die Zwecke der Rechenschaft, Kapitalerhaltung und Dokumentation ausgewogen verfolgt,[238] dient die Rechnungslegung nach IFRS einem einzigen Zweck.[239] Er besteht darin, aktuellen und künftigen Investoren, Kreditgebern und anderen Gläubigern solche finanziellen Informationen über das berichterstattende Unternehmen zu vermitteln, **die nützlich sind**, um über die Allokation von Ressourcen an das Unternehmen **zu entscheiden**.[240] Hierfür stellen IFRS-Abschlüsse nach IAS 1.9 Informationen zu der Vermögens-, Finanz-, und Ertragslage sowie den Zahlungsströmen eines Unternehmens bereit.[241] Der Zweck der Entscheidungsnützlichkeit wird vom IASB, in der Literatur und ebenfalls in dieser Arbeit als Maßstab dafür verwendet, wie zweckgerecht Sachverhalte durch die IFRS abgebildet werden, z. B. die für das Asset-Liability-Management vollzogenen Aktivitäten. Denn die Kapitalgeber entscheiden u. a. aufgrund von Abschlussinformationen, ob sie Eigen- oder Fremdkapitalinstrumente eines Unternehmens kaufen, verkaufen oder halten.[242]

Der IASB unterstellt, dass Investoren solche Entscheidungen anhand der erwarteten Renditen von Eigen- oder Fremdkapitalinstrumenten treffen. Um diese Renditen schätzen zu können, sind Informationen über **Betrag, Zeitpunkt und Unsicherheit** der künftigen Einzahlungsüberschüsse eines Unternehmens nötig. Wie im dem Abschnitt 334 erläutert wird, sind diese drei Bewertungsbausteine dafür entscheidend, dass ausgegebene Lebensversicherungsverträge nach IFRS 17 entscheidungsnützlich bilanziert werden.[243]

Durch den Fokus auf Investitionsentscheidungen wird deutlich, dass der IASB aktuelle und potentielle Eigen- und Fremdkapitalgeber als die primären Adressaten von IFRS-Abschlüssen

[237] Vgl. IASB (Hrsg.), ED/2015/3, S. 9; LÜDENBACH, N./HOFFMANN, W.-D./FREIBERG, J., in: Haufe IFRS-Kommentar, 14. Aufl., § 1, Tz. 115; ERB, C./PELGER, C., Neues Rahmenkonzept, S. 1059.

[238] Vgl. BAETGE, J./KIRSCH, H.-J./THIELE, S., Bilanzen, S. 108-110. Zu beachten ist, dass der Zweck der Rechenschaft nach HGB nicht mit dem Nebenziel der Rechenschaft nach IFRS übereinstimmt.

[239] Vgl. KÜTING, K./PFITZER, N./WEBER, C.-P., IFRS oder HGB?, S. 12 f.

[240] Vgl. IASB (Hrsg.), Conceptual Framework 2010, Tz. OB2.

[241] Vgl. BAETGE, J./KIRSCH, H.-J./THIELE, S., Bilanzen, S. 152.

[242] Vgl. IASB (Hrsg.), Conceptual Framework 2010, Tz. BC3.4 und z. B. MOLINARI, P./NGUYEN, T., Entscheidungsnützlichkeit von IFRS 4, S. 284 f.; OLBRICH, A., Wertminderung nach IFRS 9, S. 159.

[243] Vgl. IASB (Hrsg.), Conceptual Framework 2010, Tz. OB3; GALLASCH, F., IFRS 4 Phase II, S. 34.

sieht,[244] wobei sich ihre jeweiligen **Informationsbedürfnisse** unterscheiden.[245] Die jeweiligen Informationsbedürfnisse der Abschlussadressaten sind es jedoch, durch die der Zweck und die Inhalte einer bestimmten Rechnungslegung erst definiert werden.[246] Um dennoch für weitere Nutzer von Abschlussinformationen, wie z. B. Unternehmensleitungen oder Aufsichtsbehörden,[247] relevant zu sein, unterstellt der IASB, dass die für Investitionsentscheidungen nützliche Informationen ebenfalls die Bedürfnisse der weiteren Nutzer von IFRS-Abschlüssen befriedigen.[248] Fraglich ist, ob die **Versicherungsnehmer** zu den primären Adressaten von IFRS-Abschlüssen zählen oder nicht. In ihrer Funktion als Versicherungskunden sind sie dem weiteren Nutzerkreis zuzuordnen, da es nicht die hauptsächliche Eigenschaft von Kunden ist, in Unternehmen zu investieren. In ihrer Funktion als die Gläubiger des Versicherungsschutzes und als die bedeutendsten Fremdkapitalgeber von Versicherern zählen sie jedoch zu den primären Adressaten eines IFRS-Abschlusses.[249]

Im Verlauf des im Jahr 2004 von IASB und FASB beschlossenen Projekts zur Entwicklung eines gemeinsamen Rahmenkonzepts wurde diskutiert, ob darin neben dem Zweck der Entscheidungsnützlichkeit auch der Zweck der **Rechenschaft** zu berücksichtigen ist, welcher im Rahmenkonzept aus dem Jahr 1989 genannt wird.[250] Zu dem Zweck der Rechenschaft informiert die Unternehmensleitung durch Abschlüsse darüber, welche Ergebnisse sie mit den ihnen anvertrauten Ressourcen erzielt hat.[251] Vom IASB und in der Literatur wird zwar festgestellt, dass sich die zum Rechenschaftszweck und für Investitionsentscheidungen nützlichen Informationen überschneiden.[252] Dennoch sind für Investitionsentscheidungen eher prospektive Informationen hilfreich, z. B. über zukünftige Zahlungsströme, während zur Rechenschaft eher retrospektive Informationen geeignet sind, z. B. durch Markttransaktionen objektivierte Jahreserfolge.[253] Dabei besteht ein **Spannungsverhältnis** zwischen prospektiven Informatio-

244 Vgl. IASB (Hrsg.), Conceptual Framework 2010, Tz. OB5.
245 Vgl. IASB (Hrsg.), Conceptual Framework 2010, Tz. OB8; BAETGE, J./KIRSCH, H.-J./THIELE, S., Bilanzen, S. 151; PELLENS, B. ET AL., Internationale Rechnungslegung, S. 88.
246 Vgl. BALLWIESER, W., Informations-GoB, S. 115 f.; MOXTER, A., Fundamentalgrundsätze, S. 94 f.
247 Vgl. IASB (Hrsg.), Conceptual Framework 2010, Tz. OB9 und Tz. OB10.
248 Vgl. BAETGE, J./KIRSCH, H.-J./THIELE, S., Bilanzen, S. 151. Ähnlich, aber in dem Kontext des Rahmenkonzepts aus dem Jahr 1989, äußert sich BALLWIESER, W., Informations-GoB, S. 120.
249 Vgl. für einen Überblick über die verschiedenen Empfänger der gesamten Publizität von Versicherungsunternehmen ROCKEL, W. ET AL., Versicherungsbilanzen, S. 11 f.
250 Vgl. z. B. PELGER, C., Rechnungslegungszweck, S. 908 f.
251 Vgl. IASB (Hrsg.), Framework 1989, Tz. 14.
252 Vgl. IASB (Hrsg.), Conceptual Framework 2010, Tz. BC1.26; WIEDMANN, H./SCHWEDLER, K., Rahmenkonzepte, S. 705; COENENBERG, A. G./STRAUB, B., Rechnungszwecke, S. 22.
253 Vgl. COENENBERG, A. G./STRAUB, B., Rechnungszwecke, S. 20-23.

nen, die relevanter, jedoch weniger verlässlich sind, und retrospektiven Informationen, welche weniger entscheidungsrelevant, aber intersubjektiv nachprüfbarer und verlässlicher sind.[254]

Der IASB hat entschieden, den Begriff der „Rechenschaft" wegen Übersetzungsproblemen im aktuellen IFRS-Rahmenkonzept nicht zu verwenden.[255] Stattdessen wird der Inhalt dieses Begriffs beschrieben und klargestellt, dass Informationen über künftige Einzahlungsüberschüsse und zu den vom Management erzielten Ergebnisse gleichermaßen relevant seien, um über die Ressourcenvergabe an Unternehmen zu entscheiden.[256] Dass der IASB den Begriff „Rechenschaft" nicht mehr nennt, wird in der Literatur dennoch als Wegbereiter dafür interpretiert, die als weniger verlässlich anzusehende Fair Value-Bewertung auszuweiten.[257] Jedoch wird der Rechenschaftszweck weiterhin als ein **Nebenziel** der IFRS gesehen.[258] Der Board schlug daraufhin im ED/2015/3 vor, den Begriff „Rechenschaft" in dem überarbeiteten Rahmenkonzept wieder häufiger zu nennen.[259] Indes sei die Rechenschaft kein weiterer, der Entscheidungsnützlichkeit ebenbürtiger IFRS-Zweck, da Informationen über die erzielten Ergebnisse schon in den für Investitionsentscheidungen nützlichen Informationen enthalten seien.[260]

Damit ein IFRS-Abschluss für aktuelle und potentielle Kapitalgeber entscheidungsnützliche Informationen vermittelt, müssen die Informationen sowohl entscheidungsrelevant als auch glaubwürdig dargestellt sein.[261] Wenn eine Information diese beiden fundamentalen qualitativen Anforderungen nicht erfüllt, muss der Abschlussersteller eine andere Information finden, die beiden Anforderungen genügt.[262] Dazu ist die Anforderung der Relevanz sowohl auf der Ebene des durch einen Abschluss abzubildenden Geschäftsvorfalls als auch auf der Ebene der

---

254 Vgl. BAETGE, J., Objektivierung, S. 168 f.; BALLWIESER, W., Informations-GoB, S. 118; SCHRUFF, W., IFRS im Spannungsfeld, S. 857 f.; PELLENS, B. ET AL., Internationale Rechnungslegung, S. 18.

255 Vgl. BAETGE, J. ET AL., in: Rechnungslegung nach IFRS, 2. Aufl., Kapitel II, Tz. 19.

256 Vgl. IASB (Hrsg.), Conceptual Framework 2010, Tz. BC1.27 und Tz. BC1.28.

257 Vgl. WIEDMANN, H./SCHWEDLER, K., Rahmenkonzepte, S. 706; PELGER, C., Rechnungslegungszweck, S. 913; WAGENHOFER, A., Neues Rahmenkonzept, S. 544 f. Für eine Kritik der Fair Value-Bewertung vgl. z. B. BAETGE, J./ZÜLCH, H., Fair Value-Accounting S. 558 f.; WAGENHOFER, A., Fair Value-Bewertung, S. 187-189; SCHILDBACH, T., Fair value accounting, S. 263-265.

258 Vgl. KÜTING, K./PFITZER, N./WEBER, C.-P., IFRS oder HGB?, S. 12; WAWRZINEK, W./LÜBBIG, M., in: Beck'sches IFRS-Handbuch, 5. Aufl., § 2, Tz. 20.

259 Vgl. IASB (Hrsg.), ED/2015/3, Tz. BC1.9; ERB, C./PELGER, C., Neues Rahmenkonzept, S. 1059. *Ballwieser* sieht die aus dem Rahmenkonzept aus dem Jahr 1989 bekannte Nennung des Zwecks der Rechenschaft als ein untergeordnetes Ziel der IFRS als keine schlechte Lösung bezüglich des künftigen Rahmenkonzepts. Vgl. BALLWIESER, W., Analyse des Rahmenkonzepts, S. 470-473.

260 Vgl. IASB (Hrsg.), ED/2015/3, Tz. BC1.10. Diese Begründung des IASB können *Coenenberg/Straub* nicht nachvollziehen. Vgl. COENENBERG, A. G./STRAUB, B., Rechnungszwecke, S. 24.

261 Vgl. BAETGE, J. ET AL., in: Rechnungslegung nach IFRS, 2. Aufl., Kapitel II, Tz. 41.

262 Vgl. IASB (Hrsg.), Conceptual Framework 2010, Tz. QC18; KIRSCH, H.-J. ET AL., Verlässlichkeit im Conceptual Framework, S. 766; PELLENS, B. ET AL., Internationale Rechnungslegung, S. 94.

Information über den Geschäftsvorfall zu berücksichtigen.[263] Überdies ist eine so ausgewählte Information umso entscheidungsnützlicher, je eher sie den vier fördernden qualitativen Anforderungen an IFRS-Abschlussinformationen entspricht.[264]

313. Qualitative Anforderungen an entscheidungsnützliche Informationen

313.1 Fundamentale qualitative Anforderungen

313.11 Relevanz

Für den IASB ist eine Information **relevant**, wenn sie zu einem Unterschied in den Investitionsentscheidungen der Nutzer von IFRS-Abschlüssen führen könnte.[265] Jenes Potential haben Informationen, die entweder einen Prognosewert, einen Bestätigungswert, oder beide Werte aufweisen.[266] Einen Prognosewert besitzen Informationen, die als Inputdaten in Bewertungsprozesse einfließen können, durch die künftige Zahlungsströme geschätzt werden sollen.[267] Damit verbunden ist der Bestätigungswert. Ihn besitzen Informationen, durch die bestehende Bewertungen und Entscheidungen entweder verifiziert oder geändert werden würden.[268]

Die Relevanz einer Information wird dadurch beschränkt, wie **wesentlich** sie inhalts- oder betragsmäßig dafür ist, die Vermögens-, Finanz-, und Ertragslage eines Unternehmens abzubilden.[269] Eine Information ist wesentlich, falls die Entscheidungen der Abschlussadressaten beeinflusst werden würden, wenn sie entweder nicht oder falsch dargestellt ist.[270] Deshalb darf der Abschlussersteller nur derartige Informationen auslassen, durch die die Investitionsentscheidungen der Abschlussadressaten keinesfalls beeinflusst werden würden. Im ED/2015/3 schlägt der IASB vor, als eine weitere Einschränkung der Relevanz zu berücksichtigen, wie unsicher Bilanzposten bewertet werden. Die Bewertungsunsicherheit besteht für Vermögenswerte und Schulden, deren Wert nicht direkt an einem Markt beobachtet werden kann, wie es z. B. für Versicherungsverträge gegeben ist. In der in Abschnitt 314 erläuterten Fair Value-Hierarchie sind derartige Wertansätze der zweiten oder dritten Stufe zuzuordnen. Sie müssen mittels Bewertungsmodellen geschätzt werden, beispielsweise mit dem für Versicherungsver-

[263] Vgl. WIEDMANN, H./SCHWEDLER, K., Rahmenkonzepte, S. 710.
[264] Vgl. IASB (Hrsg.), Conceptual Framework 2010, Tz. QC19.
[265] Vgl. IASB (Hrsg.), Conceptual Framework 2010, Tz. QC6.
[266] Vgl. IASB (Hrsg.), Conceptual Framework 2010, Tz. QC7.
[267] Im Kontext von IFRS 13 äußert sich dazu kritisch SCHILDBACH, T., Fair value accounting, S. 261.
[268] Vgl. IASB (Hrsg.), Conceptual Framework 2010, Tz. QC9. Davon abweichend werden in der Informationsökonomie ausschließlich solche Informationen als entscheidungsrelevant gesehen, durch die eine bestehende Entscheidung geändert wird. Vgl. BALLWIESER, W., Informations-GoB, S. 117.
[269] Vgl. WAWRZINEK, W./LÜBBIG, M., in: Beck'sches IFRS-Handbuch, 5. Aufl., § 2, Tz. 59-63.
[270] Vgl. IASB (Hrsg.), Conceptual Framework 2010, Tz. QC11 und Tz. BC3.18.

träge durch IFRS 17 relevanten Bausteinansatz.[271] Der IASB geht davon aus, dass geschätzte Wertansätze umso weniger relevant sind, je unsicherer sie bewertet sind, wobei sehr unsichere Wertansätze die relevantesten Informationen zu einem Sachverhalt sein können.[272] Letztlich würde der IASB die bekannten Überlegungen dazu, dass verlässliche und relevante Informationen in einem Konflikt zueinander stehen, unter dem im ED/2015/3 diskutierten Begriff der „Bewertungsunsicherheit“ wieder in das IFRS-Rahmenkonzept aufnehmen.[273]

313.12 Glaubwürdige Darstellung

Eine entscheidungsrelevante Information kann den Kapitalgebern nur nützen, wenn sie einen Geschäftsvorfall oder unternehmensbezogenen Sachverhalt glaubwürdig darstellt. Damit eine Darstellung für die Abschlussadressaten glaubwürdig ist, muss sie vollständig, neutral sowie fehlerfrei sein.[274] Eine **vollständige** Darstellung enthält alle Informationen, die Abschlussadressaten benötigen, um die abgebildeten Sachverhalte verstehen zu können. Hierzu gehören neben quantitativen Daten auch verbale Erklärungen.[275] Als **neutral** gilt eine Darstellung, die der Abschlussersteller wertfrei auswählt und abbildet. Zum Beispiel ist eine bilanzpolitisch beeinflusste Darstellung nicht neutral.[276] Als **fehlerfrei** sieht der IASB eine dargestellte Abschlussinformation, durch die ein Sachverhalt vollumfänglich beschrieben wird und die durch einen fehlerfrei gewählten und angewandten Rechnungslegungsprozess erzeugt wird. Ein geschätzter Wertansatz ist z. B. dann fehlerfrei dargestellt, falls er als Schätzung gekennzeichnet ist, die Eigenschaften und Grenzen des Bewertungsmodells beschrieben sind und der Schätzprozess fehlerfrei ausgewählt sowie durchgeführt wurde.[277]

In dem ED/2015/3 wird außerdem diskutiert, ob vorsichtig im Sinne von sorgfältig getroffene Ermessensentscheidungen zu neutraleren Abschlussinformationen führen. Im IFRS-Rahmenkonzept aus dem Jahr 1989 war solch eine Anforderung der Vorsicht im Gegensatz zu dem aktuellen Rahmenkonzept aus dem Jahr 2010 enthalten. Der IASB schlägt im ED/2015/3 vor, sie wiederaufzunehmen, um sicherzustellen, dass Abschlussersteller ihre Vermögenswerte, Schulden, Aufwendungen und Erträge weder über- noch unterbewerten. Stattdessen sollen die

[271] Vgl. IASB (Hrsg.), ED/2015/3, Tz. 2.12 und Tz. BC5.42.
[272] Vgl. IASB (Hrsg.), ED/2015/3, Tz. 2.13 und Tz. BC5.43; FISCHER, D. T., ED/2015/3, S. 224 f.
[273] Vgl. IASB (Hrsg.), ED/2015/3, Tz. BC5.44; ERB, C./PELGER, C., Neues Rahmenkonzept, S. 1059; LÜDENBACH, N./HOFFMANN, W.-D./FREIBERG, J., in: Haufe IFRS-Kommentar, 14. Aufl., § 1, Tz. 17; KIRSCH, H.-J. ET AL., Verlässlichkeit im Conceptual Framework, S. 769-771.
[274] Vgl. IASB (Hrsg.), Conceptual Framework 2010, Tz. QC12.
[275] Vgl. IASB (Hrsg.), Conceptual Framework 2010, Tz. QC13.
[276] Vgl. IASB (Hrsg.), Conceptual Framework 2010, Tz. QC14; BAETGE, J./KIRSCH, H.-J./THIELE, S., Bilanzen, S. 154; PELLENS, B. ET AL., Internationale Rechnungslegung, S. 93.
[277] Vgl. IASB (Hrsg.), Conceptual Framework 2010, Tz. QC15; IASB (Hrsg.), ED/2015/3, Tz. 2.20.

Bilanz- und GuV-Posten in der Höhe ihres neutral geschätzten Wertes angesetzt werden.[278] Auf diese Weise möchte der IASB klarstellen, dass durch vorsichtig bewertete Sachverhalte **keine stillen Reserven** gebildet werden dürfen, was z. B. bei versicherungstechnischen Rückstellungen häufig vorkommt.[279] Außerdem darf es andererseits nicht unterbleiben, unrealisierte Wertsteigerungen in der GuV auszuweisen, so wie es z. B. für die nach IFRS 9 erfolgsneutral zum Fair Value folgezubewertenden Finanzinstrumente vorgeschrieben ist.[280]

Auch wird im ED/2015/3 erörtert, dass die für eine glaubwürdige Darstellung von Abschlussinformationen geeignete wirtschaftliche statt rechtliche Betrachtungsweise von abzubildenden Sachverhalten nicht mehr in den *Basis for Conclusions* zum Rahmenkonzept, sondern hervorgehoben als Teil der Anforderung der Glaubwürdigen Darstellung verortet wird.[281] Dies wäre für die Bilanzierung von Versicherungsverträgen zu begrüßen. Denn die aus Versicherungsverträgen entstehenden Rechte und Pflichten werden glaubwürdiger und somit entscheidungsnützlicher dargestellt, soweit den Bilanzadressaten durchgängig nicht ihre rechtliche, sondern ihre wirtschaftliche Bedeutung für das Versicherungsunternehmen vermittelt wird.[282]

313.2 Fördernde qualitative Anforderungen

Entscheidungsnützliche, also relevante und glaubwürdig dargestellte, Informationen sind für die Abschlussadressaten umso nützlicher, je eher sie vergleichbar, nachprüfbar, zeitnah und verständlich sind. Daher können diese vier fördernden qualitativen Anforderungen dem Abschlussersteller helfen, die nützlichste aus zwei gleich relevanten und gleich glaubwürdigen Alternativen zu wählen.[283] Indes kann selbst eine Information, die eine oder mehrere der fördernden Anforderung sehr ausgeprägt erfüllt, dadurch nicht zu einer entscheidungsnützlichen Information werden.[284] Des Weiteren ist hauptsächlich vom IASB selbst zu beachten, dass der Nutzen von neu entwickelten oder überarbeiteten Standards ihre Kosten aus der Sicht von den Abschlusserstellern und den Abschlussadressaten übersteigen soll.[285]

---

[278] Vgl. IASB (Hrsg.), ED/2015/3, Tz. 2.18 und Tz. BC2.10; ERB, C./PELGER, C., Neues Rahmenkonzept, S. 1059 f.; THEILE, C./GOY, K., ED/2015/3, S. 619.

[279] Vgl. IASB (Hrsg.), ED/2015/3, Tz. BC2.1. Zu stillen Reserven in den IFRS vgl. ROCKEL, W. ET AL., Versicherungsbilanzen, S. 327 f.; KÜTING, K./PFITZER, N./WEBER, C.-P., IFRS oder HGB?, S. 11 und vor allem HIPP, J. M., IFRS für Versicherungsunternehmen, S. 110 f. und S. 166 f.

[280] Vgl. IASB (Hrsg.), ED/2015/3, Tz. BC2.14; IASB (Hrsg.), IFRS 13, Tz. B5.7.1A.

[281] Vgl. IASB (Hrsg.), Conceptual Framework 2010, Tz. BC3.26; IASB (Hrsg.), ED/2015/3, Tz. 2.14; ERB, C./PELGER, C., Neues Rahmenkonzept, S. 1059.

[282] Vgl. ähnlich GALLASCH, F., IFRS 4 Phase II, S. 40.

[283] Vgl. IASB (Hrsg.), Conceptual Framework 2010, Tz. QC19.

[284] Vgl. IASB (Hrsg.), Conceptual Framework 2010, Tz. BC3.10.

[285] Vgl. WAWRZINEK, W./LÜBBIG, M., in: Beck'sches IFRS-Handbuch, 5. Aufl., § 2, Tz. 95.

Informationen sind **vergleichbar**, sofern ähnliche Sachverhalte gleichartig und verschiedene Sachverhalte unterschiedlich in der Rechnungslegung abgebildet werden. Diesbezüglich ist zu beachten, dass Abschlussinformationen grundsätzlich einerseits zeitlich und andererseits zwischenbetrieblich vergleichbar sind.[286] Die zeitliche Vergleichbarkeit der Abschlüsse desselben Unternehmens wird verbessert, indem der Bilanzierende sowohl Wahlrechte als auch Ermessensentscheidungen stetig ausgeübt. Zwischenbetrieblich vergleichbare Informationen aus den zum selben Stichtag erstellten Abschlüssen von verschiedenen Unternehmen ermöglichen es, dass die Kapitalgeber mehrere Investitionsalternativen vergleichen können.[287]

Eine Information ist **nachprüfbar**, wenn sachverständige und voneinander unabhängige Beobachter sich darauf einigen können, dass eine bestimmte Abbildungsweise den betrachteten Sachverhalt glaubwürdig darstellt.[288] Folglich ist diese fördernde qualitative Anforderung als intersubjektive Nachprüfbarkeit aufzufassen.[289] Ferner wird die Entscheidungsnützlichkeit von Abschlussinformationen dadurch gefördert, dass sie zeitnah für die Abschlussadressaten verfügbar sind. Denn im Allgemeinen sind ältere Informationen für Investitionsentscheidungen weniger nützlich wie neuere, wobei bestimmte vergangenheitsbezogene Informationen auch lange nach dem Bilanzstichtag für Investitionsentscheidungen nützlich sein können, beispielsweise wenn aus ihnen trendhafte Entwicklungen identifiziert werden können.[290]

Allerdings können Abschlussinformationen der Entscheidungsfindung nur zuträglich sein, wenn sie für die Adressaten **verständlich** sind. Dies wird durch Informationen erreicht, die klar und prägnant geordnet, beschrieben und präsentiert werden.[291] Hierfür darf der Bilanzersteller zwar annehmen, dass IFRS-Abschlüsse von sachkundigen und verständigen Lesern ausgewertet werden. Indes darf dies nicht dazu führen, dass das bilanzierende Unternehmen für die Adressaten schwer verständliche Informationen auslässt.[292] Denn durch die fördernde Anforderung der Verständlichkeit soll das Ziel der vollständigen Darstellung der Vermögens-, Finanz-, und Ertragslage eines Unternehmens nicht eingeschränkt werden.[293]

Zwischen fundamentalen und fördernden qualitativen Anforderungen besteht ebenso wie zwischen verlässlichen und relevanten Informationen ein **Spannungsverhältnis**. Dieses muss der

[286] Vgl. IASB (Hrsg.), Conceptual Framework 2010, Tz. QC20-QC23.
[287] Vgl. BAETGE, J. ET AL., in: Rechnungslegung nach IFRS, 2. Aufl., Kapitel II, Tz. 58.
[288] Vgl. IASB (Hrsg.), Conceptual Framework 2010, Tz. QC26.
[289] Vgl. BAETGE, J., Objektivierung, S. 16 f.; BAETGE, J./KIRSCH, H.-J./THIELE, S., Bilanzen, S. 155.
[290] Vgl. PELLENS, B. ET AL., Internationale Rechnungslegung, S. 95.
[291] Vgl. IASB (Hrsg.), Conceptual Framework 2010, Tz. QC30.
[292] Vgl. IASB (Hrsg.), Conceptual Framework 2010, Tz. QC31-QC32.
[293] Vgl. BAETGE, J. ET AL., in: Rechnungslegung nach IFRS, 2. Aufl., Kapitel II, Tz. 64.

Abschlussersteller im Sinne der Bilanzadressaten abwiegen.[294] Zum Beispiel kann ein erstmalig angewendeter IFRS zwar zu relevanteren Informationen führen, im Gegenzug die IFRS-Abschlüsse allerdings weniger vergleichbar machen, was durch Anhangangaben ausgeglichen werden müsste. Auch kann eine zeitnahe Berichterstattung die Informationen weniger glaubwürdig werden lassen, da ein unter Zeitdruck aufgestellter Abschluss fehleranfälliger ist.[295]

Der Zweck der IFRS-Bilanzierung und die fundamentalen sowie die fördernden qualitativen Anforderungen an entscheidungsnützliche Informationen sind in der Abbildung 3-1 angeführt. Die Abbildung basiert sowohl auf dem Rahmenkonzept aus dem Jahr 2010 als auch – soweit durch ihn Änderungen angezeigt sind – auf dem Entwurf ED/2015/3 aus dem Jahr 2015.

Abbildung 3-1: Zweck und qualitative Anforderungen der IFRS-Bilanzierung[296]

314. Fair Value-Bewertung nach IFRS 13

In der Literatur wird kritisiert, dass der IASB regelmäßig nicht die fortgeführten Anschaffungskosten, sondern den Fair Value als den für die Adressaten **entscheidungsnützlicheren Wertmaßstab** ansieht.[297] Der Fair Value ist jedoch für deutsche Lebensversicherer besonders relevant, da sie ihre finanziellen Vermögenswerte überwiegend mit dem Fair Value bewer-

---

[294] Vgl. IASB (Hrsg.), Conceptual Framework 2010, Tz. QC34.

[295] Vgl. BAETGE, J. ET AL., in: Rechnungslegung nach IFRS, 2. Aufl., Kapitel II, Tz. 67.

[296] Die Abbildung ist angelehnt an BAETGE, J./KIRSCH, H.-J./THIELE, S., Bilanzen, S. 160; KIRSCH, H.-J. ET AL., Verlässlichkeit im Conceptual Framework, S. 766.

[297] Vgl. stellvertretend SCHILDBACH, T., Fair value accounting, S. 260-262.

ten.[298] Die zuvor in mehreren Standards enthaltenen Regeln für die Bewertung zum Fair Value und die Anhangangaben über den Fair Value wurden vom IASB überarbeitet und im **IFRS 13** zusammengefasst. Dieser ist auf alle Sachverhalte anzuwenden, die nach einem anderen IFRS zum Fair Value bewertet werden müssen bzw. dürfen oder für die Anhangangaben über den Fair Value gefordert sind (IFRS 13.5). So sind z. B. finanzielle Vermögenswerte, also Finanzinstrumente, nach IFRS 9 regelmäßig zum Fair Value zu bewerten. IFRS 13 ist für einige Sachverhalte aber nicht relevant, obwohl sie zum Fair Value zu bewerten sind, z. B. für nach IAS 17 zu bilanzierende Leasingverhältnisse (IFRS 13.6). Der IFRS 13 ist für Geschäftsjahre erstmalig anzuwenden, die ab dem 1.1.2013 beginnen.[299]

Nach IFRS 13.9 wird der **Fair Value** als „[...] der Preis definiert, der in einem geordneten Geschäftsvorfall zwischen Marktteilnehmern am Bemessungsstichtag für den Verkauf eines Vermögenswerts eingenommen bzw. für die Übertragung einer Schuld gezahlt würde." Hierdurch wird klar, dass der Fair Value ein Preis ist, zu dem ein Vermögenswert verkauft und nicht gekauft bzw. eine Schuld übertragen und nicht eingegangen werden könnte; er ist also ein **Abgangspreis** (IFRS 13.2).[300] Dadurch, dass das Wort „könnte" in der obigen Definition im Konjunktiv formuliert ist, verdeutlicht der IASB, dass der Fair Value nicht der Preis einer tatsächlich durchgeführten Transaktion sein muss, sondern auch ein geschätzter Preis sein kann (IFRS 13.3).[301] Jedoch muss der Fair Value immer auf einem geordneten Geschäftsvorfall basieren, der von erzwungenen Zwangsliquidationen oder Notverkäufen abzugrenzen ist (IFRS 13.B41). Ferner ist der Fair Value zum Bemessungsstichtag festzulegen, weshalb er nicht über die Zeit geglättet werden darf.[302] Vor allem ist ein Fair Value allerdings möglichst **marktbasiert** zu ermitteln. Er darf also nicht aus der Sicht des berichtenden Unternehmens gewählt werden, sondern muss auf Annahmen basieren, von denen Marktteilnehmer ausgehen würden, wenn sie einen „theoretischen" Abgangspreis für Vermögenswerte oder für Schulden bilden (IFRS 13.22). Überdies ist zu beachten, dass die anfallenden Transaktionskosten explizit nicht zum dem Fair Value gehören (IFRS 13.25).

Für die in dieser Arbeit erläuterte Fair Value-Bewertung von Finanzinstrumenten ist zunächst das Bewertungsobjekt zu bestimmen (IFRS 13.B2). Grundsätzlich sind Vermögenswerte **ein-**

[298] Vgl. z. B. ASCHE, B./HARTUNG, T., IFRS 4 und IFRS 9, S. 1189.
[299] Vgl. BAETGE, J./KIRSCH, H.-J./THIELE, S., Bilanzen, S. 229.
[300] Vgl. KUHN, S., Fair value-Bewertung von Finanzinstrumenten, S. 244; KIRSCH, H.-J./KÖHLING, K./DETTENRIEDER, D., in: Rechnungslegung nach IFRS, 2. Aufl., IFRS 13, Tz. 14.
[301] Vgl. GROßE, J.-V., IFRS 13 Fair Value Measurement, S. 286.
[302] Vgl. ZWIRNER, C./BOECKER, C., Fair Value nach IFRS 13, S. 51.

zeln zu bewerten, wobei teilweise auch eine Gruppe aus ähnlichen Vermögenswerten als Ganzes bewertet wird (IFRS 13.13). Dies kommt z. B. vor, falls Finanzinstrumente im Modell der erwarteten Kreditverluste wertzumindern sind.[303] Anschließend ist zu beurteilen, welcher der hauptsächliche Markt ist, an dem der Vermögenswert gehandelt wird. Dieser sogenannte Hauptmarkt weist das größte Handelsvolumen und den höchsten Aktivitätsgrad für den betrachteten Vermögenswert auf (IFRS 13.Anhang A). Kann aber kein Hauptmarkt identifiziert werden, ist der **vorteilhafteste** Markt relevant. Dies ist derjenige Markt, an dem der Vermögenswert zum höchsten Preis nach Transaktionskosten verkauft werden könnte. Der IASB vereinfacht es zu prüfen, ob der hauptsächliche oder der vorteilhafteste Markt einschlägig ist. Denn der Bilanzersteller darf zur Fair Value-Bewertung widerlegbar den Markt auswählen, an dem er einen Vermögenswert normalerweise verkauft (IFRS 13.17).[304]

Dann bestimmt der Bilanzersteller die **Bewertungsmethode** und Inputfaktoren, mit denen er einen Vermögenswert angemessen bewerten kann. Dazu muss er möglichst viele beobachtbare und möglichst wenige nicht beobachtbare Inputfaktoren nutzen (IFRS 13.61).[305] Dafür ist die sogenannte **Fair Value-Hierarchie** einschlägig, nach der jeder Inputfaktor einer von drei Stufen zuzuordnen ist. Der ersten Stufe zugeordnete Inputfaktoren repräsentieren einen marktbasierten Fair Value, während der dritten Stufe zugeordnete Faktoren unternehmensspezifisch geschätzt sind.[306] Ein Inputfaktor der **ersten Stufe** ist ein Preis für einen Vermögenswert, der an einem aktiven am Bewertungsstichtag zugänglichen Markt handelbar ist (IFRS 13.76).[307] Ist solch ein Preis verfügbar, muss er nach IFRS 13.77 unverändert als Wertansatz verwendet werden. Dieser Preis darf nur verändert werden, um ihn an eine von drei bestimmten Marktsituationen anzupassen, wodurch der Fair Value in eine höhere Stufe eingeordnet werden muss (IFRS 13.79). Ein Inputfaktor der **zweiten Stufe** sind andere als die der ersten Stufe zugeordneten Preise oder Informationen, die der Bilanzersteller direkt oder indirekt aus **öffentlichen Quellen** beobachten kann (IFRS 13.81).[308] Dies können in einem nicht aktiven Markt ermittelte Preise für den zu bewertenden Vermögenswert oder in einem aktiven Markt ermittelte

---

[303] Vgl. KUHN, S., Fair value-Bewertung von Finanzinstrumenten, S. 253 f.; KUHN, S./HACHMEISTER, D., Rechnungslegung von Finanzinstrumenten, S. 172-174.

[304] Vgl. ZWIRNER, C./BOECKER, C., Fair Value nach IFRS 13, S. 51 f.

[305] Vgl. WÄCHTER, H. P./CHRIST, T./JUREIT, J., Fair Value von Finanzinstrumenten, S. 551 f.

[306] Vgl. KUHN, S., Fair value-Bewertung von Finanzinstrumenten, S. 245 f.; KIRSCH, H.-J./KÖHLING, K./DETTENRIEDER, D., in: Rechnungslegung nach IFRS, 2. Aufl., IFRS 13, Tz. 65.

[307] An einem aktiven Markt wird ein Vermögenswert so häufig und in solchen Volumen gehandelt, dass jederzeit Preisinformationen verfügbar sind. Vgl. IASB (Hrsg.), IFRS 13, Anhang A.

[308] Öffentlich beobachtbare Quellen für Marktpreise oder Marktinformationen sind z. B. Finanzdatenbanken, wie sie von Nachrichtenagenturen wie z. B. Bloomberg oder Reuters betrieben werden. Vgl. WAWRZINEK, W./LÜBBIG, M., in: Beck'sches IFRS-Handbuch, 5. Aufl., § 2, Tz. 255.

Preise für einen ähnlichen Vermögenswert sein. Der zweiten Stufe sind auch andere öffentlich beobachtbare Informationen zuzuordnen, z. B. Zinssätze, implizite Volatilitäten oder Risikoprämien (IFRS 13.82).

Der **dritten Stufe** sind nicht öffentlich beobachtbare Inputfaktoren zuzuordnen, z. B. unternehmensinterne Informationen (IFRS 13.89). Sofern die verwendeten Faktoren verschiedenen Stufen der Fair Value-Hierarchie entstammen, entspricht der gesamte Fair Value der höchsten und somit am wenigsten marktbasierten Stufe, in die ein zur Bewertung wesentlicher Inputfaktor einzuordnen ist (IFRS 13.72).

In IFRS 13.93 werden Anhangangaben zum Fair Value gefordert. Demnach sind die verwendeten Bewertungsmethoden einem oder mehreren Bewertungsansätzen zuzuordnen. In dem **marktbasierten** Bewertungsansatz werden Daten verwendet, die aus Transaktionen mit Vermögenswerten stammen, die identisch mit oder ähnlich zu den betrachteten Vermögenswerten sind. Dies ist z. B. gegeben, wenn durch Marktmultiplikatoren bewertet wird (IFRS 13.B5). Für den **einkommensbasierten** Ansatz sind künftige Zahlungsströme zu diskontieren und in einem Wertansatz zu aggregieren, z. B. durch die DCF-Methode (IFRS 13.B10). Für den **kostenbasierten** Ansatz werden die aktuellen Wiederbeschaffungskosten dafür ermittelt, einen bestimmten Vermögenswert durch einen anderen Vermögenswert mit gleicher Leistungsfähigkeit zu ersetzen (IFRS 13.B8). Da dieser Bewertungsansatz nur für physische Vermögenswerte anwendbar ist, wird der Fair Value von Finanzinstrumenten entweder mit dem markt- oder mit dem einkommensbasierten Ansatz bzw. einer Kombination aus diesen zwei Ansätzen ermittelt.[309]

32 Bilanzierung von aktivischen Finanzinstrumenten nach IFRS 9

321. Ziel und Verlauf des Projekts IFRS 9

Im Rahmen des Kapitalanlagegeschäfts investieren Versicherer die an sie gezahlten Prämien in Kapitalanlagen. Diese bestehen teilweise aus sonstigen Kapitalanlagen, z. B. als Finanzinvestitionen gehaltene Immobilien, größtenteils aber aus **langfristig** gehaltenen Fremdkapitalinstrumenten, wie z. B. Staatsanleihen.[310] Sowohl aktivische als auch passivische Finanzinstru-

[309] Vgl. IASB (Hrsg.), Illustrative examples for unquoted equity instruments, Tz. 21 und Tz. 130; WAWRZINEK, W./LÜBBIG, M., in: Beck'sches IFRS-Handbuch, 5. Aufl., § 2, Tz. 256.

[310] Vgl. PERLET, H./BAUMGÄRTEL, M., Finanzinstrumente in der Versicherungswirtschaft, S. 289 f.; ELING, M., Kapitalanlagepolitik, S. 189 f.; KAIBAUM, G./MEES, J., Kapitalanlagen, S. 331 f. Für einen Überblick über die Kapitalanlagearten deutscher Erstversicherungsunternehmen zum vierten Quartal des Jahres 2015 vgl. BAFIN (Hrsg.), Kapitalanlagen der Erstversicherer, S. 1-3.

mente sind im Jahr 2017 nach IAS 39 anzusetzen und zu bewerten. Dieser ist in seiner aktuell gültigen Fassung für ab dem 1.1.2014 beginnende Geschäftsjahre erstmals anzuwenden.[311]

An IAS 39 wird **bemängelt**, dass es zu komplex und zwischenbetrieblich sowie zeitlich nicht vergleichbar sei, wie Finanzinstrumente nach diesem IFRS zu bilanzieren sind.[312] Außerdem wurde IAS 39 im Zusammenhang mit der weltweiten Finanzkrise kritisiert, die im Jahr 2008 zur Insolvenz der US-Investmentbank Lehman Brothers führte. So wirke die Fair Value-Bewertung nach IAS 39 **prozyklisch**, da die in einem konjunkturellen Abschwung sinkenden Zeitwerte von Finanzinstrumenten eine Rezession verschlimmern.[313] Ferner kann der mit Bewertungsmodellen ermittelte Fair Value von nicht an aktiven Märkten gehandelten Finanzinstrumenten nicht intersubjektiv nachgeprüft werden, weshalb er wenig verlässlich ist.[314] Zudem sei das Wertminderungsmodell nach IAS 39 unzureichend, da außerplanmäßige Abschreibungen auf Finanzinstrumente **zu gering und zu spät** erfasst werden.[315]

Der IASB reagierte auf diese Kritik, indem er im Jahr 2009 ein Projekt begann, um IAS 39 schrittweise durch den neuen Standard **IFRS 9** zu ersetzen.[316] Dieser sollte verständlicher und weniger komplex sein sowie prinzipienorientierte Bilanzierungsvorschriften enthalten.[317] Mit dem Projekt zu IFRS 9 bezweckt der IASB vornehmlich, dass den Adressaten entscheidungsnützlichere Informationen über Finanzinstrumente vermittelt werden (IFRS 9.1.1).

In der **ersten** Phase des Projekts zum Ersatz von IAS 39 wurde erörtert, wie Finanzinstrumente künftig zu kategorisieren und zu bewerten sind. Am ersten zugehörigen Standardentwurf ED/2009/7 kritisierten vor allem Versicherer, dass in diesem keine Bewertungskategorie vorgesehen war, mit der die **Zeitwertänderungen** von finanziellen Vermögenswerten **erfolgsneutral** erfasst werden; also nicht in der GuV, sondern im Sonstigen Gesamtergebnis, das im

---

311 Außerdem sind Finanzinstrumente zu bilanzieren nach IAS 32, der vor allem ihre Definition nennt und die Unterscheidung von Eigen- und Fremdkapitalinstrumenten regelt, nach IFRS 7, der die diesbezüglichen Anhangangaben auflistet und nach IFRS 13, der die Bewertung zum Fair Value normiert. Vgl. PELLENS, B. ET AL., Internationale Rechnungslegung, S. 562 f. Ferner ist zu beachten, dass Eigenkapitalinstrumente je nach Höhe der Beteiligungsquote unter Umständen nicht als Finanzinstrumente zu bilanzieren sind, sondern z. B. als Unternehmensbeteiligungen und somit nach IAS 27.

312 Vgl. IASB (Hrsg.), IFRS 13, Tz. IN2; EDELMANN, M., Erfahrungen aus der Krise, S. 15-17.

313 Vgl. GSCHREY, E., IAS 39 als Brandbeschleuniger in der Krise?, S. 6.

314 Vgl. BAETGE, J./BREMBT, T./BRÜGGEMANN, P., Mark-to-Model-Bewertung, S. 1009 f.

315 Vgl. BÄR, M./GOLLOB, C., Wertminderungsmodell nach IFRS 9, S. 1241.

316 Vgl. IASB (Hrsg.), IFRS 13, Tz. IN4; NIEHAUS, H.-J., Ersatz von IAS 39, S. 87 f.; GANSSAUGE, K./MEURER, H./WELLER, K., Überarbeitung von IFRS 9, S. 843.

317 Vgl. IASB (Hrsg.), IFRS 13, Tz. IN2; BERGER, J./STRUFFERT, R./NAGELSCHMITT, S., IFRS 9 (Teil 2), S. 1131.

Eigenkapital gespiegelt ist.[318] Nicht zuletzt daher nahm der IASB solch eine – aus IAS 39 bekannte – Kategorie in den ED/2012/4 auf, die letztlich in den IFRS 9 übernommen wurde.[319]

Die **zweite** Projektphase behandelte, wie mit fortgeführten Anschaffungskosten oder erfolgsneutral zum Fair Value bewertete Finanzinstrumente wertzumindern sind. Sie sollten künftig nicht mehr nur in der Höhe von bereits eingetretenen, sondern zusätzlich in der Höhe von **erwarteten Kreditverlusten** abgeschrieben werden.[320] An dem dazu in ED/2009/12 entworfenen Wertminderungsmodell wurde bemängelt, dass es nur schwer anzuwenden sei. Das anschließend in ED/2013/3 vorgeschlagene Modell zur Kreditrisikovorsorge wurde hingegen positiv beurteilt und mit wenigen Ergänzungen in den finalen IFRS 9 übernommen.[321]

In der **dritten** Projektphase wurde diskutiert, wie bilanzielle Sicherungsbeziehungen künftig zu bilanzieren sind. Die neuen Regeln zum **Hedge Accounting** sollten sich stärker als bisher an dem unternehmensinternen Risikomanagement orientierten und dieses somit zutreffender abbilden.[322] Wie in Abschnitt 442.3 diskutiert werden wird, kann ein **versicherungsspezifisch** erweitertes Hedge Accounting dazu beitragen, den Abschlussadressaten entscheidungsnützliche Informationen über das Asset-Liability-Management von Lebensversicherungsgeschäften zu vermitteln. Die Vorschriften des IFRS 9 zu dem Hedge Accounting werden aufgrund ihrer Komplexität jedoch nur kurz im Abschnitt 442.3 skizziert.

Die gesamten Resultate des dreiphasigen Projekts zum Ersatz von IAS 39 wurden am 24. Juli 2014 als **finaler IFRS 9** veröffentlicht. IFRS 9 wurde am 22. November 2016 von den EU-Instanzen anerkannt und muss von den deutschen Versicherern voraussichtlich spätestens für ab dem 01.01.2021 beginnende Geschäftsjahre angewendet werden.[323]

Wie beschrieben wurde IFRS 9 im Juli 2014 vom IASB veröffentlicht, indes erst am 22. November 2016 gemeinschaftsrechtlich anerkannt. Ein Grund für diesen vergleichsweise langen Zeitraum ist, dass es für Versicherer **problematisch** wäre, wenn sie IFRS 9 früher anwenden müssten als IFRS 17, der im Mai 2017 publiziert wurde und für ab dem 1.1.2021 beginnende

318 Wie in Abschnitt 41 beschrieben, begründen die Versicherer ihre Kritik unter anderem damit, dass eine erfolgsneutrale Folgebewertung von Finanzinstrumenten mit dem Fair Value im Zusammenspiel mit IFRS 4 Phase I für Versicherungsverträge zu Accounting Mismatches führen kann.

319 Vgl. IASB (Hrsg.), IFRS 13, Tz. IN8 und Tz. BC4.131-BC4.135.

320 Vgl. KUHN, S./HACHMEISTER, D., Rechnungslegung von Finanzinstrumenten, S. 164.

321 Vgl. SCHMIDT, A./BAREKZAI, O./HÜTTERMANN, K., IFRS 9 zur Wertminderung, S. 344 f.

322 Vgl. HARTENBERGER, H., in: Beck'sches IFRS-Handbuch, 5. Aufl., § 3, Tz. 5.

323 Vgl. FELDHOFF, R./HORSTKÖTTER, M., IFRS 9 für Versicherungen, S. 257.

Geschäftsjahre gültig sein wird.[324] Um zu adressieren, dass die Versicherer IFRS 17 am besten zeitgleich mit IFRS 9 erstmals anwenden, publizierte der IASB im Dezember des Jahres 2015 den ED/2015/11. In ihm wird eine **branchenorientierte Ausnahme** vorgeschlagen, durch die die Versicherer den IFRS 9 nicht wie alle anderen Unternehmen für ab dem 1.1.2018 beginnende Geschäftsjahre, sondern erst für ab dem 1.1.2021 beginnende Geschäftsjahre und somit zeitglich mit IFRS 17 erstmals anwenden müssen (nach dem sog. Deferral Approach).[325]

322. Anwendungsbereich von IFRS 9

322.1 Definition eines Finanzinstruments

Der IFRS 9 ist für alle Sachverhalte anzuwenden, die die Definition eines Finanzinstruments erfüllen und nicht explizit aus dem Anwendungsbereich von IFRS 9 ausgeschlossen sind.[326] Nach IAS 32.11 ist ein **Finanzinstrument** definiert als „[...] ein Vertrag, der gleichzeitig bei dem einen Unternehmen zu einem finanziellen Vermögenswert und bei dem anderen Unternehmen zu einer finanziellen Verbindlichkeit oder einem Eigenkapitalinstrument führt." Ein Vertrag ist eine Vereinbarung zwischen Parteien, die rechtlich durchsetzbare und kaum vermeidbare wirtschaftliche Folgen hat. Ein Vertrag kann schriftlich, mündlich oder konkludent abgeschlossen werden.[327] Finanzielle Vermögenswerte sind z. B. flüssige Mittel oder von anderen Unternehmen emittierte Eigen- bzw. Fremdkapitalinstrumente im eigenen Bestand des Unternehmens. Finanzielle Verbindlichkeiten sind z. B. vertragliche Verpflichtungen darüber, anderen Unternehmen flüssige Mittel oder Finanzinstrumente zu liefern (IAS 32.11).

Nach IAS 32.11 ist ein **Eigenkapitalinstrument** definiert als „[...] ein Vertrag, der einen Residualanspruch an den Vermögenswerten eines Unternehmens nach Abzug aller dazugehörigen Verbindlichkeiten begründet." Indes kann es problematisch sein, zwischen Eigen- und Fremdkapitalinstrumenten zu unterscheiden. Dies ist vor allem bei **hybriden Finanzinstrumenten** schwierig, da sie sowohl Eigen- als auch Fremdkapitalcharakter besitzen.[328] Um den Charakter eines Finanzinstruments festzulegen, sind dessen Vertragsbedingungen aus einer wirtschaftlichen statt aus einer rechtlichen Sicht zu betrachten. Hierbei ist ein Eigenkapitalins-

[324] Als problematisch sehen die Versicherer z. B. zusätzliche Accounting Mismatches, die durch eine spätere Anwendung von IFRS 4 Phase II entstünden. Vgl. IASB (Hrsg.), ED/2015/11, S. 4 sowie stellvertretend für deutsche Versicherer ALLIANZ SE (Hrsg.), Comment Letter ED/2015/11, S. 1 f.

[325] Vgl. IASB (Hrsg.), ED/2015/11, S. 10 f.; EFRAG (Hrsg.), Comment Letter ED/2015/11, S. 1-3; POLLMANN, R./KÜMPEL, T./KASTE, J., IFRS 9 und IFRS 4 Phase II, S. 217-219.

[326] Vgl. KUHN, S./HACHMEISTER, D., Rechnungslegung von Finanzinstrumenten, S. 45 f. Jedoch sind bestimmte Warentermingeschäfte nach IFRS 9 zu bilanzieren, obwohl sie nicht die in IAS 32.11 genannte Definition eines Finanzinstruments erfüllen. Vgl. IASB (Hrsg.), IFRS 9, Tz. 2.4.

[327] Vgl. HARTENBERGER, H., in: Beck'sches IFRS-Handbuch, 5. Aufl., § 3, Tz. 13.

[328] Vgl. BAETGE, J./MELCHER, T./THUN, C., Vergabe hybrider Finanzinstrumente, S. 308-310.

trument nach IAS 32.16 grundsätzlich nur gegeben, sofern dessen Emittent vertraglich **nicht dazu verpflichtet** ist:[329]

(1) flüssige Mittel oder andere finanzielle Vermögenswerte an ein anderes Unternehmen zu liefern; oder

(2) finanzielle Vermögenswerte oder finanzielle Verbindlichkeiten zu ggfs. nachteiligen Bedingungen mit einem anderen Unternehmen zu tauschen.

Beispielsweise ist eine **Stammaktie** ein Eigenkapitalinstrument, da sie den Emittenten nicht dazu verpflichtet, Dividenden zu zahlen oder Finanzinstrumente zu tauschen. Im Unterschied dazu sind solche Verträge als Fremdkapitalinstrumente zu klassifizieren, die den Emittenten dazu zwingen, flüssige Mittel zu zahlen oder Finanzinstrumente unter nachteiligen Bedingungen zu tauschen. Dies gilt z. B. für **Vorzugsaktien**, sofern sie vertraglich garantieren, dass der Emittent eine Dividende auszahlt. Des Weiteren ist eine **Anleihe** als Fremdkapitalinstrument zu behandeln, die vertraglich garantiert, dass der Emittent sie zurückzahlt, sobald sie von dem Kapitalgeber bzw. Gläubiger gekündigt wird.[330]

Der IFRS 9 ist außerdem für **derivative Finanzinstrumente** anzuwenden. Diese definiert der IASB als Finanzinstrumente oder sonstige Verträge, für die IFRS 9 anzuwenden ist, und die im Unterschied zu den **originären Finanzinstrumenten** die folgenden drei Merkmale kumulativ aufweisen (IFRS 9.Anhang A):[331]

(1) Ihr Wert ändert sich abhängig davon, ob sich bestimmte finanzielle oder nicht **finanzielle Parameter** ändern, z. B. Zinssätze, Wechselkurse, Indizes, oder die Preise von Rohstoffen oder anderen Finanzinstrumenten. Indes dürfen die nicht finanziellen Parameter, z. B. Wetterbedingungen, keine tatsächliche Verlustgefahr für eine Vertragspartei darstellen, da das Instrument dann ein nach IFRS 17 zu bilanzierender Versicherungsvertrag ist.

(2) Sie benötigen zum Kauf keine oder eine im Vergleich zu einem originären Finanzinstrument nur **geringe Anschaffungsauszahlung**, z. B. eine relativ geringe Optionsprämie.

(3) Sie werden zu einem **späteren Zeitpunkt** erfüllt, stellen also Termingeschäfte dar.

---

[329] Vgl. BAETGE, J. ET AL., Kapitalabgrenzung nach IFRS, S. 2133; BAETGE, J./KIRSCH, H.-J./THIELE, S., Bilanzen, S. 542-545. Zu den Ausnahmen und weiteren Bedingungen vgl. PELLENS, B. ET AL., Internationale Rechnungslegung, S. 495-501.

[330] Vgl. SCHMITZ, F./HUTHMANN, A., Bilanzierung von Finanzinstrumenten, S. 40 f.

[331] Vgl. LÜDENBACH, N./HOFFMANN, W.-D./FREIBERG, J., in: Haufe IFRS-Kommentar, 14. Aufl., § 28, Tz. 14-19; FLINTROP, B./OERTZEN, C., in: Beck'sches IFRS-Handbuch, 5. Aufl., § 23, Tz. 4.

Die derivativen Finanzinstrumente sind sofern besonders, als dass sie finanzielle Vermögenswerte darstellen, solange ihr Fair Value für die betrachtete Vertragspartei **positiv** ist, sowie finanzielle Verbindlichkeiten, solange ihr Fair Value für die Partei **negativ** ist. Ein derivatives Finanzinstrument kann also während seiner Vertragslaufzeit bei derselben Partei zeitweise als ein Vermögenswert und zeitweise als eine Verbindlichkeit zu bilanzieren sein.[332]

Mehrere Sachverhalte sind aus dem **Anwendungsbereich** von IFRS 9 explizit **ausgenommen** (IFRS 9.2.1). Zum Beispiel sind Eigenkapitalinstrumente, durch die ein maßgeblicher Einfluss eines Mutterunternehmens auf ein Tochterunternehmen begründet wird, im Konzernabschluss nicht nach IFRS 9, sondern entweder als Anteile an Tochterunternehmen (IFRS 10), als Anteile an assoziierten Unternehmen (IAS 28) oder Anteile an Gemeinschaftsunternehmen (IAS 28) zu bilanzieren.[333] Überdies richten sich die Rechte und Pflichten aus Leasingverhältnissen nach IAS 17 und die Rechte und Pflichten aus Kundenverträgen nach IFRS 15.[334] Die sogenannten Investmentverträge mit ermessensabhängiger Überschussbeteiligung sind gemäß IFRS 17 zu bilanzieren, obwohl jene die Definition eines Finanzinstrumentes erfüllen.[335] Für diese Arbeit ist es bedeutsam, dass Versicherungsverträge – obwohl sie ähnlich zu Finanzinstrumenten sind – nicht nach IFRS 9, sondern nach IFRS 4 Phase I bzw. künftig nach IFRS 17 bilanziert und bewertet werden, wie im Abschnitt 33 ausführlich dargestellt werden wird.[336]

322.2 Abspaltung von eingebetteten Derivaten

Die deutschen Lebensversicherer investieren erhaltene Prämien größtenteils in variabel- oder festverzinsliche Fremdkapitalinstrumente und nur wenig in Eigenkapitalinstrumente. Fremdkapitalinstrumente umfassen neben dem originären Finanzinstrument, das als der Basisvertrag dient, oft mehrere in den Basisvertrag **eingebettete** derivative Finanzinstrumente. Zum Beispiel können die Vertragsparteien einer Anleihe mehrere Optionen vereinbaren, durch die der Schuldner oder Gläubiger das Instrument kündigen oder in Aktien umwandeln kann. Auf diese Art zusammengesetzte Verträge werden als **strukturierte** Finanzinstrumente bezeichnet.[337] Die von dem IASB für sie erlassenen Regeln sollen verhindern, dass der Abschlussersteller es

---

332 Vgl. WALDERSEE, G., Bilanzierung von Finanzderivaten, S. 244 und S. 255; KUHN, S., Fair value-Bewertung von Finanzinstrumenten, S. 244.

333 Vgl. PELLENS, B. ET AL., Internationale Rechnungslegung, S. 566; LÜDENBACH, N./HOFFMANN, W.-D./FREIBERG, J., in: Haufe IFRS-Kommentar, 14. Aufl., § 28, Tz. 12 f.

334 Vgl. HARTENBERGER, H., in: Beck'sches IFRS-Handbuch, 5. Aufl., § 3, Tz. 360.

335 Vgl. BARCKOW, A., in: Rechnungslegung nach IFRS, 2. Aufl., IAS 39, Tz. 12.

336 Vgl. FECHNER, M., IFRS 4 und IFRS 9, S. 85.

337 Vgl. FLINTROP, B./OERTZEN, C., in: Beck'sches IFRS-Handbuch, 5. Aufl., § 23, Tz. 24. Für einen Überblick vgl. LÜDENBACH, N./HOFFMANN, W.-D./FREIBERG, J., in: Haufe IFRS-Kommentar, 14. Aufl., § 28, Tz. 267.

umgeht, ein derivatives Finanzinstrument erfolgswirksam zum Fair Value zu bewerten, indem er das Derivat in einen nicht-derivativen Basisvertrag einbettet.[338]

Deshalb muss der Abschlussersteller beim erstmaligen Ansatz eines strukturierten Finanzinstruments prüfen, ob ein Derivat von dem Basisvertrag **abzuspalten** ist oder nicht.[339] Dies zu beurteilen wurde vom Board durch IFRS 9 für die in dieser Arbeit betrachteten aktivischen Finanzinstrumente weitgehend **vereinfacht**.[340] Denn im Gegensatz zu IAS 39.11 darf ein derivatives Finanzinstrument nach IFRS 9.4.3.2 **nicht** vom Basisvertrag getrennt werden, falls der Basisvertrag ein finanzieller Vermögenswert ist. Ist dies gegeben, wird das gesamte strukturierte Finanzinstrument mit den allgemeinen Regeln des IFRS 9 kategorisiert und bewertet. Nur wenn der Basisvertrag keinen finanziellen Vermögenswert nach IFRS 9 darstellt, sondern z. B. eine finanzielle Schuld oder einen Versicherungsvertrag nach IFRS 17, muss ein eingebettetes Derivat unter bestimmten Voraussetzungen abgespalten werden. Infolgedessen wäre das Derivat eigenständig zu bilanzieren und deswegen nach IFRS 9 **erfolgswirksam** zum Fair Value zu bewerten. Die Voraussetzungen einer Abspaltung bestehen darin, dass die folgenden drei Kriterien **kumulativ** vorliegen (IFRS 9.4.3.3):[341]

(1) Die wirtschaftlichen Merkmale und Risiken des eingebetteten Derivats und des Basisvertrags sind nicht eng miteinander verbunden.

(2) Ein separates Finanzinstrument mit den gleichen Vertragsbedingungen wie das eingebettete Derivat würde die in IFRS 9.Anhang A stehende Definition eines derivativen Finanzinstruments erfüllen.

(3) Das gesamte strukturierte Finanzinstrument wird nicht schon durch einen anderen IFRS-Standard erfolgswirksam zum Fair Value bewertet.

Wird eines dieser drei Kriterien verletzt, ist das eingebettete Derivat **nicht abzuspalten**, sondern als ein Bestandteil des Basisvertrags zu behandeln, also z. B. als Teil der finanziellen Schuld oder des Versicherungsvertrags nach IFRS 17.[342] Jedoch konkretisiert der IASB nur anhand von **Beispielen**, wann die wirtschaftlichen Merkmale und Risiken eines eingebetteten

[338] Vgl. KUHN, S./HACHMEISTER, D., Rechnungslegung von Finanzinstrumenten, S. 702.
[339] Vgl. PELLENS, B. ET AL., Internationale Rechnungslegung, S. 582-584.
[340] Vgl. KUHN, S./HACHMEISTER, D., Rechnungslegung von Finanzinstrumenten, S. 703.
[341] Vgl. ALBRECHT, M. ET AL., Strukturierte Finanzinstrumente, S. 227 f. Die Frage, ob Optionen und Garantien aus Versicherungsverträgen herausgelöst und nach IFRS 9 erfolgswirksam zum Fair Value bilanziert werden müssen, wird in Abschnitt 332.3 untersucht.
[342] Vgl. KUHN, S./HACHMEISTER, D., Rechnungslegung von Finanzinstrumenten, S. 705 f.

Derivats und eines Basisvertrags entweder eng oder nicht eng verbunden sind (IFRS 9.B4.3.5 und IFRS 9.B4.3.8). Aus jenen Beispielen ist abzulesen, dass die wirtschaftlichen Merkmale und Risiken eines eingebetteten Derivats und eines Basisvertrags nicht eng verbunden sind, falls ihre Wertentwicklungen jeweils von **unterschiedlichen Faktoren** abhängen.[343]

So sind die wirtschaftlichen Merkmale und Risiken von einer **Wandlungsoption**, die in eine Wandelanleihe eingebettet ist, nicht eng mit den Merkmalen und Risiken des **Basisvertrags** verbunden. Wenn der Gläubiger einer Wandelanleihe die Wandlungsoption ausübt, tauscht er den ausstehenden Kreditbetrag gegen eine bestimmte Zahl eigener Anteile des Schuldners. Der Basisvertrag gleicht hier einer einfachen Kreditbeziehung, während der Wert der Wandlungsoption davon abhängt, wie wertvoll die Anteile des Schuldners sind. Auch in Anleihen eingebettete **Verlängerungsoptionen** sind nicht eng mit dem Basisvertrag verbunden, sofern sie vorsehen, dass die Zinsen im Verlängerungszeitpunkt an aktuelle Marktzinsen angepasst werden.[344] Demgegenüber sind eingebettete **Kündigungsoptionen** mit dem Basisvertrag eng verbunden, falls ihr Ausübungspreis circa den fortgeführten Anschaffungskosten des Vertrags entspricht oder die durch die Optionsausübung entgangenen Zinsen ersetzt werden.[345]

Ferner darf unabhängig von den obigen Regeln ein strukturiertes Finanzinstrument, dessen Basisvertrag kein nach IFRS 9 zu bilanzierender finanzieller Vermögenswert ist, erfolgswirksam zum Fair Value bewertet werden. Aber dieses Wahlrecht, das mit der Fair Value-Option nach IFRS 9.4.1.5 vergleichbar ist, darf von einem Abschlussersteller nicht angewendet werden, wenn das betrachtete eingebettete Derivat entweder (IFRS 9.4.3.5):

(1) die Zahlungsströme aus dem Basisvertrag **nicht wesentlich ändert** (und daher nicht nach IFRS 9.4.3.3 abgespalten werden muss); oder

(2) mit keinem oder geringem Analyseaufwand als ein **nicht trennungspflichtiges** Derivat identifiziert werden kann, wie z. B. eine Option darüber, einen Kredit in circa der Höhe seiner fortgeführten Anschaffungskosten vorzeitig zurückzuzahlen.

Außerdem muss der Abschlussersteller ein strukturiertes Finanzinstrument dann als in seiner Gesamtheit erfolgswirksam zum Fair Value bewertet designieren, wenn er ein oder mehrere

[343] Vgl. HARTENBERGER, H., in: Beck'sches IFRS-Handbuch, 5. Aufl., § 3, Tz. 143.

[344] Vgl. KUHN, S./HACHMEISTER, D., Rechnungslegung von Finanzinstrumenten, S. 716-722.

[345] Vgl. HARTENBERGER, H., in: Beck'sches IFRS-Handbuch, 5. Aufl., § 3, Tz. 144; LÜDENBACH, N./HOFFMANN, W.-D./FREIBERG, J., in: Haufe IFRS-Kommentar, 14. Aufl., § 28, Tz. 267-270.

eigentlich separierungspflichtige Derivate nicht für sich genommen zum Fair Value bewerten kann (IFRS 9.4.3.6).

323. Ansatz und Ausbuchung von Finanzinstrumenten

Ein aktivisches Finanzinstrument ist nach IFRS 9.3.1.1 erstmalig anzusetzen, sobald ein Wirtschaftssubjekt eine Vertragspartei des Instruments wird und daher berechtigt oder verpflichtet ist, vertragliche Leistungen oder Gegenleistungen zu erbringen. Hierzu darf der Bilanzierende aktivische Finanzinstrumente, die durch ein marktübliches Kassageschäft gekauft werden, nach IFRS 9.3.1.2 entweder am **Handelstag** oder am **Erfüllungstag** erstmalig **ansetzen**. Am Handelstag verpflichtet sich eine Partei dazu, ein Instrument zu kaufen oder zu verkaufen. Hingegen wird am Erfüllungstag, der für marktübliche Kassageschäfte wenige Tage nach dem Handelstag eintritt, ein Finanzinstrument an oder durch eine Vertragspartei geliefert.[346] Der Bilanzersteller muss jenes Wahlrecht in IFRS 9.3.1.2 für alle Instrumente einheitlich ausüben, die für ihre Folgebewertung gleich kategorisiert werden (IFRS 9.B3.1.3). Ebenfalls sind alle Wertänderungen, die zwischen Handels- und Erfüllungstag anfallen, nach der relevanten Bewertungskategorie auszuweisen, falls das Finanzinstrument zum Handelstag angesetzt wird.[347] Da **derivative** Finanzinstrumente Termingeschäfte darstellen, die später ausgeführt werden als die zeitnah erfüllten Kassageschäfte, sind sie am **Handelstag** anzusetzen.[348]

Der IAS 39 sieht komplexe Regeln vor, nach denen Finanzinstrumente **auszubuchen** sind. Diese wurden nahezu unverändert für IFRS 9 übernommen. Im Allgemeinen sind finanzielle Vermögenswerte oder finanzielle Verbindlichkeiten auszubuchen,[349] sobald eine Partei nicht mehr **berechtigt oder verpflichtet** ist, die vertraglichen Zahlungsströme zu erhalten oder zu leisten (IFRS 9.3.2.3 und IFRS 9.3.3.1). Dies ist z. B. gegeben, wenn ein Finanzinstrument verkauft oder zurückgezahlt wird.[350] Des Weiteren sind finanzielle Vermögenswerte auszubuchen, sobald die Rechte an ihren Zahlungsströmen vollständig an eine andere Vertragspartei übertragen werden (IFRS 9.3.2.4).

---

346 Vgl. PERLET, H./BAUMGÄRTEL, M., Finanzinstrumente in der Versicherungswirtschaft, S. 289.

347 Vgl. HARTENBERGER, H., in: Beck'sches IFRS-Handbuch, 5. Aufl., § 3, Tz. 372.

348 Vgl. KUHN, S./SCHARPF, P., Financial Instruments nach IFRS, S. 528.

349 Vgl. KUHN, S./HACHMEISTER, D., Rechnungslegung von Finanzinstrumenten, S. 97 f. und S. 198. Für das detaillierte Prüfschema zur Ausbuchung von finanziellen Vermögenswerten vgl. IASB (Hrsg.), IFRS 9, Tz. B3.2.1; KNOBLOCH, A. P., Ausbuchung finanzieller Vermögenswerte nach IFRS 9, S. 170; PELLENS, B. ET AL., Internationale Rechnungslegung, S. 597-599.

350 Vgl. LÜDENBACH, N./HOFFMANN, W.-D./FREIBERG, J., in: Haufe IFRS-Kommentar, 14. Aufl., § 28, Tz. 58; BARCKOW, A., in: Rechnungslegung nach IFRS, 2. Aufl., IAS 39, Tz. 123.

Wenn ein Finanzinstrument ausgebucht wird, da es zu einem höheren Preis als seinen Buchwert verkauft worden ist, entsteht hieraus ein Veräußerungsgewinn. Er ist nach IFRS 9.3.2.12 stets erfolgswirksam, d. h. in der GuV auszuweisen. Spiegelbildlich reduzieren Veräußerungsverluste den Periodenerfolg. Der IASB will vermeiden, dass Finanzinstrumente zu früh ausgebucht werden. Daher muss ein Unternehmen sie mindestens ansetzen, solange es entweder die wesentlichen Chancen und Risiken aus den jeweiligen Finanzinstrumenten oder die Verfügungsmacht über die jeweiligen Finanzinstrumente trägt.[351]

324. Kategorisierung von aktivischen Finanzinstrumenten

324.1 Überblick

Die Versicherer investieren erhaltene Prämien so, dass die Aktivseite ihrer Bilanzen von aktivischen Finanzinstrumenten geprägt ist, und zwar größtenteils von langfristig gehaltenen **Fremdkapitalinstrumenten.**[352] Denn im Vergleich zu anderen Finanzinstrumenten, z. B. Aktien, besitzen Fremdkapitalinstrumente sichere und regelmäßige Zahlungsströme, die sich gut eignen, um die zufällig anfallenden Verpflichtungen aus Versicherungsverträgen zu decken.[353] Sobald ein aktivisches Finanzinstrument erstmalig angesetzt wird, ist es nach IFRS 9.3.1.1 **einer von drei Bewertungskategorien** zuzuordnen. Von der relevanten Kategorie ist abhängig, mit welchem **Wertmaßstab** ein Finanzinstrument folgebewertet wird und ob anfallende **Wertänderungen** in der GuV oder im Sonstigen Gesamtergebnis, das sich im Eigenkapital spiegelt, auszuweisen sind.[354] Der anzuwendende Wertmaßstab und die jeweilige Ausweisart von Wertänderungen werden dadurch deutlich, wie die drei folgenden Bewertungskategorien vom Board in IFRS 9 bezeichnet werden (IFRS 9.5.2.1):[355]

(1) **Erfolgswirksam zum Fair Value** bewertet (*at fair value through profit or loss*), also mit in die GuV (in das Periodenergebnis) gebuchten Fair Value-Änderungen.

(2) **Erfolgsneutral zum Fair Value** bewertet (*at fair value through other comprehensive income*), also mit grundsätzlich in das Sonstige Gesamtergebnis (Eigenkapital) gebuchten Fair Value-Änderungen.

[351] Vgl. KNOBLOCH, A. P., Ausbuchung finanzieller Vermögenswerte nach IFRS 9, S. 169-173.
[352] Vgl. HAIDAR, H., Bilanzierung von Kapitalanlagen, S. 190.
[353] Vgl. SCHNEIDER, J., IFRS 4 und IFRS 9, S. 198 f.
[354] Vgl. BERGER, J./STRUFFERT, R./NAGELSCHMITT, S., IFRS 9 (Teil 1), S. 1076.
[355] Vgl. HAAKER, A., Auswirkungen des finalen IFRS 9, S. 2791.

(3) Zu **fortgeführten Anschaffungskosten** bewertet (*at amortised cost*); also grundsätzlich ohne zu buchende Fair Value-Änderungen.[356]

Diese drei Bewertungskategorien sind bereits aus IAS 39 bekannt. Jedoch enthält der IFRS 9 überarbeitete Regeln, nach denen ein aktivisches Finanzinstrument in eine der drei Kategorien einzuordnen ist.[357] Dafür muss der Bilanzersteller nämlich zwei neuartige Kriterien beurteilen, und zwar das sogenannte **Zahlungsstrom**-Kriterium sowie das sogenannte **Geschäftsmodell**-Kriterium. Ein aktivisches Finanzinstrument erfüllt das Zahlungsstrom-Kriterium, falls dessen vertraglichen Zahlungsströme lediglich aus an festgesetzten Zeitpunkten fälligen **Zins- und Tilgungszahlungen** auf einen ausstehenden Kapitalbetrag bestehen (IFRS 9.4.1.2). Bezüglich des Geschäftsmodell-Kriteriums muss der Bilanzersteller entscheiden, nach welchem der drei vom IASB vorgegebenen „Geschäftsmodellen" das Kapitalanlageportfolio gesteuert wird, zu dem das betrachtete aktivische Finanzinstrument gehört.

Zwar lässt der Wortlaut von IFRS 9.4.1.1-9.4.1.2A nicht erkennen, ob diese beiden Kriterien in einer bestimmten **Reihenfolge** zu beurteilen sind. Aber es bietet sich an, als erstes das Zahlungsstrom-Kriterium zu prüfen.[358] Denn solche Finanzinstrumente, die das Zahlungsstrom-Kriterium nicht erfüllen, sind unabhängig von dem Geschäftsmodell-Kriterium in die erstgenannte Bewertungskategorie einzuordnen und somit erfolgswirksam zum Fair Value folgezubewerten (IFRS 9.4.1.4). Dies trifft üblicherweise zu auf derivative Finanzinstrumente, reine Eigenkapitalinstrumente sowie Fremdkapitalinstrumente mit eigenkapitalähnlichen Zahlungsströmen, was im Abschnitt 324.2 erläutert wird.[359]

Für ein reines Eigenkapitalinstrument gewährt der IASB zudem ein einzelvertraglich auszuübendes **Wahlrecht**, nach dem es unabhängig von den zwei grundsätzlich für die Kategorisierung maßgeblichen Kriterien als *at fair value through other comprehensive income* klassifiziert und folgebewertet werden kann (IFRS 9.4.1.4). Um bilanzpolitische Spielräume einzuschränken, darf dieses Wahlrecht nur ausgeübt werden, sobald ein Eigenkapitalinstrument erstmalig angesetzt wird und ist danach **unwiderruflich**. Ferner gilt es nicht für zu Handels-

---

[356] Das Wort „grundsätzlich" bedeutet hier, dass es für die in die zweit- oder drittgenannte Bewertungskategorie eingeordneten Finanzinstrumente durch bestimmte Ereignisse zu in der GuV (Periodenergebnis) auszuweisenden Erfolgsbeiträgen kommen kann, z. B. durch Veräußerungen, Währungsumrechnungen, Wertminderungen oder der Anwendung der Effektivzinsmethode. Vgl. die Abschnitte 326 und 327.

[357] Vgl. GANSSAUGE, K./MEURER, H./WELLER, K., Überarbeitung von IFRS 9, S. 834 f.

[358] In der Literatur wird alternativ vorgeschlagen, dass zuerst das Geschäftsmodell-Kriterium geprüft werden sollte. Vgl. WOLSIFFER, A. ET AL., Praxisfragen zur Klassifizierung (Teil 1), S. 729.

[359] Vgl. LÜDENBACH, N./HOFFMANN, W.-D./FREIBERG, J., in: Haufe IFRS-Kommentar, 14. Aufl., § 28, Tz. 148; KUHN, S./HACHMEISTER, D., Rechnungslegung von Finanzinstrumenten, S. 101.

zwecken gehaltene Eigenkapitalinstrumente,[360] die stets erfolgswirksam zum Fair Value folgezubewerten sind (IFRS 9.5.7.5). Des Weiteren übernimmt der IASB die bereits nach IAS 39 bestehende **Fair Value-Option** nach IFRS 9.[361] Dieses einzelvertraglich auszuübende Wahlrecht ermöglicht es, Finanzinstrumente unabhängig von dem Zahlungsstrom- und Geschäftsmodell-Kriterium erfolgswirksam zum Fair Value folgezubewerten. Der IASB begrenzt die hiermit verbundenen bilanzpolitischen Spielräume dadurch, dass die Fair Value-Option nur **unwiderruflich** ausgeübt werden darf, sobald ein Finanzinstrument erstmals angesetzt wird. Zudem muss der Abschlussersteller **nachweisen**, dass bilanzielle Ansatz- und Bewertungsinkonsistenzen – also Accounting Mismatches – eliminiert oder wesentlich reduziert werden, falls die Fair Value-Option ausgeübt wird (IFRS 9.4.1.5).[362]

Als ein Beispiel für eine Bewertungsinkonsistenz beschreibt der IASB die folgende Konstellation: Ein Versicherer bewertet nach **IFRS 4.24 Phase I** einerseits seine versicherungstechnischen Rückstellungen mit aktuellen Rechnungsgrundlagen, wobei er die Wertänderungen der Rückstellungen **erfolgswirksam** zeigt. Andererseits bewertet er Fremdkapitalinstrumente, die diese Rückstellungen decken, nach IFRS 9 entweder zu fortgeführten Anschaffungskosten oder erfolgsneutral zum Fair Value; also ohne Wertänderungen erfolgswirksam auszuweisen (IFRS 9.B4.1.30 (a)). In dieser Konstellation besteht jedoch ein Accounting Mismatch, da die aus ökonomischer Sicht zusammengehörigen und deshalb zusammen zu betrachtenden versicherungstechnischen Rückstellungen und aktivischen Finanzinstrumente entweder:

- mit unterschiedlichen **Wertmaßstäben** bewertet werden (versicherungstechnische Rückstellungen zu aktuellen Rechnungsgrundlagen vs. aktivische Finanzinstrumente zu fortgeführten Anschaffungskosten, also quasi zu nicht aktuellen Rechnungsgrundlagen); oder
- die Wertänderungen durch verschiedene **Ausweisarten** erfasst werden (erfolgswirksam bei versicherungstechnischen Rückstellungen vs. erfolgsneutral bei den Finanzinstrumenten).

Der Accounting Mismatch wird ersichtlich, sobald sich die risikolosen **Marktzinsen ändern**, weil sie sowohl für die Bewertung der versicherungstechnischen Rückstellungen als auch für

360 Zu Handelszwecken gehalten wird ein finanzieller Vermögenswert oder eine finanzielle Verbindlichkeit, der bzw. die entweder: (1) hauptsächlich mit der Absicht erworben oder eingegangenen wurde, um sie demnächst zu verkaufen oder zurückzukaufen; (2) beim Erstansatz zu einem Portfolio von gemeinsam gesteuerten Finanzinstrumenten gehört, für das in jüngerer Vergangenheit nachweislich kurzfristige Handelsgewinne vereinnahmt wurden; oder (3) ein Derivat ist, das nicht als eine Finanzgarantie oder Teil einer Sicherungsbeziehung bilanziert wird (IFRS 9.Anhang A).

361 Vgl. KÜTING, P./DÖGE, B./PFINGSTEN, A., Fair Value-Option nach IAS 39, S. 603 f.

362 Vgl. HARTENBERGER, H., in: Beck'sches IFRS-Handbuch, 5. Aufl., § 3, Tz. 425 f.

die Fair Value-Bewertung der vom Versicherer gehaltenen Fremdkapitalinstrumente relevant sind. Beispielsweise steigen die Bilanzansätze der Rückstellungen und der Finanzinstrumente, falls die **Marktzinsen sinken**, da die jeweiligen Zahlungsströme dann mit niedrigeren Zinsen diskontiert werden. Dann besteht allerdings das Problem, dass sich aufgrund des vorliegenden Accounting Mismatches die aus ökonomischer Sicht gegenläufigen Wertänderungen der versicherungstechnischen Rückstellungen und der Finanzinstrumente weder in der GuV noch im Eigenkapital ausgleichen können, was eine entscheidungsnützliche Bilanzierung verhindert.[363]

Im Abschnitt 431 wird analysiert, ob aus den künftig gültigen **IFRS 9** und **IFRS 17** weiterhin Accounting Mismatches resultieren. Um dieses zu analysieren, ist es wichtig zu überblicken, wie die aktivischen Finanzinstrumente nach IFRS 9 zu bewerten und auszuweisen sind. Daher wird in der Abbildung 3-2 **zusammengefasst**, wie ein aktivisches Finanzinstrument mit dem Zahlungsstrom- und dem Geschäftsmodell-Kriterium kategorisiert wird, mit welchem Wertmaßstab es erst- und folgebewertet wird und ob Wertänderungen erfolgswirksam in der GuV oder erfolgsneutral im Sonstigen Gesamtergebnis (OCI) auszuweisen sind.

Da es für die im Abschnitt 431 vollzogene Analyse bedeutsam ist, wird in der Abbildung 3-2 ebenso dargestellt, woher weitere in die GuV zu buchende Erfolgsbeiträge stammen können, z. B. aus Zinsen oder Dividenden. Außerdem sind sowohl die in IFRS 9.4.1.5 normierte Fair Value-Option als auch das Wahlrecht abgebildet, durch das nicht zu Handelszwecken gehaltene Eigenkapitalinstrumente erfolgsneutral zum Fair Value folgebewertet werden können.

[363] Vgl. zum Accounting Mismatch unter IFRS 4 Phase I ROCKEL, W. ET AL., Versicherungsbilanzen, S. 77 f.; SURREY, I., Versicherungsgeschäfte nach IFRS, S. 183-187; EBBERS, G., Insurance and fair value, S. 261; ASCHE, B./HARTUNG, T., IFRS 4 und IFRS 9, S. 1191-1193; STEINER, C., Versicherungstechnische Rückstellungen, S. 449; VARAIN, T. C., IFRS für Versicherer, S. 227 f.

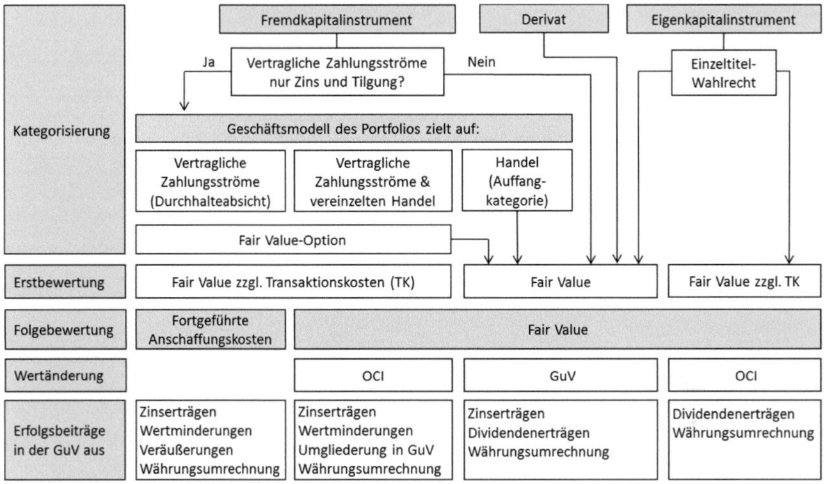

Abbildung 3-2: Überblick über Kategorisierung, Bewertung und Ausweis von aktivischen Finanzinstrumenten nach IFRS 9[364]

324.2 Zahlungsstrom-Kriterium

Wie im Abschnitt 324.1 vorgeschlagen, sollte als erstes das Zahlungsstrom-Kriterium geprüft werden, um ein aktivisches Finanzinstrument zu kategorisieren. Durch dieses Kriterium sollen Finanzinstrumente identifiziert werden, für die eine Folgebewertung mit der Effektivzinsmethode zu entscheidungsnützlichen Informationen führt.[365] Dies trifft vor allem auf Fremdkapitalinstrumente zu, die keine eigenkapitalähnlichen Zahlungsströme umfassen. Dabei wird das Zahlungsstrom-Kriterium in der Literatur als das „objektive" Kriterium bezeichnet, wohingegen das Geschäftsmodell-Kriterium als das „subjektive" Kriterium beschrieben wird.[366]

Ein aktivisches Finanzinstrument **erfüllt** das Zahlungsstrom-Kriterium, wenn seine vertraglichen Zahlungsströme ausschließlich aus an vorbestimmten Zeitpunkten fälligen **Zins- und Tilgungszahlungen** auf einen zurückzuzahlenden Kapitalbetrag bestehen (IFRS 9.4.1.2). Entspricht ein Finanzinstrument diesem Kriterium, ist es nach dem in Abschnitt 324.3 erläuterten Geschäftsmodell-Kriterium weiter zu kategorisieren.

---

[364] In der Abbildung werden Elemente zusammengefasst aus WOLSIFFER, A. ET AL., Praxisfragen zur Klassifizierung (Teil 1), S. 727; KUHN, S./HACHMEISTER, D., Rechnungslegung von Finanzinstrumenten, S. 101; HARTENBERGER, H., in: Beck'sches IFRS-Handbuch, 5. Aufl., § 3, Tz. 361-371.

[365] Vgl. BERGER, J./STRUFFERT, R./NAGELSCHMITT, S., IFRS 9 (Teil 1), S. 1081. Vgl. für die Folgebewertung anhand der Effektivzinsmethode den Abschnitt 326.1.

[366] Vgl. HARTENBERGER, H., in: Beck'sches IFRS-Handbuch, 5. Aufl., § 3, Tz. 363-369; LÜDENBACH, N./HOFFMANN, W.-D./FREIBERG, J., in: Haufe IFRS-Kommentar, 14. Aufl., § 28, Tz. 149.

Mit diesen Zins- und Tilgungszahlungen sind solche vertraglichen Zahlungsströme gemeint, die für eine sogenannte „einfache Kreditbeziehung" anfallen (IFRS 9.4.1.3). Sie zeichnet sich dadurch aus, dass die für sie zu leistenden Zinszahlungen vor allem den Zeitwert des Geldes und das vom Gläubiger getragene Kreditrisiko vergüten. Jedoch ist es für das Zahlungsstrom-Kriterium **unschädlich**, falls die Zinsen auch für sonstige Risiken einer einfachen Kreditbeziehung geleistet werden, z. B. Liquiditätsrisiken oder Verwaltungskosten.[367] Dem Zahlungsstrom-Kriterium widerspricht es außerdem nicht, wenn die Zinsen eine übliche Gewinnmarge enthalten oder wenn sie, wie in einer Niedrigzinsphase üblich, negativ sind (IFRS 9.B4.1.7A).

Der IASB nennt drei Vertragsbedingungen, die einer einfachen Kreditbeziehung entsprechen und daher das Zahlungsstrom-Kriterium **erfüllen** (IFRS 9.B4.1.11):

(1) Ein **variabler Zins**, durch den die Gläubiger für den Zeitwert des Geldes, das übernommene Kreditrisiko und die weiteren üblichen Risiken einer einfachen Kreditbeziehung vergütet werden. Ferner enthält der variable Zins auch eine Gewinnmarge.

(2) Ein **Kündigungsrecht** für den Schuldner oder den Gläubiger, durch das ein ausstehender Kapitalbetrag zurückgezahlt oder -gefordert werden kann, bevor dies vertraglich notwendig ist. Der Rückzahlungsbetrag muss größtenteils die über die ursprüngliche Restlaufzeit geschuldeten Zins- und Tilgungsbeträge umfassen und darf eine angemessene Vorfälligkeitsentschädigung enthalten.

(3) Ein **Verlängerungsrecht** für den Schuldner oder Gläubiger, durch das die Laufzeit eines Fremdkapitalinstruments verlängert werden kann. Die durch die Verlängerung bedingten Zahlungsströme müssen Zins- und Tilgungszahlungen auf den ausstehenden Kapitalbetrag darstellen und dürfen eine angemessene Verlängerungsgebühr umfassen.

Ein Finanzinstrument **verletzt** das Zahlungsstrom-Kriterium, falls es andere Zahlungen als an bestimmten Zeitpunkten fällige Zins- und Tilgungszahlungen vorsieht. In diesem Fall enthält das Finanzinstrument Risiken oder volatile Zahlungsströme, die mit einer einfachen Kreditbeziehung **unvereinbar** sind. Dies wäre z. B. durch eine Vertragsbedingung gegeben, durch die eine Risikoposition gegenüber den Preisen von Eigenkapitalinstrumenten, derivativen Finanzinstrumenten oder Rohstoffen eingegangen wird (IFRS 9.B4.1.7A und IFRS 9.B4.1.9). Sofern die vertraglichen Zahlungsströme eines Finanzinstruments das Zahlungsstrom-Kriterium ver-

[367] Vgl. KUHN, S./HACHMEISTER, D., Rechnungslegung von Finanzinstrumenten, S. 107; WEIGEL, W. ET AL., Praxisfragen zur Klassifizierung (Teil 2), S. 783.

letzten, da sie untypisch für eine einfache Kreditbeziehung sind, ist das jeweilige Instrument grundsätzlich als *at fair value through profit or loss* zu kategorisieren und somit erfolgswirksam zum Fair Value folgezubewerten (IFRS 9.4.1.4).[368]

Zwei Anlageklassen, die das Zahlungsstrom-Kriterium typischerweise verletzen, sind **Eigenkapitalinstrumente** und **derivative** Finanzinstrumente. Derivate erfüllen das Zahlungsstrom-Kriterium nicht, da die für sie im Vergleich zu originären Finanzinstrumenten geringen Anschaffungskosten zu volatilen Zahlungsströmen führen, die mit den Zinsen für eine einfache Kreditbeziehung nicht vergleichbar sind.[369] Eigenkapitalinstrumente verletzen das Zahlungsstrom-Kriterium, weil ihre Zahlungsströme einen Residualanspruch darstellen, der nicht mit Zins- oder Tilgungszahlungen auf einen ausstehenden Kapitalbetrag vereinbar ist.[370]

Im Unterschied dazu ist es problematischer zu prüfen, ob **Fremdkapitalinstrumente** dem Zahlungsstrom-Kriterium entsprechen oder nicht. Hierfür sind ihre Vertragsbedingungen dahingehend zu untersuchen, ob nur Zahlungsströme anfallen, die Zins- und Tilgungszahlungen auf einen Kapitalbetrag reflektieren.[371] Dies trifft z. B. auf die hauptsächlich von Versicherern gekauften **inflationsgeschützten Anleihen** zu, da ihre von einem Inflationsindex abhängigen Zahlungsströme vornehmlich den Zeitwert des Geldes vergüten und aus diesem Grund einer einfachen Kreditbeziehung entsprechen (IFRS 9.B4.1.13). Demgegenüber verletzen **Wandelanleihen** das Zahlungsstrom-Kriterium, da sie in eine feste Zahl von Eigenkapitalinstrumenten des Anleiheemittenten getauscht werden können. Denn dann sind mit ihnen eigenkapitalähnliche Zahlungsströme verbunden, die von dem aktuellen Wert der Eigenkapitalinstrumente des Emittenten der Wandelanleihe abhängen und deswegen nicht mit einer einfachen Kreditbeziehung vereinbar sind (IFRS 9.B4.1.14).

Bei einem **strukturierten** Fremdkapitalinstrument, dessen Basisvertrag ein finanzieller Vermögenswert ist, muss geprüft werden, ob die eingebetteten Derivate **typisch** für eine **einfache Kreditbeziehung** sind. Dies gilt beispielsweise für die oben beschriebenen Kündigungs- und Verlängerungsrechte. Ein Fremdkapitalinstrument mit solchen eingebetteten Derivaten erfüllt

---

[368] In der Literatur werden die Variablen, die mit einer im Sinne des IASB „einfachen Kreditbeziehung" nicht zu vereinbaren sind, stellenweise als „nicht zinsbezogene Variablen" bezeichnet. Vgl. BERGER, J./STRUFFERT, R./NAGELSCHMITT, S., IFRS 9 (Teil 1), S. 1082.

[369] Vgl. KUHN, S./HACHMEISTER, D., Rechnungslegung von Finanzinstrumenten, S. 107.

[370] Vgl. GEHRER, J./KRAKUHN, J./SCHÜZ, P., IFRS 9 finale Fassung, S. 386.

[371] Hierzu beschreibt der IASB in IFRS 9.B4.1.13 beispielhaft fünf Fremdkapitalinstrumente, die das Zahlungsstrom-Kriterium erfüllen sowie in IFRS 9.B4.1.14 drei Fremdkapitalinstrumente, die das Zahlungsstrom-Kriterium nicht erfüllen. Vgl. für weitere Beispiele außerdem HARTENBERGER, H., in: Beck'sches IFRS-Handbuch, 5. Aufl., § 3, Tz. 429.

das Zahlungsstrom-Kriterium und ist deshalb mit dem Geschäftsmodell-Kriterium weiter zu kategorisieren. Im Gegensatz dazu verletzt ein strukturiertes Fremdkapitalinstrument das Zahlungsstrom-Kriterium dann, wenn es in Kündigungsrecht enthält, das davon abhängt, wie sich ein oder mehrere Wertpapierindizes entwickeln.[372]

Um das Zahlungsstrom-Kriterium zu prüfen sind wie erörtert die Vertragsbedingungen eines Finanzinstruments dahingehend zu beurteilen, ob sie nur solche Zahlungsströme vorsehen, die mit einer einfachen Kreditbeziehung vereinbar sind. Der IASB **erleichtert** diese aufwendige Prüfung durch zwei Ausnahmen. Zum einen sind jene Vertragsbedingungen für das Zahlungsstrom-Kriterium ausnahmsweise unschädlich, durch die die Zahlungsströme lediglich sehr unwesentlich beeinflusst werden („de minimis"-Ausnahme). Zum anderen verletzen jene Vertragsbedingungen das Zahlungsstrom-Kriterium nicht, für die der Bilanzersteller schätzt, dass sie sehr unwahrscheinlich eintreten werden (IFRS 9.B4.1.18).[373]

Aufgrund dieser beiden Ausnahmen kann nicht nachvollzogen werden, warum in der Literatur das Zahlungsstrom-Kriterium als das „objektive" Kriterium bezeichnet wird.[374] Denn es liegt weitestgehend **im Ermessen** des Bilanzerstellers zu beurteilen, welche Vertragsbedingungen die vertraglichen Zahlungsströme eines Finanzinstruments nur sehr unwesentlich verändern. Ebenso ist es sehr ermessensbehaftet zu prognostizieren, wie wahrscheinlich bestimmte Vertragsbedingungen eintreten oder ausbleiben werden. Ein Bilanzersteller könnte den hierdurch eröffneten **bilanzpolitischen Spielraum** nutzen, um ein Finanzinstrument mit voraussichtlich volatilen Wertänderungen entgegen der Intention des IASB nicht zum Fair Value, sondern mit fortgeführten Anschaffungskosten zu bewerten.[375] Diesbezüglich ist aber auch das im folgenden Abschnitt 324.3 erläuterte Geschäftsmodell-Kriterium zu beurteilen, das in der Literatur als das „subjektive" Kriterium charakterisiert wird.

---

[372] Vgl. LÜDENBACH, N./HOFFMANN, W.-D./FREIBERG, J., in: Haufe IFRS-Kommentar, 14. Aufl., § 28, Tz. 179; HARTENBERGER, H., in: Beck'sches IFRS-Handbuch, 5. Aufl., § 3, Tz. 452. Für die Frage, welche strukturierten Fremdkapitalinstrumente das Zahlungsstrom-Kriterium erfüllen oder verletzten vgl. detaillierter ALBRECHT, M. ET AL., Strukturierte Finanzinstrumente, S. 278-280; WEIGEL, W. ET AL., Praxisfragen zur Klassifizierung (Teil 2), S. 783-790.

[373] Vgl. BERGER, J./STRUFFERT, R./NAGELSCHMITT, S., IFRS 9 (Teil 1), S. 1083.

[374] Vgl. HARTENBERGER, H., in: Beck'sches IFRS-Handbuch, 5. Aufl., § 3, Tz. 363; LÜDENBACH, N./HOFFMANN, W.-D./FREIBERG, J., in: Haufe IFRS-Kommentar, 14. Aufl., § 28, Tz. 164.

[375] Vgl. ebenso kritisch zu ermessensbehafteten unbestimmten Rechtsbegriffen in IFRS 9 WEIGEL, W. ET AL., Praxisfragen zur Klassifizierung (Teil 2), S. 783; WOLSIFFER, A. ET AL., Praxisfragen zur Klassifizierung (Teil 1), S. 731; GANSSAUGE, K./MEURER, H./WELLER, K., Überarbeitung von IFRS 9, S. 835; HAAKER, A., Auswirkungen des finalen IFRS 9, S. 2791.

324.3 Geschäftsmodell-Kriterium

Ein aktivisches Finanzinstrument, das das Zahlungsstrom-Kriterium erfüllt, wird mit dem Geschäftsmodell-Kriterium weiter kategorisiert. Hierfür muss der Bilanzierende entscheiden, nach welchem der drei vom IASB definierten Geschäftsmodellen das Kapitalanlageportfolio gesteuert wird, zu dem das betrachtete Finanzinstrument gehört.[376] Somit werden bestimmte Finanzinstrumente, vor allem Fremdkapitalinstrumente, nach dem Geschäftsmodell-Kriterium ähnlich wie nach IAS 39 durch die ihnen zugedachte **Verwendungsabsicht** kategorisiert. Der IASB definiert dazu die folgenden drei „Geschäftsmodelle“ (IFRS 9.B4.1.1-B4.1.6):[377]

(1) **Halten-Geschäftsmodell**: Die Portfoliosteuerung zielt darauf, die vertraglichen Zahlungsströme der Finanzinstrumente einzunehmen, indem die Finanzinstrumente bis zu den Endfälligkeiten gehalten werden. Finanzinstrumente, die zu einem auf diese Art gesteuerten Portfolio zählen, werden mit **fortgeführten Anschaffungskosten** bewertet.

(2) **Halten & Verkaufen-Geschäftsmodell**: Die Portfoliosteuerung bezweckt, dass sowohl die vertraglichen Zahlungsströme eingenommen als auch Finanzinstrumenten vor ihren Endfälligkeiten verkauft werden. Die einem derartig verwalteten Portfolio hinzuzurechnenden Finanzinstrumente sind **erfolgsneutral zum Fair Value** zu bewerten.

(3) **Verkaufen-Geschäftsmodell**: Die Portfoliosteuerung unterliegt einem anderen als den zwei genannten Geschäftsmodellen (Auffangkategorie). Finanzinstrumente, die zu einem so gesteuerten Portfolio gehören, sind **erfolgswirksam zum Fair Value** zu bewerten. Ein hierfür typisches Geschäftsmodell ist es, dass Finanzinstrumente zu Handelszwecken gehalten und daher regelmäßig ge- und verkauft werden.

Während das in dem Abschnitt 324.2 erörterte Zahlungsstrom-Kriterium einzelvertraglich zu prüfen ist, ist das Geschäftsmodell-Kriterium jeweils für die unterschiedlichen **Portfolios** aus aktivischen Finanzinstrumenten eines Lebensversicherers zu beurteilen. Der IASB definiert als ein Portfolio eine **Gruppe** von Finanzinstrumenten, die **gemeinsam gesteuert** werden, um ein wirtschaftliches Ziel zu erreichen (IFRS 9.B4.1.2). Da ein Versicherer ein einzelnes Anlageportfolio nach verschiedenen Geschäftsmodellen steuern kann, muss er ein Anlageportfolio ggfs. nach den verwendeten Geschäftsmodellen gliedern, um jedes einzelne Geschäftsmodell eindeutig beurteilen zu können (IFRS 9.B4.1.2). Überdies darf der Abschlussersteller kein nur

[376] Vgl. GEHRER, J./KRAKUHN, J./SCHÜZ, P., IFRS 9 finale Fassung, S. 386.

[377] Vgl. WOLSIFFER, A. ET AL., Praxisfragen zur Klassifizierung (Teil 1), S. 727-729; GANSSAUGE, K./MEURER, H./WELLER, K., Überarbeitung von IFRS 9, S. 834 f.

unwahrscheinliches Szenario annehmen, wenn er das Geschäftsmodell eines (Teil-)Portfolios festlegt, also z. B. kein seltenes Stressszenario, in welchem er seine Finanzinstrumente notgedrungen verkaufen muss.[378]

Als Umstände, die der Bilanzierende für die Festlegung des Geschäftsmodells eines Portfolios berücksichtigen muss, nennt der IASB die z. B. die Performanceanalyse, die interne Berichterstattung und das Risikomanagement (IFRS 9.B4.1.2B). Bei den Lebensversicherern wird im Rahmen des **Asset-Liability-Managements** entschieden, wie ein bestimmtes Anlageportfolio gesteuert wird. Denn dies hängt vor allem davon ab, welche Art von Versicherungsverträgen durch die Finanzinstrumente eines Portfolios gedeckt werden sollen.[379]

Bei dem **Halten-Geschäftsmodell** zielt die Portfoliosteuerung darauf, die vertraglichen Zahlungsströme aus den Finanzinstrumenten einzunehmen. Sie bestehen weitestgehend aus Zins- und Tilgungszahlungen auf einen ausgegebenen Kapitalbetrag, der z. B. als Staatsanleihe oder Pfandbrief geschuldet wird. Kennzeichnend für das Halten-Geschäftsmodell ist es, dass die Finanzinstrumente bis zu ihrer Endfälligkeit gehalten werden. Daher ist zu prüfen, wie regelmäßig, warum und in welchen Volumina ein Versicherer seine Finanzinstrumente verkauft hat bzw. verkaufen will (IFRS 9.B4.1.2C).[380] Hierfür sieht der IASB die folgenden **drei Ausnahmen** vor, in denen Finanzinstrumente veräußert werden dürfen, obwohl sie zu einem nach dem Halten-Geschäftsmodell gesteuerten Portfolio gehören (IFRS 9.B4.1.3A-B4.1.3B):[381]

(1) Die Finanzinstrumente werden verkauft, um Verluste zu vermeiden, die dadurch drohen, dass die Kreditrisiken der betrachteten Instrumente steigen. Verkäufe aufgrund steigender Kreditrisiken sind **uneingeschränkt** möglich, denn der IASB sieht es als ein Merkmal des Halten-Geschäftsmodells an, wenn das Kreditrisiko aktiv gesteuert wird.[382]

(2) Die Finanzinstrumente werden aus **anderen Gründen** verkauft, z. B. um ein steigendes Konzentrationsrisiko abzubauen. Verkäufe aus anderen Gründen sind für die Zuordnung

---

378 Vgl. HALLPAP, P./LEHMANN, P., Geschäftsmodell-Bedingung, S. 724 f. und S. 728 f.

379 Vgl. FÜHRER, C., ALM in der Lebensversicherung, S. 36 f.

380 Vgl. GEHRER, J./KRAKUHN, J./SCHÜZ, P., IFRS 9 finale Fassung, S. 386 f.

381 So beschreibt der IASB in IFRS 9.B4.1.3.4 beispielhaft vier Anlageportfolios, die gemäß dem Halten-Geschäftsmodell gesteuert werden, obwohl das Unternehmen vereinzelt Finanzinstrumente verkauft. Vgl. auch HALLPAP, P./LEHMANN, P., Geschäftsmodell-Bedingung, S. 724 f.

382 Zum Beispiel ist es für das Halten-Geschäftsmodell unschädlich, wenn ein Unternehmen in seiner Risikomanagementstrategie festlegt, dass Finanzinstrumente vorzeitig verkauft werden, wenn sich ihr Kreditrating von Investment Grade auf Non-Investment Grade verschlechtert. Vgl. WOLSIFFER, A. ET AL., Praxisfragen zur Klassifizierung (Teil 1), S. 730.

eines Portfolios zu dem Halten-Geschäftsmodell nur unschädlich, wenn sie entweder selten oder im Einzelfall und bzw. oder kumuliert in unwesentlichen Volumina geschehen.[383]

(3) Die Finanzinstrumente werden so veräußert, dass nur **kurze Zeiträume** zwischen dem Verkauf und den jeweiligen Endfälligkeiten der Finanzinstrumente liegen.[384]

Die drittgenannte Ausnahme entspricht einer im Asset-Liability-Management von Lebensversicherern oft eingesetzten Strategie, mit welcher Kapitalanlagen und versicherungstechnische Rückstellungen teilweise gegen Liquiditäts- und Zinsänderungsrisiken immunisiert werden.[385] Für jene sogenannte bedingte Immunisierung wird ein Portfolio aus versicherungstechnischen Rückstellungen und den sie bedeckenden Finanzinstrumenten bis zu einer vorab festgelegten **Mindestrendite** gegen Liquiditäts- und Zinsänderungsrisiken abgesichert. Solange das Portfolio diese Mindestrendite erwirtschaftet, verfolgen die Portfoliomanager des Versicherers die als ***riding the yield curve*** bezeichnete aktive Investmentstrategie, um die Portfoliorendite insgesamt zu erhöhen. Diese Strategie ist dann vorteilhaft, wenn eine normale, also über die Zeit ansteigende, Zinsstrukturkurve erwartet wird.

Bei einer angenommenen normalen Zinsstrukturkurve wird in Fremdkapitalinstrumente investiert, die **langfristiger** als die zu ihnen zugehörigen versicherungstechnischen Rückstellungen laufen. Wegen der steigenden Zinsstrukturkurve werden durch die längerfristigen Fremdkapitalinstrumente höhere Zinserträge erzielt, als die versicherungstechnischen Rückstellungen an Zinsaufwand generieren. Somit fällt die gesamte **Portfoliorendite** höher aus, als wenn die Portfoliomanager in fristenkongruente Finanzinstrumente investiert hätten. Jedoch müssen bei der *riding the yield curve*-Investmentstrategie immer wieder Fremdkapitalinstrumente vor ihrer Fälligkeit verkauft werden, um den Liquiditätsbedarf aus einer zufällig erforderlich wer-

[383] Der IASB konkretisiert weder, wie häufig „seltene“ Verkäufe aus anderen Gründen stattfinden dürfen, noch welche Beträge individuell oder kumuliert als „unwesentlich“ einzustufen sind. In der Literatur wird angemerkt, dass der Abschlussersteller die von ihm dafür zu definierenden quantitativen und qualitativen Grenzen für seltene und unwesentliche Verkäufe restriktiv festlegen soll, weil vorzeitige Verkäufe grundsätzlich nicht konsistent zu dem Halten-Geschäftsmodell seien. Vgl. WOLSIFFER, A. ET AL., Praxisfragen zur Klassifizierung (Teil 1), S. 731.

[384] Der IASB konkretisiert nicht, wie lange ein „kurzer“ Zeitraum andauern darf. Als Leitlinie wird in der Literatur vorgeschlagen, dass Finanzinstrumente frühestens drei Monate vor ihren Endfälligkeiten verkauft werden dürfen, um unschädlich für das Halten-Geschäftsmodell zu sein. Denn dieser Zeitraum ist nach IAS 39.9 dafür unschädlich, Finanzinstrumente in die Bewertungskategorie „bis zu der Endfälligkeit zu haltende Finanzinvestitionen“ einzuordnen und somit zu fortgeführten Anschaffungskosten folgezubewerten. Vgl. BERGER, J./STRUFFERT, R./NAGELSCHMITT, S., IFRS 9 (Teil 1), S. 1079; WOLSIFFER, A. ET AL., Praxisfragen zur Klassifizierung (Teil 1), S. 730.

[385] Vgl. JOST, C., Asset-Liability-Management (a), S. 165-167; FH BIELEFELD (Hrsg.), ALM in der Lebensversicherung, Kap. E, S. 7; HAIDAR, H., Bilanzierung von Kapitalanlagen, S. 100 f.

denden Auflösung von versicherungstechnischen Rückstellungen zu decken.[386] Dies ist aufgrund der oben drittgenannten Ausnahme aber dahingehend unschädlich, ein Anlageportfolio als nach dem Halten-Geschäftsmodell gesteuert zu klassifizieren und folglich die zugehörigen Fremdkapitalinstrumente zu fortgeführten Anschaffungskosten folgezubewerten, solange die Finanzinstrumente **kurz** vor ihren Endfälligkeiten verkauft werden, also z. B. drei Monate vor den jeweiligen Endfälligkeiten.

Das **Halten & Verkaufen-Geschäftsmodell** zeichnet sich dadurch aus, dass die zu einem so verwalteten Anlageportfolio zählenden Finanzinstrumente teilweise bis zu ihrer Endfälligkeit gehalten und teilweise vorher verkauft werden. Entsprechend ist es für jenes Geschäftsmodell typisch, dass Finanzinstrumente **häufiger** und in **höheren Volumina** verkauft werden als im Halten-Geschäftsmodell (IFRS 9.B4.1.4B). Eine solche Portfoliosteuerung kann bezwecken, die Rendite eines Anlageportfolios insgesamt zu verbessern (IFRS 9.B4.1.2C). Überdies kann durch teilweises Halten und teilweises Verkaufen entweder der Liquiditätsbedarf eines Unternehmens gesteuert werden oder es können die Durationen von finanziellen Vermögenswerten sowie finanziellen Verbindlichkeiten aneinander angeglichen werden (IFRS 9.B4.1.4A).

Die deutschen Lebensversicherer steuern viele Anlageportfolios nach dem Halten & Verkaufen-Geschäftsmodell und werden daher Finanzinstrumente nach IFRS 9 oftmals erfolgsneutral zum Fair Value bewerten.[387] Denn bestimmte Finanzinstrumente zu halten und andere Finanzinstrumente zu veräußern entspricht zum einen der Methode des **Cashflow-Matching**, mit der die Lebensversicherer ihren Liquiditätsbedarf sicherstellen.[388] Zum anderen stimmen die Versicherer mit der im Abschnitt 255.3 beschriebenen ALM-Methode des Duration-Matching die Zinssensitivitäten ihrer finanziellen Vermögenswerte und ihrer finanziellen Verbindlichkeiten aufeinander ab, wofür bestimmte Finanzinstrumente verkauft und andere bis zur Endfälligkeit gehalten werden.

Ferner verwalten Lebensversicherer ihre Anlageportfolios oft nach dem Halten & Verkaufen-Geschäftsmodell, da sie so recht **flexibel entscheiden** können, in welchen Volumina und wie

---

[386] Vgl. FECHNER, M., IFRS 4 und IFRS 9, S. 185; BENZ, R., Riding the Yield Curve, S. 592-594.

[387] Vgl. FECHNER, M., IFRS 4 und IFRS 9, S. 187-191; SCHNEIDER, J., IFRS 4 und IFRS 9, S. 200 f.; ASCHE, B./HARTUNG, T., IFRS 4 und IFRS 9, S. 1197-1199.

[388] Zum Beispiel beschreibt der IASB als ein Beispiel für die verschiedenen im Portfoliomanagement verfolgten Geschäftsmodelle, dass ein Versicherer seine versicherungstechnischen Rückstellungen durch die vertraglichen Zahlungsströme von aktivischen Finanzinstrumenten finanziert bzw. deckt. Dafür kauft und verkauft er Finanzinstrumente regelmäßig sowie in signifikanten Volumina, um zu gewährleisten, dass die vertraglichen Zahlungsströme der Finanzinstrumente jederzeit den Zahlungsmittelbedarf aus den versicherungstechnischen Rückstellungen decken können (IFRS 9.B4.1.2C).

häufig sie Finanzinstrumente verkaufen.[389] Denn nur wenn sich das Geschäftsmodell eines Anlageportfolios **signifikant ändert** sind die in dem Portfolio gehaltenen Finanzinstrumente dem neuen Geschäftsmodell entsprechend in eine andere Bewertungskategorie **umzugliedern** und somit anders als zuvor folgezubewerten (IFRS 9.4.4.1).[390] Allerdings erwartet der IASB, dass sich das Geschäftsmodell eines Anlageportfolios lediglich **sehr selten** signifikant ändert. So ist dieses nur angebracht, wenn ein Unternehmen eine für das jeweilige Geschäftsmodell grundlegende Aktivität neu beginnt oder beendet, z. B. falls eine Geschäftssparte akquiriert, veräußert oder beendet wird (IFRS 9.B4.4.1). Ferner stellt der IASB klar, dass ein Geschäftsmodell sich nicht signifikant ändert, sofern entweder einzelne Finanzinstrumente anders als zuvor beabsichtigt verwendet werden, Finanzinstrumente kurzfristig nicht mehr an einem bestimmten Markt gehandelt werden können oder sie zwischen verschiedenen Unternehmensbereichen transferiert werden (IFRS 9.B4.4.3).

Hingegen ist das **Verkaufen-Geschäftsmodell** für die deutschen Lebensversicherer weniger relevant. Denn sie halten ihre Fremdkapitalinstrumente meistens langfristig, um die langfristigen versicherungstechnischen Rückstellungen zu decken. Überdies fordern die in § 124 VAG normierten Anlagegrundsätze, dass ein Versicherer vorwiegend in risikoarme Vermögenswerte investiert, mit denen sich tendenziell weniger Handelsgewinne realisieren lassen.

325. Erstbewertung von aktivischen Finanzinstrumenten

Nachdem ein anzusetzendes aktivisches Finanzinstrument kategorisiert wurde, ist es erstmalig zu bewerten. Dies geschieht unabhängig von der relevanten Bewertungskategorie in der Höhe des **Fair Value** (IFRS 9.5.1.1).[391] Er entspricht in der Regel dem **Transaktionspreis**, zu dem das Finanzinstrument gekauft wird.[392] Nur in seltenen Fällen unterscheiden sich im Ansatzzeitpunkt der Fair Value und der für ein Finanzinstrument fällig werdende Transaktionspreis (IFRS 9.B5.1.1). Zum Beispiel kann der Fair Value vom Transaktionspreis abweichen, wenn der Fair Value Auf- oder Abschläge enthält, die die zur Fair Value-Bewertung maßgeblichen „unabhängigen Marktteilnehmer“ nicht einpreisen würden.[393] Solch eine **Zugangsdifferenz** zu dem Fair Value ist nach IFRS 13.60 direkt in die GuV zu buchen, falls dies von keinem ande-

---

[389] Vgl. im Kontext von IAS 39 hierzu SURREY, I., Versicherungsgeschäfte nach IFRS, S. 73 f.

[390] Vgl. KUHN, S./HACHMEISTER, D., Rechnungslegung von Finanzinstrumenten, S. 114; WOLSIFFER, A. ET AL., Praxisfragen zur Klassifizierung (Teil 1), S. 733.

[391] Vgl. BERGER, J./STRUFFERT, R./NAGELSCHMITT, S., IFRS 9 (Teil 1), S. 1076.

[392] Vgl. BARCKOW, A., in: Rechnungslegung nach IFRS, 2. Aufl., IAS 39, Tz. 169a. Während der IASB und *Barckow* den Transaktionspreis nennen, wird in der Literatur oft auch von den Anschaffungskosten gesprochen. Vgl. HARTENBERGER, H., in: Beck'sches IFRS-Handbuch, 5. Aufl., § 3, Tz. 381.

[393] Vgl. BARCKOW, A., in: Rechnungslegung nach IFRS, 2. Aufl., IAS 39, Tz. 169a-169c.

ren für den Sachverhalt anzuwendenden IFRS anders geregelt wird. Nach IFRS 9.B5.1.2A ist eine Zugangsdifferenz direkt in der GuV zu erfassen, soweit der Fair Value eines aktivischen Finanzinstruments auf beobachtbaren Marktpreisen oder -informationen basiert. Ein solcher Fair Value entspricht in der Fair Value-Hierarchie nach IFRS 13 der **ersten oder der zweiten Stufe**. Im Unterschied dazu ist eine Zugangsdifferenz bei einem Fair Value der **dritten Stufe** über die Laufzeit des betroffenen Finanzinstruments erfolgswirksam abzugrenzen.[394]

Die zum Kauf eines Finanzinstruments üblicherweise zu zahlenden **Transaktionskosten** sind kein Bestandteil des Fair Value nach IFRS 13. Transaktionskosten sind in IFRS 9.Anhang A definiert als **zusätzliche und direkt zurechenbare** Kosten dafür, finanzielle Vermögenswerte oder finanzielle Verbindlichkeiten zu kaufen, zu emittieren oder zu verkaufen. Dies sind z. B. an Händler oder Vermittler gezahlte Gebühren und Provisionen, Börsenentgelte oder Transfersteuern. Nicht als Transaktionskosten zu berücksichtigen sind **Agios oder Disagios** für Schuldinstrumente, Finanzierungskosten oder interne Verwaltungskosten (IFRS 9.B5.4.8).[395]

Die zum Kauf eines aktivischen Finanzinstruments entrichteten Transaktionskosten sind in Abhängigkeit davon zu bilanzieren, wie das jeweilige Finanzinstrument folgebewertet wird. Transaktionskosten, die für ein erfolgswirksam zum Fair Value folgezubewertendes Finanzinstrument anfallen, sind aufwandserhöhend in der GuV auszuweisen (IFRS 9.5.1.1). Demgegenüber sind Transaktionskosten, die für ein entweder erfolgsneutral zum Fair Value oder mit fortgeführten Anschaffungskosten folgebewertetes Finanzinstrument gezahlt werden, zunächst als ein Teil des Buchwerts des Finanzinstruments **erfolgsneutral zu aktivieren** und dann mittels der Effektivzinsmethode erfolgswirksam über die Vertragslaufzeit aufzulösen.[396] Allerdings kann die Effektivzinsmethode für Finanzinstrumente ohne bestimmbare Laufzeiten nicht angewendet werden, was z. B. bei **Eigenkapitalinstrumenten** der Fall ist. Deshalb sind Transaktionskosten für Finanzinstrumente ohne bestimmbare Laufzeiten erst dann aufwandserhöhend in der GuV auszuweisen, sobald das betrachtete Finanzinstrument verkauft oder wertgemindert wird (IFRS 9.B5.2.2).[397]

---

394 Vgl. KUHN, S./HACHMEISTER, D., Rechnungslegung von Finanzinstrumenten, S. 99 f. und S. 302.

395 Vgl. KUHN, S./HACHMEISTER, D., Rechnungslegung von Finanzinstrumenten, S. 34.

396 Vgl. HARTENBERGER, H., in: Beck'sches IFRS-Handbuch, 5. Aufl., § 3, Tz. 160; PELLENS, B. ET AL., Internationale Rechnungslegung, S. 569. Vgl. zur Effektivzinsmethode den Abschnitt 326.1.

397 Vgl. KUHN, S./HACHMEISTER, D., Rechnungslegung von Finanzinstrumenten, S. 59; BARCKOW, A., in: Rechnungslegung nach IFRS, 2. Aufl., IAS 39, Tz. 170 f.

326. Folgebewertung von aktivischen Finanzinstrumenten

326.1 Zu fortgeführten Anschaffungskosten

Im Abschnitt 324.1 wurde erläutert, dass ein aktivisches Finanzinstrument grundsätzlich mit fortgeführten Anschaffungskosten (*amortised cost*) folgezubewerten ist, falls zum einen seine vertraglichen Zahlungsströme das Zahlungsstrom-Kriterium erfüllen und es zum anderen zu einem Portfolio gehört, das mit dem **Halten-Geschäftsmodell** gesteuert wird (IFRS 9.4.1.2). Alternativ kann der Bilanzersteller ein derart kategorisiertes Finanzinstrument erfolgswirksam zum Fair Value folgebewerten, indem er die **Fair Value-Option** nach IFRS 9.4.1.5 unwiderruflich ausübt. Hierfür hat er aber nachzuweisen, dass durch Ausübung der Fair Value-Option ein Accounting Mismatch eliminiert oder stark gemindert wird.

Um ein *at amortised cost* kategorisiertes **Fremdkapitalinstrument** folgezubewerten, sind dessen ursprüngliche Anschaffungskosten fortzuführen.[398] Hierfür sind die Beträge, die der Schuldner zur Schuldentilgung zurückzahlt, von den ursprünglichen Anschaffungskosten des Fremdkapitalinstruments abzuziehen. Ferner sind die Anschaffungskosten um eine gebildete Risikovorsorge für erwartete oder eingetretene Kreditverluste zu mindern und um eine aufgelöste Risikovorsorge zu erhöhen. Außerdem ist ein periodisch zu amortisierendes Disagio zu den ursprünglichen Anschaffungskosten zu addieren bzw. ein periodisch zu amortisierendes Agio von den ursprünglichen Anschaffungskosten zu subtrahieren (IFRS 9.5.7.2).[399]

Bei einem mit **Disagio** (Abgeld) emittierten Fremdkapitalinstrument zahlt der Gläubiger einen **geringeren Kreditbetrag** an den Schuldner aus, als der Schuldner an den Gläubiger zurückzahlen muss. Folglich ist ein Disagio eine vorausbezahlte Zinszahlung des Schuldners an den Gläubiger. Im Gegensatz dazu zahlt der Gläubiger bei einem mit **Agio** (Aufgeld) emittierten Fremdkapitalinstrument einen **höheren Kreditbetrag** an den Schuldner, als der Schuldner an ihn zurückzahlen muss. Deswegen stellt ein Agio eine von dem Gläubiger an den Schuldner vorausbezahlte Zinserstattung dar.[400] In der Regel werden Nullkuponanleihen, wie sie für das in dem Abschnitt 41 behandelte Beispiel über das Asset-Liability-Management eines Lebensversicherers verwendet werden, mit einem Disagio ausgegeben.

---

[398] Vgl. HARTENBERGER, H., in: Beck'sches IFRS-Handbuch, 5. Aufl., § 3, Tz. 364.

[399] Vgl. KUHN, S./HACHMEISTER, D., Rechnungslegung von Finanzinstrumenten, S. 28 f.; SCHMITZ, F./HUTHMANN, A., Bilanzierung von Finanzinstrumenten, S. 70.

[400] Vgl. BAETGE, J./KIRSCH, H.-J./THIELE, S., Bilanzen, S. 409-412; BARCKOW, A., in: Rechnungslegung nach IFRS, 2. Aufl., IAS 39, Tz. 94; OLBRICH, A., Wertminderung nach IFRS 9, S. 62.

Der Zinsertrag aus einem Fremdkapitalinstrument ist mit der **Effektivzinsmethode** über die erwartete Laufzeit des Instruments zu verteilen (IFRS 9.5.4.1). In dem dafür zu berechnenden Effektivzins sind periodisch fällige Zinszahlungen, Auf- und Abgelder und alle Transaktionskosten sowie ähnliche Gebühren zu berücksichtigen (IFRS 9.B5.4.4).[401] Hierdurch sollen jene Wertänderungen ermittelt werden, die sich im Zeitablauf ergeben.[402] Alle Wertänderungen aus anderen Gründen, z. B. durch veränderte Marktzinsen, werden für die fortgeführten Anschaffungskosten grundsätzlich nicht berücksichtigt, wodurch sich die fortgeführten Anschaffungskosten von dem Wertmaßstab des Fair Value unterscheiden.

Der IASB definiert den **Effektivzins** als denjenigen Zinssatz, mit dem die künftigen Zahlungsströme eines Finanzinstruments auf die ursprünglichen Anschaffungskosten diskontiert werden (IFRS 9.Anhang A). Dieser Zins entspricht dem internen Zinsfuß der mit dem Finanzinstrument verbundenen Zahlungsreihe, die hauptsächlich aus Zins- und Tilgungszahlungen besteht.[403] Um die Zahlungsreihe aufzustellen, sind alle Vertragsbedingungen eines Finanzinstruments zu berücksichtigen, z. B. Kündigungs- und Verlängerungsrechte sowie frühzeitige Tilgungsrechte. Des Weiteren sind, wie bereits beschrieben, Transaktionskosten und ähnliche Gebühren in den Effektivzins einzurechnen (IFRS 9.B5.4.1). Hingegen fließen sowohl erwartete als auch eingetretene Kreditverluste nicht mit in den Effektivzins ein, weil diese bereits in den Zahlungsströmen eines Finanzinstruments berücksichtigt werden müssen.[404]

In der Abbildung 3-3 wird durch ein Beispiel veranschaulicht, wie ein aktivisches Finanzinstrument mittels der Effektivzinsmethode folgebewertet wird. Hierfür wird eine **Staatsanleihe** zu fortgeführten Anschaffungskosten folgebewertet, die erstens eine dreijährige Laufzeit vorsieht, zweitens in der Höhe von 840,30 GE ausgegeben wird und drittens in der Höhe ihres Nominalbetrags von 1.000 GE endfällig zurückgezahlt werden muss. Das durch die Effektivzinsmethode zu amortisierende Disagio beträgt 159,70 GE (= 1.000 GE minus 840,30 GE). Außerdem wird die Staatsanleihe mit einem Nominalzins verzinst, der im ersten Jahr 3 %, im zweiten Jahr 6 % und im dritten Jahr 9 % beträgt. Ferner wird das Beispiel vereinfacht, indem weder Transaktionskosten und Gebühren noch eingebettete Kündigungs- oder Verlängerungsrechte vorliegen.

---

[401] Vgl. OLBRICH, A., Wertminderung nach IFRS 9, S. 60-62; LÜDENBACH, N./HOFFMANN, W.-D./FREIBERG, J., in: Haufe IFRS-Kommentar, 14. Aufl., § 28, Tz. 321.

[402] Vgl. PELLENS, B. ET AL., Internationale Rechnungslegung, S. 572.

[403] Vgl. BARCKOW, A., in: Rechnungslegung nach IFRS, 2. Aufl., IAS 39, Tz. 95.

[404] Vgl. SCHMIDT, A./BAREKZAI, O./HÜTTERMANN, K., IFRS 9 zur Wertminderung, S. 345.

Diese Staatsanleihe ist mit ihren fortgeführten Anschaffungskosten folgezubewerten. Dafür ist zuerst der für sie anfallende Effektivzins zu berechnen. Er wird durch das Verfahren der iterativen Näherung bestimmt und beträgt für die erwartete Zahlungsreihe aus der Staatsanleihe auf zwei Nachkommastellen gerundet **5,97 %** pro Jahr. Anschließend wird der über die Laufzeit konstante Effektivzins mit den ursprünglichen Anschaffungskosten der Staatsanleihe von 840,30 GE multipliziert, woraus der für das erste Jahr erfolgswirksame Zinsertrag in der Höhe von 50,20 GE resultiert. Demgegenüber beläuft sich die pagatorische Zinseinzahlung für das erste Jahr auf 30,00 GE, welche für den mit 3 % verzinsten ausstehenden Nominalbetrag von 1.000 GE anfallen. Der Buchwert der Staatsanleihe am Ende des ersten Jahres von 890,50 GE wird ermittelt, indem der für das erste Jahr in die GuV gebuchte Zinsertrag (50,20 GE) zu den ursprünglichen Anschaffungskosten in Höhe von 840,30 GE addiert wird.

Staatsanleihe: Nominalbetrag 1.000 GE
Nominalzins Jahr 1: 3 %, Jahr 2: 6 %, Jahr 3: 9 %
Disagio 159,70 GE

Effektivzins: $\sqrt[3]{1{,}03 * 1{,}06 * 1{,}09} - 1 \approx 5{,}97\ \%$ per Jahr

Jahr	Buchwert Jahresanfang	Zinsertrag (GuV)	Zinseinzahlung	Buchwert Jahresende
1	840,30 GE	50,20 GE	30,00 GE	890,50 GE
2	890,50 GE	53,16 GE	60,00 GE	943,66 GE
3	943,66 GE	56,33 GE	90,00 GE	1.000,00 GE

Abbildung 3-3: Beispiel zur Folgebewertung mit der Effektivzinsmethode[405]

Der erfolgswirksame Zinsertrag für das **zweite Jahr** in Höhe von 53,16 GE resultiert daraus, dass der Effektivzins von 5,97 % mit dem Buchwert der Staatsanleihe am Anfang des zweiten Jahres in Höhe von 890,50 GE multipliziert wird. Die vom Schuldner endfällig für das zweite Jahr gezahlten Zinsen betragen somit 60,00 GE (= 6 % * 1.000 GE). Der am Ende des zweiten Jahres anzusetzende Buchwert der Staatsanleihe von 943,66 GE ergibt sich, indem der erfolgswirksame Zinsertrag von 53,16 GE zu dem Buchwert am Jahresanfang von 890,50 GE addiert wird. Diese Folgebewertung mittels der Effektivzinsmethode wird wiederholt, bis das Finanzinstrument ausgebucht werden muss. Durch dieses Vorgehen entspricht der Buchwert der Staatsanleihe am Ende des dritten Jahres genau ihrem Nominalwert von 1.000 GE. Ferner

[405] Die Abbildung ist angelehnt an BAETGE, J./KIRSCH, H.-J./THIELE, S., Bilanzen, S. 425; KUHN, S./HACHMEISTER, D., Rechnungslegung von Finanzinstrumenten, S. 31.

wird hierdurch das Disagio in Höhe von 159,70 GE gleichmäßig über die dreijährige Laufzeit amortisiert, wodurch der erfolgswirksame Zinsertrag **periodengerecht** ausgewiesen wird.[406]

Neben der Amortisation eines Agios oder Disagios durch die Effektivzinsmethode sind für die zu fortgeführten Anschaffungskosten zu bewertenden Fremdkapitalinstrumente alle Beträge erfolgswirksam in die GuV zu buchen, die sich durch eine ggfs. nötige Währungsumrechnung der Buchwerte und der Zahlungsströme der Finanzinstrumente in die **Konzernwährung** ergeben. So resultiert aus der Währungsumrechnung von in einer fremden Währung emittierten Finanzinstrumenten nach IAS 21 z. B. ein Ertrag, soweit sich der Stichtagskurs dafür, eine Fremdwährung in die funktionale Währung bzw. Konzernwährung des Unternehmens umzurechnen, für das berichtende Unternehmen vorteilhaft entwickelt hat.[407] Weiterhin sind solche Erfolgsbeiträge in die GuV zu buchen, die aus der Wertminderung oder Wertaufholung eines *at amortised cost*-Finanzinstruments resultieren. Diesbezüglich wird im Abschnitt 327 behandelt, wie eine nach IFRS 9 zum dem Zweck einer Wertminderung anzusetzende Kreditrisikovorsorge gebildet und eventuell wieder aufgelöst werden muss.

In diesem Abschnitt wurde erörtert, wie die ursprünglichen Anschaffungskosten von Fremdkapitalinstrumenten mit der Effektivzinsmethode fortgeführt werden. Dieses ist für die beiden Forschungsfragen dieser Arbeit bedeutend, da **Lebensversicherungsverträge** durch den nach **IFRS 17** grundsätzlich für sie anzuwendenden Bausteinansatz **ähnlich folgebewertet** werden wie *at amortised cost*-Finanzinstrumente durch die für sie nach IFRS 9 anzuwendende Effektivzinsmethode, was aus dem Abschnitt 335.1 ersichtlich werden wird.

326.2 Erfolgsneutral zum Fair Value

Wie im Abschnitt 324.1 erläutert, sind jene Finanzinstrumente **erfolgsneutral** zum Fair Value folgezubewerten, die erstens das Zahlungsstrom-Kriterium erfüllen und zweitens in so einem Anlageportfolio gehalten werden, für das das Halten & Verkaufen-Geschäftsmodell befolgt wird (IFRS 9.4.1.2A). Hierbei sind die zwischen den Bewertungsstichtagen anfallenden Fair Value-Änderungen dieser Finanzinstrumente nicht in die GuV zu buchen, sondern im über die Zeit im Eigenkapital kumulierten Sonstigen Gesamtergebnis (OCI) auszuweisen.[408] Auch sind bei den erfolgsneutral zum Fair Value folgezubewertenden Finanzinstrumente diejenigen Er-

---

[406] Vgl. BAETGE, J./KIRSCH, H.-J./THIELE, S., Bilanzen, S. 424 f.; PELLENS, B. ET AL., Internationale Rechnungslegung, S. 576; OLBRICH, A., Wertminderung nach IFRS 9, S. 61 f.

[407] Vgl. KUHN, S./HACHMEISTER, D., Rechnungslegung von Finanzinstrumenten, S. 62 f. und S. 114; BARCKOW, A., in: Rechnungslegung nach IFRS, 2. Aufl., IAS 39, Tz. 174-177.

[408] Vgl. BALLWIESER, W., Gewinnermittlung, S. 152; PELLENS, B. ET AL., Internationale Rechnungslegung, S. 572; HÜTTERMANN, K./KNAPPSTEIN, J., Bedeutung des OCI, S. 586-588.

folgsbeiträge in die GuV zu buchen, die aus der Währungsumrechnung und Wertminderung bzw. Wertaufholung eines Finanzinstruments entstehen. Außerdem ist der durch die Effektivzinsmethode periodengerecht ermittelte Zinsertrag aus erfolgsneutral zum Fair Value folgezubewertenden Fremdkapitalinstrumenten erfolgswirksam zu zeigen (IFRS 9.5.7.10), weshalb für diese Finanzinstrumente sowohl die fortgeführten Anschaffungskosten als auch der Fair Value ermittelt werden müssen.[409] Somit sind für erfolgsneutral zum Fair Value anzusetzende Fremdkapitalinstrumente in der GuV die gleichen Erfolgsbeiträge abzubilden, als wenn diese mit ihren fortgeführten Anschaffungskosten folgezubewerten wären (IFRS 9.5.7.11).

Die über die Zeit im Eigenkapital kumulierten Wertänderungen eines erfolgsneutral zum Fair Value folgebewerteten Fremdkapitalinstruments sind, sobald das Finanzinstrument ausgebucht wird, in die GuV umzugliedern. Durch dieses sogenannte *recycling* wird z. B. ein Verkaufsgewinn letztlich doch erfolgswirksam (IFRS 9.5.7.10).[410] Im Gegensatz dazu dürfen die kumulierten Fair Value-Änderungen eines durch das Wahlrecht nach IFRS 9.4.1.4 erfolgsneutral zum Fair Value folgebewerteten Eigenkapitalinstruments nicht in die GuV umgegliedert werden, wodurch die Wertänderungen dieser Finanzinstrumente auf unbestimmte Zeit im Eigenkapital verbleiben (IFRS 9.B5.7.1).[411] Im Unterschied dazu sind Dividenden aus Eigenkapitalinstrumenten immer erfolgswirksam in der GuV auszuweisen (IFRS 9.5.7.6).

326.3 Erfolgswirksam zum Fair Value

Aktivische Finanzinstrumente sind **erfolgswirksam** zum Fair Value folgezubewerten, wenn ihre vertraglichen Zahlungsströme das Zahlungsstrom-Kriterium verletzen oder sie zu einem Portfolio gehören, das mit dem **Verkaufen-Geschäftsmodell** gesteuert wird (IFRS 9.4.1.4). Während ersteres grundsätzlich auf Eigenkapitalinstrumente zutrifft, gehören die typischerweise von den deutschen Lebensversicherern gehaltenen Fremdkapitalinstrumente eher selten einem Portfolio an, das auf das Verkaufen-Geschäftsmodell ausgerichtet ist. Jedoch kann ein Bilanzersteller solche Fremdkapitalinstrumente, die entweder zu einem nach dem Halten-Geschäftsmodell oder zu einem nach dem Halten & Verkaufen-Geschäftsmodell gesteuerten Portfolio zählen, dadurch erfolgswirksam zum Fair Value folgebewerten, dass er für sie die **Fair Value-Option** nach IFRS 9.4.1.5 ausübt.

---

[409] Vgl. HARTENBERGER, H., in: Beck'sches IFRS-Handbuch, 5. Aufl., § 3, Tz. 399; LÜDENBACH, N./HOFFMANN, W.-D./FREIBERG, J., in: Haufe IFRS-Kommentar, 14. Aufl., § 28, Tz. 345.

[410] Vgl. BERGER, J./STRUFFERT, R./NAGELSCHMITT, S., IFRS 9 (Teil 1), S. 1077.

[411] Vgl. HARTENBERGER, H., in: Beck'sches IFRS-Handbuch, 5. Aufl., § 3, Tz. 402.

Im Gegensatz zu den mit fortgeführten Anschaffungskosten oder den erfolgsneutral zum Fair Value folgezubewertenden Finanzinstrumenten sind die Fair Value-Änderungen von erfolgswirksam zum Fair Value folgezubewertenden Finanzinstrumenten sowohl unmittelbar in der GuV als auch aus den zwischen zwei Stichtagen geänderten Buchwerten in der Bilanz ersichtlich. Des Weiteren sind die eingenommenen **Zinsen und Dividenden** für erfolgswirksam zum Fair Value zu bewertende Finanzinstrumente direkt in der GuV auszuweisen, wie es auch für die Zinsen und Dividenden bei erfolgsneutral zum Fair Value oder zu fortgeführten Anschaffungskosten folgebewerteten Finanzinstrumenten vorgesehen ist.[412] Indes sind erfolgswirksam zum Fair Value folgebewertete Finanzinstrumente **nicht wertzumindern**, da ihre Fair Value-Änderungen sowieso unmittelbar und in voller Höhe in der GuV auszuweisen sind.[413]

Im Schrifttum wird befürchtet, dass durch IFRS 9 mehr Finanzinstrumente erfolgswirksam zum Fair Value folgezubewerten sein werden als nach IAS 39, wodurch die Ergebnisse der Unternehmen **volatiler** würden.[414] Aber dies ist aus der Sicht der deutschen Lebensversicherer nicht anzunehmen. Denn sie halten vor allem solche langfristigen Fremdkapitalinstrumente, die zu einem gemäß dem Halten & Verkaufen-Geschäftsmodell gesteuerten Portfolio gehören und nach IFRS 9 deshalb **erfolgsneutral zum Fair Value** folgezubewerten sind.[415]

327. Wertminderung im Modell der erwarteten Kreditverluste

In dem Modell der eingetretenen Kreditverluste nach IAS 39 werden Finanzinstrumente wertgemindert, falls entweder sogenannte „objektive Hinweise" auf eine Wertminderung bestehen oder eine Wertminderung schon eingetreten ist.[416] Jenes vergangenheitsorientierte Modell zur Kreditrisikovorsorge wird durch das für IFRS 9 entwickelte Modell der erwarteten Kreditverluste **erweitert**, da nach IFRS 9 zusätzlich zu ggfs. schon eingetretenen Kreditverlusten auch für **erwartete Kreditverluste** bilanziell vorgesorgt werden muss (IFRS 9.IN9).[417] Die zu diesem Zweck relevanten Wertminderungsvorschriften des IFRS 9 sind sowohl auf die zu fortgeführten Anschaffungskosten folgezubewertenden aktivischen Finanzinstrumente als auch auf

[412] Vgl. HARTENBERGER, H., in: Beck'sches IFRS-Handbuch, 5. Aufl., § 3, Tz. 412.
[413] Vgl. LÜDENBACH, N./HOFFMANN, W.-D./FREIBERG, J., in: Haufe IFRS-Kommentar, 14. Aufl., § 28, Tz. 325; SCHMIDT, A./BAREKZAI, O./HÜTTERMANN, K., IFRS 9 zur Wertminderung, S. 345.
[414] Vgl. z. B. GSCHREY, E., IAS 39 als Brandbeschleuniger in der Krise?, S. 7. Vgl. kritisch zu dieser Ansicht BARCKOW, A., in: Rechnungslegung nach IFRS, 2. Aufl., IAS 39, Tz. 302.
[415] Vgl. ähnlich SCHNEIDER, J., IFRS 4 und IFRS 9, S. 201.
[416] Vgl. BÄR, M./GOLLOB, C., Wertminderungsmodell nach IFRS 9, S. 1241.
[417] Vgl. SCHMIDT, A./BAREKZAI, O./HÜTTERMANN, K., IFRS 9 zur Wertminderung, S. 344.

die erfolgsneutral mit ihrem aktuellen Fair Value folgezubewertenden aktivischen Fremdkapitalinstrumente anzuwenden (IFRS 9.5.5.1).[418]

Im Gegensatz zu den Finanzinstrumenten, die mit fortgeführten Anschaffungskosten bewertet werden, sind die erwarteten Kreditverluste für die erfolgsneutral zum Fair Value bewerteten Fremdkapitalinstrumente im Sonstigen Gesamtergebnis (OCI) zu erfassen und nicht erfolgswirksam von den Buchwerten der Instrumente abzuziehen (IFRS 9.5.5.2 und IFRS 9.5.5.8). Jedoch sind die Wertminderungsvorschriften nicht anzuwenden auf die durch das Wahlrecht nach IFRS 9.4.1.4 erfolgsneutral zum Fair Value bewerteten Eigenkapitalinstrumente, da ihre Fair Value-Änderungen im OCI verbleiben und sich folglich die Frage erübrigt, wann ein dort erfasster Wertminderungsaufwand in die GuV umzugliedern ist.[419]

Für das Modell der erwarteten Kreditverluste ist ein aktivisches Finanzinstrument in **eine von drei Risikostufen** einzuordnen, und zwar sowohl wenn es erstbewertet als auch, wenn es folgebewertet wird. Die Risikostufen unterscheiden sich dahingehend, für welchen **Zeithorizont** der erwartete Kreditverlust berechnet wird und wie die erfolgswirksam auszuweisenden Zinserträge ermittelt werden. Dazu wird ein Finanzinstrument der ersten, zweiten oder der dritten Risikostufe zugeordnet, indem der Abschlussersteller die folgenden zwei Sachverhalte bzw. **Transferkriterien** beurteilt:

(1) Ist das Kreditrisiko des betrachteten Finanzinstruments **signifikant gestiegen**, seitdem es erstmalig angesetzt wurde (IFRS 9.5.5.3)?

(2) Liegen **objektive Hinweise** dafür vor, dass das Finanzinstrument in seinem Wert gemindert ist (IFRS 9.B5.5.52 und IFRS 9.Anhang A)?[420]

Der Bilanzersteller prüft das erste Kriterium, indem er betrachtet, wie sich die **Ausfallwahrscheinlichkeit** des Finanzinstruments zwischen seinem erstmaligen Ansatz und dem Berichtsstichtag verändert hat. Die zugrunde zu legende Ausfallwahrscheinlichkeit muss sich auf die erwartete Restlaufzeit und nicht etwa auf eine eventuell kürzere erwartete Haltedauer des betrachteten Finanzinstruments beziehen. Hierbei darf es nicht darauf ankommen, wie hoch der

[418] Ferner sind die Wertminderungsvorschriften anzuwenden für nicht erfolgswirksam zum Fair Value bewertete Kreditzusagen und Finanzgarantien, Leasingforderungen nach IAS 17 und Erlöse aus Kundenverträgen nach IFRS 15. Das vereinfachte Wertminderungsmodell nach IFRS 9.5.5.15 für Forderungen aus Lieferungen und Leistungen, Leasingforderungen nach IAS 17 und Erlösen aus Kundenverträgen nach IFRS 15 wird in dieser Arbeit nicht betrachtet. Vgl. diesbezüglich KUHN, S./HACHMEISTER, D., Rechnungslegung von Finanzinstrumenten, S. 166.

[419] Vgl. BÄR, M./GOLLOB, C., Wertminderungsmodell nach IFRS 9, S. 1246.

[420] Vgl. HARTENBERGER, H., in: Beck'sches IFRS-Handbuch, 5. Aufl., § 3, Tz. 387-389.

erwartete Kreditverlust insgesamt geschätzt wird, sondern es muss beurteilt werden, ob die Ausfallwahrscheinlichkeit bzw. das Kreditrisiko des Finanzinstruments zwischen dem erstmaligen Ansatz und dem Berichtsstichtag signifikant gestiegen ist oder nicht (IFRS 9.5.5.9).[421]

Der IASB gibt keine quantitativen oder qualitativen **Grenzen** vor, ab wann die Ausfallwahrscheinlichkeit eines Finanzinstruments als signifikant angestiegen einzustufen ist. Stattdessen soll der Bilanzersteller dies **prinzipienorientiert** entscheiden.[422] Hierfür muss er alle für die Kreditanalyse nützlichen Informationen verwenden, die für ihn mit vertretbarem Aufwand verfügbar sind. Solche Informationen können sowohl zukunfts- als auch vergangenheitsbezogen sein und z. B aus Kreditrisikoprämien, Besicherungsquoten sowie Kreditratings bestehen (IFRS 9.B5.5.15-B5.5.17). In dem Fall, dass eine vertraglich fällige Zahlung aus dem Finanzinstrument **für mehr als 30 Tage aussteht**, darf der Bilanzersteller allerdings vereinfachend wiederlegbar vermuten, dass die Ausfallwahrscheinlichkeit bzw. das Kreditrisiko des Finanzinstruments signifikant gestiegen ist (IFRS 9.5.5.11).

Der IASB hat die Ermittlung eines signifikanten Anstiegs der Ausfallwahrscheinlichkeit bzw. des Kreditrisikos eines Finanzinstruments zusätzlich dadurch **vereinfacht**, dass der Bilanzersteller gemäß IFRS 9.5.5.10 für solche aktivischen Finanzinstrumente, die am Bilanzstichtag ein sogenanntes **„niedriges Kreditrisiko“** aufweisen, annehmen darf, dass sich ihre Ausfallwahrscheinlichkeit bzw. ihr Kreditrisiko nicht signifikant erhöht hat.[423]

Ein „niedriges Kreditrisiko“ liegt nach IFRS 9.B5.5.22 vor, wenn am Berichtsstichtag:[424]

(1) das Finanzinstrument eine „niedrige“ Ausfallwahrscheinlichkeit aufweist,

(2) der Schuldner des Finanzinstruments seine Zahlungsverpflichtungen in der nächsten Zeit ohne Probleme erfüllen kann; und

(3) langfristige negative Entwicklungen im wirtschaftlichen Umfeld des jeweiligen Schuldners seine Zahlungsfähigkeit nicht zwingend verschlechtern würden.

Ein Indiz für ein niedriges Kreditrisiko ist z. B., dass eine externe Ratingagentur das betrachtete Finanzinstrument als **Investment Grade** klassifiziert. Indes ist es nicht ausreichend, das

[421] Vgl. BÄR, M./GOLLOB, C., Wertminderungsmodell nach IFRS 9, S. 1242.
[422] Vgl. HARTENBERGER, H., in: Beck'sches IFRS-Handbuch, 5. Aufl., § 3, Tz. 386.
[423] Vgl. KUHN, S./HACHMEISTER, D., Rechnungslegung von Finanzinstrumenten, S. 169.
[424] Vgl. FREIGANG, P./HUTHMANN, A., Wertminderung nach IFRS 9, S. 68.

Kreditrisiko alleine anhand des Wertes von den für ein Finanzinstrument vom Schuldner ggfs. hinterlegten Kreditsicherheiten zu analysieren (IFRS 9.B5.5.22-B5.5.23).

Für das oben zweitgenannte Kriterium laut IFRS 9.B5.5.52 muss der Abschlussersteller beurteilen, ob ein oder mehrere **objektive Hinweise** dafür vorliegen, dass ein Finanzinstrument wertgemindert ist. Solche Hinweise sind zum Beispiel, dass der Gläubiger oder Schuldner des Finanzinstruments eine sehr problematische Finanzlage aufweist, die Vertragsbedingungen des Instruments durch eine verspätete Zahlung verletzt sind oder eine der beteiligten Parteien wahrscheinlich insolvent werden wird (IFRS 9.Anhang A).[425]

Ein erstmalig angesetztes Finanzinstrument ist grundsätzlich in die **erste Risikostufe** einzuordnen. Nur Finanzinstrumente, die zum Kaufzeitpunkt bereits wertgemindert sind, müssen in die dritte Risikostufe eingeordnet werden. Diese verbleiben in der dritten Risikostufe, bis sie ausgebucht werden (IFRS 9.5.5.13).[426] Der **erwartete Kreditverlust** für ein Finanzinstrument der ersten Risikostufe wird berechnet, indem dessen für einen **12-monatigen Zeitraum** nach dem Berichtsstichtag ermittelte unbedingte Ausfallwahrscheinlichkeit mit dem Kreditvolumen und der erwarteten Verlustquote im Ausfallzeitpunkt multipliziert wird. Um diese Ausfallwahrscheinlichkeit zu bestimmen, darf ein Ausfallereignis widerlegbar vermutet werden, falls ein Schuldner eine vertraglich fällige Zahlung für **mindestens 90 Tage** nicht geleistet hat (IFRS 9.B5.5.37).[427] Der erfolgswirksam zu buchende Zinsertrag aus einem Finanzinstrument wird ermittelt, indem die fortgeführten Anschaffungskosten des Instruments unbeachtlich der berechneten Risikovorsorge mit dem ursprünglich für das Finanzinstrument im Rahmen der Effektivzinsmethode berechneten Effektivzins multipliziert werden (IFRS 9.5.4.1 (b)).

In der **zweiten Risikostufe** ist ein Finanzinstrument wertzumindern, sofern sein Kreditrisiko zwischen dem Erstansatz und dem Berichtsstichtag **signifikant gestiegen** ist und außerdem **keine objektiven Hinweise** auf eine Wertminderung vorliegt (IFRS 9.5.5.3). Bei der zweiten Risikostufe ist der Kreditverlust nicht nur mit einer für eine 12-monatige Laufzeit berechneten Ausfallwahrscheinlichkeit (wie bei der ersten Risikostufe), sondern mit einer für die **gesamte Restlaufzeit** des Finanzinstruments berechneten Ausfallwahrscheinlichkeit zu ermitteln. Dazu ist als Restlaufzeit die maximale Vertragslaufzeit definiert, wobei alle eingebetteten Verlänge-

[425] In IFRS 9.Anhang A nennt der IASB drei weitere Beispiele für einen objektiven Hinweis auf eine Wertminderung. Vgl. BARCKOW, A., in: Rechnungslegung nach IFRS, 2. Aufl., IAS 39, Tz. 192; SCHMIDT, A./BAREKZAI, O./HÜTTERMANN, K., IFRS 9 zur Wertminderung, S. 347.

[426] Vgl. HOMMEL, M./KIY, F./ZICK, T., Wertminderungsmodell des IFRS 9, S. 570.

[427] Vgl. SCHMIDT, A./BAREKZAI, O./HÜTTERMANN, K., IFRS 9 zur Wertminderung, S. 346.

rungsoptionen als ausgeübt gelten müssen (IFRS 9.5.5.19). Aufgrund der durch den längeren Zeithorizont erhöhten Ausfallwahrscheinlichkeit sollten der erwartete Kreditverlust und somit die Risikovorsorge für Finanzinstrumente der zweiten Risikostufe höher ausfallen als für die Finanzinstrumente der ersten Risikostufe. Der erfolgswirksam auszuweisende Zinsertrag wird für die der zweiten Risikostufe zugeordneten Finanzinstrumente ermittelt, indem (wie bei den der ersten Risikostufe zugeordneten Finanzinstrumenten) die fortgeführten Anschaffungskosten der Instrumente mit ihrem jeweiligen Effektivzins multipliziert werden.

In die **dritte Risikostufe** sind solche Finanzinstrumente einzuordnen, für die ein oder mehrere „**objektive Hinweise**" dafür vorliegen, dass sie bereits wertgemindert sind. Daher ist das relative Kriterium eines signifikant angestiegenen Kreditrisikos für die dritte Risikostufe nicht relevant. Der erwartete Kreditverlust wird berechnet, indem (wie bei einem Finanzinstrument der zweiten Risikostufe) die über die **gesamte Restlaufzeit** des Finanzinstruments unterstellte Ausfallwahrscheinlichkeit zugrunde gelegt wird. Indes ergibt sich der erfolgswirksame Zinsertrag bei der dritten Risikostufe anders als bei den ersten beiden Stufen, und zwar indem die um die notwendige Risikovorsorge **geminderten** fortgeführten Anschaffungskosten mit dem ursprünglichen Effektivzins multipliziert werden. Dadurch fällt der Zinsertrag aus Finanzinstrumenten der dritten Risikostufe niedriger aus als der Zinsertrag für die einer der ersten zwei Risikostufen zugeordneten Finanzinstrumente.[428] Außerdem ist zu beachten, dass für solche Finanzinstrumente, welche bereits wertgemindert zugegangenen sind, statt des ursprünglichen Effektivzinses ein ausfallrisikoadjustierter Effektivzins anzuwenden ist (IFRS 9.5.4.1 (a)).[429] Typischerweise ist ein über die Zeit zunehmend ausfallgefährdetes Finanzinstrument **von der ersten über die zweite in die dritte Risikostufe** einzuordnen.[430] Falls jedoch eines oder beide der Risikotransferkriterien nicht mehr erfüllt sind, ist das Finanzinstrument dementsprechend wieder in die erste oder zweite Risikostufe zurückzustufen.[431]

In Abbildung 3-4 wird zusammengefasst, wie ein Finanzinstrument anhand der zwei erläuterten Transferkriterien in eine der drei vom IASB durch IFRS 9 neu eingeführten Risikostufen einzuordnen ist. Des Weiteren wird in der Abbildung für jede Risikostufe gezeigt, welcher

---

[428] Vgl. BÄR, M./GOLLOB, C., Wertminderungsmodell nach IFRS 9, S. 1244-1246.

[429] Vgl. HOMMEL, M./KIY, F./ZICK, T., Wertminderungsmodell des IFRS 9, S. 571.

[430] Vgl. KUHN, S./HACHMEISTER, D., Rechnungslegung von Finanzinstrumenten, S. 164-166; BÄR, M./GOLLOB, C., Wertminderungsmodell nach IFRS 9, S. 1249.

[431] Vgl. KUHN, S./HACHMEISTER, D., Rechnungslegung von Finanzinstrumenten, S. 171; SCHMIDT, A./BAREKZAI, O./HÜTTERMANN, K., IFRS 9 zur Wertminderung, S. 345.

Zeithorizont für die Ermittlung der Ausfallwahrscheinlichkeit maßgeblich ist und auf welcher Basis der erfolgswirksam auszuweisende Zinsertrag berechnet werden muss.

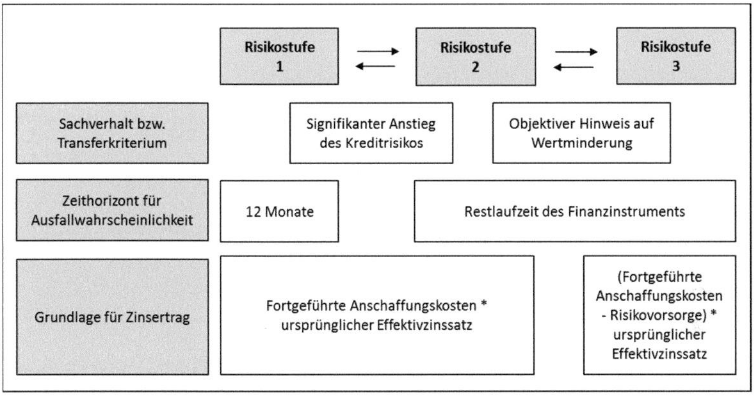

Abbildung 3-4: Risikostufen im Modell der erwarteten Kreditverluste[432]

Im folgenden Abschnitt 33 wird erläutert, wie **Lebensversicherungsverträge** gemäß IFRS 17 bewertet und bilanziert werden. Der IASB unterstellt für die Bewertung von Versicherungsverträgen nach IFRS 17 generell, das mit ihnen **kein Kreditrisiko** verbunden ist. Aus diesem Grund enthält IFRS 17 auch kein auf die Ausfallwahrscheinlichkeit abstellendes Wertminderungsmodell, welches der IASB für aktivische Finanzinstrumente gemäß IFRS 9 vorsieht.

33 Bilanzierung von passivischen Lebensversicherungsverträgen nach IFRS 17

331. Ziel und Verlauf des Projekts IFRS 17

Der IASB begann bereits im Jahr 1997 damit, Vorschriften zu entwickeln, nach denen Versicherungsverträge und die für sie zu passivierenden versicherungstechnischen Rückstellungen bilanziert werden sollen. Das hierfür begonnene Projekt wurde im Jahr 2002 **in zwei Phasen** geteilt. Denn bezüglich der bevorstehenden Pflicht, den Konzernabschluss von kapitalmarktorientierten Mutterunternehmen ab dem Jahr 2005 nach IFRS aufzustellen, wollte der IASB anstatt einer Regelungslücke wenigstens Übergangsregeln vorlegen, nach welchen die Unternehmen ihre Versicherungsverträge bilanzieren müssen.[433]

[432] Die Abbildung 3-4 ist angelehnt an BÄR, M./GOLLOB, C., Wertminderungsmodell nach IFRS 9, S. 1242; SCHMIDT, A./BAREKZAI, O./HÜTTERMANN, K., IFRS 9 zur Wertminderung, S. 353. Schon wertgemindert zugegangene Finanzinstrumente sind in der Abbildung 3-4 nicht berücksichtigt.

[433] Vgl. IASB (Hrsg.), ED/2013/7, Tz. BC8; HARTUNG, T./ASCHE, B., Langer Weg zu IFRS 4, S. 372.

Als Ergebnis der **ersten Projektphase** wurde im Jahr 2004 der **Übergangsstandard** „IFRS 4 Versicherungsverträge“ (IFRS 4 Phase I) veröffentlicht. Er muss von kapitalmarktorientierten Unternehmen seit dem 01.01.2005 angewendet werden. Der IASB wollte mit **IFRS 4 Phase I** die Bilanzierung von Versicherungsverträgen verbessern, solange die zweite Projektphase zu IFRS 4 nicht beendet ist.[434] Daher regelt IFRS 4 Phase I vornehmlich Bilanzierungsfragen, die nicht wieder geändert werden müssen, sobald durch **IFRS 4 Phase II**, deren Resultat nun als **IFRS 17** bezeichnet wird, umfassende Regeln dafür entwickelt worden sind, Versicherungsverträge zu bewerten und zu bilanzieren.[435] Deswegen regelt IFRS 4 Phase I vorwiegend, ob eingebettete Derivate und Spar- sowie Investmentkomponenten vom Basisvertrag abzuspalten sind und wie zu überprüfen ist, ob die Höhe der für die Versicherungsverträge zu passivierenden versicherungstechnischen Rückstellungen noch angemessen ist.[436]

Die Unternehmen sollten IFRS 4 Phase I mit möglichst geringem Aufwand umsetzen können. Deshalb dürfen die kapitalmarktorientierten Mutterunternehmen nach IFRS 4.13 (Phase I) – abgesehen von bestimmten Ausnahmen – für die von ihnen emittierten (passivischen) Versicherungsverträgen ihre nationalen Bilanzierungsvorschriften **beibehalten.**[437] Aufgrund dieses Beibehaltungswahlrechts bilanzieren viele deutsche Versicherer ihre ausgegebenen Versicherungsverträge aktuell nach **US-GAAP**, wobei eine kleinere Zahl auf das **HGB** zurückgreift.[438] Für diese beiden nationalen Vorschriften ist es charakteristisch, dass im Gegensatz zu IFRS 4 Phase II bzw. IFRS 17 die erwarteten Ein- und Auszahlungen aus den Versicherungsverträgen entweder **nicht** oder mit einem bei ihrem erstmaligen Ansatz **fixierten** und ab dann unveränderlichen Zinssatz **diskontiert** werden müssen.[439] Dass die künftigen Zahlungsströme aus den Versicherungsverträgen entweder nicht oder mit einem fixierten Diskontzins abgezinst werden, wird in der Versicherungsbilanzierung als das Nominalwertprinzip bezeichnet.[440]

Erst mit IFRS 4 Phase II bzw. IFRS 17 entwickelte der IASB ein **umfassendes Modell**, nach dem Versicherungsverträge bewertet und bilanziert werden können.[441] Mit der IFRS 4 Phase II

434 Vgl. SURREY, I./WERTHMANN, M., in: Rechnungslegung nach IFRS, 2. Aufl., IFRS 4, Tz. 6.
435 Vgl. HARTUNG, T./ASCHE, B., Langer Weg zu IFRS 4, S. 372.
436 Vgl. ROCKEL, W. ET AL., Versicherungsbilanzen, S. 66; LINDBERG, D. L./SEIFERT, D. L., IFRS and Insurance Industry, S. 235-239; EBBERS, G., IFRS 4 Phase I, S. 1379-1383.
437 Vgl. KÖLSCHBACH, J./ENGELÄNDER, S., Versicherungsgeschäfte, S. 745-747.
438 Vgl. ASCHE, B./HARTUNG, T., IFRS 4 und IFRS 9, S. 1189; SPÄTH, J., Deckungsrückstellungen, S. 198; ROCKEL, W. ET AL., Versicherungsbilanzen, S. 55 f. und S. 64 f.
439 Vgl. ROCKEL, W. ET AL., Versicherungsbilanzen, S. 159-164; SPÄTH, J., Deckungsrückstellungen, S. 98-104 und S. 230-232; STEINER, C., Versicherungstechnische Rückstellungen, S. 274-279.
440 Vgl. IASB (Hrsg.), ED/2013/7, Tz. EA9; HARTUNG, T./ASCHE, B., Langer Weg zu IFRS 4, S. 373.
441 Vgl. NGUYEN, T., Versicherungsrechnungslegung, S. 532 f.; KREEB, M./ZEITLER, M., IFRS 17, S. 299.

bzw. dem IFRS 17 bezweckt der IASB, dass den Abschlussadressaten **entscheidungsnützlichere Informationen** über die Art, die Höhe, den Zeitpunkt und die Unsicherheit der für Versicherungsverträge künftig anfallenden Zahlungsströme vermittelt werden.[442] Zugleich soll ein internationaler Standard geschaffen werden, nach dem Versicherungsverträge einheitlich und damit vergleichbarer als zuvor bewertet und bilanziert werden können.[443]

Als einen bedeutenden Schritt für IFRS 4 Phase II bzw. IFRS 17 veröffentlichte der IASB in dem Jahr 2007 das **Diskussionspapier** „Preliminary Views on Insurance Contracts“. In ihm wird vorgeschlagen, das Bündel der Rechte und Pflichten aus den Versicherungsverträgen mit einem als *current exit value* bezeichneten Wertmaßstab zu bewerten.[444] Darunter wird der Betrag verstanden, „[...] der von einem Versicherer am Abschlussstichtag dafür gezahlt werden müsste, seine verbleibenden vertraglichen Rechte und Pflichten unverzüglich an ein anderes Unternehmen zu **transferieren**.“[445] Im Diskussionspapier geht der IASB noch davon aus, dass zwischen dem *current exit value* und dem Fair Value nach IFRS 13 keine wesentlichen Unterschiede bestehen.[446] Außerdem nimmt er an, dass der *current exit value* eines Versicherungsvertrags nicht an einem Markt beobachtet werden kann,[447] weshalb der Wertansatz **geschätzt** werden muss.[448] Das hierfür im Diskussionspapier aus dem Jahr 2007 vorgeschlagene Modell gliedert sich in drei Bewertungsbausteine und entspricht weitestgehend dem in der Versicherungsmathematik weltweit befolgten prospektiven Bewertungsansatz.[449]

Auf das Diskussionspapier folgte in dem Jahr 2010 der Standardentwurf **ED/2010/8**. In ihm wurde bestätigt, dass Versicherungsverträge durch ein dreigeteiltes Bausteinmodell erst- und

[442] Vgl. IASB (Hrsg.), ED/2013/7, Tz. 1; GALLASCH, F., IFRS 4 Phase II, S. 51.

[443] Vgl. IASB (Hrsg.), IFRS 17, Tz. BC1; KREEB, M./ZEITLER, M., IFRS 17, S. 299; ROCKEL, W. ET AL., Versicherungsbilanzen, S. 64 f.; BERGER, J., Neuer IFRS für Versicherungsverträge, S. 1.

[444] Vgl. WASCHBUSCH, G./STEINER, C., Diskussionspapier zu IFRS 4 Phase II, S. 155; HARTUNG, T./ASCHE, B., Langer Weg zu IFRS 4, S. 372 f. Der *current exit value* wird als „aktueller Übertragungswert“ übersetzt. Vgl. BACHER, D. F./HOFMANN, A., DP Insurance Contracts, S. 312.

[445] Vgl. IASB (Hrsg.), DP Insurance Contracts, Tz. IN21.

[446] Vgl. IASB (Hrsg.), DP Insurance Contracts, Tz. 104.

[447] Allerdings werden z. B. in Deutschland kapitalbildende Lebensversicherungen seit dem Jahr 1999 auf einem Zweitmarkt gehandelt. Risikolebensversicherungen werden nicht gehandelt, da durch sie kein übertragbares Kapital angespart wird. Vgl. SIEPRATH, C., Handel mit gebrauchten Lebensversicherungen, S. 7-9; WERNICKE, J., Zweitmarkt für Lebensversicherungen, S. 5-8. Indes erfüllt der deutsche Zweitmarkt für Lebensversicherungen nicht die Definition eines aktiven Marktes gemäß IFRS 13 Anhang A, da diese Verträge keinesfalls so häufig und in solchen Volumina gehandelt werden, dass jederzeit aktuelle Preisinformationen aus öffentlichen Quellen verfügbar wären.

[448] Vgl. IASB (Hrsg.), IFRS 17, Tz. IN4; WASCHBUSCH, G./STEINER, C., Diskussionspapier zu IFRS 4 Phase II, S. 155; STEINER, C., Versicherungstechnische Rückstellungen, S. 477.

[449] Vgl. IASB (Hrsg.), DP Insurance Contracts, Tz. 90; STEINER, C., Versicherungstechnische Rückstellungen, S. 477. Zu dem prospektiven Bewertungsansatz der Versicherungsmathematik vgl. SPÄTH, J., Deckungsrückstellungen, S. 90-92 und den Abschnitt 24.

folgebewertet werden sollen.[450] Allerdings wandte sich der IASB von dem Wertmaßstab des *current exit value* ab, da er erkannte, dass Versicherungsverträge nicht an andere Unternehmen transferiert, sondern durch den sie ausgebenden Versicherer **erfüllt werden**.[451] Daher sah der IASB als Wertmaßstab nun den sogenannten *present value of the fulfilment cash flows* vor,[452] der in dieser Arbeit mit dem Begriff „Erfüllungsbetrag" übersetzt wird.[453] Durch diesen geänderten Wertmaßstab berücksichtigte der Board, dass Versicherungsverträge generell nicht im Sinne des Fair Value gemäß IFRS 13 aus der Sicht eines anonymen Marktteilnehmers bewertet werden, sondern aus einer **unternehmensspezifischen** Bewertungsperspektive, für die hauptsächlich unternehmensinterne Annahmen und Daten herangezogen werden.[454]

Im Jahr 2013 wurde der letzte Standardentwurf **ED/2013/7** veröffentlicht. In ihm wird diskutiert, ob die Verpflichtungen aus den Versicherungsverträgen als die Summe des bereits aus dem ED/2010/8 bekannten unternehmensspezifischen Erfüllungsbetrags und einer neuen sogenannten **vertraglichen Servicemarge** erst- und folgebewertet werden sollen.[455] Ferner wird klargestellt, dass der im Diskussionspapier erörterte *current exit value* als äquivalent zu dem Fair Value nach IFRS 13 anzusehen ist.[456] Durch die Einbeziehung der vertraglichen Servicemarge soll verhindert werden, dass ein aus den erstmals bewerteten Versicherungsverträgen resultierender Gewinn ausgewiesen wird. Stattdessen ist ein ohne die Berücksichtigung einer Servicemarge resultierende „Anfangsgewinn" mit eben der Servicemarge zu verrechnen und auf diese Art über die künftigen Deckungsperioden der Versicherungsverträge abzugrenzen.[457]

---

[450] Vgl. Hartung, T./Asche, B., Langer Weg zu IFRS 4, S. 374.

[451] Vgl. IASB (Hrsg.), ED/2010/8, Tz. BC49 (a); Späth, J., Deckungsrückstellungen, S. 310-313.

[452] Vgl. IASB (Hrsg.), ED/2010/8, Tz. 17 (a), Tz. 22 und Tz. BC51.

[453] Vgl. Gallasch, F., IFRS 4 Phase II, S. 50. Allerdings ist der Begriff des Erfüllungsbetrags bereits handelsrechtlich belegt, weil Rückstellungen nach § 253 Abs. 1 Satz 2 HGB in der Höhe des nach vernünftiger kaufmännischer Beurteilung notwendigen Erfüllungsbetrags anzusetzen sind. Auch sind versicherungstechnische Rückstellungen nach § 341e Abs. 1 Satz 1 HGB insoweit zu bilden, wie dies nach vernünftiger kaufmännischer Beurteilung notwendig ist, um die dauerhafte Erfüllbarkeit der Verpflichtungen aus den Versicherungsverträgen sicherzustellen. Vgl. Steiner, C., Versicherungstechnische Rückstellungen, S. 182-184. Alternativ wird der *present value of the fulfilment cash flows* auch mit dem Wort „Erfüllungswert" übersetzt. Vgl. Schlüter, J./Bonin, C., in: Beck'sches IFRS-Handbuch, 5. Aufl., § 40, Tz. 76; Späth, J., Deckungsrückstellungen, S. 313.

[454] Vgl. IASB (Hrsg.), IFRS 17, Tz. BC17; Schweinberger, S./Horstkötter, M., ED/2010/8, S. 547. Zu den möglichen Differenzen zwischen dem marktbasierten *current exit value* und einem eher auf unternehmensspezifischen Informationen beruhenden Wertmaßstab wie dem Erfüllungsbetrag, vgl. Steiner, C., Versicherungstechnische Rückstellungen, S. 474 f.

[455] Vgl. IASB (Hrsg.), ED/2013/7, Tz. 18 (b) und Tz. BC27; Schlüter, J./Bonin, C., in: Beck'sches IFRS-Handbuch, 5. Aufl., § 40, Tz. 85; Knoller, C./Sauer, R., ED/2013/7, S. 108 f.

[456] Vgl. IASB (Hrsg.), ED/2013/7, Tz. BCA19.

[457] Vgl. Ellenbürger, F./Engeländer, S./Kölschbach, J., ED/2013/7, S. 816.

Auf den ED/2013/7 folgten mehrere **vorläufige Entscheidungen** des IASB. Diese betreffen überwiegend die für diese Arbeit wichtige Frage, wie Versicherungsverträge folgezubewerten sind. Hierzu beschloss der IASB vorläufig, ein **Wahlrecht** einzuführen, nach dem der durch geänderte risikolose Marktzinsen verursachte Unterschiedsbetrag aus der Folgebewertung der versicherungstechnischen Rückstellungen entweder erfolgswirksam in der GuV oder erfolgsneutral im Sonstigen Gesamtergebnis (OCI) ausgewiesen werden muss.[458]

Jenes Wahlrecht wurde für den am **18.5.2017** veröffentlichten **IFRS 17** übernommen, der die finalen im Laufe der ungefähr 20-jährigen Entwicklungszeit erarbeiteten Regeln zur Bilanzierung von Versicherungsverträgen enthält. Weiterhin wird im IFRS 17 umfassend beschrieben, wie überschussbeteiligte Lebensversicherungsverträge künftig bewertet und bilanziert werden sollen. Dies wurde im ED/2013/7 nicht ausreichend behandelt und ist eine der zentralen Punkte für die auf den ED/2013/7 folgenden vorläufigen Entscheidungen des IASB gewesen. Der IFRS 17 ist für Geschäftsjahre, die ab dem **1.1.2021** beginnen, erstmalig verpflichtend anzuwenden (IFRS 17.IN2). Jedoch wird die Übernahme des neuen Versicherungsstandards in das **EU-Recht** in der Literatur **kritisch** gesehen, und zwar unter anderem da die Versicherer dann IFRS 17 drei Jahre nach dem bereits ab 1.1.2018 gültigen IFRS 9 einführen müssten. Deshalb müssen Versicherer den **IFRS 9** voraussichtlich erst ab dem **1.1.2021** erstmalig anwenden.[459]
Aus konzeptioneller Sicht verfolgte der IASB zu Beginn des Versicherungsvertrags-Projekts den sogenannten Asset-Liability-Ansatz. Dieser ist zu unterscheiden von dem sogenannten **Deferral-and-Matching-Ansatz**, auf dem traditionell die nationalen Regeln zur Bilanzierung von Versicherungsverträgen basieren, z. B. die Regeln nach HGB oder US-GAAP.[460] Dabei zielt der Deferral-and-Matching-Ansatz darauf, dass in der GuV ein periodengerechter Erfolg der Unternehmen ermittelt wird.[461] Hierzu sind die aus Versicherungsverträgen resultierenden Zahlungsströme – vor allem Prämien, Schadenzahlungen und Abschlusskosten – zeitlich und sachlich als **Rechnungsabgrenzungsposten** in der Bilanz anzusetzen und als Aufwand bzw. Ertrag über die erwarteten Laufzeiten der Versicherungsverträge erfolgswirksam abzuschreiben bzw. aufzulösen.[462] Diese Zahlungsströme werden also zunächst durch die Bildung von Rechnungsabgrenzungsposten neutralisiert, z. B. durch die nach § 341e Abs. 2 Nr. 1 HGB zu

---

[458] Vgl. IASB (Hrsg.), Changes since ED/2013/7 (agenda paper 2E), S. 15 f.

[459] Vgl. BERGER, J., Neuer IFRS für Versicherungsverträge, S. 1.; POLLMANN, R./KÜMPEL, T./KASTE, J., IFRS 9 und IFRS 4 Phase II, S. 217-219; FELDHOFF, R./HORSTKÖTTER, M., IFRS 9 für Versicherungen, S. 256 f.

[460] Vgl. GEIB, G., IFRS für Versicherungsgeschäfte, S. 117-119; ZIMMERMANN, J./SCHWEINBERGER, S., Bilanzierung von Versicherungsverträgen, S. 58 f.

[461] Vgl. STEINER, C., Versicherungstechnische Rückstellungen, S. 438 f.

[462] Vgl. IASC (Hrsg.), Issues Paper Insurance, S. 44; LÖW, S., Rückstellungsbilanzierung, S. 152-154.

passivierenden Beitragsüberträge, mit denen vorab zu viel eingenommene Prämien über die erwarteten Vertragslaufzeiten verteilt werden. Gemäß US-GAAP sind z. B. Abschlusskosten für Versicherungsverträge als Vermögenswerte zu aktivieren und über die Vertragslaufzeiten der Versicherungsverträge zu verteilen.[463]

Im Unterschied dazu bezweckt der **Asset-Liability-Ansatz**, dass nur Vermögenswerte und Schulden angesetzt werden, die den Ansatzkriterien des IFRS-Rahmenkonzepts genügen.[464] Da aber Rechnungsabgrenzungsposten oder Abschlusskosten die IFRS-Ansatzkriterien nicht erfüllen, dürfen sie nicht angesetzt werden.[465] Außerdem müssen Vermögenswerte und Schulden im Asset-Liability-Ansatz möglichst realistisch bewertet werden, etwa zum Fair Value.[466] Denn der Erfolg entsteht in diesem Ansatz daraus, dass sich das Eigenkapital als Residualgröße zwischen den Perioden ändert.[467] Dazu werden unrealisierte Gewinne und Verluste aus Fair Value-Änderungen **antizipiert**, indem sie direkt erfolgswirksam zu erfassen sind.[468] Hingegen werden bei dem Deferral-and-Matching-Ansatz die Fair Value-Änderungen imparitätisch behandelt, indem unrealisierte Verluste antizipiert werden, **unrealisierte Gewinne** aber nicht.[469] Weil im Asset-Liability-Ansatz auch Schulden „realistisch" bewertet werden müssen, sind die versicherungstechnischen Rückstellungen in diesem Ansatz **abzuzinsen**, während sie bei dem Deferral-and-Matching-Ansatz nach dem Nominalwertprinzip nicht diskontiert werden.[470]

In der Abbildung 3-5 werden die oben dargestellten Unterschiede und Gemeinsamkeiten zwischen dem Deferral-and-Matching-Ansatz und dem vom IASB aus theoretischer Perspektive für neue IFRS bevorzugten Asset-Liability-Ansatz zusammengefasst.[471]

---

463 Vgl. IASB (Hrsg.), ED/2013/7, Tz. EA9; ROCKEL, W. ET AL., Versicherungsbilanzen, S. 104 f. und S. 165 f.; NGUYEN, T., Versicherungsrechnungslegung, S. 336-338 und S. 597 f.

464 Vgl. IASC (Hrsg.), Issues Paper Insurance, S. 45; LÖW, S., Rückstellungsbilanzierung, S. 154-156.

465 Vgl. ALTENBURGER, O. A., ED/2010/8, S. 673; ROCKEL, W. ET AL., Versicherungsbilanzen, S. 78. Dieser Auffassung widerspricht bzgl. der Abschlusskosten GROßER, C., Abschlußaufwendungen, S. 307-310.

466 Vgl. IASC (Hrsg.), Issues Paper Insurance, S. 46; LÖW, S., Rückstellungsbilanzierung, S. 180.

467 Vgl. IASC (Hrsg.), Issues Paper Insurance, S. 45; LÖW, S., Rückstellungsbilanzierung, S. 154 f.; VARAIN, T. C., Versicherungsverpflichtungen, S. 34-36.

468 Vgl. ROCKEL, W. ET AL., Versicherungsbilanzen, S. 79.

469 Vgl. BAETGE, J./ZÜLCH, H., Fair Value-Accounting, S. 548.

470 Vgl. IASC (Hrsg.), Issues Paper Insurance, S. 45; SCHWEINBERGER, S., Rechnungslegung in der Lebensversicherung, S. 54-62; ROCKEL, W. ET AL., Versicherungsbilanzen, S. 80 f.

471 Vgl. hierzu auch ZIMMERMANN, J./SCHWEINBERGER, S., Ertragsrealisation bei Insurance Contracts, S. 78-80; ZIMMERMANN, J./SCHWEINBERGER, S., Bilanzierung von Versicherungsverträgen, S. 60-62.

	Deferral-and-Matching-Ansatz	Asset-Liability-Ansatz
Ziel	Periodengerechte Erfolgsermittlung in der GuV	Realistische Bewertung von Vermögenswerten und Schulden
Wertmaßstab	Anschaffungs- und Herstellungskosten	Beizulegender Zeitwert (Fair Value)
Bilanzinhalt	Vermögenswerte, Schulden, Eigenkapital und Rechnungsabgrenzungsposten	Vermögenswerte, Schulden, Eigenkapital
Erfolgsermittlung	Aus zeitlich und sachlich abgegrenzten Zahlungsströmen	Aus einer Veränderung des Eigenkapitals
Erfolgsausweis	Nur unrealisierte Verluste antizipiert (Imparitätsprinzip)	Unrealisierte Verluste und unrealisierte Gewinne antizipiert
Abschlusskosten	Als Vermögenswert aktiviert und über Vertragslaufzeiten verteilt	Nicht aktivierbar, sondern direkt als Aufwand erfasst
Versicherungstech. Rückstellungen	Nicht diskontiert (Nominalwertprinzip)	Diskontiert, um Schulden realistisch zu bewerten

Abbildung 3-5: Deferral-and-Matching-Ansatz versus Asset-Liability-Ansatz[472]

In den kommenden Abschnitten 332 bis 336 wird erläutert, wie Lebensversicherungsverträge künftig angesetzt, ausgebucht und erst- und folgebewertet werden müssen. Die Ausführungen basieren auf dem am 18.5.2017 veröffentlichten **IFRS 17**. Weil bisher aber kaum Literatur zu dem IFRS 17 existiert, wird für die Ausführungen häufig auch auf den zweiten Standardentwurf ED/2013/7 und den seitdem vom IASB vorläufig getroffenen Entscheidungen zu dem Versicherungsvertrags-Projekt sowie auf die entsprechende Fachliteratur referenziert.

332. Anwendungsbereich von IFRS 17

332.1 Definition eines Versicherungsvertrags

Die Bilanzvorschriften des IFRS 17 sind anzuwenden auf alle (IFRS 17.3):[473]

- Versicherungs- und Rückversicherungsverträge, die ein Unternehmen ausgibt,
- Rückversicherungsverträge, die ein Unternehmen hält; und
- sogenannten Investmentverträge mit ermessensabhängiger Überschussbeteiligung, die ein Unternehmen ausgibt, soweit das Unternehmen auch Versicherungsverträge emittiert.

[472] Die Abbildung ist angelehnt an ROCKEL, W. ET AL., Versicherungsbilanzen, S. 80.

[473] Vgl. ebenso SCHWEINBERGER, S./HORSTKÖTTER, M., ED/2010/8, S. 547 f.; ELLENBÜRGER, F./ENGELÄNDER, S./KÖLSCHBACH, J., ED/2013/7, S. 817.

Somit sind – abgesehen von den Investmentverträgen – alle Sachverhalte gemäß IFRS 17 zu bilanzieren, die die Definition eines Versicherungsvertrags erfüllen. Aber einige Sachverhalte sind aus dem Anwendungsbereich von IFRS 17 ausgeschlossen, obwohl sie der Versicherungsvertrags-Definition des IASB entsprechen, z. B. von Herstellern und Groß- oder Einzelhändlern gegebene Produktgarantien, für die IFRS 15 relevant ist (IFRS 17.7 (a)).[474] Ferner ist für Dienstleistungsverträge, die gegen eine fixe Gebühr kontrahiert werden, unter bestimmten Umständen IFRS 15 statt IFRS 17 anwendbar (IFRS 17.8).[475] Für die sogenannten Finanzgarantien besteht ein bedingtes Wahlrecht, durch das sie entweder als Finanzinstrumente nach IFRS 9 oder als Versicherungsverträge bilanziert werden dürfen (IFRS 17.7 (e)).[476]

Gemäß IFRS 17.Anhang A ist ein **Versicherungsvertrag definiert** als ein Vertrag, durch den eine Partei (Emittent) ein **signifikantes Versicherungsrisiko** von einer anderen Partei (Versicherungsnehmer) übernimmt, und zwar indem der Vertragsemittent den Versicherungsnehmer entschädigt, sofern er durch ein bestimmtes, unsicheres und künftiges Ereignis (**versichertes Risiko**) geschädigt wird.[477] Laut dieser Definition ist ein Vertrag also nur ein Versicherungsvertrag gemäß IFRS 17, falls er die folgenden drei Definitionskriterien kumulativ erfüllt:[478]

(1) Eine Partei übernimmt ein **Versicherungsrisiko** von einer anderen Partei.

(2) Das übernommene Versicherungsrisiko ist als **signifikant** anzusehen.

(3) Der Versicherungsnehmer wird dadurch geschädigt, dass das vertraglich genau definierte, unsichere und künftige Ereignis (**versichertes Risiko**) eintritt.

Für das oben zuerst genannte Kriterium ist zu prüfen, ob ein Vertrag ein Versicherungsrisiko umfasst. Der IASB definiert ein **Versicherungsrisiko** als das Risiko, das durch einen Versicherungsvertrag vom Versicherungsnehmer an den Emittenten bzw. Versicherer transferiert wird, soweit dieses Risiko kein finanzielles Risiko ist.[479] Folglich definiert der IASB das Ver-

---

474 Vgl. GALLASCH, F., IFRS 4 Phase II, S. 53; FECHNER, M., IFRS 4 und IFRS 9, S. 84-86.

475 Vgl. auch IASB (Hrsg.), IFRS 17, Tz. B6 und Tz. BC95-BC97; SURREY, I./WERTHMANN, M., in: Rechnungslegung nach IFRS, 2. Aufl., IFRS 4, Tz. 7-17; ROCKEL, W. ET AL., Versicherungsbilanzen, S. 69 und S. 82.

476 Durch eine Finanzgarantie wird dessen Besitzer dafür entschädigt, dass ein bestimmter Schuldner vertraglich fällige Zahlungen nicht leistet. Sie bestehen z. B. in Form von Kreditversicherungen, Credit Default Swaps oder Akkreditiven. Das für sie gewährte Wahlrecht ist unwiderruflich und dadurch bedingt, dass im Anhang berichtet werden muss, ob die Finanzgarantien nach IFRS 9 oder nach IFRS 17 bilanziert werden. Vgl. hierzu IASB (Hrsg.), IFRS 17, Tz. BC91-BC93.

477 Vgl. ANGERMANN, F./HARTUNG, T., ED/2013/7, S. 106.

478 Vgl. NGUYEN, T./MOLINARI, P., ED/2010/8 – Is the Information Useful?, S. 380.

479 Vgl. IASB (Hrsg.), IFRS 17, Anhang A; ROCKEL, W. ET AL., Versicherungsbilanzen, S. 67. Zum Risikotransfer als Teil des Risikogeschäfts vgl. Abschnitt 221.1. Vom dem Versicherungsrisiko zu unterscheiden ist das versicherungstechnische Risiko, welches in Abschnitt 251.1 erläutert wurde.

sicherungsrisiko nicht direkt, sondern grenzt es lediglich negativ zu dem finanziellen Risiko ab.[480] Nur das **finanzielle Risiko** ist konkret definiert, da es darin besteht, dass sich bestimmte finanzielle Parameter ändern können, z. B. Zinssätze, Wertpapier- und Wechselkurse oder Kredit- und Preisindizes, oder dass sich bestimmte nicht finanzielle und zugleich nicht parteispezifische Parameter ändern können, z. B. ein Index aus den Temperaturen einer Region.[481] So ist z. B. der Zeitwert eines **Wetterderivats**, dessen Basiswert ein Temperaturindex ist, von einem nicht finanziellen und nicht parteispezifischen Parameter abhängig, nämlich von den Temperaturen einer bestimmten Region. Deshalb umfasst ein solches Wetterderivat nur ein finanzielles Risiko und kein Versicherungsrisiko.[482] Im Gegensatz dazu sind nicht finanzielle und parteispezifische Parameter kennzeichnend für das Versicherungsrisiko.[483] Denn das versicherte Risiko stellt einen nicht finanziellen und parteispezifischen Parameter dar, z. B. die Zerstörung eines konkreten Vermögenswerts des Versicherungsnehmers durch Hagelstürme.

Damit ein Vertrag die Versicherungsvertrags-Definition des IASB erfüllt, muss das durch ihn transferierte Versicherungsrisiko **signifikant** sein. Dies ist gegeben, sofern der Emittent eines Vertrags für das versicherte Risiko in jedem einzelnen wirtschaftlich bedeutenden Szenario **signifikante Zahlungen** leisten muss. Der IASB sieht ein Szenario als wirtschaftlich bedeutend an, sofern es erkennbare Auswirkungen darauf hat, wie wirtschaftlich eine Transaktion ist. Dies sollte z. B. für alle Szenarien gegeben sein, die bei der Prämienkalkulation von den Versicherungsprodukten berücksichtigt werden.[484] Zum Beispiel ist bei einer Schadenversicherung auf ein Kraftfahrzeug zu beurteilen, ob der im Schadenfall von dem Versicherer an den Versicherungsnehmer zu zahlende Betrag signifikant ist oder nicht.[485]

Durch dieses Kriterium eines signifikanten Versicherungsrisikos soll verhindert werden, dass Verträge als Versicherungsverträge behandelt werden, obwohl sie nur einen unerheblichen Versicherungsschutz gewähren.[486] Jedoch gibt der IASB keine **quantitative Grenze** vor, nach der beurteilt werden könnte, ab wann das Versicherungsrisiko als signifikant anzusehen ist.

[480] Vgl. LÜDENBACH, N./HOFFMANN, W.-D./FREIBERG, J., in: Haufe IFRS-Kommentar, 14. Aufl., § 39, Tz. 9; HIPP, J. M., IFRS für Versicherungsunternehmen, S. 134.

[481] Vgl. IASB (Hrsg.), IFRS 17, Anhang A und Tz. B8.

[482] Vgl. SURREY, I./WERTHMANN, M., in: Rechnungslegung nach IFRS, 2. Aufl., IFRS 4, Tz. 34; KÖLSCHBACH, J./ENGELÄNDER, S., Versicherungsgeschäfte, S. 740-745.

[483] Vgl. SCHWEINBERGER, S./HORSTKÖTTER, M., ED/2010/8, S. 547.

[484] Vgl. FECHNER, M., IFRS 4 und IFRS 9, S. 91. Vgl. zur Prämienkalkulation den Abschnitt 24.

[485] Vgl. SURREY, I./WERTHMANN, M., in: Rechnungslegung nach IFRS, 2. Aufl., IFRS 4, Tz. 27.

[486] Vgl. WASCHBUSCH, G./STEINER, C./THIEMANN, S., Ermessensspielräume, S. 1893; NGUYEN, T., Versicherungsrechnungslegung, S. 541 f.; ROCKEL, W. ET AL., Versicherungsbilanzen, S. 67.

Solch ein Grenzwert wird vom Board bewusst nicht genannt, da er bilanzpolitisch motivierte Sachverhaltsgestaltungen auf diese Weise vermeiden möchte.[487]

Sieht ein Vertrag vor, dass der Emittent **zusätzliche Zahlungen** leisten muss, sofern das versicherte Risiko eintritt, kann auch ein sehr unwahrscheinlich eintretendes Versicherungsrisiko signifikant sein. Weiterhin kann ein Versicherungsrisiko signifikant sein, obwohl der Barwert der fälligen zusätzlichen Zahlungen nur einen kleinen Teil des Barwerts aller Zahlungen aus einem Versicherungsvertrag ausmacht.[488] Für jene Verträge ist zu prüfen, ob die im Versicherungsfall zusätzlich zu leistenden Zahlungen **signifikant** sind. Diese zusätzlichen Zahlungen bestehen aus dem Barwert der erwarteten Zahlungen, falls der Versicherungsfall eintritt, abzüglich des Barwerts der erwarteten Zahlungen, falls der Versicherungsfall nicht eintritt.[489]

Mit dieser Regel bezieht sich der IASB auf die kapitalbildende Lebensversicherung. Sie sieht vor, dass angespartes Kapital ausgezahlt wird, falls sie gekündigt wird oder ausläuft und somit kein Versicherungsfall eintritt, oder aber, dass die festgelegte Todesfallsumme geleistet wird, falls die versicherte Person während der Deckungsperiode stirbt und deshalb der Versicherungsfall eintritt.[490] Folglich ist bei den gemischten Todes- und Erlebensfallversicherungen zu prüfen, ob die nur im Versicherungsfall zu zahlende Todesfallsumme die dann zu leistende Erlebensfallsumme wesentlich **übersteigt**, falls das versicherte Risiko nicht eintritt.[491]

Überdies stellt der IASB klar, dass durch einen Vertrag **kein Versicherungsrisiko** transferiert wird, wenn kein wirtschaftlich bedeutendes Szenario besteht, in dem der Barwert der vom Versicherer an den Versicherten zu leistenden Zahlungen den Barwert der an den Versicherer zu zahlenden Prämien **übersteigt**.[492] Mit anderen Worten umfasst ein Vertrag nur dann ein Versicherungsrisiko, sofern der Versicherer durch ihn einen **Verlust** erleiden könnte, selbst wenn dies unwahrscheinlich ist. Diese Regel bezieht sich darauf, dass durch einen Versicherungsvertrag stets eine tatsächliche Verlustgefahr an den Versicherer transferiert werden muss,

---

[487] Vgl. IASB (Hrsg.), ED/2013/7, Tz. BCA165. In der Praxis wurde für einen möglichen Grenzwert die sogenannte „10-10-Regel" erarbeitet. Nach dieser ist ein Versicherungsrisiko signifikant, wenn der Versicherer durch den Vertrag mit einer Wahrscheinlichkeit von mindestens 10 % einen Verlust in Höhe von mindestens 10 % der Prämien erleiden könnte. Vgl. SAUER, R., Risikotransfer, S. 1817 f.; WASCHBUSCH, G./STEINER, C./THIEMANN, S., Ermessensspielräume, S. 1893.

[488] Vgl. IASB (Hrsg.), IFRS 17, Tz. B18.

[489] Vgl. IASB (Hrsg.), IFRS 17, Tz. B21; FECHNER, M., IFRS 4 und IFRS 9, S. 91.

[490] Vgl. IASB (Hrsg.), IFRS 17, Tz. B9 und Tz. B23; SURREY, I., Versicherungsgeschäfte nach IFRS, S. 84 f.

[491] Vgl. SCHLÜTER, J./BONIN, C., in: Beck'sches IFRS-Handbuch, 5. Aufl., § 40, Tz. 14; LÜDENBACH, N./HOFFMANN, W.-D./FREIBERG, J., in: Haufe IFRS-Kommentar, 14. Aufl., § 39, Tz. 12.

[492] Vgl. IASB (Hrsg.), IFRS 17, Tz. B19; ANGERMANN, F./HARTUNG, T., ED/2013/7, S. 110 f.

weshalb Versicherungsverträge laut der Definition des IASB in bestimmten negativen Szenarien verlustbringend für den Versicherer werden müssen.[493]

Alle ausgegebenen Verträge eines Unternehmens sind **einzeln** daraufhin zu untersuchen, ob sie ein signifikantes Versicherungsrisiko enthalten. Deswegen kann das Versicherungsrisiko eines Vertrags signifikant sein, obwohl es durch den Risikoausgleich im Kollektiv unwahrscheinlich ist, dass das **Portfolio** von Versicherungsverträgen insgesamt defizitär wird.[494] Des Weiteren muss nur beim Erstansatz einzelvertraglich geprüft werden, ob durch einen Vertrag ein signifikantes Versicherungsrisiko übertragen wird oder nicht. Ein im Ansatzzeitpunkt als Versicherungsvertrag identifizierter Vertrag muss daher solange nach IFRS 17 bilanziert werden, bis alle aus dem Vertrag stammenden Rechte und Pflichten ausgelaufen oder erloschen sind und der Vertrag somit ausgebucht werden muss. Ist allerdings absehbar, dass durch einen erstmalig angesetzten Vertrag lediglich **im Zeitablauf** ein signifikantes Versicherungsrisiko aufgebaut und transferiert wird, muss dieser Vertrag bereits ab seinem Ansatzzeitpunkt als ein Versicherungsvertrag nach IFRS 17 bilanziert werden.[495]

Letztlich muss in einem Versicherungsvertrag ein ungewisses und künftiges Ereignis (das **versicherte Risiko**) definiert sein, durch dessen Eintritt der Versicherungsnehmer tatsächlich geschädigt wird.[496] Bei einer Risikolebensversicherung liegt das versicherte Risiko z. B. darin, dass die versicherte Person verstirbt. Durch diese Vorschrift werden Versicherungsverträge **von Wetten abgegrenzt**. Denn bei einer Wette ist kein konkretes Ereignis vertraglich festgehalten, durch das der Versicherungsnehmer tatsächlich geschädigt werden würde.[497] Weiterhin wird durch eine Wette ein neues Risiko geschaffen, während das durch einen Versicherungsvertrag abgesicherte Risiko bereits existieren muss.[498] Dieses in einem Versicherungsvertrag definierte versicherte Risiko ist ungewiss und zufällig, da es von dem Versicherer nicht fehlerfrei vorhergesagt werden kann. Der Versicherer kann es lediglich versuchen mit versicher-

[493] Vgl. IASB (Hrsg.), ED/2013/7, Tz. BCA156 (c). Diese Anforderung eines zumindest möglichen Verlustes aus einem Versicherungsvertrag unterscheidet sich von dem in Abschnitt 251.1 erläuterten versicherungstechnischen Risiko. Denn jene Anforderung ist einzelvertraglich zu erfüllen, während sich das versicherungstechnische Risiko auf ein Kollektiv von Versicherungsverträgen bezieht. Vgl. SURREY, I., Versicherungsgeschäfte nach IFRS, S. 82-84.

[494] Vgl. IASB (Hrsg.), IFRS 17, Tz. B22; NGUYEN, T., Versicherungsrechnungslegung, S. 542 f.

[495] Vgl. IASB (Hrsg.), IFRS 17, Tz. B24-B25; ROCKEL, W. ET AL., Versicherungsbilanzen, S. 68.

[496] Vgl. IASB (Hrsg.), IFRS 17, Tz. B12-B13; GALLASCH, F., IFRS 4 Phase II, S. 53.

[497] Vgl. IASB (Hrsg.), IFRS 17, Tz. B27 (d); SURREY, I., Versicherungsgeschäfte nach IFRS, S. 83.

[498] Vgl. IASB (Hrsg.), IFRS 17, Tz. B11; NGUYEN, T., Versicherungsrechnungslegung, S. 540.

ungsmathematischen Methoden abzuschätzen, wie wahrscheinlich und in welcher Höhe das versicherte Risiko voraussichtlich eintreten wird.[499]

Diesbezüglich kann der Versicherer für ein Portfolio aus Verträgen aus der Schaden- und Unfallversicherung nur in einem beschränkten Umfang **vorhersagen**, wie wahrscheinlich, wann und in welcher Höhe das versicherte Risiko eintreten wird, z. B. die Arbeitsunfähigkeit von Personen durch Betriebsunfälle. Demgegenüber sind die künftigen Zahlungsströme aus einem Portfolio von Lebensversicherungsverträgen genauer prognostizierbar, da bei diesen die Höhe des versicherten Risikos in der Form der vorab vertraglich festgelegten Todes- oder Erlebensfallsumme bereits vereinbart worden ist.[500]

332.2 Prüfung der Definitionskriterien eines Versicherungsvertrags für ausgewählte Vertragskonstruktionen

In diesem Abschnitt wird für ausgewählte Vertragskonstruktionen geprüft, ob sie die drei im Abschnitt 332.1 erläuterten **Definitionskriterien** eines Versicherungsvertrags erfüllen. Dabei wird auch auf die Investmentverträge mit ermessensabhängiger Überschussbeteiligung eingegangen, für die IFRS 17 anzuwenden ist, obwohl sie kein signifikantes Versicherungsrisiko umfassen. Ferner werden zwei versicherungsähnliche Vertragsarten erläutert, für die IFRS 15 relevant sein kann, obwohl sie die Versicherungsvertrags-Definition erfüllen. Auch wird erarbeitet, welche Lebensversicherungsarten nach IFRS 17 zu bilanzieren sind und welche nicht.

Der IASB definiert das grundlegende Definitionskriterium des Versicherungsrisikos, indem er es negativ von dem finanziellen Risiko abgegrenzt. Daher ist ein Vertrag kein Versicherungsvertrag, sofern durch ihn eine Vertragspartei einem finanziellen Risiko ausgesetzt wird und nicht gleichzeitig auch ein Versicherungsrisiko an eine Partei übertragen wird.[501] Infolgedessen erfüllen alle Verträge, durch die nur **Finanzinstrumente** ge- oder verkauft werden, nicht die Definition eines Versicherungsvertrags. Für solche Verträge ist nicht IFRS 17, sondern es ist IFRS 9 anzuwenden. Beispielsweise ist ein Versicherer nur einem finanziellen Risiko und keinem Versicherungsrisiko ausgesetzt, falls er eine Staatsanleihe oder einen Zinsswap kauft. Hierbei besteht das finanzielle Risiko dieser Finanzinstrumente darin, dass sich ihre Markt-

[499] Vgl. IASB (Hrsg.), IFRS 17, Tz. B3; GALLASCH, F., IFRS 4 Phase II, S. 1.
[500] Vgl. IASB (Hrsg.), ED/2013/7, Tz. BCA66-BCA67.
[501] Vgl. IASB (Hrsg.), IFRS 17, Tz. B7; ANGERMANN, F./HARTUNG, T., ED/2013/7, S. 110 f.

werte bzw. Fair Value durch geänderte Marktparameter ändern, z. B. durch die regelmäßig schwankenden risikolosen Marktzinsen.[502]

Auch **Investmentverträge** mit ermessensabhängiger Überschussbeteiligung erfüllen nicht die Definition eines Versicherungsvertrags, da durch sie ein **finanzielles** Risiko, aber kein signifikantes Versicherungsrisiko transferiert wird. Dennoch sind sie nach IFRS 17 zu bilanzieren, sofern ihr Emittent auch Versicherungsverträge verkauft. Dies gibt der IASB vor, da er jene Investmentverträge wegen ihrer Überschussbeteiligung als **sehr ähnlich** zu Versicherungsverträgen ansieht.[503] Auch in der Literatur werden diese Verträge als eine „[...] sehr versicherungsspezifische Vertragsgestaltung [...]“[504] bezeichnet. Zudem unterstellt der IASB, dass jene Investmentverträge nur von solchen Unternehmen emittiert werden, die auch Versicherungsverträge verkaufen.[505] Ein Investmentvertrag mit ermessensabhängiger Überschussbeteiligung ist **definiert** als ein Finanzinstrument, das den Investor dazu berechtigt, **zusätzlich** zu einem Betrag, der nicht im Ermessen des Versicherers liegt, **Beträge** zu erhalten, die:[506]

(1) wahrscheinlich einen **signifikanten Teil** der gesamten Leistungen ausmachen;

(2) betragsmäßig oder zeitlich **im Ermessen** des Versicherers liegen; und

(3) **abhängig** sind von entweder:

   a. dem Ergebnis aus einem bestimmten Portfolio oder Typ von Versicherungsverträgen;

   b. realisierten und bzw. oder unrealisierten Kapitalerträgen aus einem bestimmten Portfolio von Kapitalanlagen des Versicherers; oder

   c. dem Periodenergebnis des Versicherers.

Dass diese Definition auf ein Finanzinstrument rekurriert, verdeutlicht, dass sich als Investmentverträge mit ermessensabhängiger Überschussbeteiligung nur Verträge qualifizieren, die lediglich ein finanzielles Risiko und kein Versicherungsrisiko umfassen. Ferner muss der Vertrag den Investor neben der ermessensabhängigen Überschussbeteiligung berechtigen, einen nicht ermessensabhängigen Betrag zu erhalten. Jene Merkmale treffen auf solche Verträge zu, die zwar rechtlich als kapitalbildende Lebensversicherungsverträge gestaltet sind, wirtschaftlich gesehen aber nicht versicherungsspezifische Sparverträge darstellen.[507]

---

[502] Vgl. SURREY, I./WERTHMANN, M., in: Rechnungslegung nach IFRS, 2. Aufl., IFRS 4, Tz. 33.
[503] Vgl. IASB (Hrsg.), IFRS 17, Tz. BC82-BC85; IASB (Hrsg.), ED/2013/7, Tz. BCA170-BCA171 (b).
[504] KÖLSCHBACH, J./ENGELÄNDER, S., Versicherungsgeschäfte, S. 738.
[505] Vgl. IASB (Hrsg.), ED/2013/7, Tz. BCA153 (a).
[506] Vgl. IASB (Hrsg.), IFRS 17, Anhang A; NGUYEN, T., Versicherungsrechnungslegung, S. 556 f.
[507] Vgl. SPÄTH, J., Deckungsrückstellungen, S. 60-62 und S. 74-76; FECHNER, M., IFRS 4 und IFRS 9, S. 87.

Die kapitalbildenden Lebensversicherungen übertragen ein signifikantes Versicherungsrisiko, sofern der Versicherer im Versicherungsfall **wesentlich mehr** an den Versicherungsnehmer zahlen muss, als wenn das versicherte Risiko nicht eintritt. Zwar definiert der IASB nicht, um wieviel die im Versicherungsfall zu leistenden Zahlungen die bei Nicht-Eintritt des Versicherungsfalls fälligen Zahlungen übersteigen müssen, um wesentlich zu sein. Im Umkehrschluss wird aber klar, dass das durch eine kapitalbildenden Lebensversicherung transferierte Versicherungsrisiko nicht signifikant sein kann, falls die garantierte Todesfallleistung **gleich oder niedriger** vereinbart wird als die dann fällige Zahlung, wenn der Vertrag gekündigt wird oder ausläuft.[508] Die dann fällige Kapitalrückzahlung des Versicherers besteht aus dem verzinsten **Deckungskapital**, das der Versicherungsnehmer durch seine Sparprämien aufbaut.[509] Diese Rückzahlung stellt zudem den **nicht ermessensabhängigen Betrag** eines Investmentvertrags mit ermessensabhängiger Überschussbeteiligung dar. Der Versicherer muss jene Rückzahlung in jedem Fall leisten, und zwar in Höhe des nach § 169 VVG zu ermittelnden Rückkaufswerts der Versicherungspolice. Bei **fonds- oder indexgebundenen Lebensversicherungen** besteht kein signifikantes Versicherungsrisiko, soweit vereinbart wird, dass die garantierte Todesfallleistung gleich oder niedriger als der im Versicherungsfall durch die Sparprämien aufgebaute Fonds- oder Indexwert ausfallen kann.[510]

Das für die deutschen Lebensversicherungen durch § 153 VVG und § 139 VAG normierte System der **Überschussbeteiligung** erfüllt die drei von dem IASB definierten Merkmale einer Überschussbeteiligung.[511] Sie ist nach § 153 Abs. 1 VVG für alle deutschen Lebensversicherungsverträge verpflichtend, solange sie nicht explizit und insgesamt ausgeschlossen wird. Die Versicherungsnehmer sind an den Überschüssen eines Versicherers zu beteiligen, da er durch die langfristigen Laufzeiten der Versicherungsverträge die fällig werdenden Prämien **vorsichtig kalkuliert**, also zu hoch im Vergleich zum kollektiven Schadenerwartungswert. Die daher zu viel eingenommenen Prämien erstattet der Versicherer größtenteils durch die Überschussbeteiligung an die Versicherungsnehmer zurück.[512] Der dazu verteilungsfähige Überschuss ist nach § 139 Abs. 1 VAG in die nach § 341e Abs. 2 Nr. 2 HGB zu bildende **Rückstellung für**

[508] Vgl. HUSMANN, R./SAUER, R., in: Haufe IFRS-Kommentar, 6. Aufl., § 39, Tz. 12; BALLWIESER, W./DOBLER, M., in: Wiley IFRS-Kommentar, 5. Aufl., Abschnitt 24, Tz. 64.

[509] Vgl. LÜHRS, D., Lebensversicherung, S. 156-162. Das Deckungskapital entspricht im Grunde der Deckungsrückstellung nach § 341f HGB, die für die Verpflichtungen aus dem Lebensversicherungsgeschäft anzusetzen ist. Vgl. ROCKEL, W. ET AL., Versicherungsbilanzen, S. 181-184.

[510] Vgl. SCHLÜTER, J./BONIN, C., in: Beck'sches IFRS-Handbuch, 5. Aufl., § 40, Tz. 12; SURREY, I., Versicherungsgeschäfte nach IFRS, S. 97 f.; SPÄTH, J., Deckungsrückstellungen, S. 82-85.

[511] Vgl. KÖLSCHBACH, J./ENGELÄNDER, S., Versicherungsgeschäfte, S. 751.

[512] Vgl. GONDRING, H., Versicherungswirtschaft, S. 189 f.; FARNY, D., Gewinnbeteiligung, S. 92 f.

Beitragsrückerstattung (RfB) einzustellen, soweit jener Überschuss den Versicherungsnehmern nicht durch Direktgutschriften unmittelbar zugeteilt wird. Nach § 139 Abs. 2 VAG entscheidet der Vorstand eines Versicherers unter Zustimmung des Aufsichtsrats, wieviel Überschüsse eines Geschäftsjahres in die RfB eingestellt werden, was insofern ermessensabhängig ist. Jedoch müssen der RfB nach § 6-8 MindZV **mindestens** folgende Beträge zugeführt werden, soweit sie von den überschussberechtigten Versicherungsverträgen verursacht wurden:[513]

- 90 % eines Überschusses aus dem **Kapitalanlageergebnis** der Periode,
- 90 % eines Überschusses aus dem **Risikoergebnis** der Periode; und
- 50 % eines Überschusses aus dem **übrigen Ergebnis** der Periode.

Diese drei Überschussquellen werden durch den nach HGB und RechVersV erstellten Jahresabschluss eines Versicherers ermittelt. In dem Kapitalanlageergebnis werden die realisierten Kapitalerträge mit dem zur Verzinsung des Deckungskapitals notwendigen Zinsaufwand saldiert. Für das Risikoergebnis sind die erhaltenen Risikoprämien von dem für die versicherten Risiken zu zahlenden Versicherungsaufwand abzuziehen. In dem übrigen Ergebnis wird die Differenz zwischen den tatsächlichen Abschluss- und Verwaltungskosten der Versicherungsverträge und den für die Prämien kalkulierten Abschluss- und Verwaltungskosten gebildet.[514]

Des Weiteren sind die überschussberechtigten Versicherungsverträge nach § 153 Abs. 3 VVG an **50 % der Bewertungsreserven** eines Versicherers zu beteiligen. Diese Reserven bestehen aus den saldierten unrealisierten Wertänderungen der Kapitalanlagen, die auf die überschussberechtigten Verträge entfallen. Der einem einzelnen überschussberechtigten Vertrag gutzuschreibende Anteil an den Bewertungsreserven ist spätestens zuzuteilen, sobald der Vertrag ausläuft, gekündigt wird oder das versicherte Risiko eintritt. Indes dürfen die Bewertungsreserven nur ausgezahlt werden, soweit der nach § 139 Abs. 4 VAG für Versicherungsverträge mit Zinsgarantie ermittelte **Sicherungsbedarf** hierdurch nicht unterschritten wird. Diese Vor-

[513] Vgl. ROCKEL, W. ET AL., Versicherungsbilanzen, S. 169 f. Nach § 139 Abs. 2 VAG dürfen jedoch Beträge, die nicht verpflichtend zurückgestellt werden müssen, nur für die Überschussbeteiligung verwendet werden, soweit aus dem verbleibenden Bilanzgewinn noch ein Gewinn in Höhe von mindestens 4 % des Grundkapitals ausgeschüttet werden kann.

[514] Vgl. STINDT, S., Überschussbeteiligung, S. 22-26; NGUYEN, T./ROMEIKE, F., Versicherungswirtschaftslehre, S. 235-240; HOFMEIER, H./KRAUSE, D./MENNING, T., Risikotragfähigkeit, S. 1482.

schrift des VAG soll die Versicherungsunternehmen davor schützen, zu viele flüssige Mittel für die unrealisierten Bewertungsreserven aus Kapitalanlagen auszahlen zu müssen.[515]

Zwar ist es – wie erörtert – ermessensbehaftet, dass der Vorstand unter Zustimmung des Aufsichtsrats auf der jährlichen Hauptversammlung **deklariert**, in welcher Höhe und wann die zurückgestellten Überschüsse in den nächsten ein bis drei Jahren den überschussberechtigten Verträgen zugeteilt werden. Aber dies hat **verursachungsgerecht** zu erfolgen, also in dem Maß, in dem ein einzelner Vertrag dazu beigetragen hat, die Überschüsse zu erwirtschaften. Hierzu sind die laufenden Überschussanteile von den Schlussüberschussanteilen abzugrenzen, welche einem Vertrag erst gutgeschrieben werden, sobald er beendet wird. Außerdem ist die Überschussbeteiligung als **ermessensbehaftet** anzusehen, da ein Versicherer die Überschussquellen bilanzpolitisch beeinflussen kann. Hinzu kommt, dass ein Versicherer das Schlüsselungsverfahren gestalten kann, durch das die Überschüsse möglichst verursachungsgerecht auf die einzelnen Versicherungsverträge verteilt werden.[516]

Damit ein Vertrag der Definition eines Investmentvertrags mit ermessensabhängiger Überschussbeteiligung nach IFRS 17.Anhang A genügt, müssen die zugeteilten Überschüsse wahrscheinlich einen **signifikanten Teil** der gesamten vertraglichen Leistungen ausmachen. Indes konkretisiert der Board nicht, ab wann die ermessensabhängigen Überschüsse als signifikante vertragliche Leistungen anzusehen sind. Diesbezüglich verzeichnen die deutschen Lebensversicherungen eine in den letzten Jahren stetig sinkende Überschussbeteiligung. Zum Beispiel sank die gesamte laufende Verzinsung der kapitalbildenden Lebensversicherungen, die einen Garantiezins von 3,25 % gewähren, von 6,13 % im Jahr 2002 auf 3,26 % im Jahr 2016.[517] In der aktuellen Niedrigzinsphase verzinst sich ein Lebensversicherungsvertrag also größtenteils durch den garantierten Zins und nur zu einem sehr geringen Teil mittels ermessensabhängiger Überschüsse. Indes werden die meisten deutschen Lebensversicherungsverträge für **mehrere Jahrzehnte** abgeschlossen. Deswegen ist davon auszugehen, dass die über die Gesamtlaufzeit durch die ermessensabhängigen Überschüsse zusätzlich an die Versicherten gezahlten Beträge

---

515 Vgl. GONDRING, H., Versicherungswirtschaft, S. 192; ROCKEL, W. ET AL., Versicherungsbilanzen, S. 172; STINDT, S., Überschussbeteiligung, S. 138-142.

516 Vgl. IASB (Hrsg.), Participating features (agenda paper 2A), S. 2-4; STINDT, S., Überschussbeteiligung, S. 51-53 und S. 59 f.; SCHIERENBECK, H./HÖLSCHER, R., BankAssurance, S. 727-743.

517 Vgl. ASSEKURATA RATING-AGENTUR GMBH (Hrsg.), Präsentation Überschussstudie 2016, S. 24.

letztlich einen signifikanten Teil der gesamten vertraglichen Leistungen von Lebensversicherungsverträgen ausmachen werden.[518]

Mit Blick auf konventionelle Versicherungsverträge wird in der Literatur ausgesagt, dass fast alle nach **deutschem Recht** als Versicherungsverträge geltenden Verträge die Versicherungsvertrags-Definition des IASB genügen.[519] Jedoch ist IFRS 17 für mehrere Vertragsarten nicht anzuwenden, obwohl sie die drei Definitionskriterien eines Versicherungsvertrags erfüllen.

So sind erstens **Produktgarantien**, die von Herstellern oder Groß- und Einzelhändlern vorgesehen sind, nicht nach IFRS 17 zu bilanzieren, obwohl durch sie ein Versicherungsrisiko vom Käufer des Produkts auf den Hersteller oder Händler übertragen wird. Dieses bezieht sich auf einen nicht finanziellen und parteispezifischen Parameter, und zwar auf die eingeschränkte Funktionsfähigkeit eines Produkts, z. B. eines Autos. Das Versicherungsrisiko ist **signifikant**, weil der Garantiegeber signifikante Zahlungen leisten muss, um ein beschädigtes Produkt zu reparieren. Des Weiteren wird vertraglich ein unsicheres und künftiges Ereignis (versichertes Risiko) definiert, bei dessen Eintritt der Käufer des Produkts geschädigt wird. Trotzdem sind Produktgarantien nicht nach IFRS 17, sondern gemäß **IFRS 15** zu bilanzieren, weil der IASB diese Sachverhalte als Kundenverträge auffasst (IFRS 17.7 (a)).[520]

Für die gegen eine **fixe Gebühr kontrahierten Dienstleistungsverträge** sieht der IASB ein **bedingtes Wahlrecht** vor, durch das ein Bilanzersteller sie entweder nach IFRS 17 oder nach IFRS 15 bilanzieren darf (IFRS 17.8). Zwar wird durch diese Verträge ein signifikantes Versicherungsrisiko übertragen, welches sich auf einen nicht finanziellen und parteispezifischen Parameter bezieht, nämlich eine bestimmte Dienstleistung. Auch wird ein versichertes Risiko definiert, welches darin liegt, dass die vorgesehene Dienstleistung kostenintensiver als die für sie gezahlten fixen Gebühren sein kann und der Vertrag daher für den Emittenten verlustbringend werden könnte. Dennoch erlaubt es der IASB, dass solche Dienstleistungsverträge nicht nach IFRS 17, sondern als **Kundenverträge nach IFRS 15** bilanziert werden, sofern der betrachtete Vertrag die folgenden drei Kriterien kumulativ erfüllt und sich aus diesem Grund weitgehend von den konventionellen Versicherungsverträgen unterscheidet (IFRS 17.8):[521]

---

[518] Vgl. GRÜNDL, H., Niedrigzinsen, S. 197 f.; KETZLER, R./SCHWARK, P., Niedrigzinsen, S. 205 f.

[519] Vgl. SCHLÜTER, J./BONIN, C., in: Beck'sches IFRS-Handbuch, 5. Aufl., § 40, Tz. 11; ROCKEL, W. ET AL., Versicherungsbilanzen, S. 69; NGUYEN, T., Versicherungsrechnungslegung, S. 543.

[520] Vgl. ebenso IASB (Hrsg.), IFRS 17, Tz. BC89-BC90. Zur Bilanzierung von Umsatzerlösen aus Kundenverträgen nach IFRS 15 vgl. BRUNE, J. W., Erlöserfassung nach IFRS 15, S. 19-26.

[521] Vgl. IASB (Hrsg.), IFRS 17, Tz. B6 und Tz. BC95-BC97.

- für die Prämienkalkulation wird keine individuelle Risikobeurteilung vollzogen,
- im Schadenfall wird statt eines Geldbetrags eine Serviceleistung gewährt; und
- das Versicherungsrisiko entsteht vor allem aus der Nutzung dieser Serviceleistung.

Jene drei Unterscheidungskriterien treffen z. B. auf einen **Kraftfahrzeug-Schutzbrief** zu, der zu einer Kfz-Haftpflichtversicherung hinzugebucht werden kann. Dieser Schutzbrief sieht vor, dass ein beschädigtes Kfz repariert oder abgeschleppt wird. Des Weiteren werden Hilfs- bzw. Assistanceleistungen erbracht, indem der Fahrer telefonisch zu der Kfz-Panne beraten wird.[522] Obwohl der Schutzbrief die Definition eines Versicherungsvertrages des IASB erfüllt, erlaubt der IASB also, dass dieser nicht nach IFRS 17, sondern als ein gegen eine fixe Gebühr abgeschlossener Dienstleistungsvertrag nach IFRS 15 bilanziert wird.[523]

Im Unterschied dazu sind konventionelle Verträge aus der **Schaden-, Unfall-, oder Krankenversicherung** immer als Versicherungsverträge nach IFRS 17 anzusetzen, da sie die drei Definitionskriterien eines Versicherungsvertrags erfüllen.[524] So wird zum Beispiel durch eine Krankenversicherung jenes Versicherungsrisiko auf den Versicherer übertragen, dass die versicherte Person erkrankt, was einen nicht finanziellen und zudem parteispezifischen Parameter darstellt. Dieses Risiko ist **signifikant**, weil den im Krankheitsfall gezahlten Leistungen keine Zahlungen gegenüberstehen, die fällig wären, sofern die versicherte Krankheit nicht eintritt. Außerdem wird vertraglich ein **versichertes Risiko** definiert, durch das die versicherte Person tatsächlich geschädigt wird, und zwar in dem Katalog der abgesicherten Krankheitsfälle.[525]

Für die **Lebensversicherungsverträge** ist hingegen genau zu prüfen, ob diese die Definition eines Versicherungsvertrags laut dem IASB erfüllen. Denn Lebensversicherungsverträge umfassen oft (auch) ein **finanzielles Risiko**, das entweder zusätzlich zu dem Versicherungsrisiko oder für sich genommen vorliegt. Ein Vertrag ist aber nur ein nach **IFRS 17** zu bilanzierender Versicherungsvertrag, wenn er entweder ein signifikantes Versicherungsrisiko oder sowohl solches als auch ein weiteres Risiko, z. B. ein finanzielles Risiko, enthält.[526] Folglich qualifi-

[522] Vgl. IASB (Hrsg.), IFRS 17, Tz. BC95; GONDRING, H., Versicherungswirtschaft, S. 812-814.
[523] Im ED/2013/7 war noch vorgesehen, dass gegen eine fixe Gebühr abgeschlossene Dienstleistungsverträge in jedem Fall nach IFRS 15 bilanziert werden müssen. Vgl. IASB (Hrsg.), ED/2013/7, Tz. BCA181-BCA183.
[524] Vgl. SURREY, I./WERTHMANN, M., in: Rechnungslegung nach IFRS, 2. Aufl., IFRS 4, Tz. 37 f.; HUSMANN, R./SAUER, R., in: Haufe IFRS-Kommentar, 6. Aufl., § 39, Tz. 8; NGUYEN, T., Versicherungsrechnungslegung, S. 544.
[525] Vgl. SURREY, I., Versicherungsgeschäfte nach IFRS, S. 94; FARNY, D., Versicherung, Sp. 4587.
[526] Vgl. IASB (Hrsg.), IFRS 17, Tz. B9; SURREY, I., Versicherungsgeschäfte nach IFRS, S. 94 f.

zieren sich nur jene Verträge als nach IFRS 17 zu bilanzierende Lebensversicherungsverträge, die – ggfs. zusätzlich zu weiteren Risiken – ein **signifikantes Versicherungsrisiko** umfassen.

Durch eine **Todesfall-** oder eine **Risikolebensversicherung** wird ein Versicherungsrisiko an den Emittenten übertragen. Denn das Risiko ist von nicht finanziellen und parteispezifischen Parametern abhängig, nämlich der Tod der versicherten Person. Es ist **signifikant**, da mittels der Todesfall- oder Risikolebensversicherungen kein Kapital angespart wird, sondern nur die festgelegte Todesfallsumme auszuzahlen ist, sofern das versicherte Risiko eintritt. Dies kann für den Versicherer verlustbringend werden, da er zum Aufbau des Deckungskapitals nur wenige Risikoprämien einnimmt, falls die versicherte Person früh während der Deckungsperiode stirbt. Zudem wird durch diese Verträge ein **versichertes Risiko** definiert, da es ungewiss ist, wann eine versicherte Person ableben wird.[527] Weil sie also die drei Definitionskriterien eines Versicherungsvertrags erfüllen sowie nicht aus dem Anwendungsbereich des IFRS 17 ausgeschlossen sind, sind Todesfall- und Risikolebensversicherung nach IFRS 17 zu bilanzieren.

Bei einer **kapitalbildenden Lebensversicherung** ist neben der Risikoprämie auch eine Sparprämie fällig, um Kapital für den Erlebensfall des Versicherten anzusparen. Die im Todesfall gewährte Todesfallsumme wird jedoch sowohl durch die bisher erhaltenen Risiko- als auch Sparprämien finanziert. Daher besteht für diese gemischte Todes- und Erlebensfallversicherung nur ein **signifikantes Versicherungsrisiko**, sofern die Todesfallsumme das durch Risiko- und Sparprämien aufgebaute **Deckungskapital** wesentlich übersteigen und somit der Vertrag für den Versicherer verlustbringend werden kann.[528] Hierbei ist zu beachten, dass das Versicherungsrisiko über die Zeit weniger signifikant wird, weil der Versicherer mehr Risiko- und Sparprämien erhält, mit denen er die Todesfallsumme bedecken kann. Dennoch ist für die kapitalbildenden Lebensversicherungen der **IFRS 17** anzuwenden, da hierfür nur im Ansatzzeitpunkt ein signifikantes Versicherungsrisiko bestehen muss. Des Weiteren ist es unerheblich, dass durch diese Versicherungen neben dem Versicherungsrisiko ein **finanzielles Risiko** auf den Versicherer übergeht.[529] Dieses liegt darin, dass der Lebensversicherer die vertragliche Zinsgarantie erwirtschaften muss; und zwar auch in einer **Niedrigzinsphase**. Die Zinsgarantie ist ein finanzielles Risiko, da sich ihr Zeitwert ändert, wenn sich bestimmte finanzielle Parameter ändern, z. B. die risikolosen Marktzinsen.[530] Weiterhin stellt die

---

527 Vgl. HUSMANN, R./SAUER, R., in: Haufe IFRS-Kommentar, 6. Aufl., § 39, Tz. 7-12.
528 Vgl. SURREY, I., Versicherungsgeschäfte nach IFRS, S. 95 f.
529 Vgl. SURREY, I., Versicherungsgeschäfte nach IFRS, S. 95 f.
530 Vgl. IASB (Hrsg.), IFRS 17, Tz. 127 und Tz. BC365; SCHRADIN, H. R., Niedrigzinsen, S. 216-218.

Überschussbeteiligung einer kapitalbildenden Lebensversicherung ein finanzielles Risiko dar, da sich auch ihr Zeitwert ändert, falls sich bestimmte finanzielle Parameter ändern, z. B. die Aktienkurse.

Durch eine **fonds- oder indexgebundene Lebensversicherung** wird ebenso Kapital für den Erlebensfall angespart. Zudem werden sie meistens so vereinbart, dass die vorab definierte Todesfallsumme fällig wird, wenn die versicherte Person stirbt. Deshalb übertragen diese anteilgebundenen Lebensversicherungen nur dann ein **signifikantes Versicherungsrisiko**, falls die Todesfallsumme höher als das bis zu dem Zeitpunkt, an dem das versicherte Risiko eintritt, aufgebaute Deckungskapital ausfallen kann.[531] Daher sind fonds- oder indexgebundene Lebensversicherungen, die eine **Todesfallleistung garantieren**, stets nach **IFRS 17** zu bilanzieren. Demgegenüber sind fonds- oder indexgebundene Lebensversicherungen, bei denen die Todesfallleistung dem im Versicherungsfall aktuellen Wert der Fonds- oder Indexanteile entspricht, gemäß **IFRS 9** zu bilanzieren. Denn bei diesen Lebensversicherungen übernimmt der Versicherer überhaupt kein Versicherungsrisiko, weil er im Versicherungsfall kein eigenes Kapital riskiert und die Verträge für ihn somit nicht verlustbringend werden können.[532]

Durch eine **Rentenversicherung mit sofort beginnender Rentenzahlung** wird der versicherten Person eine Rente gezahlt, sobald sie dem Lebensversicherer das dazu nötige Kapital überweist. Falls diese Erlebensfallversicherung als eine **Leibrentenversicherung** gestaltet ist, zahlt der Versicherer die Rente solange die versicherte Person lebt. Für den Versicherer besteht dann ein **Langlebigkeitsrisiko**, weil ungewiss ist, wann die versicherte Person sterben wird und keine Rente mehr zu leisten ist. Durch eine Leibrentenversicherung mit sofort beginnender Rente wird ein signifikantes Versicherungsrisiko an den Versicherer übertragen, da der Vertrag aufgrund der lebenslang zu leistenden Rente verlustbringend werden kann. Dies geschieht, sofern die versicherte Person älter wird als bei der Prämienkalkulation unterstellt wurde. Deshalb ist dieser Rentenversicherungsvertrag nach **IFRS 17** zu bilanzieren. Bei einer **Zeitrentenversicherung** mit sofort beginnender Rente wird die Rente über einen vertraglich festgelegten Zeitraum geleistet. Deshalb wird durch diese Lebensversicherungen kein signifikantes Versicherungsrisiko transferiert. Denn der Versicherer muss die Renten für den vor-

[531] Vgl. BALLWIESER, W./DOBLER, M., in: Wiley IFRS-Kommentar, 5. Aufl., Abschnitt 24, Tz. 64.
[532] Vgl. NGUYEN, T., Versicherungsrechnungslegung, S. 544-546.

gesehenen Zeitraum **unabhängig** davon leisten, ob das versicherte Risiko eintritt oder nicht. Daher ist für Zeitrentenversicherungen mit sofort beginnender Rente **IFRS 9** anzuwenden.[533]

Das für eine **Rentenversicherung mit aufgeschobener Rente** nötige Kapital spart der Versicherungsnehmer während der Aufschubzeit an. Der Versicherer erbringt aus diesem Kapital die regelmäßigen Rentenzahlungen, sobald die versicherte Person das vereinbarte Rentenalter erreicht. Falls ein Todesfallschutz während der **Aufschubzeit** vereinbart wurde, besteht wirtschaftlich eine gemäß IFRS 17 zu bilanzierende kapitalbildende Lebensversicherung. Andernfalls ist zu unterscheiden, ob der betrachtete Vertrag als eine Leib- oder Zeitrente gestaltet ist. Die **Zeitrentenversicherungen mit aufgeschobener Rente** umfassen analog zu denjenigen mit sofort beginnender Rente kein Versicherungsrisiko, weil die Versicherungsleistung unabhängig von einem ungewissen und zufälligen Ereignis fällig wird. Bei den **Leibrentenversicherungen mit aufgeschobener Rente** kommt es darauf an, ob die **Rentenfaktoren** zum Vertragsbeginn oder erst zum Rentenbeginn fixiert werden.[534] Bei zum Vertragsbeginn fixierten Rentenfaktoren wird ein signifikantes Versicherungsrisiko übertragen, da der Versicherer einen Verlust erleiden kann, falls die versicherte Person überdurchschnittlich lange lebt und somit überdurchschnittlich viel Rente erhält, weshalb für jene Rentenversicherungen IFRS 17 anzuwenden ist. Werden die Rentenfaktoren aber erst zum **Rentenbeginn** fixiert, besteht kein Versicherungsrisiko. Denn dann kann der Versicherer die Rentenfaktoren beim Rentenbeginn so niedrig wählen, dass es für die Versicherten vorteilhaft ist, sich das angesparte Kapital statt der lebenslangen Rente auszahlen zu lassen. Folglich sind Leibrentenversicherungen mit einer aufgeschobenen Rente und zum Rentenbeginn fixierten Rentenfaktoren nicht nach IFRS 17, sondern nach **IFRS 9** zu bilanzieren.[535] Gleichsam ist IFRS 9 für die Zeitrentenversicherungen mit einer aufgeschobenen Rente anzuwenden, weil sie analog zu den Zeitrentenversicherungen mit sofort beginnender Rente für den Versicherer nicht verlustbringend werden können.

In Abbildung 3-6 wird zusammengefasst, ob die in diesem Abschnitt geprüften Vertragskonstruktionen die drei Definitionskriterien eines Versicherungsvertrags gemäß IFRS 17 erfüllen und ob für sie IFRS 9, IFRS 15 oder IFRS 17 anzuwenden ist. So wird beispielsweise aus der dritten Zeile von oben ersichtlich, dass Kaufverträge über Finanzinstrumente nach IFRS 9 zu bilanzieren sind, da sie die drei Versicherungsvertrags-Definitionskriterien nicht erfüllen.

---

[533] Vgl. SURREY, I./WERTHMANN, M., in: Rechnungslegung nach IFRS, 2. Aufl., IFRS 4, Tz. 41.

[534] Durch den Rentenfaktor wird quantifiziert, welchen Anteil an dem insgesamt angesparten Kapital die daraus regelmäßig erbrachten Rentenzahlungen haben werden. Vgl. hierzu ORTMANN, K. M., Lebensversicherungsmathematik, S. 14 f.

[535] Vgl. SURREY, I./WERTHMANN, M., in: Rechnungslegung nach IFRS, 2. Aufl., IFRS 4, Tz. 42.

	Definitionskriterien eines Versicherungsvertrages nach IFRS 17			
Vertragsart- und variante	Versicherungsrisiko übertragen?	Signifikanz des Versicherungsrisikos?	Versichertes Risiko definiert?	Anwendungs-bereich
Finanzinstrumente				
Kaufverträge über Finanzinstrumente	Nein, nur finanzielles Risiko übertragen	Nicht prüfbar	Nein	IFRS 9
Investmentverträge mit ermessensabhängiger Überschussbeteiligung	Ja, zusammen mit finanziellem Risiko	Liegt nicht vor (andernfalls Versich.-vertrag)	Ja, z. B. Todesfall	IFRS 17 (falls auch Versich.-verträge aus-gegeben)
Versicherungsverträge (außer Lebensversicherungsverträge)				
Ausgegebene Produktgarantien	Ja	Liegt i. d. R. vor	Ja, z. B. Funktions-beeinträchtigung	IFRS 15
Gegen fixe Gebühr abgeschlossene Dienstleistungsverträge	Ja	Liegt i. d. R. vor	Ja, z. B. Fahrzeug-panne	IFRS 17 oder IFRS 15
Schaden-, Unfall-, oder Krankenversicherungsverträge	Ja	Liegt i. d. R. vor	Ja, z. B. Schaden, Unfall oder Krankheit	IFRS 17
Lebensversicherungsverträge				
Todesfall- und Risikolebensversicherungen	Ja	Liegt i. d. R. vor	Ja, z. B. lebenslanger Todesfallschutz	IFRS 17
Kapitalbildende Lebensversicherungen	Ja, oft zusammen mit finanziellen Risiken	Liegt i. d. R. vor	Ja, z. B. Todesfall in fixem Zeitraum	IFRS 17
Fond- oder indexgebundene Lebensversicherungen				
• Mit garantierter Todesfallleistung	Ja	Liegt i. d. R. vor	Ja (Todesfall)	IFRS 17
• Todesfallleistung entspricht Wert der Fonds- oder Indexanteile	Ja, vor allem aber finanzielle Risiken	Liegt nicht vor	Ja (Todesfall)	IFRS 9
Rentenversicherungen mit sofort beginnenden Rentenzahlungen				
• Leibrentenversicherungen	Ja	Liegt i. d. R. vor	Ja (Langlebigkeit)	IFRS 17
• Zeitrentenversicherungen	Nein	Nicht prüfbar	Nein	IFRS 9
Rentenversicherungen mit aufgeschobenen Rentenzahlungen				
• Leibrentenversicherungen				
a. mit zum Vertragsbeginn fixierten Rentenfaktoren	Ja	Liegt i. d. R. vor	Ja (Langlebigkeit)	IFRS 17
b. mit zum Rentenbeginn fixierten Rentenfaktoren	Nein	Nicht prüfbar	Ja (Langlebigkeit)	IFRS 9
• Zeitrentenversicherungen	Nein	Nicht prüfbar	Nein	IFRS 9

Abbildung 3-6: Prüfung der Definitionskriterien eines Versicherungsvertrags für ausgewählte Vertragskonstruktionen[536]

332.3 Abspaltung von eingebetteten Derivaten

Die in Deutschland üblichen Lebensversicherungsverträge enthalten häufig derivative Finanzinstrumente, mit denen die Vertragsparteien angesichts der sehr langfristigen Vertragslaufzeiten von Lebensversicherungen auf veränderte Rahmenbedingungen reagieren oder bestimmte

[536] Die Abbildung ist angelehnt an FECHNER, M., IFRS 4 und IFRS 9, S. 103; SURREY, I., Versicherungsgeschäfte nach IFRS, S. 93 f.; NGUYEN, T., Versicherungsrechnungslegung, S. 545.

Verzinsungen der Versicherungen garantieren können. Hierzu umfassen die Lebensversicherungsverträge unter anderem die folgenden – teils bedingten – **Optionen und Garantien**:[537]

- Zinsgarantien für die Versicherungsnehmer;
- Kündigungsoptionen, wobei Versicherungsnehmer den Rückkaufswert erhalten, wenn sie einen Lebensversicherungsvertrag vorzeitig kündigen;
- Optionen darüber, sich von Prämien permanent oder temporär freizustellen; und
- Optionen darüber, den Versicherungsschutz zu erhöhen oder zu verringern.

Nach IFRS 17.10 sind die in die Versicherungsverträge eingebetteten Derivate in bestimmten Fällen von dem Basisvertrag **abzuspalten**.[538] Damit soll erreicht werden, dass die mit finanziellen Risiken behafteten **derivativen Finanzinstrumente** nicht als Teil eines Versicherungsvertrags bilanziert werden, sondern als ein Finanzinstrument nach IFRS 9.[539] Falls ein eingebettetes Derivat jedoch die **Definitionskriterien** eines Versicherungsvertrags erfüllt, da durch das Instrument unter anderem ein signifikantes Versicherungsrisiko übertragen wird, ist das Derivat als Teil des grundlegenden Versicherungsvertrags zu behandeln, der nach IFRS 17 zu bewerten und zu bilanzieren ist.[540] Dies trifft z. B. zu auf Optionen, durch die sich der Versicherungsnehmer von den Prämienzahlungen permanent oder temporär freistellen lassen oder den Versicherungsschutz erhöhen oder verringern kann. Denn diese Optionen werden abhängig davon ausgeübt, wie sich eine versicherte Person gesundheitlich entwickeln wird, weshalb sie die Definition eines Versicherungsvertrags nach IFRS 17.Anhang A erfüllen sollten.[541]

Die in einen Versicherungsvertrag **eingebetteten Derivate** können nur abgespalten werden, falls die Zahlungsströme der Derivate und des Basisvertrags zuverlässig trennbar sind.[542] Dies ist jedoch bei Lebensversicherungsverträgen häufig nicht möglich, da die Zahlungsströme der enthaltenen Derivate und des Basisvertrags voneinander **abhängen**.[543] In diesem Fall sind die Derivate als ein Teil des zugrundeliegenden Versicherungsvertrags zu behandeln. Davon abgesehen muss der Abschlussersteller die Regeln zur Abspaltung von eingebetteten Derivaten

[537] Vgl. IASB (Hrsg.), IFRS 17, Tz. B62 sowie Tz. BC20; IASB (Hrsg.), ED/2013/7, Tz. BC4 (d); FÜHRER, C., ALM in der Lebensversicherung, S. 13 f.
[538] Vgl. IASB (Hrsg.), IFRS 17, Tz. IN6 und auch Tz. BC104-BC107; IASB (Hrsg.), ED/2013/7, Tz. BCA189-BCA191; ELLENBÜRGER, F./ENGELÄNDER, S./KÖLSCHBACH, J., ED/2013/7, S. 817.
[539] Vgl. SURREY, I./WERTHMANN, M., in: Rechnungslegung nach IFRS, 2. Aufl., IFRS 4, Tz. 31.
[540] Vgl. SCHLÜTER, J./BONIN, C., in: Beck'sches IFRS-Handbuch, 5. Aufl., § 40, Tz. 16.
[541] Vgl. ROCKEL, W. ET AL., Versicherungsbilanzen, S. 74.
[542] Vgl. IASB (Hrsg.), IFRS 9, Tz. B4.3.8 (h); NGUYEN, T., Versicherungsrechnungslegung, S. 550.
[543] Vgl. IASB (Hrsg.), IFRS 17, Tz. BC100; IASB (Hrsg.), ED/2013/7, Tz. BCA191.

des IFRS 9 anwenden, um zu prüfen, ob die in Versicherungsverträgen eingebetteten Derivate separiert und erfolgswirksam zum Fair Value bilanziert werden müssen (IFRS 17.11 (a)). Die Abspaltung von eingebetteten Derivaten ist nach IFRS 9.4.3.3 verpflichtend, falls:[544]

(1) die wirtschaftlichen Merkmale und Risiken des eingebetteten Derivats und des Basisvertrags **nicht eng miteinander verbunden** sind; und

(2) ein separates Finanzinstrument mit den gleichen Vertragsbedingungen wie das zu prüfende eingebettete Derivat die in IFRS 9.Anhang A angeführte **Definition** eines derivativen Finanzinstruments erfüllen würde.

Für das erste Kriterium ist die Frage zu beantworten, wann die ökonomischen Merkmale und Risiken des eingebetteten Derivats und eines zugrundeliegenden Versicherungsvertrags **nicht eng miteinander verbunden** sind. Dafür gibt der IASB in IFRS 9.B4.3.5 einige Beispiele. So sind eingebettete Kündigungsoptionen grundsätzlich nicht eng mit dem Basisvertrag verbunden, außer ihr Ausübungspreis entspricht an allen Ausübungstagen ungefähr dem Buchwert des Basisvertrags.[545] Die dem Versicherungsnehmer einer deutschen kapitalbildenden Lebensversicherung zustehende **Kündigungsoption** erfüllt diese Ausnahme, weil der Rückkaufswert einer Lebensversicherung gemäß § 169 Abs. 3 VVG dem bisher aufgebauten Deckungskapital und somit näherungsweise dem **Buchwert** des angesetzten Versicherungsvertrags entspricht. Dabei besteht der Rückkaufswert vorwiegend aus den angesammelten Sparprämien abzüglich von Abschlägen für Storno und für ungetilgte Abschlusskosten sowie zuzüglich bereits zugeteilter Überschussanteile.[546] Somit sind die in deutschen Lebensversicherungen eingebetteten Kündigungsoptionen **regelmäßig nicht** von den ihnen zugrundeliegenden Versicherungsverträgen abzuspalten.[547]

Ferner nennt der IASB in IFRS 9.B4.3.8 einige Beispiele für Derivate, die mit einem Basisvertrag **eng verbunden sind** und daher nicht separiert werden dürfen.[548] Das bei einer fonds-

---

[544] Vgl. IASB (Hrsg.), IFRS 17, Tz. BC104-BC107 und ebenfalls IASB (Hrsg.), ED/2013/7, Tz. 10 (a); SURREY, I., Versicherungsgeschäfte nach IFRS, S. 106 sowie den Abschnitt 322.2 zur Abspaltung von in aktivischen Finanzinstrumenten eingebetteten Derivaten.

[545] Vgl. IASB (Hrsg.), IFRS 9, Tz. B4.3.5 (e) (i).

[546] Vgl. SURREY, I./WERTHMANN, M., in: Rechnungslegung nach IFRS, 2. Aufl., IFRS 4, Tz. 60.

[547] Vgl. SCHLÜTER, J./BONIN, C., in: Beck'sches IFRS-Handbuch, 5. Aufl., § 40, Tz. 16; EBBERS, G., IFRS 4 Phase I, S. 1381; FECHNER, M., IFRS 4 und IFRS 9, S. 109.

[548] *Husmann/Sauer* führen aus, dass die in „traditionellen" Versicherungsverträgen eingebetteten Derivate nicht abzuspalten sind. Die Autoren beziehen sich damit z. B. auf Risikoversicherungen und Lebensversicherungen mit garantierter Todesfallsumme. Hingegen enthalten fonds- oder indexgebundene Lebens- oder Rentenversicherungen üblicherweise derivative Finanzinstrumente, die gemäß IFRS 17.11 (a) separiert werden müssen. Vgl. HUSMANN, R./SAUER, R., in: Haufe IFRS-Kommentar, 6. Aufl., § 39, Tz. 14.

oder indexgebundenen Lebensversicherung dem Versicherungsnehmer **gewährte Recht**, den **Wert der Fonds- oder Indexanteile** zu erhalten, sobald der Vertrag ausläuft, gekündigt wird oder das versicherte Risiko eintritt, sieht der IASB als mit dem Basisvertrag eng verbunden.[549] Dies kann in der Literatur aber nicht nachvollzogen werden.[550] Stattdessen wird das eingebettete Recht auf anteilswertabhängige Zahlungen als nicht trennungspflichtig gesehen, weil ein separates Finanzinstrument mit den gleichen Vertragsbedingungen die Definition eines derivativen Finanzinstruments nach IFRS 9.Anhang A nicht erfüllen würde. Denn dafür müsste es erstens geringe Anschaffungskosten benötigen, zweitens als ein Termingeschäft durchgeführt werden und drittens müsste sein Wert aus der Veränderung eines finanziellen oder eines nicht finanziellen und zudem nicht parteispezifischen Parameters bzw. Basiswerts abgeleitet werden.[551] Diese letztere Bedingung wird von einem Recht auf anteilswertabhängige Zahlungen aber nicht erfüllt, da dessen Wert nicht aus der **Differenz** zwischen dem fixem Ausübungspreis und dem aktuellem Marktpreis eines Basiswerts abgeleitet wird, sondern dem aktuellen Marktpreis des Basiswerts entspricht, also dem Wert der Fonds- oder Indexanteile.[552]

Die deutschen Lebens- und Rentenversicherungen enthalten oftmals eine **Zinsgarantie,** durch die den Versicherungsnehmern eine mindestens erreichte Rendite garantiert wird. Eine eingebettete Zinsgarantie ist mit dem Basisvertrag **eng verbunden** und deswegen nicht trennungspflichtig, wenn sie von den Parteien **gleich oder niedriger** festgesetzt wird als der beim Vertragsabschluss herrschende **Marktzins.**[553] Dies ist damit begründet, dass die Zinsgarantie für den Versicherer dann einen **Wert von null** aufweist, da die zu zahlende Zinsgarantie in dieser Konstellation gleich zu oder unter dem am Markt erzielbaren Zins liegt. Da für den Versicherer hieraus weder eine Vermögensposition noch eine Verpflichtungsposition entsteht, muss die eingebettete Zinsgarantie nicht abgespalten und separat zum Fair Value bilanziert werden. Sofern die Zinsgarantie jedoch **höher vereinbart wird** als der beim Vertragsabschluss herrschende Marktzins, ist dieses Derivat von **seinem Basisvertrag getrennt** und zum Fair Value bewertet werden, um die dem Versicherer entstandene Verpflichtung bilanziell abzubilden.[554] Da gemäß IFRS 9.B4.3.11 aber nur beim erstmaligen Ansatz eines Vertrags zu prüfen ist, ob

[549] Vgl. IASB (Hrsg.), IFRS 9, Tz. B4.3.8 (g).
[550] Vgl. SURREY, I., Versicherungsgeschäfte nach IFRS, S. 116-118.
[551] Vgl. BARCKOW, A., in: Rechnungslegung nach IFRS, 2. Aufl., IAS 39, Tz. 27-29.
[552] Vgl. KÖLSCHBACH, J./ENGELÄNDER, S., Versicherungsgeschäfte, S. 745; SURREY, I./WERTHMANN, M., in: Rechnungslegung nach IFRS, 2. Aufl., IFRS 4, Tz. 71.
[553] Vgl. IASB (Hrsg.), IFRS 9, Tz. B4.3.8 (b); NGUYEN, T., Versicherungsrechnungslegung, S. 550 f.; KUHN, S./HACHMEISTER, D., Rechnungslegung von Finanzinstrumenten, S. 736 f.
[554] Vgl. SURREY, I./WERTHMANN, M., in: Rechnungslegung nach IFRS, 2. Aufl., IFRS 4, Tz. 64-67.

ein eingebettetes Derivat separiert werden muss, wird eine erst über die Zeit entstehende Verpflichtung für den Versicherer aus einer Zinsgarantie gemäß IFRS 17 nicht berücksichtigt. In konzeptioneller Hinsicht muss diese Vereinfachung kritisiert werden.[555]

Die garantierte Verzinsung einer deutschen Lebens- oder Rentenversicherung kann von den Parteien aufgrund des Prinzips der Vertragsfreiheit grundsätzlich frei ausgehandelt werden.[556] Jedoch legt der deutsche Gesetzgeber in § 88 Abs. 3 Nr. 1 VAG i. V. m. § 2 Abs. 1 DeckRV fest, dass der sogenannte **Höchstzinssatz**, mit dem die erwarteten Zahlungsströme aus Versicherungsverträgen mit Zinsgarantie höchstens diskontiert werden dürfen, für die im Jahr 2017 neu abgeschlossenen Verträge **maximal 0,9 %** betragen darf. Nach § 2 Abs. 2 DeckRV wird dieser für die Berechnung der Deckungsrückstellung heranzuziehende Rechnungszins beim Vertragsabschluss fixiert und gilt ab dann unverändert für die gesamte Laufzeit des Vertrags. Weil ein Versicherer die in der Deckungsrückstellung abgebildeten erwarteten Auszahlungen für Zinsgarantien maximal mit dem gesetzlichen Höchstzinssatz diskontieren darf, ist hierdurch in einem bestimmten Maß eine **bilanzielle Risikovorsorge** für die abgegebenen Zinsgarantien sichergestellt.[557] Auch müssen nach § 138 Abs. 1 VAG die Prämien für eine Lebensversicherung so hoch kalkuliert werden, dass ein Versicherer die Verpflichtungen vollständig bedienen sowie ausreichende Deckungsrückstellungen bilden kann. Es folgt hieraus, dass die Höhe des Höchstzinssatzes nach § 2 Abs. 1 DeckRV **indirekt** die Höhe der üblicherweise vereinbarten Zinsgarantien von Lebens- oder Rentenversicherungsverträgen bestimmt. Denn aus Wettbewerbsgründen wird kein Versicherer eine Zinsgarantie anbieten, die unter dem gesetzlichen Höchstzinssatz liegt.[558]

Wie beschrieben, muss eine eingebettete Zinsgarantie vom Basisvertrag abgespalten werden, wenn sie beim Vertragsabschluss über dem dann herrschenden **Marktzins** liegt. Dies ist für eine deutsche Lebens- oder Rentenversicherung jedoch nahezu ausgeschlossen. Denn der in § 2 Abs. 1 DeckRV von dem Bundesministerium der Finanzen festgelegte Höchstzinssatz darf nicht mehr als 60 % eines bestimmten Mittelwerts betragen, der großteils dem beim Vertrags-

[555] Diese Vereinfachung kritisierte im Kontext von IFRS 4 Phase I bereits SURREY, I., Versicherungsgeschäfte nach IFRS, S. 114. Allerdings müssen nicht separierte Optionen und Garantien nach IFRS 17 unmittelbar in den künftigen Zahlungsströmen aus den Versicherungsverträgen berücksichtigt werden. Vgl. IASB (Hrsg.), IFRS 17, Tz. 54 (a), Tz. B65 (d) und Tz. BC105 (a); IASB (Hrsg.), ED/2013/7, Tz. B63 und Tz. B66 (f).

[556] Vgl. SCHIERENBECK, H./HÖLSCHER, R., BankAssurance, S. 722.

[557] Vgl. GONDRING, H., Versicherungswirtschaft, S. 577 f.

[558] Vgl. FÜHRER, C./GRIMMER, A., Lebensversicherungsmathematik, S. 55 f.

abschluss herrschenden Marktzins gleicht, da er auf der durchschnittlichen Umlaufrendite von europäischen Staatsanleihen mit AAA-Rating und 10-jährigen Laufzeiten basiert.[559]

332.4 Abspaltung von Investment- und Dienstleistungskomponenten

Die kapitalbildenden Lebens- und Rentenversicherungen bieten neben dem Risikoschutz ein Spargeschäft an, das mit üblichen Bankgeschäften, z. B. Festgeldsparen, vergleichbar ist. Des Weiteren erbringen sie auch sonstige Dienstleistungen, z. B. Kapitalanlagemanagement. Fraglich ist, ob **derartige Komponenten**, die auch von Nicht-Versicherungsunternehmen erbracht werden und für die IFRS 17 daher eigentlich nicht anzuwenden ist, **zusammen oder getrennt** von einem Versicherungsvertrag bilanziert werden müssen.[560]

Um diese Frage zu regeln, definiert der IASB eine sogenannte **Investmentkomponente** als den Betrag, den ein Versicherer an den Versicherungsnehmer **zurückzahlen** muss, sofern das versicherte Risiko nicht eintritt (IFRS 17.Anhang A). Dieser Betrag besteht aus den erhaltenen Sparprämien, die der Versicherer verzinslich anlegen sowie an die Versicherungsnehmer zurückzahlen muss, falls der Versicherungsvertrag gekündigt wird oder ausläuft.[561] Solch eine in einen Versicherungsvertrag eingebettete Investmentkomponente ist dann von ihrem Basisvertrag zu trennen und separat nach IFRS 9 zu bilanzieren, wenn der Abschlussersteller sie als **eigenständig** einstuft (IFRS 17.11 (b)).[562] Eine Investmentkomponente ist dann als eigenständig einzustufen, wenn sowohl (IFRS 17.B31):[563]

(1) die Investmentkomponente und der ihr zugrundeliegende Versicherungsvertrag nicht sehr **voneinander abhängen**; als auch

(2) ein identisch zu der Investmentkomponente ausgestalteter Vertrag in **demselben Markt oder Rechtskreis** tatsächlich verkauft wird oder verkauft werden könnte, in dem der zugrundeliegende Versicherungsvertrag vertrieben wird.

Bezüglich des ersten Kriteriums gilt eine Investmentkomponente und der ihr zugrundeliegende Versicherungsvertrag als sehr **voneinander abhängig**, falls entweder (IFRS 17.B32):

---

[559] Vgl. Deutscher Bundestag (Hrsg.), BT-Drucksache 18/1772, S. 26; Ortmann, K. M., Lebensversicherungsmathematik, S. 120-123. In dem bis Ende des Jahres 2015 gültigen VAG war nach § 65 Abs. 1 Nr. 1 (a) VAG a. F. vorgesehen, dass der Höchstzinssatz nicht mehr als 60 % des Zinses von in der Währung des Versicherungsvertrags emittierten Staatsanleihen betragen darf.

[560] Vgl. Lüdenbach, N./Hoffmann, W.-D./Freiberg, J., in: Haufe IFRS-Kommentar, 14. Aufl., § 39, Tz. 20; Altenburger, O. A./Göttsche, M./Kuntner, M., Unbundling, S. 164 f.

[561] Vgl. IASB (Hrsg.), IFRS 17, Tz. BC108 und Tz. BC33-BC34; IASB (Hrsg.), ED/2013/7, Tz. BC91.

[562] Vgl. IASB (Hrsg.), IFRS 17, Tz. BC109; IASB (Hrsg.), ED/2013/7, Tz. 10 (b).

[563] Vgl. ebenso IASB (Hrsg.), ED/2013/7, Tz. B32 sowie Tz. BCA206; Schlüter, J./Bonin, C., in: Beck'sches IFRS-Handbuch, 5. Aufl., § 40, Tz. 90; Fechner, M., IFRS 4 und IFRS 9, S. 94.

(1) die Investmentkomponente und der Versicherungsvertrag bzw. die Versicherungskomponente nicht getrennt voneinander bewertet werden können, da der Wert der einen Komponente den Wert der anderen Komponente beeinflusst; oder

(2) der Versicherungsnehmer die Leistung der einen Komponente nur erhalten kann, solange die andere Komponente nicht gekündigt wird oder ausläuft.

Sollte also eine der beiden Kriterien des IFRS 17.B32 auf einen Lebensversicherungsvertrag zutreffen, gilt die **Investmentkomponente als sehr abhängig** von dem Versicherungsvertrag, weshalb sie nicht zu entflechten ist, sondern als Teil des Versicherungsvertrags nach IFRS 17 bilanziert wird.[564] Ohne dies zu konkretisieren, spricht der IASB davon, dass ein Versicherungsvertrag und eine eingebettete **implizite** Investmentkomponente oft nicht getrennt werden müssen, da ihre jeweiligen Zahlungsströme sehr voneinander abhängen. Demgegenüber sei es möglich, einige **explizite** Investmentkomponenten von dem Versicherungs-Basisvertrag abzuspalten.[565] Diese Unterscheidung wird in der Literatur bestätigt und ausgeführt, dass sich eine explizite Investmentkomponente dadurch auszeichnet, dass der vollzogene Sparprozess einen **individuellen Anspruch des Versicherungsnehmers** auf die von ihm gezahlten Sparprämien und deren Verzinsung begründet. Im Unterschied dazu entstehen implizite Investmentkomponenten zum einen aus den vorab, also vor einer möglichen Versicherungsleistung, gezahlten **Risikoprämien**, und zum anderen aus den für eine im Zeitablauf relativ konstante Prämie im Vergleich zum versicherten Risiko anfangs zu hoch und später zu niedrig angesetzten Risikoprämien.[566] Weil die Risikoprämien dann so kalkuliert werden, dass sie bis zu dem erwarteten Vertragsende verbraucht sind und nicht zurückgezahlt werden können, besitzt ein Versicherungsnehmer keinen individuellen Anspruch auf das angesparte Deckungskapital.[567]

Eine in eine deutsche kapitalbildende Lebens- oder Rentenversicherung eingebettete **explizite** Investmentkomponente wird üblicherweise nicht getrennt und nach IFRS 9 bilanziert, sondern zusammen mit dem Basisvertrag gemäß IFRS 17.[568] Dies ist der Fall, obwohl die enthaltene Investmentkomponente **eigenständig** ist, da ein identisch zu ihr gestalteter separater Sparvertrag im selben Versicherungsmarkt verkauft wird wie der Versicherungsvertrag.[569] Dass solch

564 Vgl. IASB (Hrsg.), IFRS 17, Tz. IE48; IASB (Hrsg.), ED/2013/7, Tz. B32 und Tz. BCA206.
565 Vgl. IASB (Hrsg.), ED/2013/7, Tz. BCA206; ALTENBURGER, O. A., Prämientrennung, S. 132.
566 Vgl. ALTENBURGER, O. A./GÖTTSCHE, M./KUNTNER, M., Unbundling, S. 171 f.; FARNY, D., Versicherungsbetriebslehre, S. 54 f.; NGUYEN, T./ROMEIKE, F., Versicherungswirtschaftslehre, S. 303.
567 Vgl. ALTENBURGER, O. A., Prämientrennung, S. 131 f.
568 Vgl. ELLENBÜRGER, F./ENGELÄNDER, S./KÖLSCHBACH, J., ED/2013/7, S. 817.
569 Vgl. ALTENBURGER, O. A./GÖTTSCHE, M./KUNTNER, M., Unbundling, S. 172.

eine Investmentkomponente **nicht** abzuspalten ist, kann erstens damit begründet werden, dass die Investment- und die Versicherungskomponente **nicht** getrennt voneinander bewertet werden können, da die im Todesfall zu leistende Todesfallsumme sowohl aus den Risikoprämien als auch aus den Sparprämien erbracht wird.[570] Zweitens erhält ein Versicherungsnehmer die aus der Todesfallsumme bestehende Leistung der Versicherungskomponente nur, solange er die Investmentkomponente **nicht kündigt** oder diese ausläuft.[571] Des Weiteren geht der IASB davon aus, dass eine in einem Investmentvertrag mit ermessensabhängiger Überschussbeteiligung enthaltene Investmentkomponente nicht zu entflechten ist, da die Zahlungsströme dieser beiden Komponenten zumeist voneinander abhängen.[572]

Nach IFRS 4 **Phase I** buchen die Versicherer die für **nicht** separierte Investmentkomponenten eingenommenen Sparprämien und das zurückgezahlte Sparguthaben als Ertrag oder Aufwand aus Versicherungsverträgen in die GuV.[573] Im Gegensatz dazu sind Sparprämien und Sparguthaben nach IFRS 17 weder in der GuV noch im Sonstigen Gesamtergebnis (OCI) zu zeigen. Stattdessen sind die Sparprämien, abgesehen von der erfolgswirksamen Verzinsung der Sparprämien, ähnlich wie die nach IFRS 9 bilanzierten **Bankeinlagen**, nur in der Versicherungsbilanz abzubilden.[574] Dies geschieht, indem die erhaltenen Sparprämien die Deckungsrückstellungen erfolgsneutral erhöhen und abfließendes Sparguthaben diese erfolgsneutral mindern.[575] Dadurch würden die **Umsätze** der Versicherer im Vergleich zu IFRS 4 Phase I **stark fallen**.[576] Jedoch bleibt es umstritten, ob die für nicht separierte Investmentkomponenten zugeflossenen Sparprämien und das zurückgezahlte Sparguthaben überhaupt von den Risikoprämien und den daraus erbrachten Versicherungsleistungen getrennt werden können.[577]

Nachdem der Bilanzersteller alle Zahlungsströme von dem Versicherungs-Basisvertrag abgespalten hat, die aus den nicht eng mit dem Versicherungs-Basisvertrag verbundenen Derivaten

[570] Vgl. IASB (Hrsg.), IFRS 17, Tz. BC99 und Tz. BC100; NGUYEN, T., Versicherungsrechnungslegung, S. 548; ALTENBURGER, O. A., Prämientrennung, S. 130; FARNY, D., Versicherungsbetriebslehre, S. 54.

[571] Vgl. IASB (Hrsg.), IFRS 17, Tz. IE48. Dies liegt vor, da die Versicherungs- und die Investmentkomponente nicht nur ökonomisch, sondern auch rechtlich verbunden sind. Vgl. SCHIERENBECK, H./HÖLSCHER, R., Bank-Assurance, S. 331; STINDT, S., Überschussbeteiligung, S. 41-44.

[572] Vgl. IASB (Hrsg.), ED/2013/7, Tz. BCA177 (a); FECHNER, M., IFRS 4 und IFRS 9, S. 95.

[573] Vgl. IASB (Hrsg.), IFRS 4 (Phase I), Tz. BC41 (c) und Tz. BC42 (d); ROCKEL, W. ET AL., Versicherungsbilanzen, S. 27 f. und S. 244; HUSMANN, R./SAUER, R., in: Haufe IFRS-Kommentar, 6. Aufl., § 39, Tz. 17 und ausführlich zur Prämientrennung GROßER, C., Erfolgsrechnung, S. 116 f.

[574] Vgl. IASB (Hrsg.), IFRS 17, Tz. 84-85, Tz. B120 (b), Tz. B126 sowie Tz. BC331; IASB (Hrsg.), ED/2013/7, Tz. 58, Tz. BC76, Tz. BC90-BC91, Tz. BC100 und Tz. BCA205-BCA206. Zum Ausweis von Erträgen und Aufwendungen aus Bankeinlagen nach IFRS 9 vgl. GRAF-TIEDTKE/BRITTA, Bankbilanzanalyse, S. 1052.

[575] Vgl. SPÄTH, J., Deckungsrückstellungen, S. 85; FARNY, D., Periodenrechnung, S. 107 und S. 131.

[576] Vgl. ELLENBÜRGER, F./ENGELÄNDER, S./KÖLSCHBACH, J., ED/2013/7, S. 815 f.; SCHLÜTER, J./BONIN, C., in: Beck'sches IFRS-Handbuch, 5. Aufl., § 40, Tz. 92; KNOLLER, C./SAUER, R., ED/2013/7, S. 112.

[577] Vgl. GROßER, C., Erfolgsrechnung, S. 116 f.; ALTENBURGER, O. A., Prämientrennung, S. 130 f.

und den eigenständigen Investmentkomponenten resultieren, sind alle als **eigenständig anzusehenden Dienstleistungskomponenten** von dem Versicherungs-Basisvertrag zu trennen und nach IFRS 15 zu bilanzieren (IFRS 17.12). Diesbezüglich ist eine Dienstleistungskomponente als eigenständig einzustufen, falls ein Versicherungsnehmer von der Dienstleistung, die ebenfalls aus der Bereitstellung von bestimmten Gütern bestehen kann, auch entweder separat oder in Verbindung mit anderen ihm zur Verfügung stehenden Ressourcen, profitieren könnte.[578]

Eine in den deutschen Lebensversicherungsverträgen eingebettete Dienstleistung, die jenes Kriterium in der Regel erfüllt, ist die Dienstleistung des Kapitalanlagemanagements. Denn ein Versicherungsnehmer kann das Management seines Kapitals auch **separat** erwerben, z. B. bei einer Kapitalanlagegesellschaft. Eine Dienstleistung gilt aber **nicht als eigenständig** und ist somit nicht abzuspalten, wenn sowohl die Zahlungsströme und die Risiken der Dienstleistungskomponente und des Versicherungsvertrags sehr voneinander abhängen als auch der Versicherer wesentliche Leistungen erbringt, indem er die Dienstleistung mit dem Versicherungsvertrag kombiniert.[579] Daher ist die in deutschen Lebensversicherungsverträgen eingebettete Dienstleistung des Kapitalanlagemanagements nicht vom Versicherungs-Basisvertrag zu trennen. Denn bei jenen hängen erstens die Zahlungsströme und Risiken des Kapitalanlagemanagements und des Versicherungsvertrags sehr voneinander ab, z. B. da die Zinsgarantien und Überschussbeteiligungen erst durch ein Kapitalanlagemanagement ermöglicht sind. Und zweitens erbringt ein deutscher Lebensversicherer eine wesentliche Leistung (die im Übrigen nur Versicherungsunternehmen anbieten), indem dieser die Dienstleistung des Kapitalanlagemanagements mit einem risikoabsichernden Lebensversicherungsvertrag kombiniert.[580]

333. Ansatz und Ausbuchung von Lebensversicherungsverträgen

Die aus einem Versicherungsvertrag resultierenden Rechte und Pflichten sind zu dem **frühesten** der folgenden drei Zeitpunkte erstmals in der Bilanz anzusetzen (IFRS 17.25):[581]

- Beginn der durch den Versicherungsvertrag abgesicherten **Deckungsperiode**.
- Fälligkeit der **ersten Prämienzahlung** durch den Versicherungsnehmer.

---

[578] Vgl. IASB (Hrsg.), IFRS 17, Tz. B34 und Tz. BC110–BC113.

[579] Vgl. IASB (Hrsg.), IFRS 17, Tz. B35 und das Beispiel in Tz. IE50.

[580] Vgl. ALBRECHT, P./MAURER, R./SCHRADIN, H. R., Kapitalanlageperformance, S. 8. und den Abschnitt 22.

[581] Vgl. IASB (Hrsg.), IFRS 17, Tz. BC140-BC145; IASB (Hrsg.), ED/2013/7, Tz. 12. In dem ED/2010/8 war vorgesehen, dass ein Versicherungsvertrag erstmalig angesetzt werden muss, sobald der Versicherer eine Vertragspartei wird. Vgl. SCHWEINBERGER, S./HORSTKÖTTER, M., ED/2010/8, S. 548.

- Zeitpunkt, an dem die Gruppe, zu dem der Vertrag gehört, als **verlustbringend** eingestuft wird.

Die Deckungsperiode eines Versicherungsvertrags bezieht sich auf den Zeitraum, in dem das **versicherte Risiko**, z. B. ein Todesfall, durch den vertraglichen Versicherungsschutz abgesichert ist.[582] Ein Versicherer ist folglich ab dem Beginn der vertraglichen Deckungsperiode dazu verpflichtet, den Versicherungsnehmer im Versicherungsfall zu entschädigen. Davon abzugrenzen ist der spätere Abwicklungszeitraum, über den ein eingetretener Versicherungsfall reguliert und gezahlt wird.[583] Außerdem können Rentenversicherungen eine **Ansparphase** vorsehen, während der noch kein Schutz gegen das versicherte Risiko der Langlebigkeit gewährt wird.[584]

In der Regel beginnt die Deckungsperiode eines Lebensversicherungsvertrags, sobald die erste Prämienzahlung durch den Versicherungsnehmer fällig wird, weshalb diese beiden Zeitpunkte meistens **zusammenfallen**.[585] Allerdings ist es möglich, dass die Deckungsperiode erst beginnt, nachdem die erste Prämienzahlung fällig wurde. Zum Beispiel wird das versicherte Risiko der Langlebigkeit bei einer Rentenversicherung mit aufgeschobenen Rentenzahlungen, die nicht auch einen Todesfallschutz vorsieht, erst abgesichert, nachdem die in der Ansparphase fälligen Prämien gezahlt wurden.[586] Weil der Versicherer aber bereits Zahlungen erhält, bevor die Deckungsperiode beginnt, ist es sinnvoll, dass nach IFRS 17 ein Vertrag gegebenenfalls erstmalig angesetzt werden muss, sobald die erste Prämienzahlung fällig wird.[587]

Noch bevor die Deckungsperiode beginnt oder die erste Prämienzahlung fällig wird, ist ein Versicherungsvertrag erstmalig anzusetzen, sofern die **Gruppe**, zu dem der Vertrag gehört, von dem Abschlussersteller als **verlustbringend** eingestuft wird. Der hierfür relevante Zeitpunkt ist somit der **früheste** Zeitpunkt, ab dem ein von allen Vertragsparteien unterzeichneter Versicherungsvertrag anzusetzen ist.[588] Der Versicherer hat ab dem Zeitpunkt zu beurteilen, ob eine Vertragsgruppe verlustbringend ist, ab dem er den **Vertragsbedingungen** unterliegt und die nach dem Äquivalenzprinzip kalkulierte Prämie somit nicht mehr anpassen kann. Ein Vertragsportfolio ist voraussichtlich verlustbringend, wenn die Summe aus dem Erfüllungsbe-

---

[582] Vgl. IASB (Hrsg.), IFRS 17, Anhang A; FARNY, D., Versicherungsbetriebslehre, S. 584 f.
[583] Vgl. IASB (Hrsg.), ED/2013/7, Tz. 19; GONDRING, H., Versicherungswirtschaft, S. 277 f.
[584] Vgl. GONDRING, H., Versicherungswirtschaft, S. 919.
[585] Vgl. IASB (Hrsg.), IFRS 17, Tz. BC143; GALLASCH, F., IFRS 4 Phase II, S. 64.
[586] Vgl. ähnlich FECHNER, M., IFRS 4 und IFRS 9, S. 110.
[587] Vgl. IASB (Hrsg.), IFRS 17, Tz. 26; IASB (Hrsg.), ED/2013/7, Tz. 14.
[588] Vgl. ELLENBÜRGER, F./ENGELÄNDER, S./KÖLSCHBACH, J., ED/2013/7, S. 817.

trag und allen anderen vor dem Beginn der Deckungsperiode erwarteten Zahlungen **positiv** ist. Daraufhin ist in der Höhe dieses positiven Betrags aufwandswirksam eine **Rückstellung für drohende Verluste** aus Versicherungsverträgen anzusetzen.[589]

Durch die **Investmentverträge** mit einer ermessensbehafteten Überschussbeteiligung werden keine Versicherungsrisiken übertragen, sondern Kapitalbeträge angespart. Deshalb ist ein solcher Vertrag erstmalig anzusetzen, sobald dessen Emittent eine **Vertragspartei** geworden ist. Denn ab diesem Zeitpunkt ist der Emittent, d. h. der Versicherer, dazu verpflichtet, gegenwärtig oder künftig Zahlungen an den Versicherungsnehmer zu leisten.[590] Dieses sollte spätestens der Fall sein, sobald der Emittent die erste Sparprämie eines Versicherungsnehmers erhalten hat und somit Kapital vorhanden ist, dass an den Investor zurückgezahlt werden muss.

Ein Versicherungsvertrag muss **ausgebucht** werden, wenn die durch ihn definierte Leistungspflicht eines Versicherers vollständig erfüllt, ausgelaufen oder gekündigt ist und folglich der Versicherer **kein Risiko** aus dem Versicherungsvertrag mehr trägt.[591] Zu beachten ist, dass ein Versicherungsnehmer eine Lebensversicherung nach § 168 VVG jederzeit für die laufende Versicherungsperiode kündigen kann, wodurch er den gemäß § 169 VVG berechneten Rückkaufswert seines Vertrags erhält. Hingegen kann ein **Versicherer** von einem Versicherungsvertrag nach § 37 VVG und § 38 VVG grundsätzlich nur zurücktreten, sofern der Versicherungsnehmer eine fällige Erst- oder Folgeprämie nicht rechtzeitig geleistet hat.[592]

Indes kann ein Versicherungsvertrag regelmäßig nicht ausgebucht werden, sobald er gekündigt wurde. Denn ein Versicherer ist normalerweise weiterhin zu einer Leistung verpflichtet, sofern ein versichertes Risiko während der vertraglichen Deckungsperiode eintritt, dies aber erst **später bekannt** wird.[593] Zum Beispiel kommt es in der Schaden- und Unfallversicherung oft zu sogenannten **Spätschäden**, welche während der Deckungsperiode entstanden sind, dem Versicherer aber erst nach Ablauf des Versicherungsschutzes gemeldet werden.[594] Ferner sind ähnliche Fälle für die Lebensversicherung denkbar, z. B. falls erst nach dem Ablauf einer Todesfallversicherung bekannt wird, dass die versicherte Person während der Deckungsperiode verstorben ist. Aus diesen Gründen ist es in der Regel problematisch zu bestimmen, ab wann

---

589 Vgl. IASB (Hrsg.), IFRS 17, Tz. 47; GALLASCH, F., IFRS 4 Phase II, S. 65.

590 Vgl. IASB (Hrsg.), IFRS 17, Tz. 71 (a). Da ein Investmentvertrag mit ermessensbehafteter Überschussbeteiligung einem Finanzinstrument ähnelt, ist es nur konsistent, dass derartige Investmentverträge analog zu den aktivischen Finanzinstrumenten ab ihrem Vertragsabschluss erstmalig angesetzt werden müssen.

591 Vgl. IASB (Hrsg.), IFRS 17, Tz. 74-75; IASB (Hrsg.), ED/2013/7, Tz. 50.

592 Vgl. GONDRING, H., Versicherungswirtschaft, S. 149 f. und S. 197.

593 Vgl. GONDRING, H., Versicherungswirtschaft, S. 132.

594 Vgl. NGUYEN, T./ROMEIKE, F., Versicherungswirtschaftslehre, S. 218 f.

die **Leistungspflicht** eines Versicherers vollständig erfüllt oder ausgelaufen ist, er daher kein Risiko mehr trägt und infolgedessen ein Versicherungsvertrag ausgebucht werden muss.[595]

Des Weiteren muss ein Versicherungsvertrag ausgebucht werden, falls die Parteien beschließen, die Vertragsbedingungen **wesentlich zu modifizieren**. Unter diesen Umständen ist ein neuer Versicherungsvertrag auf Basis der geänderten Vertragsbedingungen anzusetzen. Dafür ist zu beurteilen, ob der Vertrag weiterhin in den Anwendungsbereich von IFRS 17 fällt oder nach einem anderen Standard bilanziert werden muss, z. B. IFRS 9. Falls vereinbart wird, den Versicherungsschutz wesentlich zu erhöhen, ist hierfür ein zusätzlicher Versicherungsvertrag anzusetzen. Umgekehrt ist ein Versicherungsertrag teilweise auszubuchen, falls die Vertragsparteien beschließen, dass die vertraglichen Leistungen reduziert werden.[596]

334. Erstbewertung der Versicherungsverpflichtungen im Bausteinansatz

334.1 Überblick

Im Unterschied zu IFRS 4 Phase I enthält IFRS 17 umfassende Regeln, nach denen ein Versicherer seine emittierten Versicherungsverträge bzw. die für sie zu bildenden Versicherungsverpflichtungen (versicherungstechnische Rückstellungen) bewerten und bilanzieren kann.[597] Dafür werden durch IFRS 17 und auch im Rahmen von ED/2013/7 und den vorläufigen Entscheidungen des IASB vier Bewertungs- und Bilanzierungsmodelle vorgeschlagen, und zwar der grundlegende **Bausteinansatz**, der nach IFRS 17 auf überschussbeteiligte Verträge anzuwendenden Ansatz namens *variable fee approach*, dessen Merkmale vor allem im Kontrast zu dem nach ED/2013/7 für überschussbeteiligte Verträge relevanten *mirroring approach* deutlich werden, sowie den für kurzfristige Versicherungsverträge aus der Schaden- und Unfallversicherung als ein Wahlrecht erlaubten vereinfachten Bilanzierungsansatz.[598]

Der IASB gestaltet den vereinfachten Bilanzierungsansatz als ein bedingtes Wahlrecht, das es einem Versicherer gestattet, einen Versicherungsvertrag nicht mit dem grundsätzlich maßgeblichen Bausteinansatz, sondern nach dem **vereinfachten Ansatz** zu bewerten. Ein Versicherer darf diesen Ansatz aber nur verwenden, wenn entweder der dann berechnete Wertansatz einen durch den Bausteinansatz ermittelten Wertansatz **approximiert** oder der Versicherungsver-

[595] Vgl. GALLASCH, F., IFRS 4 Phase II, S. 71.
[596] Vgl. IASB (Hrsg.), IFRS 17, Tz. 72; IASB (Hrsg.), ED/2013/7, Tz. 49.
[597] Vgl. IASB (Hrsg.), IFRS 17, Tz. BC5-BC12; WENG, A., ED/2010/8, S. 27.
[598] Vgl. GALLASCH, F., IFRS 4 Phase II, S. 78 f. Der für überschussbeteiligte Lebensversicherungsverträge anzuwendende *variable fee approach* wird im Abschnitt 336.3 behandelt.

trag eine **Deckungsperiode von einem Jahr oder weniger** vorsieht.[599] Andernfalls muss der Vertrag nach dem Bausteinansatz bewertet werden. Zudem darf mit dem vereinfachten Ansatz nur eine der beiden gemäß IFRS 17 vorgesehenen Arten von versicherungstechnischen Rückstellungen bestimmt werden, und zwar die sogenannte *liability for remaining coverage*. Diese Rückstellung ähnelt weitgehend der nach § 341f HGB zu bildenden Deckungsrückstellung.[600]

Durch diesen vereinfachten Bilanzierungsansatz (*premium allocation approach*) wird die vor dem Eintritt eines Versicherungsfalls zu bildende *liability for remaining coverage* vereinfacht bewertet. Denn ein Versicherer muss hierfür im Unterschied zum Bausteinansatz die diskontierten erwarteten Zahlungsströme aus einem Versicherungsvertrag sowie die Risikomarge grundsätzlich **weder quantifizieren noch aktualisieren**.[601] Stattdessen bildet der Versicherer vergleichbar zu den nach § 341e Abs. 2 Nr. 1 HGB zu passivierenden **Beitragsüberträgen** in der Höhe der zugeflossenen Prämien erfolgsneutral die *liability for remaining coverage*, also eine Rückstellung für die verbleibende Deckung.[602] Anschließend löst der Versicherer diese Rückstellung zum einen erfolgswirksam und zum anderen leistungsgerecht auf, d. h. zeitproportional zu dem bisher erbrachten Versicherungsschutz.[603] Hierdurch wird der Ertrag aus den Verträgen **periodengerecht** ermittelt und ausgewiesen, da die von den Versicherungsnehmern vorab zu viel gezahlten Prämien über die Zeit verteilt werden. Ferner muss ein Versicherer wie auch im Bausteinansatz aufwandswirksam eine Rückstellung für voraussichtlich verlustbringende Versicherungsverträge passivieren, sofern ihm Anzeichen für potentielle Verluste bekannt werden.[604] Das vereinfachte Bilanzierungsmodell kann für die Lebensversicherungen indes nicht angewendet werden, da sie für eine mehrjährige Deckungsperiode abgeschlossen werden.[605] Deswegen wird das vereinfachte Bilanzierungsmodell in dieser Arbeit nicht weiter behandelt.

Im Gegensatz zu dem vereinfachten Bilanzierungsansatz werden mit dem **Bausteinansatz** die beiden nach IFRS 17 vorgesehenen Arten von versicherungstechnischen Rückstellungen be-

[599] Vgl. IASB (Hrsg.), IFRS 17, Tz. 53-54 und Tz. BC288-BC292.
[600] Darüber hinaus besitzt die *liability for remaining coverage* den Charakter der Rückstellung für Beitragsrückerstattung und auch den Charakter der Beitragsüberträge für die vorab von den Versicherungsnehmern zu viel gezahlten Prämien. Vgl. Ellenbürger, F./Engeländer, S./Kölschbach, J., ED/2013/7, S. 814.
[601] Vgl. IASB (Hrsg.), IFRS 17, Tz. BC292 und das ausführliche Beispiel in Tz. IE113-IE123.
[602] Vgl. IASB (Hrsg.), IFRS 17, Tz. 55; Gallasch, F., IFRS 4 Phase II, S. 237. Vgl. zu der handelsrechtlichen Bilanzierung von Deckungsrückstellungen und Beitragsüberträgen umfassend Rockel, W. et al., Versicherungsbilanzen, S. 165-186; Varain, T. C., Versicherungsverpflichtungen, S. 69 f.
[603] Vgl. IASB (Hrsg.), IFRS 17, Tz. 55, Tz. B126 und Tz. IE122; Gallasch, F., IFRS 4 Phase II, S. 243 f.
[604] Vgl. IASB (Hrsg.), IFRS 17, Tz. 18, Tz. 49 und Tz. BC284.
[605] Vgl. IASB (Hrsg.), ED/2013/7, Tz. BCA119; Gallasch, F., IFRS 4 Phase II, S. 236.

wertet und bilanziert, also sowohl die *liability for remaining coverage* als auch die sogenannte *liability for incurred claims*. Diese letztere Rückstellungsart gleicht der gemäß § 341g HGB anzusetzenden Rückstellung für noch nicht abgewickelte Versicherungsfälle, die kurz als eine Schadenrückstellung bezeichnet wird.[606] Hinsichtlich des hier verwendeten handelsrechtlichen Begriffs der **versicherungstechnischen Rückstellungen** ist zu beachten, dass diese Rückstellungen einen **Sammelposten** für „[…] der Höhe nach ungewisse Verpflichtungen aus einzelnen Versicherungsverträgen oder dem gesamten Versicherungsbestand“ darstellen.[607] Indes ist es nicht sehr präzise, diese Verpflichtungen pauschal als versicherungstechnische Rückstellungen zu bezeichnen, da sie nicht nur der Höhe und bzw. oder dem Grunde nach ungewisse Verpflichtungen, sondern auch der Höhe und dem Grunde nach gewisse Verpflichtungen umfassen. Ein Beispiel für eine der Höhe und dem Grunde nach **gewisse Verpflichtungen** ist die bilanztheoretisch als Verbindlichkeit gegenüber Versicherungsnehmern anzusehende Rückstellung für Beitragsrückerstattung gemäß § 341e Abs. 2 Nr. 2 HGB.[608] Dass Versicherungsunternehmen für die von ihnen ausgegebenen Versicherungsverträge versicherungstechnische Rückstellungen bilden, welche auch als *technical provisions* bezeichnet werden,[609] resultiert im Wesentlichen aus den folgenden zwei Gründen:[610]

- Erstens zahlen die Versicherungsnehmer die **Prämien im Voraus**, also bevor der Versicherer ihnen Versicherungsschutz gewährt und eventuell Zahlungen leisten muss. Daher ist der Versicherer solange gegenüber den Versicherten verpflichtet, bis er alle ausstehenden vertraglichen Leistungen erbracht hat.

- Zweitens sind die vertraglichen **Verpflichtungen** des Versicherers gegenüber den Versicherungsnehmern weitestgehend entweder dem Grunde oder der Höhe nach **ungewiss**, weshalb sie Rückstellungen und keine Verbindlichkeiten darstellen.

Für den nach IFRS 17 grundsätzlich anzuwendenden Bausteinansatz werden Versicherungsverträge mit dem unternehmensspezifischen **Erfüllungsbetrag** erst- und folgebewertet. Jener Wertmaßstab wird definiert als eine explizite, neutrale und wahrscheinlichkeitsgewichtete

[606] Vgl. IASB (Hrsg.), IFRS 17, Tz. 40; IASB (Hrsg.), ED/2013/7, Tz. 19; ELLENBÜRGER, F./ENGELÄNDER, S./KÖLSCHBACH, J., ED/2013/7, S. 814. Zur Bilanzierung der Schadenrückstellung nach HGB vgl. ROCKEL, W. ET AL., Versicherungsbilanzen, S. 200-206; VARAIN, T. C., Versicherungsverpflichtungen, S. 74-77.

[607] FARNY, D., Periodenrechnung, S. 129. Vgl. auch KROMSCHRÖDER, B., Kapital, S. 322 f.

[608] Vgl. BOETIUS, J., Versicherungstechnische Rückstellungen, S. 31; WELZEL, H.-J., Versicherungstechnische Rückstellungen, S. 685; BUCK, H., Versicherungstechnische Rückstellungen, S. 378 f.

[609] Vgl. GRÜNDL, H./KRAFT, M., Solvency II, S. 55; KAWAI, Y., IAIS framework, S. 93 f.

[610] Vgl. BOETIUS, J., Versicherungstechnische Rückstellungen, S. 29 f.; PERLET, H., Rückstellungen, S. 32 f.; ROCKEL, W. ET AL., Versicherungsbilanzen, S. 7-9.

Schätzung der diskontierten Auszahlungen minus der diskontierten Einzahlungen, die künftig daraus entstehen, dass der Versicherer die Versicherungsverträge **erfüllen wird**.[611] Außerdem beinhaltet der Wertmaßstab des Erfüllungsbetrags eine explizit und separat zu bestimmende **Risikomarge**. Durch sie wird das Risiko dafür quantifiziert, dass die vorab geschätzten Zahlungsströme von den tatsächlich anfallenden Zahlungsströmen abweichen,[612] wovon aufgrund der zufällig eintretenden Versicherungsfälle auszugehen ist. Als der letzte der insgesamt vier Bewertungsbausteine sieht der IASB die sogenannte **Servicemarge** vor. Durch diese soll der aus einer Gruppe von erstbewerteten Versicherungsverträgen resultierende **Gewinn** soweit wie möglich leistungsgerecht über die Deckungsperioden jener Versicherungsverträge verteilt werden.[613] Insgesamt orientiert sich der vom IASB für IFRS 17 entwickelte Bausteinansatz somit daran, wie ein Versicherer die für ein Vertragskollektiv geforderten Prämien nach versicherungsmathematischen Grundsätzen kalkuliert.[614]

Die Prämienkalkulation und auch das Asset-Liability-Management eines Lebensversicherers basieren nicht auf einzelnen Versicherungsverträgen, sondern auf einem gemäß den versicherungsmathematischen Grundsätzen gebildeten **Vertragsportfolio**. Denn nur für ein Portfolio, welches z. B. aus hinsichtlich Laufzeit und Rendite-/Risikoprofil ähnlichen Lebensversicherungsverträgen besteht, kann ein Versicherer den **Risikoausgleich** im Kollektiv und in der Zeit nutzen und somit Versicherungsschutz zu niedrigeren Kapitalkosten produzieren, als es durch ein individuell von den Wirtschaftssubjekten vollzogenes An- und Entsparen möglich wäre.[615] Deshalb sind Versicherungsverträge zwar einzeln anzusetzen und auszubuchen, aber um sie erst- und folgezubewerten bilden stets **Vertragsportfolios** die relevante Aggregationsebene.[616]

Der IASB definiert ein Portfolio aus Versicherungsverträgen als eine Gruppe solcher Verträge, die erstens **ähnliche Risiken** absichern und zweitens **gemeinsam gesteuert** werden.[617] Es ist jedoch sehr ermessensbehaftet, ein Portfolio aus Versicherungsverträgen nach diesen zwei Kriterien abzugrenzen, weshalb diese Regel neutral und deswegen glaubwürdig dargestellten Informationen entgegenstehen kann.[618] Unstrittig ist, dass sich das Sterblichkeitsrisiko einer

[611] Vgl. IASB (Hrsg.), IFRS 17, Anhang A, Tz. IN6 (d) sowie Tz. 32; GALLASCH, F., IFRS 4 Phase II, S. 74-80; HOMMEL, M./BIELKE, D./ZICKE, J., ED/2013/7, S. 405 f.

[612] Vgl. IASB (Hrsg.), IFRS 17, Tz. 37, Tz. B14 und Tz. B86; FECHNER, M., IFRS 4 und IFRS 9, S. 124 f.

[613] Vgl. IASB (Hrsg.), IFRS 17, Tz. 38 und Tz. 43; FECHNER, M., IFRS 4 und IFRS 9, S. 135 f.

[614] Vgl. HOMMEL, M./BIELKE, D./ZICKE, J., ED/2013/7, S. 404 f. und den Abschnitt 24.

[615] Vgl. zum Risikoausgleich im Kollektiv und zum Risikoausgleich in der Zeit den Abschnitt 221.

[616] Vgl. IASB (Hrsg.), ED/2013/7, Tz. B36-B37; GALLASCH, F., IFRS 4 Phase II, S. 85 f.

[617] Vgl. IASB (Hrsg.), IFRS 17, Anhang A, Tz. 14 und Tz. BC119; GALLASCH, F., IFRS 4 Phase II, S. 87-89.

[618] Zu den durch diese Portfoliodefinition eröffneten Ermessensspielräumen vgl. HELLER, S., Versicherungsverträge nach IFRS, S. 200; GALLASCH, F., IFRS 4 Phase II, S. 87-90.

Todesfallversicherung von dem Langlebigkeitsrisiko einer Rentenversicherung unterscheidet. Im Allgemeinen werden Lebensversicherungen vorwiegend nach **geografischen, rechtlichen und produktspezifischen Kriterien** gemeinsam gesteuert, beispielsweise da sie die gleichen Zinsgarantien beinhalten oder ihre Prämien in dieselben Kapitalanlagen investiert werden.[619]

Wie ausschlaggebend die Portfoliobildung dafür ist, entscheidungsnützliche Informationen zu vermitteln, zeigt sich besonders bei der **Servicemarge**.[620] Während sie für ein voraussichtlich gewinnbringendes Portfolio aus Versicherungsverträgen zu bilden ist, muss für ein voraussichtlich verlustbringendes Portfolio aufwandswirksam eine Rückstellung in Höhe der künftig drohenden Verluste passiviert werden. Dies ist nötig, wenn die **Summe** aus den diskontierten erwarteten Zahlungsströmen und der Risikomarge, die zusammen den **Erfüllungsbetrag** bilden, sowie den eventuell bereits vor Beginn der Deckungsperiode anfallenden *pre-coverage cash flows*, **positiv** ist. Dann erwartet der Versicherer, dass den künftigen Auszahlungen risikoadjustiert nicht ausreichend Prämieneinzahlungen gegenüberstehen werden.[621] Indes könnte der Versicherer die aufwandswirksam zu passivierende Rückstellung verhindern, indem er gewinn- und verlustbringende Verträge so in einem Portfolio **zusammenfasst**, dass insgesamt der Erfüllungsbetrag negativ wird. Um dies zu verhindern, beschloss der IASB, dass gewinn- und verlustbringende Verträge **nicht** in dem gleichen Portfolio enthalten sein dürfen. Ferner dürfen nur jene Versicherungsverträge in einem Portfolio bzw. einer Gruppe aggregiert werden, deren Vertragslaufzeiten sich um **höchstens ein Jahr** unterscheiden. Durch diese Regeln können Verträge mit positiven und negativen Erfüllungsbeträgen nicht mehr miteinander verrechnet werden, um zu umgehen, dass für eine Gruppe von voraussichtlich verlustbringenden Verträgen aufwandswirksam eine Drohverlustrückstellung passiviert werden muss.[622]

Der Bausteinansatz lässt sich in **vier Bausteine** herunterbrechen, welche jeweils einen Aspekt davon repräsentieren, wie die Versicherungsverträge nach IFRS 17 erst- und folgezubewerten sind. Die einzelnen Bausteine sind **voneinander abhängig**, sodass sie nur zusammen Versicherungsverträge entscheidungsnützlich abbilden. Dazu ist in der Abbildung 3-7 schematisch dargestellt, wie ein gewinnbringendes Portfolio aus Versicherungsverträgen im Bausteinansatz erstbewertet wird. Der erste Baustein umfasst die geschätzten künftigen **Zahlungsströme**

[619] Vgl. zu Steuerungsgrößen FÜHRER, C., ALM in der Lebensversicherung, S. 62 f. Dass Lebensversicherungen nicht zusammen mit Schaden-/Unfallversicherungen gesteuert werden, zeigt sich auch darin, dass sie ein spezielles Asset-Liability-Management erfordern. Vgl. den Abschnitt 252.

[620] Vgl. NGUYEN, T./MOLINARI, P., ED/2010/8, S. 122; KREEB, M./ZEITLER, M., IFRS 17, S. 301 f.

[621] Vgl. IASB (Hrsg.), IFRS 17, Tz. 47; HOMMEL, M./BIELKE, D./ZICKE, J., ED/2013/7, S. 407.

[622] Vgl. IASB (Hrsg.), IFRS 17, Tz. 16 und Tz. 22; IASB (Hrsg.), Changes since ED/2013/7 (agenda paper 2E), S. 14; IASB (Hrsg.), Level of aggregation (agenda paper 2A), S. 18; GALLASCH, F., IFRS 4 Phase II, S. 91.

eines Portfolios. Hierfür werden die zufließenden Prämien von den größtenteils für Versicherungsfälle und Abschluss- sowie Verwaltungskosten erwarteten Auszahlungen abgezogen. Da für die Abbildung 3-7 ein gewinnbringendes Portfolio unterstellt wird, übersteigen hier die erwarteten Einzahlungen aus Versicherungsverträgen die erwarteten Auszahlungen für Versicherungsverträge. Für den zweiten Bewertungsbaustein werden die künftigen Zahlungsströme aus Versicherungsverträgen mit marktkonsistenten Zinsen **diskontiert**, wodurch die zu verschiedenen Zeitpunkten anfallenden Ein- und Auszahlungen vergleichbar gemacht werden.[623] Hierbei werden die künftigen Auszahlungen normalerweise stärker abgezinst als die künftigen Einzahlungen, da die Auszahlungen für Versicherungsfälle typischerweise später anfallen als die Prämieneinzahlungen. Daher reduziert der in der Abbildung 3-7 gezeigte Diskontierungseffekt die saldierten Zahlungsströme aus den Verträgen. Die als der dritte Baustein ermittelte **Risikomarge** erhöht den Erfüllungsbetrag, da durch sie berücksichtigt wird, dass ein Versicherer für unsichere Zahlungsströme i. d. R. eine höhere Risikoprämie fordert als für sichere Zahlungsströme. Durch den vierten Baustein wird der hier ermittelte negative Erfüllungsbetrag mit einer betragsmäßig gleich hohen – aber positiven – **Servicemarge** ausgeglichen und somit neutralisiert. Dadurch ist gewährleistet, dass die für gewinnbringende Portfolios gebildeten versicherungstechnischen Rückstellungen stets zu Null Geldeinheiten (GE) erstbewertet werden und deshalb für erstmalig angesetzte Verträge keine Gewinne ausgewiesen werden.[624]

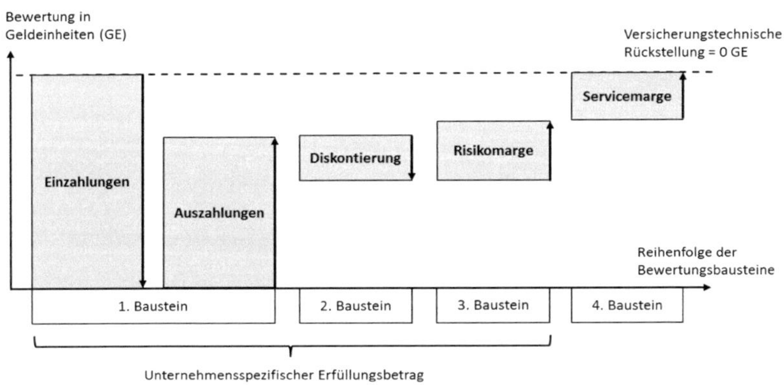

Abbildung 3-7: Schema der Erstbewertung eines Portfolios aus gewinnbringenden Versicherungsverträgen im Bausteinansatz[625]

[623] Vgl. IASB (Hrsg.), IFRS 17, Tz. 36; HARTUNG, T./ASCHE, B., Langer Weg zu IFRS 4, S. 375 f.
[624] Vgl. IASB (Hrsg.), IFRS 17, Tz. BC18; GALLASCH, F., IFRS 4 Phase II, S. 79 f.
[625] Die Abbildung ist angelehnt an GALLASCH, F., IFRS 4 Phase II, S. 81; ASCHE, B./HARTUNG, T., IFRS 4 und IFRS 9, S. 1194. Alternative Abbildungen der Erstbewertung im Bausteinansatz geben SCHWEINBERGER, S./HORSTKÖTTER, M., ED/2010/8, S. 549; NGUYEN, T./GROSCHE, S., ED/2010/8 (Teil II), S. 30.

334.2 Schätzung des Erwartungswerts der künftigen Zahlungsströme

Das Bündel der aus einem Portfolio von Versicherungsverträgen stammenden Rechte und Pflichten wird im Bausteinansatz erstmalig bewertet, indem zunächst die künftig anfallenden Zahlungsströme dafür **geschätzt** werden, dass der Versicherer die abgeschlossenen Versicherungsverträge vollständig erfüllen wird. Dazu muss er die Höhe der Ein- und Auszahlungen für alle möglichen **Erfüllungsszenarien** prognostizieren und mit für jedes Szenario unterstellten Eintrittswahrscheinlichkeiten multiplizieren, um auf diese Art die Daten und Annahmen in einen **Erwartungswert** zusammenzufassen.[626] Dieser unterscheidet sich von dem wahrscheinlichsten Wert, in dessen Höhe nach IAS 37.40 die für sogenannten einmaligen Verpflichtungen anzusetzenden nicht-versicherungstechnischen Rückstellungen zu passivieren sind.[627] Jedoch muss ein Versicherer den Erwartungswert der künftigen Zahlungsströme mittels aller möglichen Erfüllungsszenarien ermitteln, wenn dieses ihm ohne wesentliche Kosten möglich ist. Andernfalls darf er die erwarteten Zahlungsströme anhand von wenigen Annahmen über den künftigen Schadenverlauf bestimmen, wie es z. B. notwendig ist, falls er über zu wenige historische Schadendaten verfügt, um eine große Zahl von Szenarien zu simulieren. Weil aber **Lebensversicherungsverträge** oft voneinander abhängige Optionen und Garantien enthalten, ist es für sie nicht ausreichend, eine auf nur wenigen Annahmen basierende Wahrscheinlichkeitsfunktion aufzustellen. Stattdessen müssen die für diese Versicherungsverträge erwarteten Zahlungsströme typischerweise mit Hilfe einer **stochastischen Simulation**, z. B. durch eine sogenannte Monte-Carlo-Simulation, modelliert werden.[628]

Der IASB verlangt, dass die Zahlungsströme eines Versicherungsvertragsportfolios basierend auf **sechs verschiedenen Anforderungen** geschätzt werden.[629] Zum einen sind die Zahlungsströme **explizit** vorherzusagen, und zwar im Sinne von unabhängig zu den nachfolgenden drei Bewertungsbausteinen des Ansatzes. Sie dürfen also weder mit einem marktkonsistenten Zins diskontiert noch mittels der Risikomarge für ihren unsicheren zeitlichen und betragsmäßigen Anfall risikoadjustiert werden. Dadurch soll vermieden werden, dass der Versicherer die Bewertungsbausteine doppelt erfasst oder mit anderen Bausteinen vermischt. Separat geschätzte Zahlungsströme ermöglichen es auch, die Bilanzadressaten über gegenläufige Bewertungsef-

[626] Vgl. IASB (Hrsg.), IFRS 17, Tz. B37; GALLASCH, F., IFRS 4 Phase II, S. 93. Für Beispiele zur Bildung eines Erwartungswerts vgl. ASCHE, B., Bilanzpolitik von Versicherern, S. 173 f.

[627] Vgl. IASB (Hrsg.), IFRS 17, Tz. B38. Für die Bilanzierung von nicht-versicherungstechnischen Rückstellungen nach IAS 37 vgl. PELLENS, B. ET AL., Internationale Rechnungslegung, S. 440-449.

[628] Vgl. IASB (Hrsg.), IFRS 17, Tz. B39; WENG, A., ED/2010/8, S. 24. Zur Prognose von Zahlungsströmen durch Simulation vgl. FÜHRER, C., ALM in der Lebensversicherung, S. 152-157.

[629] Vgl. IASB (Hrsg.), IFRS 17, Tz. 33 und Tz. B36; HOMMEL, M./BIELKE, D./ZICKE, J., ED/2013/7, S. 405.

fekte zu informieren, weil sowohl der Erwartungswert der diskontierten Zahlungsströme, die Risikomarge als auch die Servicemarge getrennt voneinander auszuweisen sind.[630]

Zum anderen sind die Zahlungsströme nicht aus der Sicht eines anonymen Marktteilnehmers, sondern aus der **unternehmensspezifischen Perspektive des Versicherers** zu prognostizieren.[631] Dazu unterscheidet der IASB zwischen an Märkten direkt oder indirekt beobachtbaren Variablen, z. B. Preise börsennotierter Aktien oder Zinssätze, und allen anderen Variablen, die nicht an Märkten beobachtet werden können, z. B. Schadenhäufigkeiten und -ausmaße oder Sterblichkeitsraten.[632] Wenn ein Versicherer die Zahlungsströme eines Vertragsportfolios schätzt, muss er an dem Bewertungsstichtag tatsächlich an Märkten **beobachtbare Variablen** verwenden und darf sie nicht durch selbst geschätzte Variablen ersetzen. Nur falls die bewertungsrelevanten Marktvariablen an dem relevanten Bewertungsstichtag nicht aus öffentlichen Quellen beobachtet werden können, darf der Versicherer auf **selbst** geschätzte Marktvariablen zurückgreifen, die dann aber verfügbaren Marktdaten **nicht widersprechen** dürfen und **möglichst konsistent** zu ihnen sein sollen.[633] Hinsichtlich generell nicht an Märkten beobachtbarer Variablen fordert der IASB, dass alle relevanten extern und intern verfügbaren Informationen berücksichtigt werden, um sie zu ermitteln. Dazu muss der Versicherer beurteilen, ob externe Informationen, z. B. nationale Sterbetafeln, oder interne Informationen, z. B. selbst aufgestellte Sterbetafeln, das Vertragsportfolio besser repräsentieren und somit für die Bewertung höher zu gewichten sind. Des Weiteren dürfen auch nicht an Märkten beobachtbare Variablen den relevanten und verfügbaren Marktdaten nicht widersprechen. Zum Beispiel müssen intern geschätzte Inflationsraten möglichst konsistent zu Inflationsraten sein, die aus beobachtbaren Marktzinsen abgeleitet werden.[634]

Es ist zu begrüßen, dass gemäß IFRS 17 die Zahlungsströme von Versicherungsverträgen aus einer **unternehmensspezifischen und dennoch zugleich möglichst marktkonformen** Perspektive vorhergesagt werden, da Versicherungsverträge als überwiegend nicht standardisierte Finanzprodukte selten gehandelt werden und somit meistens weder Marktpreise noch bewertungsrelevante Marktvariablen für diese Vertragsart beobachtbar sind. Stattdessen werden Versicherungsverträge größtenteils **mittels unternehmensinterner Annahmen und Daten**

---

[630] Vgl. IASB (Hrsg.), IFRS 17, Tz. 101; GALLASCH, F., IFRS 4 Phase II, S. 98.

[631] Vgl. IASB (Hrsg.), IFRS 17, Tz. 33 (b) und Tz. BC19 (a); ELLENBÜRGER, F./ENGELÄNDER, S./KÖLSCHBACH, J., ED/2013/7, S. 817 f.; HOMMEL, M./BIELKE, D./ZICKE, J., ED/2013/7, S. 405.

[632] Vgl. IASB (Hrsg.), IFRS 17, Tz. B42-B43; NGUYEN, T./MOLINARI, P., ED/2010/8, S. 114 f.

[633] Vgl. IASB (Hrsg.), IFRS 17, Tz. 33 (b), Tz. B44 und Tz. BC18 sowie Tz. BC152.

[634] Vgl. IASB (Hrsg.), IFRS 17, Tz. B49-B51, Tz. B59 und Tz. BC154.

bewertet, die nicht an Märkten beobachtet werden können.[635] Dies sind für die langfristigen Lebensversicherungsverträge z. B. künftige Stornoquoten oder die Ergebnisse von individuellen Gesundheitsprüfungen. Jedoch werden die Abschlussadressaten sowohl entscheidungsrelevant als auch glaubwürdig informiert, soweit am Bewertungsstichtag beobachtbare Marktvariablen **unverändert** genutzt werden, um die Lebensversicherungsverträge zu bewerten.[636] Soweit nicht an Märkten beobachtbare Variablen verwendet werden, sollten diese möglichst konsistent zu Marktdaten sein, um den Adressaten entscheidungsnützliche Informationen über emittierte Versicherungsverträge zu vermitteln. Denn beispielsweise korrelieren die Kündigungsraten für Lebensversicherungsverträge positiv mit Marktzinserhöhungen, weshalb diese Kündigungsraten möglichst aus beobachtbaren Marktdaten abzuleiten sind.[637]

Ein Versicherer muss nach IFRS 17 die aus einem Vertragsportfolio resultierenden Zahlungsströme nicht nur explizit und weitestgehend unternehmensspezifisch schätzen, sondern auch **alle verfügbaren Informationen** darüber berücksichtigen, wie hoch, wann und wie sicher die künftigen Ein- und Auszahlungen anfallen werden. Hierbei muss er alle verfügbaren Informationen **neutral** betrachten, also ohne sie zu einem gewünschten Ergebnis oder Verhalten hin zu werten.[638] Jedoch ist es **widersprüchlich**, dass einerseits alle verfügbaren Informationen genutzt werden müssen, um die Zahlungsströme vorherzusagen, andererseits aber nur so viele Erfüllungsszenarien betrachtet werden brauchen, dass dem Versicherer hierdurch keine wesentlichen Kosten entstehen.[639] Damit ein Versicherer festlegen kann, wie wahrscheinlich die künftigen Zahlungsströme aus einem Vertragsportfolio anfallen werden, nennt der IASB die folgenden **Informationsquellen**:[640]

- von Versicherungsnehmern bereits berichtete Schadeninformationen;
- andere Informationen zu bekannten oder geschätzten Eigenschaften des Portfolios aus Versicherungsverträgen;
- historische Erfahrungswerte des Versicherers, die mit Informationen aus anderen Quellen ergänzt und an geänderte Rahmenbedingungen angepasst werden müssen, falls dies notwendig ist;

[635] Vgl. EBBERS, G., Insurance and fair value, S. 250; PERLET, H., Fair Value-Bilanzierung, S. 452 f.
[636] Vgl. IASB (Hrsg.), ED/2013/7, Tz. BCA29; GALLASCH, F., IFRS 4 Phase II, S. 99.
[637] Vgl. IASB (Hrsg.), IFRS 17, Tz. B53, Tz. B56 und Tz. BC212.
[638] Vgl. IASB (Hrsg.), IFRS 17, Tz. 33 (a) und Tz. B39; IASB (Hrsg.), ED/2013/7, Tz. 22 (c) und Tz. BCA32.
[639] Vgl. ebenso GALLASCH, F., IFRS 4 Phase II, S. 101.
[640] Vgl. IASB (Hrsg.), IFRS 17, Tz. B41; IASB (Hrsg.), ED/2013/7, Tz. B54.

- aktuelle Preisinformationen für Finanzinstrumente, die ähnliche Risiken wie die betrachteten Versicherungsverträge umfassen. Ein Beispiel sind die Marktpreise von Katastrophenanleihen, da sie mit bestimmten Schaden-/Unfallversicherungsverträgen vergleichbar sind.

Außerdem fordert der IASB, dass die Daten und Annahmen, mit denen die künftigen Zahlungsströme geschätzt werden, **an jedem Bewertungsstichtag aktualisiert** werden müssen.[641] Hingegen werden die Rechnungsgrundlagen nach vielen nationalen Bilanzierungsregeln für Versicherungsverträge – z. B. US-GAAP oder HGB – nur für ein erstmals angesetztes Vertragsportfolio ermittelt und später nicht aktualisiert.[642]

Dass nach IFRS aktuelle Informationen zu verwenden sind, bedeutet aber nicht, dass künftige Zahlungsströme aus Versicherungsverträgen nur mit gegenwartsbezogenen Daten vorherzusagen sind. Vielmehr sind die Ein- und Auszahlungen so zu schätzen, dass alle verfügbaren und relevanten Informationen reflektiert sind, die sowohl vergangenheits-, gegenwarts- als auch zukunftsbezogen sein können. Hierdurch soll der Erfüllungsbetrag möglichst unverzerrt bestimmt werden.[643] Dafür ist es auch wichtig, künftige Trends zu berücksichtigen und solche Daten zu eliminieren, die sehr weit von dem Durchschnitt aus einer Stichprobe abweichen.[644]

Als letzte der sechs Anforderungen dafür, die künftigen Zahlungsströme zu schätzen, verlangt der IASB, dass nur innerhalb der vertraglichen Grenze eines Versicherungsvertrags anfallende Zahlungen berücksichtigt werden.[645] Eine Ein- oder Auszahlung befindet sich innerhalb dieser sogenannten **Vertragsgrenze** und ist aus diesem Grund in die zu erwartenden Zahlungsströme einzubeziehen, wenn entweder:[646]

(1) der Versicherer den Versicherungsnehmer mit rechtlichen Mitteln dazu zwingen könnte, künftig fällig werdende Prämien zu zahlen; oder

(2) der Versicherer dazu **verpflichtet** ist, dem Versicherungsnehmer den vertraglich festgelegten Versicherungsschutz oder eine andere Leistung zu gewähren. Diese Pflicht und die durch sie bestimmte Vertragsgrenze **enden**, sobald entweder:

641 Vgl. IASB (Hrsg.), IFRS 17, Tz. 33(c) und Tz. B56; IASB (Hrsg.), ED/2013/7, Tz. 22 (d) und Tz. BCA26.

642 Für den deutschen Rechtsraum waren die Rechnungsgrundlagen für die bis zum 29.07.1994 abgeschlossenen Versicherungsverträge starr vorgegeben. Vgl. ROCKEL, W. ET AL., Versicherungsbilanzen, S. 182.

643 Vgl. SCHLÜTER, J./BONIN, C., in: Beck'sches IFRS-Handbuch, 5. Aufl., § 40, Tz. 79.

644 Vgl. IASB (Hrsg.), IFRS 17, Tz. B54-B57; GALLASCH, F., IFRS 4 Phase II, S. 102.

645 Vgl. IASB (Hrsg.), IFRS 17, Tz. 33; IASB (Hrsg.), ED/2013/7, Tz. 22 (e) und Tz. B62.

646 Vgl. IASB (Hrsg.), IFRS 17, Tz. 34-35, Tz. B61-B66, Tz. BC69, Tz. BC138 und Tz. BC159-BC161.

a. der Versicherer dazu berechtigt oder befähigt ist, das **Risiko eines einzelnen** Versicherungsvertrags **neu zu beurteilen** und infolgedessen die Prämien oder die Versicherungsleistungen anpassen kann; oder

b. dies für ein Vertragsportfolio gegeben ist und zugleich in den bis zum Zeitpunkt einer erneuten Risikobeurteilung kalkulierten Prämien kein Risiko eingepreist wurde, welches sich auf künftige Deckungsperioden bezieht.

Mit diesen Kriterien soll erreicht werden, dass nur für **existierende** Versicherungsverträge erwartete Zahlungsströme bilanziell abgebildet werden. Hingegen sollen die für künftig kontrahierte Versicherungsverträge fälligen Zahlungsströme unberücksichtigt bleiben.[647] Weil das erstgenannte Kriterium praktisch nie erfüllt ist, wird hier das **zweite Kriterium** betrachtet.[648] Nach diesem Kriterium können die Zahlungsströme aus Vertragsverlängerungen von Schaden-/Unfallversicherungen nicht in den Erfüllungsbetrag fließen. Dies gilt selbst dann, wenn die Versicherungsnehmer ihre häufig einjährigen Verträge erfahrungsgemäß nicht fristgerecht kündigen, wodurch sie sich einjährig verlängern. Denn ein Schaden-/Unfallversicherer kann das Risiko einzelner Verträge oder eines Portfolios aus Versicherungsverträgen neu beurteilen und daraufhin die Prämien oder die Versicherungsleistungen an eine geänderte Risikosituation anpassen, bevor er zustimmt, einen Vertrag zu verlängern.[649] Deshalb enden die Vertragsgrenzen und somit der Zeithorizont für einzubeziehende Zahlungsströme aus Verträgen der Schaden-/Unfall-versicherung mit ihrer Vertragslaufzeit, die typischerweise einjährig ist.[650]

Im Unterschied hierzu werden **Lebensversicherungsverträge** für mehrere Jahre oder Jahrzehnte abgeschlossen und daher sehr selten verlängert. Für sie ist stattdessen relevant, dass voraussichtliche Vertragskündigungen und Beitragsfreistellungen berücksichtigt werden müssen, um die zur Vertragserfüllung notwendigen Zahlungsströme zu schätzen.[651] Zwar kann das erwartete Kundenverhalten kaum intersubjektiv nachprüfbar vorhergesagt werden, da die meisten Versicherungsnehmer die **eingebetteten Optionen zur Kündigung oder Beitragsfreistellung** nicht finanzrational ausüben, sondern aufgrund ihrer **individuellen Verhältnisse**, z. B. ihrer Gesundheit oder finanziellen Situation. Trotzdem ist es entscheidungsnützlich, in

[647] Vgl. IASB (Hrsg.), IFRS 17, Tz. BC160; ELLENBÜRGER, F./ENGELÄNDER, S./KÖLSCHBACH, J., ED/2013/7, S. 818; GALLASCH, F., IFRS 4 Phase II, S. 102 f.

[648] Vgl. IASB (Hrsg.), DP Insurance Contracts, Tz. 155; GALLASCH, F., IFRS 4 Phase II, S. 103.

[649] Vgl. SCHLÜTER, J./BONIN, C., in: Beck'sches IFRS-Handbuch, 5. Aufl., § 40, Tz. 81; NGUYEN, T./MOLINARI, P., ED/2010/8, S. 115; KÖLSCHBACH, J., Überschussbeteiligung, S. 245 f. Für die vorvertragliche Risikoprüfung vgl. KURZENDÖRFER, V., Lebensversicherung, S. 221-223.

[650] Vgl. IASB (Hrsg.), DP Insurance Contracts, Tz. 158; GALLASCH, F., IFRS 4 Phase II, S. 103.

[651] Vgl. IASB (Hrsg.), IFRS 17, Tz. B62 und Tz. BC160; IASB (Hrsg.), ED/2013/7, Tz. B63 und Tz. BC37.

den Zahlungsströmen zu berücksichtigen, wie die Versicherungsnehmer eingebettete Optionen ausüben werden, wenn hierfür auf die zur internen Steuerung gebildeten Annahmen zurückgegriffen wird und diese Annahmen außerdem möglichst konsistent zu beobachtbaren Marktdaten sind.[652]

Die einzubeziehenden Zahlungsströme bestehen folglich aus den erwarteten Ein- und Auszahlungen, die innerhalb der Vertragsgrenzen der Verträge eines Portfolios anfallen. Hierzu zählen auch die Abschluss- und Verwaltungskosten, die einem Vertragsportfolio direkt zugerechnet werden können. Als Einzahlungen erhält ein Versicherer Risiko- und Sparprämien sowie Regresserlöse, wobei auch der **Zeitwert** von nicht abgespaltenen Optionen und Garantien zu berücksichtigen ist. Als Auszahlungen für ein Vertragsportfolio fallen vor allem Entschädigungszahlungen für Versicherungsfälle und **Abschlusskosten** an, die z. B. für Versicherungsvermittler fällig sind. Die einem gebildeten Vertragsportfolio direkt zurechenbaren **Verwaltungskosten** umfassen z. B. Kosten für die Schadenbearbeitung und Vertragsverwaltung und transaktionsbasierte Steuern und Gebühren. Zu den weiteren fixen oder variablen Gemeinkosten, die einem Vertragsportfolio oft direkt zugerechnet werden können, zählen die Kosten für das Management der deckenden Kapitalanlagen und für die Buchhaltung.[653]

Diese Beispiele für direkt zurechenbare Zahlungsströme sind in der Abbildung 3-8 zusammengefasst. Dabei dienen die direkt zurechenbaren Zahlungsströme als die Grundlage, um für IFRS 17 den aktuellen Erfüllungsbetrag für die Rechte und Pflichten aus Versicherungsverträgen zu ermitteln. Falls diese Zahlungsströme einem Vertragsportfolio jedoch **nicht direkt zugerechnet** werden können, sind sie in der GuV zu erfassen, sobald sie anfallen.[654]

Einzahlungen	Auszahlungen	Verwaltungskosten
• Risiko- und Sparprämien • Einzahlungen aus Regressansprüchen • Positiver Zeitwert von nicht abgespaltenen Optionen und Garantien	• Entschädigungszahlungen für Versicherungsfälle • Abschlusskosten • Negativer Zeitwert von nicht abgespaltenen Optionen und Garantien	• Fixe und variable Gemeinkosten, z. B. für Schadenbearbeitung, Vertragsverwaltung und Asset-Management • Transaktionsbasierte Steuern und Gebühren

Abbildung 3-8: Überblick über Zahlungsströme, die einem Vertragsportfolio zugerechnet werden können[655]

[652] Vgl. KÖLSCHBACH, J., Überschussbeteiligung, S. 247; GALLASCH, F., IFRS 4 Phase II, S. 113 f.
[653] Vgl. IASB (Hrsg.), IFRS 17, Tz. B65; HOMMEL, M./BIELKE, D./ZICKE, J., ED/2013/7, S. 405.
[654] Vgl. IASB (Hrsg.), IFRS 17, Tz. B66; GALLASCH, F., IFRS 4 Phase II, S. 108 f.
[655] Die Abbildung ist angelehnt an FECHNER, M., IFRS 4 und IFRS 9, S. 114.

Im Unterschied zu den oben dargestellten Beispielen schließt der IASB bestimmte Sachverhalte explizit als jene Zahlungsströme aus, die in die Bewertung von Versicherungsverträgen einbezogen werden können, und zwar selbst, wenn sie einem Vertragsportfolio direkt zugerechnet werden können. So dürfen beispielsweise die **Kapitalerträge** eines Versicherers nicht als Einzahlungen berücksichtigt werden, da sie nicht nach IFRS 17, sondern im Zusammenhang mit aktivischen Finanzinstrumenten nach IFRS 9 auszuweisen sind. Auch sind alle aus **Rückversicherungsverträgen** stammenden Zahlungsströme ausgeschlossen, weil sie gemäß IFRS 17 **separat** als Rückversicherungsverträge bilanziert werden. Des Weiteren sind Entwicklungskosten für neue Versicherungsprodukte und Fortbildungskosten für die Mitarbeiter eines Versicherers explizit als **nicht direkt zurechenbare** Gemeinkosten anzusehen und somit unmittelbar erfolgswirksam zu buchen, sobald diese Kosten anfallen.[656]

334.3 Diskontierung der Zahlungsströme mit aktuellen Marktzinsen

Während die künftigen Zahlungsströme aus Versicherungsverträgen vor allem durch unternehmensinterne Daten und Annahmen geschätzt werden, ist es sinnvoll, diese Zahlungsströme auf der Basis von öffentlich verfügbaren Marktdaten **abzuzinsen.**[657] Denn hiermit können den Abschlussadressaten **entscheidungsnützlichere Informationen vermittelt** werden, als wenn die Zahlungsströme für Lebensversicherungsverträge nicht – wie nach US-GAAP – oder mit dem beim Erstansatz festgelegten Höchstzinssatz – wie nach HGB – diskontiert werden.[658] Deshalb sind gemäß IFRS 17 die aus einem Portfolio von Versicherungsverträgen erwarteten Zahlungsströme nicht als Endwerte, sondern als um den **Zeitwert des Geldes** bereinigte Barwerte zu einem Erwartungswert zu verdichten.[659] Dadurch werden die zu verschiedenen Zeitpunkten anfallenden Zahlungsströme aus Versicherungsverträgen **vergleichbar** gemacht.[660] Denn für einen Versicherer sind später anfallende Auszahlungen weniger belastend als früher anfallende Auszahlungen und später zufließende Einzahlungen sind für ihn weniger vorteilhaft als früher zufließende Einzahlungen.[661] Dadurch, dass die Zahlungsströme aus Versicherungsverträgen mit einem aktuellen Marktzins diskontiert werden, wird auch berücksichtigt,

---

[656] Vgl. IASB (Hrsg.), IFRS 17, Tz. B66; HARTUNG, T./ASCHE, B., Langer Weg zu IFRS 4, S. 375.

[657] Vgl. IASB (Hrsg.), ED/2010/8, Tz. B49; NGUYEN, T./GROSCHE, S., ED/2010/8, S. 428.

[658] Vgl. MOLINARI, P./NGUYEN, T., Entscheidungsnützlichkeit von IFRS 4, S. 295; GALLASCH, F., IFRS 4 Phase II, S. 264; ROCKEL, W. ET AL., Versicherungsbilanzen, S. 85 f.

[659] Vgl. IASB (Hrsg.), IFRS 17, Tz. 32 und Tz. 36; HARTUNG, T./ASCHE, B., Langer Weg zu IFRS 4, S. 375 f.

[660] Vgl. ELLENBÜRGER, F./ENGELÄNDER, S./KÖLSCHBACH, J., ED/2013/7, S. 818.

[661] Vgl. IASB (Hrsg.), ED/2013/7, Tz. BCA65; VARAIN, T. C., Versicherungsverpflichtungen, S. 120.

dass ein Versicherer die im Voraus eingenommenen Prämien am Kapitalmarkt investiert und somit die erzielten Erträge dazu verwenden kann, seinen Verpflichtungen nachzukommen.[662]

Die erwarteten Zahlungsströme aus einem Portfolio von Versicherungsverträgen sind abzuzinsen, indem jene **Diskontzinsen** verwendet werden, die die Merkmale eben jener Zahlungsströme widerspiegeln. Hierzu müssen die verwendeten Diskontzinsen:[663]

(1) konsistent sein zu den aktuell **beobachtbaren Marktpreisen** für Finanzinstrumente, deren Zahlungsströme die gleichen Eigenschaften aufweisen wie die Zahlungsströme der Versicherungsverträge, z. B. bezüglich Anfallzeitpunkte, Währung und Liquidität; und

(2) alle **Faktoren ausschließen**, die zwar die beobachtbaren Preise für die gewählten Finanzinstrumente beeinflussen, nicht aber die Zahlungsströme aus Versicherungsverträgen.

Laut der ersten Anforderung basieren die Diskontzinsen auf aktuell beobachtbaren Marktpreisen für solche Finanzinstrumente, deren künftige Zahlungsströme sowohl zeitgleich anfallen, in derselben Währung notieren und gleich liquide sind wie die zu diskontierenden Zahlungsströme aus den jeweiligen Versicherungsverträgen. Ferner dürfen in den Marktpreisen dieser Finanzinstrumente **keine Kreditrisiken** eingepreist sein, da der IASB annimmt, dass die aus Versicherungsverträgen resultierenden Zahlungsströme immer erfüllt werden und deswegen nicht ausfallgefährdet sind.[664] Jedoch ist es praktisch nicht möglich, Marktpreise von solchen Instrumenten zu beobachten, deren Zahlungsströme alle Merkmale der Zahlungsströme aus Versicherungsverträgen besitzen. Zwar können derartige Instrumente gewählt werden, deren Zahlungsströme möglichst zeitgleich und in derselben Währung anfallen wie die Zahlungsströme aus Versicherungsverträgen.[665] Aber zum einen werden Lebensversicherungsverträge nicht oder kaum gehandelt, weshalb sie **höchst illiquide** sind,[666] während die ausgewählten Instrumente an aktiven Märkten gehandelt sein müssen, damit für sie aktuelle Preisinformationen verfügbar sind.[667] Und zum anderen sind Versicherungsverträge definitionsgemäß nicht

[662] Vgl. ROCKEL, W./SAUER, R., DP Insurance Contracts, S. 744 und im HGB-Kontext BOETIUS, J., Versicherungstechnische Rückstellungen, S. 106-111; SPÄTH, J., Deckungsrückstellungen, S. 99 f.
[663] Vgl. IASB (Hrsg.), IFRS 17, Tz. 36; HOMMEL, M./BIELKE, D./ZICKE, J., ED/2013/7, S. 406.
[664] Vgl. IASB (Hrsg.), IFRS 17, Tz. BC155 und Tz. BC168; WENG, A., ED/2010/8, S. 24.
[665] Vgl. IASB (Hrsg.), IFRS 17, Tz. B72-B74; GALLASCH, F., IFRS 4 Phase II, S. 125-127.
[666] Vgl. IASB (Hrsg.), IFRS 17, Tz. B78-B84 und Tz. BC196; IASB (Hrsg.), IFRS 17, Tz. B70 und Tz. BCA19.
[667] Vgl. auch die im Abschnitt 314 beschriebene Fair Value-Bewertung nach IFRS 13.

ausfallgefährdet, wohingegen die betrachteten Instrumente, die auch aus Renditeimmobilien bestehen können, stets Kreditrisiken beinhalten, für die Investoren zu kompensieren sind.[668]

Da also die erwarteten Zahlungsströme aus Versicherungsverträgen höchst illiquide und nicht ausfallgefährdet sind, können sie **nicht unmittelbar** mit aus beobachtbaren Marktpreisen abgeleiteten Zinsen diskontiert werden. Daher muss ein Versicherer laut der zweiten **Anforderung** die aktuellen Marktzinsen **anpassen**. Hierfür sind einerseits alle Faktoren zu eliminieren, welche die Zahlungsströme für die Versicherungsverträge nicht beeinflussen. Andererseits sind Faktoren in den Diskontzinsen für Versicherungsverträge zu berücksichtigen, die nicht in den aktuellen Marktzinsen enthalten sind.[669] Zwar normiert der IASB keine Methode, mit der die Marktzinsen an die Eigenschaften der Versicherungsverträge angepasst werden sollen. Aber zumindest beschreibt er **zwei alternative Ansätze** hierfür, nämlich den *top-down approach* und den *bottom-up approach.* Mit diesen Ansätzen bezweckt der IASB, dass ein Versicherer aus aktuellen Marktzinsen solche Diskontzinsen ableitet, die den Merkmalen der Zahlungsströme einer Gruppe aus zu diskontierenden Versicherungsverträgen möglichst entsprechen und daher u. a. nur den Zeitwert des Geldes reflektieren.[670]

Der ***top-down approach*** basiert auf einer Zinsstrukturkurve aus beobachtbaren und aktuellen Marktrenditen für das entweder vom Versicherer gehaltenen Portfolio aus Vermögenswerten oder für ein Referenzportfolio, welches das tatsächliche Portfolio repräsentiert. Da die in beobachtbaren Marktrenditen i. d. R. eingepreisten **Risikoprämien** die Zahlungsströme aus den Versicherungsverträgen nicht beeinflussen, muss der Versicherer diese Prämien **eliminieren**. Zum Beispiel sind die Renditen im *top-down approach* um die enthaltenen Risikoprämien für das **Kreditrisiko** des Schuldners zu mindern, da die Zahlungsströme aus den Versicherungsverträgen keinem solchem Risiko unterliegen. Ferner muss die beobachtete Zinsstrukturkurve für **zeitliche Differenzen** zwischen den Zahlungsströmen aus den Vermögenswerten und den Versicherungsverträgen korrigiert werden, damit diese Zahlungsströme möglichst zeitgleich anfallen. Hierdurch werden die Durationen der Vermögenswerte und Versicherungsverträge einander angeglichen.[671] Ferner müssen die Zahlungsströme des Kapitalanlagen- bzw. des Referenzportfolios in der gleichen Währung anfallen wie die Zahlungsströme der Gruppe aus

[668] Vgl. SCHLÜTER, J./BONIN, C., in: Beck'sches IFRS-Handbuch, 5. Aufl., § 40, Tz. 82; GALLASCH, F., IFRS 4 Phase II, S. 128 f. Vgl. auch Abschnitt 327 zur Wertminderung nach IFRS 9.

[669] Vgl. IASB (Hrsg.), IFRS 17, Tz. B78-B84; IASB (Hrsg.), ED/2013/7, Tz. B69 und Tz. BCA78.

[670] Vgl. IASB (Hrsg.), ED/2013/7, Tz. B69; HOMMEL, M./BIELKE, D./ZICKE, J., ED/2013/7, S. 406.

[671] Vgl. auch die im Abschnitt 255.3 erläuterte ALM-Methode des Duration-Matching.

abzuzinsenden Versicherungsverträgen, damit die von dem Abschlussersteller errechneten Diskontzinsen keine Risikoprämie für das Währungsrisiko umfassen.[672]

Im Gegensatz zu dem *top-down approach* basiert der ***bottom-up approach*** auf dem theoretischen Konstrukt einer völlig kreditrisikofreien Zinsstrukturkurve. Da aber alle Vermögenswerte einem gewissen Kreditrisiko unterliegen, sind die Marktzinsen im *bottom-up approach* aus möglichst kreditrisikofreien Finanzinstrumenten abzuleiten, z. B. aus Staatsanleihen von höchster Bonität oder aus besicherten Zinsswaps.[673] Anschließend muss ein Versicherer diesen annähernd kreditrisikofreien Marktzinsen alle nicht bereits in ihnen eingepreisten Risikofaktoren **hinzuaddieren**, die die Zahlungsströme aus den Versicherungsverträgen beeinflussen.[674] So muss er den aktuellen Marktzinsen bzw. Marktrenditen z. B. eine Risikoprämie dafür zuschlagen, dass Versicherungsverträge illiquide sind, sofern er die Diskontzinsen anhand von liquiden Vermögenswerten ermittelt, z. B. durch Staatsanleihen höchster Bonität oder durch besicherte Zinsswaps.[675] Auch im *bottom-up approach* basiert die relevante Zinsstrukturkurve auf Vermögenswerten, deren Zahlungsströme zeitlich und bezüglich der Währung möglichst den Zahlungsströmen aus den ausgegebenen Versicherungsverträgen ähneln sollen.

Sowohl im *top-down approach* als auch im *bottom-up approach* müssen verbliebene **zeitliche Differenzen** zwischen den Zahlungsströmen aus Vermögenswerten sowie aus Versicherungsverträgen korrigiert werden. Für den beobachtbaren Teil der verwendeten Zinsstrukturkurve geschieht dies, indem die Marktzinsen **interpoliert** werden, sodass auch für nicht beobachtbare Zeitpunkte Diskontzinsen verfügbar sind. Jedoch können typischerweise nur Marktzinsen für Anleihen mit einer Laufzeit von bis zu 30 Jahren beobachtet werden. Indes stehen diesen Anleihen **Lebensversicherungen** mit Vertragslaufzeiten von bis zu 60 Jahren gegenüber. Aus diesem Grund müssen für den nicht beobachtbaren Teil der Zinsstrukturkurve die beobachtbaren Marktzinsen – z. B. mit der Hilfe der Svensson-Methode – **extrapoliert** werden, damit auch für weit in der Zukunft liegenden Zeitpunkte Diskontzinsen verfügbar sind.[676]

Der IASB legt bewusst nicht fest, **welche Vermögenswerte** das Portfolio umfassen soll, aus dem die Diskontzinsen für die Zahlungsströme aus Versicherungsverträgen abgeleitet werden. Aber die beobachteten Marktzinsen müssen umso weniger angepasst werden, je ähnlicher die

---

672 Vgl. IASB (Hrsg.), IFRS 17, Tz. B79 und Tz. B84; FECHNER, M., IFRS 4 und IFRS 9, S. 122 f.
673 Vgl. auch BALLWIESER, W., Risikoloser Zins für die Unternehmensbewertung, S. 21-24.
674 Vgl. SCHLÜTER, J./BONIN, C., in: Beck'sches IFRS-Handbuch, 5. Aufl., § 40, Tz. 82.
675 Vgl. IASB (Hrsg.), IFRS 17, Tz. BC193; ASCHE, B./HARTUNG, T., IFRS 4 und IFRS 9, S. 1196 f.
676 Vgl. IASB (Hrsg.), ED/2013/7, Tz. B71; GDV (Hrsg.), Risikofreie Zinsstrukturkurve, S. 16-21.

Zahlungsströme der ausgewählten Vermögenswerte zu den Zahlungsströmen der Versicherungsverträge sind. Deswegen bietet es sich an, überwiegend auf die Marktpreise von Fremdkapitalinstrumenten zurückzugreifen, z. B. von Staats- oder Unternehmensanleihen mit unterschiedlichen Laufzeiten. Die in den Marktpreisen der ausgewählten Instrumente eingepreisten Kreditrisikoprämien können z. B. durch Marktpreise für Kreditderivate quantifiziert und anschließend eliminiert werden. Im Unterschied dazu eignen sich Eigenkapitalinstrumente oder als Finanzinvestitionen gehaltene Immobilien kaum, um Diskontzinsen abzuleiten. Denn ihre Zahlungsströme unterscheiden sich vergleichsweise stark von den Zahlungsströmen aus (Lebens-)Versicherungsverträgen.[677]

Sofern die Diskontzinsen aus liquiden Vermögenswerten ermittelt werden, ist ihnen sowohl im *top-down approach* als auch im *bottom-up approach* eine **Risikoprämie für die fehlende Liquidität** von Versicherungsverträgen hinzuzurechnen. Jedoch kann diese Illiquiditätsrisikoprämie nur sehr selten quantifiziert werden, da sie kaum von der Kreditrisikoprämie getrennt werden kann.[678] Ferner wird in der Literatur kritisiert, dass nach IFRS 17 in den Diskontzinsen eine Illiquiditätsrisikoprämie enthalten sein soll, weil fraglich ist, ob die Illiquidität von Zahlungen aus Versicherungsverträgen nicht bereits in deren Erwartungswert eingeht.[679]

Die verwendeten Diskontzinsen müssen nicht nur den aktuellen Zeitwert des Geldes widerspiegeln, sondern auch **konsistent zu den geschätzten Zahlungsströmen** sein, sodass keine Aspekte ignoriert oder doppelt erfasst werden. Beispielsweise sind nominale, also nicht inflationsbereinigte, erwartete Zahlungsströme mit nominalen Zinsen sowie reale, also inflationsbereinigte, erwartete Zahlungsströme mit realen Zinssätzen zu diskontieren.[680] Ferner darf das **eigene Kreditrisiko** des Versicherers weder in den geschätzten Zahlungsströmen noch in den verwendeten Diskontzinsen enthalten sein.[681] Ansonsten könnte es nämlich zu der **paradoxen Situation** kommen, dass ein Lebensversicherer mit einem hohem eigenen Kreditrisiko nach IFRS 17 einen geringeren Erfüllungsbetrag für seine Lebensversicherungsverträge passivieren muss als ein Lebensversicherer mit einem geringen eigenen Kreditrisiko.[682]

---

677 Vgl. IASB (Hrsg.), ED/2013/7, Tz. B71 und Tz. B74. Zur Ableitung von Kreditrisikoprämien aus den Preisen für Credit-Default-Swaps vgl. OLBRICH, A., Wertminderung nach IFRS 9, S. 116-120.

678 Vgl. IASB (Hrsg.), IFRS 17, Tz. BC196; IASB (Hrsg.), ED/2013/7, Tz. BCA77; GRÜNBERGER, D./SOPP, G., Kredit- und Liquiditätsrisiko, S. 444 f.; GDV (Hrsg.), Risikofreie Zinsstrukturkurve, S. 46-48.

679 Vgl. NGUYEN, T./GROSCHE, S., ED/2010/8, S. 428; HOMMEL, M./BIELKE, D./ZICKE, J., ED/2013/7, S. 407; GRÜNBERGER, D./SOPP, G., Kredit- und Liquiditätsrisiko, S. 444 f.

680 Vgl. IASB (Hrsg.), IFRS 17, Tz. 26; FECHNER, M., IFRS 4 und IFRS 9, S. 117 f.

681 Vgl. IASB (Hrsg.), IFRS 17, Tz. 31, Tz. BC197 und Tz. BC326.

682 Vgl. VARAIN, T. C., Versicherungsverpflichtungen, S. 144.

334.4 Abbildung der versicherungstechnischen Risiken in der Risikomarge

Wie in den Abschnitten 334.2 und 334.3 erläutert worden ist, wird eine Gruppe aus erstmalig angesetzten Versicherungsverträgen bewertet, indem die in einer großen Zahl von Erfüllungsszenarien anfallenden Zahlungsströme geschätzt, mit marktkonsistenten Zinsen diskontiert und in einem Erwartungswert zusammengefasst werden. Da die versicherten Risiken definitionsgemäß **zufällig eintreten**, ist es hierbei unvermeidlich, dass die tatsächlichen von den so geschätzten Zahlungsströmen **abweichen**.[683] Davon ist auch auszugehen, da durch einen Erwartungswert generell kein bestimmtes Ergebnis geschätzt wird, sondern es wird aus einer Bandbreite von möglichen Ergebnissen ein wahrscheinlichkeitsgewichtetes Ergebnis berechnet.[684] Die Höhe dieser versicherungstechnischen Risiken wird nach IFRS 17 im Rahmen des dritten Bewertungsbausteins ermitteln und geht als die sogenannte Risikomarge in den für die Gruppe aus Versicherungsverträgen zu passivierenden Erfüllungsbetrag ein.[685]

Der IASB definiert die **Risikomarge** als den Betrag, den ein Unternehmen dafür verlangt, die **zeitlich und betragsmäßig unsicheren Zahlungsströme** aus einem Versicherungsvertrag zu übernehmen.[686] Sie ist in der Höhe des Betrags anzusetzen, der das Unternehmen dazwischen **indifferent** machen würde, entweder die unsicheren Zahlungsströme aus versicherungstechnischen Rückstellungen oder die sicheren Zahlungsströme aus Verbindlichkeiten zu erfüllen, deren Barwert dem Barwert jener Rückstellungen entspricht.[687] Daher ist die Risikomarge so hoch zu bilden, dass sie einen Versicherer indifferent machen würde zwischen:

- einer Rückstellung, die mit einer Wahrscheinlichkeit von 50 % mit 90 Geldeinheiten (GE) und mit einer Wahrscheinlichkeit von 50 % mit 110 GE erfüllt werden muss, was in einem (unsicheren) Erwartungswert von 100 GE resultiert; und
- einer Verbindlichkeit, die (sicher) mit 100 GE erfüllt werden muss.

Die Höhe der Risikomarge ist also zum einen davon abhängig, wie **risikoavers** ein Versicherer gegenüber unsicheren Zahlungsströmen ist. Denn ein risikoaverser Versicherer übernimmt

[683] Auch die Definition des Versicherungsrisikos gemäß IFRS 17 stellt unter anderem darauf ab, dass in einem Versicherungsvertrag ein zufällig eintretendes Ereignis definiert ist. Vgl. den Abschnitt 332.1.

[684] Vgl. IASB (Hrsg.), IFRS 17, Tz. B37, Tz. BC19 und Tz. BC149; IASB (Hrsg.), ED/2013/7, Tz. BCA34.

[685] Vgl. IASB (Hrsg.), IFRS 17, Tz. 37, Tz. B86-B92 und Tz. BC208-BC212; IASB (Hrsg.), ED/2013/7, Tz. 27 und Tz. B79. Auch in der Literatur wird die Auffassung vertreten, dass durch die Risikomarge die versicherungstechnischen Risiken quantifiziert werden. Vgl. z. B. WENG, A., ED/2010/8, S. 24; HOMMEL, M./BIELKE, D./ZICKE, J., ED/2013/7, S. 407; ELLENBÜRGER, F./KÖLSCHBACH, J., ED/2010/8 (Teil II), S. 1304; GALLASCH, F., IFRS 4 Phase II, S. 156 f. Vgl. zu den versicherungstechnischen Risiken den Abschnitt 251.1.

[686] Vgl. IASB (Hrsg.), IFRS 17, Anhang A; IASB (Hrsg.), ED/2013/7, Anhang A.

[687] Vgl. IASB (Hrsg.), IFRS 17, Tz. B87; GALLASCH, F., IFRS 4 Phase II, S. 150 f.

unsichere Zahlungsströme nur gegen einen höheren Betrag als ein risikofreudiger Versicherer.[688] Zum anderen ist die Höhe der Risikomarge davon abhängig, wieweit ein Versicherer durch den Risikoausgleich im Kollektiv und den Risikoausgleich in der Zeit risikomindernde **Diversifikationseffekte** sowohl zwischen einzelnen Versicherungsverträgen als auch zwischen verschiedenen Vertragsportfolios herstellen kann. Denn durch diese Risikoausgleiche im Kollektiv und in der Zeit kompensieren sich die Über- und Unterschäden, sodass die Zahlungsströme weniger schwanken, durch die die Versicherungsverträge erfüllt werden.

Im ED/2010/8 war auch vorgesehen, die Risikomarge nur für **einzelne Portfolios** zu bilden, weshalb Diversifikationseffekte zwischen Portfolios nicht einfließen konnten. Hingegen wird die Risikomarge nach IFRS 17 auf einer Ebene gebildet, die widerspiegelt, wie ein Versicherungsunternehmen den dafür nötigen Betrag ermittelt, die unsicheren Zahlungsströme aus den Versicherungsverträgen zu übernehmen. Diese Sicherheitszuschläge werden bestimmt, wenn ein Versicherer die angemessenen Prämien für seine Versicherungsprodukte kalkuliert.[689] Somit können nach IFRS 17 – und ED/2013/7 – auch portfolioübergreifende Diversifikationseffekte berücksichtigt werden, wie sie z. B. zwischen dem Langlebigkeitsrisiko für Rentenversicherungen und dem Sterblichkeitsrisiko für Todesfallversicherungen bestehen.[690] Daher ist die Konzerneinheit die höchste Ebene, auf der die Risikomarge ermittelt werden kann.[691]

Die versicherungstechnischen Risiken dürfen durch die Risikomarge **nicht doppelt erfasst** werden. Dies würde geschehen, wenn jene Risiken bereits in den erwarteten Zahlungsströmen oder der Diskontierung berücksichtigt sind.[692] Daher legt der IASB fest, dass durch die Risikomarge nur die **unerwarteten Abweichungen** zwischen den realisierten und den geschätzten Zahlungsströmen quantifiziert werden. Demgegenüber sind die **erwarteten Abweichungen** der Zahlungsströme bereits darin berücksichtigt, dass der Erwartungswert der Zahlungsströme aus Versicherungsverträgen durch eine große Zahl von Szenarien bestimmt werden muss. So ist z. B. die erwartete künftige Stornoquote für Lebensversicherungen in dem Erwartungswert der Zahlungsströme berücksichtigt, während das Risiko von abweichenden Zahlungsströmen durch **unerwartete Stornos** in der Risikomarge reflektiert wird.[693] Das **Kapitalanlagerisiko** darf hingegen nur in der Risikomarge berücksichtigt werden, soweit die Zahlungsströme der

688 Vgl. IASB (Hrsg.), IFRS 17, Tz. B88 und Tz. BC215; HOMMEL, M./BIELKE, D./ZICKE, J., ED/2013/7, S. 407.
689 Vgl. IASB (Hrsg.), IFRS 17, Tz. BC214 und Tz. BC297; GALLASCH, F., IFRS 4 Phase II, S. 157-159.
690 Vgl. SCHLÜTER, J./BONIN, C., in: Beck'sches IFRS-Handbuch, 5. Aufl., § 40, Tz. 84.
691 Vgl. ELLENBÜRGER, F./ENGELÄNDER, S./KÖLSCHBACH, J., ED/2013/7, S. 819.
692 Vgl. IASB (Hrsg.), IFRS 17, Tz. B90; IASB (Hrsg.), ED/2013/7, Tz. B79-B80 und Tz. BCA96.
693 Vgl. IASB (Hrsg.), IFRS 17, Tz. B62 und Tz. BC105; IASB (Hrsg.), ED/2013/7, Tz. B63.

Versicherungsverträge von den Ergebnissen der sie deckenden Kapitalanlagen abhängen, wie es für die überschussbeteiligten Lebensversicherungsverträge der Fall ist. Weiterhin darf die Risikomarge weder operationelle Risiken reflektieren noch das vom IASB als *asset-liability mismatch risk* bezeichnete Risiko daraus abbilden, dass die Vermögenswerte sowie die versicherungstechnischen Rückstellungen unterschiedlich lange erwartete Laufzeiten besitzen.[694]

Während im ED/2010/8 drei verschiedene Methoden genannt werden, mit denen die Risikomarge quantifizieren werden kann, sind durch den IFRS 17 **sechs Kriterien** vorgegeben, die die ansonsten frei wählbare Methode erfüllen muss.[695] Mit diesen Kriterien soll gewährleistet werden, dass die Risikomarge so berechnet wird, dass sie umso **höher** ausfällt, je rechtsschiefer und breiter die geschätzte Wahrscheinlichkeitsverteilung ist, je langfristiger die Versicherungsverträge sind und je weniger risikorelevante Daten sowie Erfahrungen der Versicherer besitzt. Die hierzu im ED/2010/8 genannten Methoden des Konfidenzintervalls, des bedingten Erwartungswerts und der Kapitalkosten erfüllen diese sechs Kriterien des IASB unterschiedlich gut. Deshalb sollte die Risikomarge mit der Methode quantifiziert werden, die das Risiko der Wahrscheinlichkeitsverteilung des jeweiligen Vertragsportfolios am besten wiedergibt.[696]

Den Abschlussadressaten werden dadurch relevante Informationen vermittelt, dass die Risikomarge reflektiert, wie risikoavers ein Versicherer ist und welche Diversifikationseffekte er realisieren kann. Dass die Risikomarge trotz der erforderlichen Anhangangaben jedoch kaum intersubjektiv nachprüfbar ist, liegt an ihrer sehr unternehmensindividuellen Ausprägung.[697]

334.5 Abgrenzung des künftigen Erfolgs in der Servicemarge

Nachdem die erwarteten Zahlungsströme eines Vertragsportfolios vorhergesagt, mit marktkonsistenten Zinsen diskontiert sowie mit der Risikomarge adjustiert worden sind, verbleibt entweder ein negativer oder ein positiver Erfüllungsbetrag. Ein **negativer Erfüllungsbetrag** steht für ein **voraussichtlich gewinnbringendes Portfolio**, für das die künftig zu erwartenden Prämien höher ausfallen werden als die erwarteten Auszahlungen für Versicherungsfälle und Abschluss- sowie Verwaltungskosten. Im Gegensatz hierzu repräsentiert ein positiver Erfüllungsbetrag ein voraussichtlich verlustbringendes Versicherungsvertragsportfolio.[698]

---

[694] Vgl. IASB (Hrsg.), IFRS 17, Tz. B86-B90; IASB (Hrsg.), ED/2013/7, Tz. B78; NGUYEN, T./GROSCHE, S., ED/2010/8 (Teil II), S. 32.

[695] Vgl. IASB (Hrsg.), IFRS 17, Tz. B91-B92 und Tz. BC213-BC214; IASB (Hrsg.), ED/2010/8, Tz. B73.

[696] Vgl. GALLASCH, F., IFRS 4 Phase II, S. 165-176 und S. 266; HARTUNG, T./ASCHE, B., Langer Weg zu IFRS 4, S. 377 f.; ASCHE, B., Bilanzpolitik von Versicherern, S. 193-199.

[697] Vgl. IASB (Hrsg.), IFRS 17, Tz. BC215-BC217; GALLASCH, F., IFRS 4 Phase II, S. 151-155.

[698] Vgl. IASB (Hrsg.), IFRS 17, Tz. 47-50; SCHWEINBERGER, S./HORSTKÖTTER, M., ED/2010/8, S. 549.

In dem Diskussionspapier zu dem IFRS 17 bzw. IFRS 4 Phase II war auch vorgesehen, dass ein Versicherer für ein erstbewertetes Vertragsportfolio sowohl die unrealisierten Gewinne aus einem negativen Erfüllungsbetrag als auch die unrealisierten Verluste aus einem positiven Erfüllungsbetrag sofort **erfolgswirksam** ausweisen muss.[699] Dadurch würde der IASB den im Abschnitt 331 erläuterten **Asset-Liability-Ansatz** konsequent umsetzen. Hingegen entschied sich der Board für ED/2013/7 und auch IFRS 17 dazu, den Erfolg eines Versicherers mit dem Deferral-and-Matching-Ansatz zu ermitteln und demzufolge unrealisierte Gewinne und unrealisierte Verluste **imparitätisch** zu behandeln.[700] So werden nach IFRS 17 die unrealisierten Verluste aus einem positiven Erfüllungsbetrag dadurch antizipiert, dass für sie aufwandserhöhend eine Drohverlustrückstellung passiviert werden muss.[701] Dahingegen sind unrealisierte Gewinne aus einem negativen Erfüllungsbetrag nicht sofort in der GuV auszuweisen. Stattdessen werden sie mit einer gleich hohen – aber positiven – **Servicemarge** neutralisiert. Der mit der Servicemarge neutralisierte unrealisierte Gewinn wird **realisiert**, indem diese Marge über die Deckungsperioden der Versicherungsverträge erfolgswirksam aufgelöst wird.[702] Des Weiteren dient die Servicemarge dazu, die sogenannten *pre-coverage cash flows*, die anfallen, bevor ein Versicherungsvertrag erstmals angesetzt wird, zeitlich abzugrenzen.[703]

Der IASB definiert die Servicemarge als Bewertungsbaustein, der den **noch nicht verdienten Erfolg** repräsentiert, welchen das Unternehmen realisiert, indem es die vertraglich bestimmten Dienstleistungen **erbringt**.[704] Jene Dienstleistungen bestehen explizit **nicht** darin, dass der Versicherer die bereits in der Risikomarge abgebildeten versicherungstechnischen Risiken übernimmt, sondern aus allen anderen durch einen Versicherungsvertrag vereinbarten Dienstleistungen, z. B. aus Kapitalanlagemanagement oder sonstigen Dienstleistungen.[705] Allerdings nennt der Board im IFRS 17 und auch im ED/2013/7 keine Beispiele für eine sonstige Dienstleistung. Nur in dem vorherigen ED/2010/8 werden die **folgenden Beispiele** dazu angeführt, was die Servicemarge widerspiegeln soll:[706]

---

[699] Vgl. ROCKEL, W./SAUER, R., DP Insurance Contracts, S. 742 f.; BACHER, D. F./HOFMANN, A., DP Insurance Contracts, S. 316 f. Vgl. auch die Abbildung 3-7 im Abschnitt 334.1.

[700] Vgl. SCHYMCZYK, J., IFRS-Lebensversicherungsgeschäfte, S. 44-46 und S. 114 f.

[701] Vgl. ZIMMERMANN, J./SCHWEINBERGER, S., Bilanzierung von Versicherungsverträgen, S. 61-63.

[702] Vgl. IASB (Hrsg.), IFRS 17, Tz. 38-43 und Tz. B96; IASB (Hrsg.), ED/2013/7, Tz. BCA105; ELLENBÜRGER, F./ENGELÄNDER, S./KÖLSCHBACH, J., ED/2013/7, S. 814. Vgl. auch die Abbildung 3-7 im Abschnitt 334.1.

[703] Vgl. IASB (Hrsg.), ED/2013/7, Tz. 28 (b); GALLASCH, F., IFRS 4 Phase II, S. 110-113.

[704] Vgl. IASB (Hrsg.), IFRS 17, Anhang A und Tz. BC21; KNOLLER, C./SAUER, R., ED/2013/7, S. 109.

[705] Vgl. IASB (Hrsg.), IFRS 17, Tz. IE49-IE50; IASB (Hrsg.), ED/2013/7, Tz. BC26 und Tz. BCA111.

[706] Vgl. IASB (Hrsg.), ED/2010/8, Tz. BC125; GALLASCH, F., IFRS 4 Phase II, S. 184-186; NGUYEN, T./GROSCHE, S., ED/2010/8 (Teil II), S. 32; SPÄTH, J., Deckungsrückstellungen, S. 324.

- eine **Vergütung** dafür, die Versicherungsprodukte zu entwickeln, Versicherungsverträge abzuschließen und diese zu Portfolios zu aggregieren sowie für sonstige nicht abgespaltene Dienstleistungen, z. B. Kundenberatung, Schadenregulierung sowie weitere administrative Tätigkeiten;

- **zusätzliche Gewinne** daraus, dass ein Versicherer wegen seiner Marktmacht höhere Prämien als die Konkurrenz fordern kann oder notwendige Gewinnabschläge, um Marktmacht aufbauen oder zu erhalten; und

- das **allgemeine Geschäftsrisiko** und das eigene Ausfallrisiko eines Versicherers.

Somit spiegeln sich die mit den Prämien erbrachten Gewinnanteile für das originäre Risikogeschäft vorwiegend in der **Risikomarge** wieder, während die Gewinnanteile für das Spar- und das Entspargeschäft, das Kapitalanlage- und das Dienstleistungsgeschäft in der **Servicemarge** ausgedrückt werden.[707] Daraus folgt auch, dass die in den Prämien enthaltenen Sicherheitszuschläge in der Risikomarge reflektiert sind, wohingegen die eingepreisten **Gewinnzuschläge** bilanziell durch die Servicemarge abgebildet wird.[708] Denn durch die Servicemarge wird der Buchwert von erstbewerteten gewinnbringenden Versicherungsverträgen auf null Geldeinheiten kalibriert. Dies geschieht, da die Servicemarge in eben der Höhe anzusetzen ist, in der die kalkulierten Prämien die erwarteten Auszahlungen für Versicherungsfälle und Abschluss- und Verwaltungskosten **übersteigen**, und zwar nachdem diese Zahlungsströme durch den Ansatz der Risikomarge adjustiert worden sind.[709]

Die Höhe der Servicemarge resultiert also grundsätzlich – aber mit geändertem Vorzeichen – daraus, wie hoch der Erfüllungsbetrag eines Vertragsportfolios anhand der ersten drei Bewertungsbausteine berechnet wird. Jedoch sieht der IASB vor, dass die Servicemarge gegebenenfalls auf einer anderen **Ebene** als das betrachtete Portfolio in der GuV aufgelöst wird. Denn die Servicemarge muss so aggregiert oder aufgespalten werden, dass der durch sie abgegrenzte künftige Gewinn **proportional** zu den erbrachten Dienstleistungen realisiert wird. Dies ist der Fall, sofern die Servicemarge vollständig aufgelöst ist, sobald die Deckungsperioden aller einbezogenen Verträge beendet sind. Hierfür kann es notwendig sein, die Servicemargen von

[707] Vgl. zu diesen Teilbereichen von Lebensversicherungsgeschäften den Abschnitt 22.

[708] Vgl. IASB (Hrsg.), IFRS 17, Tz. BC222; IASB (Hrsg.), ED/2013/7, Tz. BCA91 und Tz. BCA105; BÄCHLER, R., ED/2010/8, S. 382; ELLENBÜRGER, F./HORBACH, L./KÖLSCHBACH, J., Issues Paper Insurance, S. 53 f.

[709] Vgl. IASB (Hrsg.), IFRS 17, Tz. 38 und Tz. B96; IASB (Hrsg.), ED/2013/7, Tz. BCA105; SCHWEINBERGER, S./HORSTKÖTTER, M., ED/2010/8, S. 547; HOMMEL, M./BIELKE, D./ZICKE, J., ED/2013/7, S. 408.

einzelnen Portfolios zusammenzufassen, und zwar beispielsweise nach ähnlichen Vertragsabschlusszeitpunkten, Deckungsperioden oder Dienstleistungsprofilen.[710]

Fraglich ist, ob es den Adressaten entscheidungsnützliche Informationen vermittelt, wenn der für ein erstbewertetes Vertragsportfolio resultierende Gewinn nicht sofort realisiert, sondern mit der Servicemarge abgegrenzt wird. Zwar ist es **konsistent** zu dem Asset-Liability-Ansatz, auf dem die ersten drei Bewertungsbausteine basieren, falls ein Erstbewertungserfolg sofort in die GuV zu buchen wäre. Aber dies bedeutet, dass ein Versicherer den kalkulierten Erfolg schon beim Erstansatz realisiert. Das widerspricht dann jedoch der Leistung von Lebensversicherern, welche darin besteht, ein versichertes Risiko langfristig zu übernehmen. Deshalb ist es trotz der konzeptionellen Inkonsistenz zu begrüßen, dass der Erfolg eines Lebensversicherungsunternehmens nach IFRS 17 mit dem Deferral-and-Matching-Ansatz ermittelt wird und somit der Gewinn erst dadurch realisiert wird, dass die Servicemarge in dem Maße aufgelöst wird, wie der Versicherer die durch sie vergüteten **Dienstleistungen erbringt**.[711]

334.6 Beispiel zur Erstbewertung einer Risikolebensversicherung

Im Folgenden wird gezeigt, wie eine Risikolebensversicherung durch den Bausteinansatz **erstbewertet** wird. Im Gegensatz zu der kapitalbildenden Lebensversicherung wird bei einer Risikolebensversicherung kein Kapital aufgebaut, das im Erlebensfall an den Versicherungsnehmer ausgezahlt wird. Auch sei das Beispiel **vereinfacht,** indem eingebettete Optionen und Garantien sowie die Überschussbeteiligung ausgeblendet werden. In dem Beispiel wird die versicherungstechnische Rückstellung für die künftige Deckung (die sogenannte *liability for remaining coverage)* einer Risikolebensversicherung mit dreijähriger Deckungsperiode ermittelt, welche identisch zu der Vertragslaufzeit ist und am Jahresanfang (t = 0) beginnt.[712]

Die Risikoprämie von **2.000** Geldeinheiten (GE) wird als Einmalprämie erbracht. Ihr stehen eine Todesfallsumme von **5.000 GE** und direkt zurechenbare Abschlusskosten von **100 GE** gegenüber. Die versicherte Person stirbt während der Deckungsperiode mit einer Wahrscheinlichkeit von **10 %**, weshalb Todesfallauszahlungen von 500 GE (= 5.000 GE * 10 %) erwartet werden, die zum jeweiligen **Jahresende** (t = 1, 2, 3) anfallen. Die künftigen Zahlungsströme

[710] Vgl. IASB (Hrsg.), IFRS 17, Tz. B130; IASB (Hrsg.), ED/2013/7, Tz. BCA113; SCHLÜTER, J./BONIN, C., in: Beck'sches IFRS-Handbuch, 5. Aufl., § 40, Tz. 85; HOMMEL, M./BIELKE, D./ZICKE, J., ED/2013/7, S. 407.

[711] Vgl. SPÄTH, J., Deckungsrückstellungen, S. 327 f.; LÖW, S., Rückstellungsbilanzierung, S. 155 f.; KREEB, M., IFRS-Versicherungskonzernabschluss, S. 65; GALLASCH, F., IFRS 4 Phase II, S. 186 f.

[712] Das Beispiel ist angelehnt an IASB (Hrsg.), IFRS 17, Tz. IE4-IE11; IASB (Hrsg.), ED/2013/7, Tz. IE7; GALLASCH, F., IFRS 4 Phase II, S. 82; HOMMEL, M./BIELKE, D./ZICKE, J., ED/2013/7, S. 406 f. Zur Vereinfachung wird hier ein einzelner Versicherungsvertrag statt wie üblich ein Vertragsportfolio bewertet.

werden mit einer konstanten Zinskurve von 2 % diskontiert und die Risikomarge wird mit 5 % des Barwerts der erwarteten Auszahlungen an den jeweiligen Jahresenden (t = 1, 2, 3) quantifiziert.

In der Abbildung 3-9 wird aus diesen Vertragsbedingungen und Bewertungsparametern das Zahlungsstromprofil der Risikolebensversicherung erstellt. Auf dieser Basis werden anschließend die **Barwerte** der erwarteten künftigen Ein- und Auszahlungen berechnet, und zwar bezogen auf den Zeitpunkt der erstmaligen Bewertung (t = 0). In dem Beispiel sind hierfür die an den jeweiligen Jahresenden (t = 1, 2, 3) erwarteten Todesfallauszahlungen von 500 GE mit dem unterstellten Diskontzins von 2 % auf den Zeitpunkt der Erstbewertung (t = 0) abzuzinsen. So ergibt sich z. B. für die Auszahlung am Ende des dritten Jahres (t = 3) ein Barwert von 471,16 GE. Die **Risikomarge** wird für t = 3 berechnet, indem der Prozentsatz von 5 % mit dem Barwert der Auszahlungen von 471,16 GE multipliziert wird, was in 23,56 GE resultiert.

Zum Zeitpunkt der **Erstbewertung** (t = 0), der identisch zu dem Ansatzzeitpunkt des Vertrags ist, sind noch keine Zahlungsströme fällig. Der Erfüllungsbetrag in t = 0 beträgt deshalb -385,96 GE. Um diesen Betrag **übersteigt** der Barwert der künftigen Auszahlungen inkl. Abschlusskosten (1.541,94 GE) und Risikomarge (72,10 GE) die aus der Risikoprämie (2.000 GE) bestehenden künftigen Einzahlungen. Um zu verhindern, dass der noch nicht verdiente Erfolg aus einem erstmals bewerteten Vertrag ausgewiesen wird, ist der negative Erfüllungsbetrag durch eine gleich hohe, aber positive, Servicemarge in Höhe von 385,96 GE zu neutralisieren. So wird durch die Servicemarge das versicherungsmathematische Äquivalenzprinzip berücksichtigt, demnach sich die künftigen Leistungen und Gegenleistungen aus Versicherungsverträgen zum Vertragsbeginn ausgleichen müssen.[713] Aufgrund jener ausgeglichenen Leistungen beläuft sich die Rückstellung für die künftige Deckung in t = 0 auf 0 GE.

Die Risikoprämie von 2.000 GE und die Abschlusskosten von 100 GE werden eine „logische Sekunde" nach der Erstbewertung fällig (in t = 0*) und entfallen ab dann als künftige Zahlungsströme aus Versicherungsverträgen. Daher beläuft sich die Rückstellung für die künftige Deckung in t = 0* auf 1.900 GE. Dies entspricht dem Barwert der in t = 0* noch zu erwartenden Auszahlungen für Versicherungsfälle plus der Risikomarge und plus der Servicemarge.

713 Vgl. zu dem Äquivalenzprinzip die im Abschnitt 24 erläuterte Prämienkalkulation.

Todesfallsumme	5.000	Diskontzinsen		2%		
Sterbewahrscheinlichkeit	10%	Risikomarge		5%		
(Alle Angaben in GE)	t = 0	t = 0*	t = 1	t = 2	t = 3	∑
Prämieneinzahlungen	Erstbewertung	2.000				2.000
Todesfallauszahlungen			500	500	500	1.500
Abschlusskosten		100				100
Barwert der erw. Einzahlungen		2.000				2.000
Barwert der erw. Auszahlungen		100	490,20	480,58	471,16	1.541,94
Risikomarge			24,51	24,03	23,56	72,10
Erfüllungsbetrag	-385,96 (= 1.541,94 + 72,10 - 2.000)					
Servicemarge	385,96					
Rückstellung für künftige Deckung	0	1.900 (= 490,20 + 480,58 + 471,16 + 72,10 + 385,96)				

Abbildung 3-9: Beispiel zur Erstbewertung einer Risikolebensversicherung im Bausteinansatz[714]

335. Folgebewertung der Versicherungsverpflichtungen im Bausteinansatz

335.1 Bei planmäßigem Verlauf der Folgebewertung

Um Versicherungsverträge im Bausteinansatz folgezubewerten, sind die erwarteten Zahlungsströme eines Vertragsportfolios neu zu schätzen, mit aktuellen Marktzinsen zu diskontieren und mit einer neu beurteilten Risikomarge zu adjustieren.[715] Dadurch wird sichergestellt, dass der Erfüllungsbetrag durch **aktuelle** Daten und Annahmen ermittelt wird und sich eine durch die angesetzten Versicherungsverträge geänderte Vermögens-, Finanz-, und Ertragslage in der Rechnungslegung niederschlägt. Den Bilanzadressaten werden so **entscheidungsnützlichere Informationen** dazu vermittelt, wie hoch, wie sicher und wann die Zahlungsströme aus den Versicherungsverträgen anfallen werden, als wenn die für erstzubewertende Verträge genutzten Rechnungsgrundlagen nach dem *lock-in*-Prinzip unveränderlich festgeschrieben sind.[716]

In diesem Abschnitt wird vereinfachend angenommen, dass sich die an jedem Stichtag aktualisierten Rechnungsgrundlagen eines Vertragsportfolios seit der Erstbewertung nicht ändern und das Portfolio somit **planmäßig folgebewertet** wird. Die Versicherungsverträge werden dann so in der Bilanz und GuV abgebildet, als würden sie mit fortgeführten Anschaffungskosten folgebewertet.[717] Dies soll den Leser darauf vorbereiten, dass im Abschnitt 335.2 erläutert wird, wie ein Vertragsportfolio nach IFRS 17 außerplanmäßig folgebewertet wird. Das bedeutet, dass die relevanten Rechnungsgrundlagen nach der Erstbewertung anders als zuvor eingeschätzt werden, z. B. hinsichtlich Zahlungsstromprofile oder risikolosen Marktzinsen.

---

[714] Die Abbildung ist angelehnt an GALLASCH, F., IFRS 4 Phase II, S. 82.

[715] Vgl. IASB (Hrsg.), IFRS 17, Tz. 40 und Tz. BC22-BC24; IASB (Hrsg.), ED/2013/7, Tz. 29 und Tz. BCA26.

[716] Vgl. IASB (Hrsg.), ED/2013/7, Tz. BCA26. Vgl. zu dem *lock-in*-Prinzip SPÄTH, J., Deckungsrückstellungen, S. 230 f.; BACHER, D. F./HOFMANN, A., Herausforderung aus ED/2010/8, S. 434.

[717] Vgl. SCHWEINBERGER, S./HORSTKÖTTER, M., ED/2010/8, S. 553; WENG, A., ED/2010/8, S. 23.

Sobald ein Vertragsportfolio folgebewertet wird, sind alle bereits fällig gewordenen oder alle gezahlten Zahlungsströme nicht mehr bewertungsrelevant. Denn der Erfüllungsbetrag nach IFRS 17 beruht auf dem Asset-Liability-Ansatz, für welchen nur die **künftig zu erwartenden Zahlungsströme** aus den Versicherungsverträgen maßgeblich sind.[718] Diese Zahlungsströme bestehen hauptsächlich aus den zufließenden Prämien und den Auszahlungen für eintretende Versicherungsfälle und anfallende Abschluss- sowie Verwaltungskosten.[719] Hingegen sind die während der abgelaufenen Deckungsperiode geleisteten Auszahlungen für Versicherungsfälle direkt in der GuV zu erfassen. So wird z. B. eine fällige Todesfallsumme als ein Aufwand der Periode gebucht, wenn die versicherte Person während der Deckungsperiode stirbt. Hingegen erhöhen erhaltene Prämien erfolgsneutral die versicherungstechnischen Rückstellungen.[720]

Wie erläutert sind die **erwarteten Zahlungsströme** eines Portfolios nach IFRS 17 an jedem Bewertungsstichtag zu aktualisieren. Jedoch wird in diesem Abschnitt angenommen, dass die Versicherungsverträge planmäßig folgebewertet werden. Daher werden für das in der Abbildung 3-10 dargelegte Beispiel zur Folgebewertung eines Vertragsportfolios die Rechnungsgrundlagen unverändert aus dem Abschnitt 334.6 übernommen.

Neben den Zahlungsströmen sind ebenfalls die **Diskontzinsen** zu aktualisieren, durch die die künftigen Zahlungsströme auf den Bewertungszeitpunkt abgezinst werden. Diesbezüglich steigen ceteris paribus durch den mit einer sinkenden **Restlaufzeit** der Versicherungsverträge sinkenden Diskontierungseffekt sowohl der Barwert der erwarteten Einzahlungen als auch der Barwert der erwarteten Auszahlungen. Dadurch wird berücksichtigt, dass für den Versicherer bald fällige Prämieneinzahlungen wertvoller sind sowie bald zu leistende Entschädigungsauszahlungen belastender sind als weit in der Zukunft liegende Ein- und Auszahlungen.[721]

Letztlich ist die Risikomarge und die durch sie repräsentierten versicherungstechnischen Risiken an jedem Bewertungsstichtag auf Aktualität zu überprüfen. Falls zwischen den Stichtagen der Versicherer **risikoaverser** geworden ist oder weniger versicherungstechnische Diversifikationseffekte erzielen kann, sollte sich dies in einer **gestiegenen Risikomarge** ausdrücken.[722]

---

718 Vgl. KREEB, M., IFRS-Versicherungskonzernabschluss, S. 135 und S. 139 f.; ZONS, M., IFRS für Schadenversicherer, S. 326; GALLASCH, F., IFRS 4 Phase II, S. 200.

719 So werden für das in dem Abschnitt 334.6 dargestellte Beispiel die Risikoprämie von 2.000 GE und die Abschlusskosten von 100 GE in t = 0* fällig und sind ab dann nicht mehr bewertungsrelevant.

720 Vgl. IASB (Hrsg.), IFRS 17, Tz. 44, Tz. B96 und Tz. BC229; IASB (Hrsg.), ED/2013/7, Tz. B68; HOMMEL, M./BIELKE, D./ZICKE, J., ED/2013/7, S. 408; KREEB, M./ZEITLER, M., IFRS 17, S. 301-303.

721 Vgl. IASB (Hrsg.), IFRS 17, Tz. B38, Tz. BC18-BC19 und Tz. BC186-BC187; IASB (Hrsg.), ED/2013/7, Tz. BCA74; LÖW, S., Rückstellungsbilanzierung, S. 186 f.

722 Vgl. IASB (Hrsg.), IFRS 17, Tz. B88 und Tz. BC215-BC214; KREEB, M./ZEITLER, M., IFRS 17, S. 301-303.

Eine Änderung der Risikomarge ist gemäß IFRS 17 **erfolgswirksam** auszuweisen, und zwar indem sie im Verhältnis dazu aufgelöst und somit realisiert wird, wie der Versicherer im Zeitablauf von den übernommenen **versicherungstechnischen Risiken befreit** wird.[723] Dafür ist zu beachten, dass bei einem planmäßigem Verlauf und mit sinkender Restlaufzeit der Verträge die versicherungstechnischen Risiken in der Regel abnehmen, und zwar weil bald fällige Zahlungsströme meistens genauer vorhergesagt werden können und deshalb im Zeitablauf die geschätzten von den tatsächlichen Zahlungsströmen weniger abweichen. Dazu ist die Risikomarge sowohl über die vertragliche Deckungsperiode als auch über die Abwicklungsperiode von eingetretenen Schäden erfolgswirksam aufzulösen.[724]

Die **Servicemarge** resultiert aus den diskontierten und risikoadjustierten Zahlungsströmen der Versicherungsverträge. Deshalb ist sie zur Folgebewertung **aufzuzinsen**, und zwar mit denselben Diskontzinsen, mit denen die Zahlungsströme **ursprünglich** diskontiert worden sind.[725] Dadurch erhöht sich mit sinkender Restlaufzeit der Verträge ceteris paribus die Servicemarge. Andererseits ist sie jedoch **erfolgswirksam aufzulösen**, und zwar im Verhältnis dazu, wie der Versicherer über die vertragliche Deckungsperiode das Kapitalanlagemanagement und die sonstigen Dienstleistungen erbringt. Hierdurch wird der mit der Servicemarge neutralisierte noch nicht verdiente Erfolg systematisch über die **Deckungsperiode** der Verträge verteilt.[726] Deswegen kann aber ein Schaden-/Unfallversicherer während der Abwicklungsperiode eingetretener Schäden nach dem Wortlaut des ED/2013/7 keine Servicemarge auflösen, obwohl die Servicemarge auch den für die Schadenregulierung kalkulierten Prämienanteil umfassen soll.

Außerdem ist es diskussionswürdig, nach welchem konkreten **Auflösungsmuster** der in der Servicemarge abgegrenzte Erfolg realisiert wird. Im ED/2010/8 bezeichnet der IASB die Servicemarge noch als eine **Residualmarge.**[727] Sie ist zeitanteilig über die Deckungsperiode aufzulösen, solange die versicherten Risiken **gleichmäßig** eintreten. Andernfalls ist die Residualmarge so aufzulösen, wie die versicherten Risiken zeitlich **typischerweise** eintreten.[728] Daher wäre beispielsweise der Gewinn aus einer Hagelschadenversicherung für landwirtschaftliche

[723] Vgl. IASB (Hrsg.), IFRS 17, Tz. IN6 (e), Tz. 51 (b) und Tz. BC210 (f); IASB (Hrsg.), ED/2013/7, Tz. 60 (b) und Tz. BCA112; BÄCHLER, R., ED/2010/8, S. 382.

[724] Vgl. IASB (Hrsg.), IFRS 17, Tz. 51 (b) und Tz. BC283; IASB (Hrsg.), ED/2013/7, Tz. BCA112; ASCHE, B., Bilanzpolitik von Versicherern, S. 191; KREEB, M./ZEITLER, M., IFRS 17, S. 302 f.

[725] Vgl. IASB (Hrsg.), IFRS 17, Tz. 44 (b) und Tz. B72 (b); SPÄTH, J., Deckungsrückstellungen, S. 326.

[726] Vgl. IASB (Hrsg.), IFRS 17, Tz. 44 (e), Tz. 45 (e) und Tz. B119; ALTENBURGER, O. A., ED/2013/7, S. 6.

[727] Vgl. IASB (Hrsg.), IFRS 17, Tz. 45 (e) und Tz. BC21; GALLASCH, F., IFRS 4 Phase II, S. 182.

[728] Vgl. IASB (Hrsg.), ED/2010/8, Tz. 50; NGUYEN, T./MOLINARI, P., ED/2010/8, S. 117.

Betriebe im Sommer und Herbst zu realisieren.[729] Nach IFRS 17 und im ED/2013/7 wird gefordert, die Servicemarge über die Deckungsperiode nach jenem Muster aufzulösen, das am besten widerspiegelt, wann der Versicherer die noch ausstehenden **vertraglichen Leistungen erbringt**.[730] Damit kann nicht gemeint sein, dass ein Versicherer die versicherungstechnischen Risiken übernimmt, da dies bereits in der Risikomarge ausgedrückt ist. Somit kann der IASB damit nur die sonstigen Dienstleistungen und das Kapitalanlagemanagement meinen. Bei den **Lebensversicherungen** werden diese Leistungen dauerhaft erbracht, weshalb die für sie gebildete Servicemarge **gleichmäßig** über die Deckungsperiode aufzulösen ist.[731]

Zusammengefasst wird die **Servicemarge planmäßig fortgeführt**, indem sie erstens mit den ursprünglich ermittelten Diskontzinsen eines Vertragsportfolios **aufgezinst** und sie zweitens in der Höhe der vom Versicherer während der vergangene Berichtsperiode erbrachten sonstigen Dienstleistungen und dem vollzogenen Kapitalanlagemanagement **aufgelöst** wird.[732]

Im Folgenden wird anhand eines **Beispiels** verdeutlicht, wie ein Vertragsportfolio durch den Bausteinansatz gemäß IFRS 17 planmäßig folgebewertet wird. Diesbezüglich wird das in dem Abschnitt 334.6 erörterte Beispiel erweitert. Da die dort erstmals bewertete Risikolebensversicherung für das in der Abbildung 3-10 gezeigte Beispiel **planmäßig folgebewertet** wird, verändern sich dort weder die erwarteten Zahlungsströme, die Diskontzinsen noch der für die pauschale Berechnung der Risikomarge anzuwendende Prozentsatz.

Für das in der Abbildung 3-10 gezeigte Beispiel wird der aus dem Abschnitt 334.6 bekannte Risikolebensversicherungsvertrag zum **ersten Jahresende** (t = 1) bewertet. Weil hierbei die Risikoprämie (2.000 GE), die Abschlusskosten (100 GE) und die zum Ende des ersten Jahres geleistete Todesfallauszahlung von 500 GE schon vor diesem Stichtag fällig waren, sind sie für den **Erfüllungsbetrag** in t = 1 nicht mehr relevant. Er ergibt sich, indem die diskontierten künftigen Todesfallauszahlungen von 970,78 GE und die für sie berechnete Risikomarge von 48,54 GE summiert werden. Um die in t = 0 gebildete **Servicemarge** von 385,96 GE planmäßig fortzuführen, ist diese anhand des ursprünglichen Diskontzinses von 2 % für ein Jahr

[729] Vgl. SCHLÜTER, J./BONIN, C., in: Beck'sches IFRS-Handbuch, 5. Aufl., § 40, Tz. 78.

[730] Vgl. IASB (Hrsg.), IFRS 17, Tz. BC30; IASB (Hrsg.), ED/2013/7, Tz. 32; ELLENBÜRGER, F./ENGELÄNDER, S./KÖLSCHBACH, J., ED/2013/7, S. 814; ALTENBURGER, O. A., ED/2013/7, S. 6.

[731] So löst der IASB die Servicemarge in einem Beispiel zeitanteilig auf und diskutiert ferner, ob der Erfolg aus Versicherungsverträgen, die hauptsächlich Kapitalanlagemanagement leisten, analog zu nach IFRS 15 bilanzierten Gebühren aus der Vermögensverwaltung zeitanteilig zu realisieren ist. Vgl. IASB (Hrsg.), ED/2013/7, Tz. BCA111 und Tz. IE11 sowie ebenfalls IASB (Hrsg.), IFRS 17, Tz. IE45-IE50. Kritisch zur zeitanteiligen Gewinnrealisierung von Versicherungsverträgen vgl. LÖW, S., Rückstellungsbilanzierung, S. 99-105.

[732] Vgl. IASB (Hrsg.), IFRS 17, Tz. 44-45, Tz. B119 und Tz. B124; KREEB, M./ZEITLER, M., IFRS 17, S. 303 f.

aufzuzinsen und zu einem Drittel **aufzulösen**. Hierbei ist der aus der Aufzinsung stammende Betrag von 7,72 GE als **Zinsaufwand** in die GuV zu buchen. Im Gegensatz dazu ist der gleichmäßig aufgelöste Teil der Servicemarge in Höhe von 133,83 GE als **Ertrag** aus Versicherungsverträgen **erfolgswirksam** – also in der GuV – zu erfassen.[733] Die Rückstellung für die künftige Deckung in t = 1 in der Höhe von 1.279,17 GE ergibt sich, indem die in t = 1 noch vorhandene Servicemarge von 259,85 GE zu dem für t = 1 ermittelten Erfüllungsbetrag in Höhe von 1.019,32 GE **hinzuaddiert** wird. Diese Annahmen und Berechnungen werden in der folgenden Abbildung 3-10 zusammenfassend dargestellt.

Todesfallsumme	5.000	Diskontzinsen		2%		
Sterbewahrscheinlichkeit	10%	Risikomarge		5%		
(Alle Angaben in GE)	t = 0	t = 0*	t = 1	t = 2	t = 3	∑
Prämieneinzahlungen	Erstbewertung					0
Todesfallauszahlungen				500	500	1.000
Abschlusskosten						0
Barwert der erw. Einzahlungen						0
Barwert der erw. Auszahlungen				490,20	480,58	970,78
Risikomarge				24,51	24,03	48,54
Erfüllungsbetrag			1.019,32 (= 490,20 + 480,58 + 48,54)			
Servicemarge	385,96		259,85 (= 385,96 - 126,11)			
Rückstellung für künftige Deckung			1.279,17 (= 1.019,32 + 259,85)			
Fortführung der Servicemarge	t = 0	t = 0*	t = 1	t = 2	t = 3	∑
Servicemarge	385,96		259,85	131,21	0,00	
Zinsaufwand aus Aufzinsung			7,72	5,20	2,62	15,54
Ertrag aus Auflösung			133,83	133,83	133,83	401,50
Netto-Effekt in GuV			126,11	128,64	131,21	385,96

Abbildung 3-10: Beispiel zur Folgebewertung einer Risikolebensversicherung im Bausteinansatz bei planmäßigem Verlauf[734]

335.2 Bei außerplanmäßigem Verlauf der Folgebewertung

Im Unterschied zum vorherigen Abschnitt 335.1 wird in diesem Abschnitt erläutert, wie ein Portfolio aus Lebensversicherungsverträgen **außerplanmäßig folgebewertet** wird. In diesem Fall ändern sich die zu aktualisierenden Zahlungsströme und die weiteren Rechnungsgrundla-

[733] Das Beispiel ist angelehnt an IASB (Hrsg.), ED/2013/7, Tz. IE11; GALLASCH, F., IFRS 4 Phase II, S. 212 f.; HOMMEL, M./BIELKE, D./ZICKE, J., ED/2013/7, S. 409 f. Da die Servicemarge aus diskontierten Zahlungsströmen resultiert und somit aufzuzinsen ist, muss der im Beispiel gleichmäßig aufgelöste Teil der Servicemarge (133,83 GE) durch eine Annuität berechnet werden. Falls vereinfachend der Zinseffekt ignoriert wird, könnte die in t = 0 gebildete Servicemarge von 385,96 GE linear über die unterstellte dreijährige Deckungsperiode der Versicherungsverträge verteilt werden, und zwar mit 128,65 GE je Periode.

[734] Das Beispiel basiert auf dem im Abschnitt 334.6 dargestellten Beispiel zu der Erstbewertung einer Risikolebensversicherung.

gen eines Vertragsportfolios wertmäßig auf eine Art, die bei der Erstbewertung des Portfolios vom Abschlussersteller **nicht vorhergesehen** werden konnte.

Dabei ist es die Regel, dass Versicherungsverträge außerplanmäßig folgebewertet werden, da einerseits ein Versicherer über die Zeit **neue Informationen** darüber gewinnt, wie sich die versicherten Risiken voraussichtlich entwickeln werden. Hierfür können beispielsweise intern erstellte oder von Aktuarvereinigungen veröffentlichte Sterbetafeln sowie von dem Lebensversicherer selbst durchgeführte Gesundheitsprüfungen ausgewertet werden. Andererseits ändern sich typischerweise die bewertungsrelevanten und an Märkten beobachtbaren Inputfaktoren bzw. Rechnungsrundlagen, z. B. die Marktzinsen oder die erwartete Inflation. Dies beeinflusst sowohl die Zeitwerte von den Optionen und Garantien, die in die Versicherungsverträge eingebettet sind, als auch die aus den Marktzinsen abgeleiteten Diskontzinsen.[735]

Um ein Vertragsportfolio außerplanmäßig folgezubewerten, sind die vier gemäß IFRS 17 zu berechnenden Bewertungsbausteine einzeln zu betrachten. Für den ersten Bewertungsbaustein ist zu unterscheiden, ob sich die anders eingeschätzten Zahlungsströme auf eine vergangene oder eine künftige Deckungsperiode beziehen. Denn anders eingeschätzte Zahlungsströme für zwar eingetretene aber noch nicht abgewickelte Schäden sind **sofort erfolgswirksam** auszuweisen. Dieses betrifft aber nur die von Schaden-/Unfallversicherern zu bildende *liability for incurred claims*.[736] Für Lebensversicherer ist entscheidend, dass anders erwartete Zahlungsströme für künftige Deckungsperioden nicht erfolgswirksam gebucht werden, sondern mit der für ein gewinnbringendes Vertragsportfolio angesetzten Servicemarge **verrechnet** werden.[737]

Dabei **erhöhen** aus der Sicht des Versicherers vorteilhaft anders erwartete Zahlungsströme die Servicemarge, während nachteilig anders erwartete Zahlungsströme sie **reduzieren**.[738] So ist beispielsweise der **nachteilige Effekt** aus einer höher als zuvor angenommenen Sterbewahrscheinlichkeit von einer gebildeten Servicemarge abzuziehen. Sollte die Servicemarge hierdurch aufgezehrt werden, ist der über sie **hinausgehende nachteilige Effekt** aufwandserhöhend in die GuV zu buchen und dem Erfüllungsbetrag hinzuzurechnen. In diesem Fall wird erst wieder eine Servicemarge für das Vertragsportfolio angesetzt, falls die nachteilig geän-

[735] Um den Leser auf das Kapitel 4 vorzubereiten, sei hier angemerkt, dass veränderte Marktvariablen auch die Fair Value der aktivischen Finanzinstrumente eines Lebensversicherers beeinflussen.

[736] Vgl. IASB (Hrsg.), IFRS 17, Tz. 40 (b), Tz. BC21-BC24, Tz. BC60 und Tz. BC232-BC233; IASB (Hrsg.), ED/2013/7, Tz. B68 (a); GALLASCH, F., IFRS 4 Phase II, S. 200; KREEB, M./ZEITLER, M., IFRS 17, S. 302 f.

[737] Vgl. IASB (Hrsg.), IFRS 17, Tz. 44 (c), Tz. B96-B100 und Tz. IE20; IASB (Hrsg.), ED/2013/7, Tz. B68 (b); SCHLÜTER, J./BONIN, C., in: Beck'sches IFRS-Handbuch, 5. Aufl., § 40, Tz. 80.

[738] Vgl. IASB (Hrsg.), IFRS 17, Tz. 44 (c) und Tz. 48 (a); IASB (Hrsg.), ED/2013/7, Tz. 30 (c)-(d), Tz. BC32, Tz. B68 (b) und Tz. BCA109 (a); ELLENBÜRGER, F./ENGELÄNDER, S./KÖLSCHBACH, J., ED/2013/7, S. 814.

derten Zahlungsströme durch vorteilhaft geänderte Zahlungsströme überkompensiert werden. Solange also keine Servicemarge besteht, sind die zwischenzeitlich geänderten Zahlungsströme **direkt erfolgswirksam** auszuweisen.[739] Dadurch, dass die für künftige Deckungsperioden anders geschätzten Zahlungsströme mit der Servicemarge zu verrechnen sind, werden diese Schätzänderungen **geglättet** abgebildet. Denn sie sind in dem Maß in der GuV auszuweisen, in dem die Servicemarge über die Deckungsperioden der Versicherungsverträge **aufzulösen** ist. Wie oben erläutert, wird im Gegensatz dazu eine Schätzänderung unmittelbar erfolgswirksam erfasst, falls die Servicemarge aufgezehrt oder von vorneherein nicht ansetzbar ist.[740]

Durch den zweiten Bewertungsbaustein werden die künftigen Zahlungsströme eines Vertragsportfolios mit **Diskontzinsen** abgezinst, die aus aktuellen Marktzinsen abgeleitet werden. Da sich die dazu zugrunde zu legenden risikolosen Marktzinsen aber täglich ändern, resultiert ein außerplanmäßiger Unterschiedsbetrag, weil sich der mit den aktuellen Marktzinsen ermittelte Zinsaufwand von dem mit den ursprünglichen Diskontzinsen ermittelten Zinsaufwand aus der über die Zeit aufzuzinsenden Servicemarge unterscheidet.[741] Nach **ED/2013/7** war der aus den verschiedenen Diskontzinssätzen resultierende **außerplanmäßige Unterschiedsbetrag** noch erfolgsneutral auszuweisen, und zwar im Sonstigen Gesamtergebnis (OCI).[742] Indes kann dies zu einer **bilanziellen Bewertungsinkonsistenz** zwischen Versicherungsverträgen und den sie deckenden Finanzinstrumenten führen, was im Abschnitt 41 erörtert wird. Aus diesem Grund hat der IASB entschieden, dass **gemäß IFRS 17** der außerplanmäßige Unterschiedsbetrag aus aktualisierten Diskontzinsen von einem Versicherer **wahlweise entweder** in der GuV oder im Sonstigen Gesamtergebnis (OCI) ausgewiesen werden darf.[743]

Als dritter Baustein sind die diskontierten erwarteten Zahlungsströme eines Vertragsportfolios durch die **Risikomarge** für die übernommenen versicherungstechnischen Risiken zu adjustieren. Die Risikomarge wird wie die erwarteten Zahlungsströme außerplanmäßig folgebewertet, indem beurteilt wird, ob sich eine bei dem Erstansatz nicht antizipierte Änderung der Risikomarge entweder auf die vergangene oder die künftige Deckungsperiode bezieht.[744] Denn eine

739 Vgl. IASB (Hrsg.), IFRS 17, Tz. 44 (c) und Tz. B96-B100; GALLASCH, F., IFRS 4 Phase II, S. 200-204 sowie S. 231 f.; ELLENBÜRGER, F./ENGELÄNDER, S./KÖLSCHBACH, J., ED/2013/7, S. 814; HOMMEL, M./BIELKE, D./ZICKE, J., ED/2013/7, S. 410; KREEB, M./ZEITLER, M., IFRS 17, S. 302 f.

740 Vgl. IASB (Hrsg.), IFRS 17, Tz. 38 und Tz. 47; IASB (Hrsg.), ED/2013/7, Tz. BC31 (d). Vgl. ebenso SPÄTH, J., Deckungsrückstellungen, S. 328; HOMMEL, M./BIELKE, D./ZICKE, J., ED/2013/7, S. 410 f.

741 Vgl. IASB (Hrsg.), ED/2013/7, Tz. 60 (h); GALLASCH, F., IFRS 4 Phase II, S. 201-204.

742 Vgl. IASB (Hrsg.), ED/2013/7, Tz. 64 und außerdem Tz. BC119-BC120; HOMMEL, M./BIELKE, D./ZICKE, J., ED/2013/7, S. 410 f.; ELLENBÜRGER, F./ENGELÄNDER, S./KÖLSCHBACH, J., ED/2013/7, S. 816.

743 Vgl. IASB (Hrsg.), IFRS 17, Tz. 88, Tz. B129 und Tz. BC42 f.; KREEB, M./ZEITLER, M., IFRS 17, S. 302.

744 Vgl. IASB (Hrsg.), IFRS 17, Tz. BC24 (b) und Tz. BC223-BC224; GALLASCH, F., IFRS 4 Phase II, S. 203.

Änderung der Risikomarge, die sich auf eine **vergangene** Deckungsperiode bezieht, ist sofort **erfolgswirksam** auszuweisen.[745] Im Gegensatz hierzu entschied der IASB, dass nach **IFRS 17** eine Änderung der Risikomarge für **künftige Deckungsperioden** mit der Servicemarge verrechnet werden muss. Demnach wird auch eine wertmäßig anders quantifizierte Risikomarge **geglättet** abgebildet, nämlich indem die Servicemarge über die gesamten Deckungsperioden der Versicherungsverträge erfolgswirksam **aufgelöst** wird. Falls keine Servicemarge existiert, wird eine Änderung der Risikomarge wiederum unmittelbar erfolgswirksam gebucht.[746]

Wie dargelegt wurde, wird das in der GuV gezeigte Periodenergebnis eines Versicherers nach IFRS 17 dadurch geglättet, dass außerplanmäßige Änderungen der erwarteten Zahlungsströme und der Risikomarge für die künftigen Deckungsperioden erfolgsneutral mit der Servicemarge verrechnet werden.[747] Jedoch widerspricht diese **Ergebnisglättung** dem vom IASB für IFRS 4 Phase II ursprünglich favorisierten Asset-Liability-Ansatz, nach dem Bewertungsänderungen unmittelbar und in voller Höhe erfolgswirksam darzustellen sind. Folglich bezweckt der IASB durch IFRS 17 nicht mehr, dass Versicherungsverträge vollständig nach dem Asset-Liability-Ansatz und somit konzeptionell konsistent bilanziert werden. Stattdessen sieht der Board nun vor, den **Periodenerfolg** eines Versicherers konsistent zu dem Deferral-and-Matching-Ansatz **weniger volatil** und deswegen periodengerechter zu ermitteln, weil hierdurch die Ertragslage eines (Lebens-)Versicherers entscheidungsnützlicher abgebildet wird.[748]

Um eine außerplanmäßig verlaufende Folgebewertung zu illustrieren, wird in dem folgenden Zahlenbeispiel unterstellt, dass sich die Sterbewahrscheinlichkeit, mit der die schon bekannte Risikolebensversicherung am ersten Jahresende (t = 1) folgebewertet wird, von 10% **auf 12%** erhöht, was für den Versicherer **nachteilig** ist. Durch diese außerplanmäßige Schätzänderung steigen sowohl der Barwert der künftigen Todesfallzahlungen um 194,16 GE auf 1.164,94 GE als auch die Risikomarge um 9,71 GE auf 58,25 GE. Der somit nötig gewordene Anstieg des **Erfüllungsbetrags** um insgesamt 203,86 GE auf 1.223,18 GE wird aufgrund der vom IASB für IFRS 17 entschiedenen **Öffnung der Servicemarge** für anders geschätzte Zahlungsströme und anders geschätzte Risikomargen, soweit sich diese Änderungen jeweils auf die künftigen

---

[745] Vgl. IASB (Hrsg.), IFRS 17, Tz. 51 (b) und Tz. IE35-IE36; IASB (Hrsg.), ED/2013/7, Tz. 60 (b); HOMMEL, M./BIELKE, D./ZICKE, J., ED/2013/7, S. 411; KREEB, M./ZEITLER, M., IFRS 17, S. 302.

[746] Vgl. IASB (Hrsg.), IFRS 17, Tz. 47 und Tz. B96; IASB (Hrsg.), Development of accounting model (agenda paper 2D), S. 4; IASB (Hrsg.), Unlocking service margin for risk adjustment (agenda paper 2C), S. 6 f.

[747] Vgl. HOMMEL, M./BIELKE, D./ZICKE, J., ED/2013/7, S. 410 f.; WENG, A., ED/2010/8, S. 25 f.

[748] Vgl. IASB (Hrsg.), IFRS 17, Tz. 44, Tz. B119 und Tz. BC279-BC282; IASB (Hrsg.), ED/2013/7, Tz. BC31; GALLASCH, F., IFRS 4 Phase II, S. 222-224; SPÄTH, J., Deckungsrückstellungen, S. 327 f.; SCHYMCZYK, J., IFRS-Lebensversicherungsgeschäfte, S. 114 f.

Deckungsperioden beziehen, erfolgsneutral mit der für t = 1 in Höhe von 259,85 GE planmäßig fortgeführten Servicemarge verrechnet. Hierdurch sinkt die Servicemarge auf 55,98 GE. Die Höhe der Rückstellung für künftige Deckung in t = 1 bleibt somit letztlich unverändert bei 1.279,17 GE. Der Effekt aus der nachteiligen Schätzänderung (203,86 GE) wird also nicht sofort in t = 1 realisiert, sondern dadurch geglättet in der GuV ausgewiesen, dass die Servicemarge über t = 2 und t = 3 insgesamt 203,86 GE weniger erfolgserhöhend aufgelöst wird, als es ohne eine nachteilige Schätzänderung der Fall gewesen wäre.

Todesfallsumme	5.000	Diskontzinsen		2%		
Sterbewahrscheinlichkeit (ab t = 1)	12%	Risikomarge		5%		
(Alle Angaben in GE)	t = 0	t = 0*	t = 1	t = 2	t = 3	∑
Prämieneinzahlungen	Erstbewertung					0
Todesfallauszahlungen				600	600	1.200
Abschlusskosten						0
Barwert der erw. Einzahlungen						0
Barwert der erw. Auszahlungen				588,24	576,70	1.164,94
Risikomarge				29,41	28,84	58,25
Erfüllungsbetrag			1.223,18 (= 588,24 + 576,70 + 58,25)			
Servicemarge	385,96		55,98 (= 259,85 - 194,16 - 9,71)			
Rückstellung für künftige Deckung			1.279,17 (= 1.223,18 + 55,98)			
Fortführung der Servicemarge	t = 0	t = 0*	t = 1	t = 2	t = 3	∑
Servicemarge	385,96		55,98	28,27	0,00	
Zinsaufwand aus Aufzinsung			7,72	1,12	0,57	9,40
Ertrag aus Auflösung			133,83	28,83	28,83	191,50
Netto-Effekt in GuV			126,11	27,71	28,27	182,10

Abbildung 3-11: Beispiel zur Folgebewertung einer Risikolebensversicherung im Bausteinansatz bei außerplanmäßigem Verlauf[749]

336. Bewertung der Versicherungsverpflichtungen für überschussbeteiligte Lebensversicherungsverträge

336.1 Überblick

Mit IFRS 17 bzw. IFRS 4 Phase II beabsichtigte der IASB ein einheitliches Bewertungs- und Bilanzierungsmodell für alle Arten von Versicherungsverträgen zu entwickeln. Doch während der Standardentwicklung entfernte sich der Board aus zwei Gründen von diesem Ziel. Erstens wollte er es weniger komplex gestalten, wie kurzfristige Versicherungsverträge zu bilanzieren sind. Deswegen führte er das vereinfachte Bilanzierungsmodell ein, das vornehmlich für die Schaden-/Unfallversicherungsverträge anwendbar ist.[750] Zweitens stellte sich heraus, dass in dem nach ED/2010/8 vorgesehenen Bausteinansatz nicht ausreichend berücksichtigt werden

[749] Das Beispiel erweitert das im Abschnitt 335.1 gezeigte Beispiel zur planmäßigen Folgebewertung.

[750] Vgl. IASB (Hrsg.), IFRS 17, Tz. BC289 und Tz. BC292; GALLASCH, F., IFRS 4 Phase II, S. 247 f.

kann, dass die von den Versicherern durch überschussbeteiligte Lebensversicherungsverträge eingegangenen Rechte und Pflichten von der **künftigen Wertentwicklung eines Basiswerts** abhängen, weshalb der IASB für die überschussbeteiligten Versicherungsverträge letztlich ein **spezielles Bilanzierungsmodell** vorsieht.[751]

Dabei fordert es den IASB heraus, durch IFRS 17 umfassende Bewertungsregeln für überschussbeteiligte Versicherungsverträge zu erstellen, da sich die Systeme zur Überschussbeteiligung von Versicherungsverträgen weltweit unterscheiden.[752] Auch ist es problematisch, in einem prospektiven Bewertungsmodell zu berücksichtigen, dass die für überschussbeteiligte Lebensversicherungsverträge **erwarteten Zahlungsströme** direkt davon beeinflusst werden, wie hoch der Versicherer seine künftigen Überschüsse einschätzt.[753] So steigen beispielsweise die erwarteten **Auszahlungen** an die Versicherungsnehmer von überschussbeteiligten Verträgen, wenn der Versicherer annimmt, dass er künftig höhere Kapitalerträge erzielen wird.

Für die Bewertung von überschussbeteiligten Lebensversicherungsverträgen sind zwei unterschiedliche **Vertragsarten** zu differenzieren. Zum einen können die Versicherungsnehmer durch ein **komplexes System der Überschussbeteiligung** am Erfolg der durch ihre Prämien aufgebauten Kapitalanlagen partizipieren.[754] Zum anderen ist der Versicherungsnehmer einer **fonds- oder indexgebundenen** Lebensversicherung, die definitionsgemäß keine Überschussbeteiligungen umfassen, mit einem **festen Anteil** am aktuellen **Zeitwert** des Investmentfonds oder Indizes beteiligt.[755] Diese anteilgebundenen (*unit-linked*) Lebensversicherungsverträge, bei denen der Versicherungsnehmer die Wertentwicklung sowie die Kapitalanlagerisiken des **Basiswerts** trägt, bilanzieren die IFRS-anwendenden Lebensversicherer zurzeit, indem sie die für sie passivierte versicherungstechnische Rückstellung mit dem aktuellen Fair Value des auf der Aktivseite angesetzten vertraglichen Basiswerts gleichsetzen.[756]

---

[751] Vgl. IASB (Hrsg.), IFRS 17, Tz. BC241-BC244; IASB (Hrsg.), Participating features (agenda paper 2A), S. 9; IASB (Hrsg.), ED/2013/7, Tz. BCA58-BCA63; LÜDENBACH, N./HOFFMANN, W.-D./FREIBERG, J., in: Haufe IFRS-Kommentar, 14. Aufl., § 39, Tz. 47; KNOLLER, C./SAUER, R., ED/2013/7, S. 110 f.

[752] Vgl. ELLENBÜRGER, F./ENGELÄNDER, S./KÖLSCHBACH, J., ED/2013/7, S 814; KÖLSCHBACH, J., Überschussbeteiligung, S. 250 f. Für einen Überblick über die weltweit unterschiedlichen Systeme der Überschussbeteiligung vgl. IASB (Hrsg.), Participating features (agenda paper 2A), S. 18-21.

[753] Vgl. KNOLLER, C./SAUER, R., ED/2013/7, S. 110; ALTENBURGER, O. A., ED/2013/7, S. 7.

[754] Vgl. KÖLSCHBACH, J., Überschussbeteiligung, S. 248 f.; STINDT, S., Überschussbeteiligung, S. 8 f.

[755] Vgl. auch § 341d HGB, demnach die Kapitalanlagen für Rechnung und Risiko von Inhabern von Lebensversicherungsverträgen, bei denen das Anlagerisiko beim Versicherungsnehmer liegt, mit dem Zeitwert unter Berücksichtigung des Grundsatzes der Vorsicht zu bewerten sind.

[756] Vgl. KUHN, S./HACHMEISTER, D., Rechnungslegung von Finanzinstrumenten, S. 745 f.; KNOLLER, C./SAUER, R., ED/2013/7, S. 112; ERNST & YOUNG LLP, International GAAP 2017, S. 4339.

Das **deutsche System** der Überschussbeteiligung für Lebensversicherungsverträge ist im Gegensatz zu anderen nationalen Systemen kodifiziert. So kann nach § 153 Abs. 1 VVG nur ausdrücklich und insgesamt ausgeschlossen werden, dass Versicherungsnehmer an den erzielten Überschüssen und Bewertungsreserven eines Versicherers teilhaben, worauf aber aus Wettbewerbsgründen in der Regel verzichtet wird.[757] Durch die Überschussbeteiligung werden den Versicherungsnehmern die unverbrauchten Risikoprämien **zurückerstattet**, weil sie durch die vorsichtig gewählten Rechnungsgrundlagen zu hoch kalkuliert wurden.[758] Deshalb kann unter anderem vereinbart werden, den Versicherten einen fixen Anteil der in der abgelaufenen Periode vom Versicherer erzielten Überschüsse direkt gutzuschreiben (Direktgutschrift).

Neben dieser Direktgutschrift ist in § 6-8 MindZV geregelt, dass der **Rückstellung für Beitragsrückerstattung** (RfB) **mindestens** 90 % eines Kapitalanlage- und Risikoüberschusses und 50 % eines Überschusses aus dem übrigen Ergebnis der Periode **zuzuführen** sind. Jedoch stellen Lebensversicherer nach ihrem Ermessen oft höhere Beträge in die RfB ein.[759] Die zurückgestellten Überschüsse werden großteils als laufende Überschussanteile und zu geringen Teilen als sogenannte Schlussüberschussanteile den Versicherungsnehmern zugeteilt. Dabei bleiben die **laufenden Überschussanteile** ein bis drei Jahre in der RfB, bevor sie einem Vertrag **unwiderruflich zugeteilt** werden. Ein bis zwei Jahre zuvor deklariert der Vorstand, wie hoch die laufenden Überschussanteile jährlich ausfallen werden. Die Versicherungsnehmer partizipieren durch die RfB also **zeitverzögert am Überschuss eines Versicherers**, wodurch eine über die Jahre **gleichmäßig hohe Überschussbeteiligung** erbracht werden kann. Hierzu sind die Überschüsse den einzelnen Verträgen verursachungsgerecht zuzuschlüsseln. Sie können **verwendet** werden, um entweder die Prämien zu mindern oder Versicherungsleistungen zu erhöhen, z. B. indem sie analog zu den Sparprämien verzinslich angesammelt werden.[760]

Seit dem Jahr 2008 sind die überschussbeteiligten Lebensversicherungsverträge nach § 153 Abs. 3 VVG bis zum Vertragsende überdies an **50 % der Bewertungsreserven** eines Lebensversicherers zu beteiligen. Die Bewertungsreserven bestehen aus den saldierten unrealisierten Wertänderungen der Kapitalanlagen eines Versicherers, die sich größtenteils aus aktivischen Finanzinstrumenten wie Staatsanleihen zusammensetzen.[761] Letztlich verbleibt somit der nicht

[757] Vgl. KÖLSCHBACH, J., Überschussbeteiligung, S. 248; STINDT, S., Überschussbeteiligung, S. 9.
[758] Vgl. FARNY, D., Gewinnbeteiligung, S. 92-94; HÖLSCHER, R., Überschussbeteiligung, S. 42-45; STINDT, S., Überschussbeteiligung, S. 34-36. Vgl. zur Überschussbeteiligung den Abschnitt 332.2.
[759] Vgl. SCHIERENBECK, H./HÖLSCHER, R., BankAssurance, S. 733-735.
[760] Vgl. STINDT, S., Überschussbeteiligung, S. 51-60; TEKÜLVE, V., Überschussbeteiligung, S. 41-47.
[761] Vgl. STINDT, S., Überschussbeteiligung, S. 133 f.; GONDRING, H., Versicherungswirtschaft, S. 191.

den Versicherungsnehmern gutgeschriebene Anteil an den durch ihre Prämien erzielten Überschüssen und an den Bewertungsreserven im **Eigenkapital** des Versicherers, wodurch dessen Vermögens-, Finanz- und Ertragslage wesentlich beeinflusst wird.[762]

Die deutschen Lebensversicherer, die die unter IFRS 4 Phase I existierende Regelungslücke durch einen Rückgriff auf das HGB ausfüllen, bilden im IFRS-Konzernabschluss eine sogenannte **latente Rückstellung für Beitragsrückerstattung** (latente RfB), um die Bewertungsdifferenzen zwischen dem HGB und den IFRS auszugleichen.[763] In dieser latenten RfB sind, ähnlich zu der nach IFRS 4.30 möglichen Schattenbilanzierung (*shadow accounting*), die den Versicherungsnehmern gutzubringenden **unrealisierten** Bewertungsreserven aus den Kapitalanlagen erfasst. Hingegen werden in der RfB nach § 341e Abs. 2 Nr. 2 HGB die **realisierten** Überschussanteile der Versicherungsnehmer ausgewiesen.[764] Allerdings wird es nach IFRS 17 nicht mehr nötig sein, latente RfB als Korrekturposten im IFRS-Konzernabschluss zu bilden. Denn nach dem neuen internationalen Rechnungslegungsstandard für Versicherungsverträge sind alle künftig zu erwartenden – also noch nicht realisierten –Zahlungsströme aus den Versicherungsverträgen in den für sie zu passivierenden Erfüllungsbetrag einzustellen.[765]

336.2 Erst- und Folgebewertung im *mirroring approach*

Mit dem im ED/2013/7 vorgeschlagenen *mirroring approach* zielt der IASB darauf ab, nach ED/2010/8 existierende Accounting Mismatches zu vermeiden. Diese können entstehen, falls an der wertmäßigen Entwicklung eines Basiswerts beteiligte Lebensversicherungsverträge mit dem grundsätzlich anzuwendenden **Bausteinansatz** bewertet und ausgewiesen werden.[766] Daher wird für den *mirroring approach* der Bausteinansatz **modifiziert**, sodass der direkt von einem Basiswert **abhängige** Erfüllungsbetrag der Versicherungsverträge **spiegelbildlich zum Buchwert** des jeweiligen Basiswerts bewertet und ausgewiesen wird. Hieraus leitet sich auch ab, wie dieser spezielle Bilanzierungsansatz bezeichnet wird, nämlich *mirroring approach*.[767]

---

762 Vgl. IASB (Hrsg.), ED/2013/7, Tz. BC38; KÖLSCHBACH, J., Überschussbeteiligung, S. 248.

763 Vgl. BACHER, D. F., IFRS-Abschluss deutscher Erstversicherer, S. 169 f.

764 Vgl. STINDT, S., Überschussbeteiligung, S. 186 f. und S. 244 f.; LUDWIG, F./REISS, T./WERNER, U., latente RfB, S. 607-609. Für US-GAAP vgl. ROCKEL, W. ET AL., Versicherungsbilanzen, S. 177 f.

765 Vgl. SCHWEINBERGER, S./HORSTKÖTTER, M., ED/2010/8, S. 551.

766 Vgl. IASB (Hrsg.), ED/2013/7, Tz. B83; HOMMEL, M./BIELKE, D./ZICKE, J., ED/2013/7, S. 412. Als einen Accounting Mismatch bezeichnet der IASB den Sachverhalt, dass geänderte ökonomische Rahmenbedingungen die Vermögenswerte und Schulden eines Unternehmens gleichermaßen beeinflussen, die Buchwerte und der Ausweis von Wertänderungen der Bilanzposten die geänderten Bedingungen aber nicht gleichsam widerspiegeln, da sie verschieden bewertet und ausgewiesen werden. Vgl. IASB (Hrsg.), ED/2013/7, Tz. BC45.

767 Vgl. IASB (Hrsg.), Participating features (agenda paper 2A), S. 9 f.; WENG, A., ED/2010/8, S. 28.

Der *mirroring approach* ist auf Versicherungsverträge **anzuwenden**, die sowohl:[768]

- vorsehen, dass der Versicherer als **vertraglichen Basiswert** entweder bestimmte Vermögenswerte und Schulden, eine Gruppe aus Versicherungsverträgen, oder seine gesamten Vermögenswerte und Schulden **halten muss**; als auch
- festlegen, dass die Zahlungen an die Versicherungsnehmer davon **abhängen**, welche Renditen der Versicherer mit den vertraglichen Basiswerten erwirtschaftet.

Für das **erste Kriterium** muss der Versicherer den vertraglichen Basiswert in seinem Bestand halten. Der Basiswert von deutschen überschussbeteiligten Lebensversicherungen besteht aus den **gesamten** Vermögenswerten und Schulden des Versicherers, nämlich aus den Überschüssen aus den vom Versicherer gehaltenen Kapitalanlagen, Versicherungsverträgen und den weiteren Bilanzposten. Somit erfüllen die deutschen überschussbeteiligten Lebensversicherungsverträge das erste Kriterium.[769] Hinsichtlich des **zweiten Kriteriums** ist zu prüfen, ob die Zahlungen an die Versicherungsnehmer davon abhängen, welche Renditen mit den vertraglichen Basiswerten erzielt werden. Da für deutsche überschussbeteiligte Lebensversicherungsverträge die Höhe der Überschussbeteiligung davon abhängt, welche Rendite das Versicherungsunternehmen durch die gehaltenen Kapitalanlagen sowie die emittierten Versicherungsverträge erzielt, erfüllen sie auch das zweite Kriterium. Somit ist der *mirroring approach* für die deutschen überschussbeteiligten Lebensversicherungsverträge **anzuwenden**.[770] Allerdings sollte der IASB noch klarstellen, dass die an die Versicherungsnehmer zu leistenden Zahlungen auch aus **unrealisierten** Wertänderungen bestehen können, weil beispielsweise die deutschen Lebensversicherungsnehmer gemäß § 153 Abs. 3 VVG an 50 % der Bewertungsreserven eines Lebensversicherers zu beteiligen sind.

Im Gegensatz zu den überschussbeteiligten Lebensversicherungen sind die Versicherungsnehmer von **fonds- oder indexgebundenen Lebensversicherungen** direkt zu einem vertraglich vereinbarten fixen Anteil an den Erträgen und an der Wertentwicklung der vertraglichen Basiswerte zu beteiligen. Daher genügen diese anteilgebundenen Lebensversicherungen dem bezüglich des Anwendungsbereichs des *mirroring approach* oben als zweites genannten Kriterium. Um das erste Kriterium zu erfüllen, muss ein Versicherer die vertraglichen Basiswerte im eigenen Bestand halten. Dieses ist bei den anteilgebundenen Lebensversicherungen häufig

[768] Vgl. IASB (Hrsg.), ED/2013/7, Tz. 17 (a), Tz. 33 und Tz. BC42.
[769] Vgl. ebenso FECHNER, M., IFRS 4 und IFRS 9, S. 138.
[770] Vgl. ebenso ELLENBÜRGER, F./ENGELÄNDER, S./KÖLSCHBACH, J., ED/2013/7, S. 814.

gegeben, woraufhin für sie der *mirroring approach* anzuwenden ist. Jedoch investieren Versicherer zum Teil auch bewusst in andere als die vertraglich vereinbarten Kapitalanlagen, um so für sich eine **höhere Rendite** zu erzielen, z. B. bei indexgebundenen Lebensversicherungen.[771] Aus diesem Grund erfüllen die anteilgebundenen Lebensversicherungen das erste Kriterium nur, sofern der Versicherer die vertraglich vereinbarten Basiswerte im eigenen Bestand hält.

Wie dargelegt wurde, bezweckt der IASB mit dem *mirroring approach* Accounting Mismatches zu vermeiden, welche auftreten können, falls überschussbeteiligte Versicherungsverträge mit dem **nicht modifizierten Bausteinansatz** bewertet und bilanziert werden. Jedoch konkretisiert der IASB nicht weiter, worin diese bilanziellen Ansatz- und Bewertungsinkonsistenzen genau bestehen. Der Standardsetter weist lediglich darauf hin, dass jene bilanziellen Inkonsistenzen existieren können, sofern der **Basiswert** eines überschussbeteiligten Versicherungsvertrags **nicht** erfolgswirksam zum Fair Value bewertet wird.[772]

Darum ist zunächst zu klären, wie ein **überschussbeteiligter Versicherungsvertrag** mit dem **nicht modifizierten** Bausteinansatz bewertet und bilanziert werden würde. Hierzu wären wie üblich die künftig erwarteten Zahlungsströme für ein Vertragsportfolio aus überschussbeteiligten Versicherungsverträgen zu schätzen. Dazu sind zum einen die von dem Basiswert **nicht abhängigen** Zahlungsströme vorherzusagen, die z. B. aus garantierten Todes- oder Erlebensfallleistungen bestehen könnten. Zusätzlich sind für die überschussbeteiligten Versicherungsverträge zum anderen die vom Basiswert **abhängigen** Zahlungsströme zu prognostizieren. Sie sind von der unterstellten künftigen Rendite des Basiswerts abhängig. So muss der Abschlussersteller für überschussbeteiligte Versicherungsverträge unter anderem schätzen, wie hoch die nach § 6-8 MindZV mindestens gutzuschreibenden sowie die ermessensbehafteten Zahlungen an die Versicherungsnehmer aus der Überschussbeteiligung ausfallen werden.[773]

Anschließend wären die erwarteten Zahlungsströme aus einem Vertragsportfolio mit Diskontzinsen abzuzinsen, die aus aktuellen Marktzinsen abgeleitet sind. Diese Diskontzinsen müssen die Merkmale der Zahlungsströme der abzuzinsenden Versicherungsverträge reflektieren, also auch, dass die **Zahlungsströme** von überschussbeteiligten Versicherungsverträgen entweder ganz oder teilweise davon abhängen, wie sich der Basiswert entwickelt.[774] Dafür bietet es sich

[771] Vgl. IASB (Hrsg.), ED/2013/7, Tz. B84 und Tz. BC43.
[772] Vgl. IASB (Hrsg.), Participating features (agenda paper 2A), S. 9.
[773] Vgl. IASB (Hrsg.), General model for participation features (agenda paper 2A), S. 2.
[774] Vgl. IASB (Hrsg.), ED/2013/7, Tz. 26 (a); IASB (Hrsg.), Participating features (agenda paper 2A), S. 8; IASB (Hrsg.), General model for participation features (agenda paper 2A), S. 2 f.

an, die Diskontzinsen durch ein Portfolio aus **gehandelten Finanzinstrumenten** zu ermitteln, durch das die Zahlungsströme der überschussbeteiligten Versicherungsverträge soweit wie möglich **repliziert** werden.[775] Ferner wäre wie üblich die Risikomarge zu berechnen sowie für ein voraussichtlich gewinnbringendes Vertragsportfolio die Servicemarge zu bestimmen.

Während mit dem Bausteinansatz bewertete überschussbeteiligte Versicherungsverträge also in der Höhe des unternehmensspezifischen Erfüllungsbetrags in der Bilanz anzusetzen wären, sind die zugrundeliegenden vertraglichen Basiswerte nach den **für sie jeweils** anzuwendenden **IFRS** zu bilanzieren.[776] So ist zum Beispiel ein nur aus Eigenkapitalinstrumenten bestehender Investmentfond, der den Basiswert einer fondsgebundenen Lebensversicherung darstellt, nach **IFRS 9** zu bilanzieren. Demgegenüber setzt sich der **Basiswert** einer nach § 153 Abs. 1 VVG überschussbeteiligten Lebensversicherung aus den **gesamten** Vermögenswerten und Schulden eines Versicherers zusammen, da aus ihnen das Kapitalanlage- und Risikoergebnis sowie das übrige Ergebnis **resultieren**. Deshalb sind für diese Art der Überschussbeteiligung neben den Finanzinstrumenten auch andere Kapitalanlagen maßgeblich, z. B. die als Finanzinvestitionen gehaltenen Immobilien, welche nach IAS 40 entweder mit fortgeführten Anschaffungskosten oder erfolgswirksam zum Fair Value folgezubewerten sind.[777]

Wie vom IASB festgestellt wurde, kommt es jedoch zu einem **Accounting Mismatch**, sofern die überschussbeteiligten Lebensversicherungsverträge mit dem Bausteinansatz und ihre vertraglichen Basiswerte gemäß den für sie **jeweils einschlägigen IFRS** bilanziert werden. Entgegen der Äußerung der IASB-Mitarbeiter entsteht gemäß ED/2013/7 aber selbst dann eine Bewertungsinkonsistenz, falls die **Basiswerte** der überschussbeteiligten Lebensversicherungsverträge erfolgswirksam zum Fair Value bilanziert sind. Denn zum einen sind **dann die Fair Value-Änderungen der Basiswerte sofort erfolgswirksam** auszuweisen. Zum anderen sind nach ED/2013/7 aber die Änderungen der erwarteten Zahlungsströme der überschussbeteiligten Versicherungsverträge, die von dem Fair Value der Basiswerte abhängen, mit der Servicemarge zu verrechnen, wodurch sie geglättet erfolgswirksam ausgewiesen werden. Aus diesem Grund bestehen ebenso Accounting Mismatches, wenn einerseits die vertraglichen Basiswerte entweder mit fortgeführten Anschaffungskosten oder erfolgsneutral zum Fair Value bilanziert werden. Andererseits sind die Änderungen der von dem **aktuellen Wert der Basiswerte ab-**

[775] Vgl. IASB (Hrsg.), ED/2013/7, Tz. B46, Tz. B75, Tz. BC44 (a) und Tz. BCA86; GALLASCH, F., IFRS 4 Phase II, S. 132 f.; ROCKEL, W. ET AL., Versicherungsbilanzen, S. 85.
[776] Vgl. IASB (Hrsg.), ED/2013/7, Tz. B67 (a); FECHNER, M., IFRS 4 und IFRS 9, S. 119.
[777] Vgl. ähnlich IASB (Hrsg.), ED/2013/7, Tz. BC49-BC50, Tz. BC62 und Tz. BCA153 (c).

hängigen Zahlungsströme der überschussbeteiligten Versicherungsverträge nach ED/2013/7 jedoch mit der für ein gewinnbringendes Portfolio vorhandenen Servicemarge zu saldieren.[778]

Aufgrund des Accounting Mismatches können sich die Wertänderungen der **Basiswerte** und die Wertänderungen der vom Basiswert **abhängigen Zahlungsströme** der Versicherungsverträge, die für den Erfüllungsbetrag relevant sind, aber nicht in derselben Periode ausgleichen, obwohl dies **aus ökonomischer Sicht** tatsächlich geschieht. Infolgedessen wird das Ergebnis aus überschussbeteiligten Verträgen im Rahmen des **nicht modifizierten** Bausteinansatzes **zu volatil** dargestellt, wodurch eine nicht sachgerechte „[...] künstliche Volatilität in der Erfolgsrechnung [...]“[779] entsteht. Um solch einen Accounting Mismatch und die aus ihm stammende „künstliche Volatilität“ zu vermeiden, sind Versicherungsverträge nach ED/2013/7 durch den *mirroring approach* zu bewerten. Hierfür ist der Bausteinansatz so zu modifizieren, dass:[780]

(1) der von der Rendite des Basiswerts **direkt** abhängige Teil des Erfüllungsbetrags der Verträge durch den **Buchwert** des jeweiligen Basiswerts bemessen wird; und

(2) der von der Rendite des Basiswerts **indirekt** oder **nicht** abhängige Teil des Erfüllungsbetrags der Verträge mit den üblichen ersten drei **Bewertungsbausteinen** ermittelt wird.

Für den *mirroring approach* sind also die erwarteten Zahlungsströme eines Vertragsportfolios in direkt, indirekt oder nicht von der **Rendite des Basiswerts** abhängige Zahlungsströme aufzuteilen. Durch diese **Aufteilung** soll sowohl reflektiert werden, wie sehr die direkt oder die indirekt von dem Basiswert abhängigen Zahlungsströme mit dem Wert des Basiswerts variieren, als auch wie hoch die nicht renditeabhängigen Zahlungsströme zu schätzen sind, die beispielsweise für **garantierte Todes- oder Erlebensfallleistungen** fällig werden würden. Die geschätzten Zahlungsströme aus einem Portfolio von Versicherungsverträgen sind hierbei so aufzuteilen, dass sie erstens aus einer fixen Zahlung, zweitens aus dem den Versicherungsnehmern zustehenden Anteil am Basiswert der Verträge und drittens einer vom Versicherer an die Versicherungsnehmer **ausgestellten Verkaufsoption** bestehen.[781]

[778] Vgl. hierzu die in den Abschnitten 324 bis 326 erläuterte Kategorisierung von Finanzinstrumenten.

[779] KÖLSCHBACH, J., Überschussbeteiligung, S. 250.

[780] Vgl. IASB (Hrsg.), ED/2013/7, Tz. 34 und Tz. BC47; SCHLÜTER, J./BONIN, C., in: Beck'sches IFRS-Handbuch, 5. Aufl., § 40, Tz. 78; HOMMEL, M./BIELKE, D./ZICKE, J., ED/2013/7, S. 412.

[781] Vgl. IASB (Hrsg.), ED/2013/7, Tz. B85, Tz. BC60. In der Literatur wird angemerkt, dass die Zahlungsströme auch anders aufgeteilt werden können, solange die direkt abhängigen Zahlungsströme maximiert werden. Vgl. ELLENBÜRGER, F./ENGELÄNDER, S./KÖLSCHBACH, J., ED/2013/7, S. 815. Zur Interpretation von Versicherung als Option vgl. LÖW, S., Rückstellungsbilanzierung, S. 127 f.

Dies verdeutlicht der IASB im ED/2013/7 durch einen beispielhaften Vertrag, der dem Versicherungsnehmer **mindestens 1.000 GE** und zusätzlich 90 % der Wertsteigerungen der Basiswerte über ihren anfänglichen Fair Value in der Höhe von 1.000 GE auszahlen wird. Die für diesen Vertrag erwarteten Zahlungsströme sind dann **aufzuteilen** in eine fixe Zahlung von 100 GE, einen auf den Versicherungsnehmer entfallenden Anteil von 90 % des Fair Value der Basiswerte und eine Verkaufsoption, durch die der Versicherungsnehmer 90 % des Fair Value der Basiswerte zu einem Ausübungspreis von 900 GE an den Versicherer verkaufen kann.[782] Erst durch dieses Beispiel wird klar, was der IASB im ED/2013/7 unter den entweder direkt, indirekt oder nicht von der Rendite der Basiswerte abhängigen Zahlungsströmen versteht. So ist der zu **90 % dem Versicherungsnehmer** zustehende **Anteil** am Fair Value der Basiswerte **direkt** abhängig von den Basiswerten. Die fixe Zahlung ist **nicht** abhängig von den Basiswerten und die aus der ausgestellten Verkaufsoption stammenden Zahlungsströme sind **indirekt** abhängig von den Basiswerten, da die Option für den Versicherungsnehmer nur werthaltig ist, wenn der aktuelle Fair Value der Basiswerte die mindestens fällige Auszahlung von 1.000 GE **übersteigt.**[783] Diese für den *mirroring approach* nach ED/2013/7 durchzuführende Aufteilung der für überschussbeteiligte Verträge erwarteten Zahlungsströme wird in der Abbildung 3-12 dargestellt. Dafür werden zwei Fälle angenommen: der anfängliche Fair Value der Basiswerte erhöht sich von 1.000 GE auf 1.200 GE oder er verringert sich von 1.000 GE auf 800 GE.

Direkt abhängige Zahlungsströme	**Nicht** abhängige Zahlungsströme	**Indirekt** abhängige Zahlungsströme	
(90 % * **Basiswert-Fair Value**)	+ (100 GE fixe Zahlung)	+ (90 % * Maximum aus (1.000 GE - **Basiswert-Fair Value**) und 0 GE)	
(90 % * **1.200** GE)	+ (100 GE fixe Zahlung)	+ (90 % * Maximum aus (1.000 GE - **1.200** GE) und 0 GE)	= **1.180** GE
(90 % * **800** GE)	+ (100 GE fixe Zahlung)	+ (90 % * Maximum aus (1.000 GE - **800** GE) und 0 GE)	= **1.000** GE

Abbildung 3-12: Beispiel zur Aufteilung der für überschussbeteiligte Verträge erwarteten Zahlungsströme im *mirroring approach*[784]

Der **direkt** von der Rendite des Basiswerts abhängige Teil des Erfüllungsbetrags der Versicherungsverträge wird im *mirroring approach* im Gegensatz zum Bausteinansatz bemessen, indem er mit dem **aktuellen Buchwert** des für die Verträge relevanten Basiswerts gleichgesetzt wird. Außerdem sind anfallende Änderungen des Buchwerts des Basiswerts auf Seite der Versicherungsverträge so auszuweisen, wie Änderungen dieses Buchwerts nach dem für ihn

782 Vgl. IASB (Hrsg.), ED/2013/7, Tz. B86, Tz. BC59 und Tz. IE25.

783 Vgl. IASB (Hrsg.), ED/2013/7, Tz. BCA87; FECHNER, M., IFRS 4 und IFRS 9, S. 139 f.

784 Die Abbildung ist angelehnt an IASB (Hrsg.), ED/2013/7, Tz. B86 und Tz. IE25.

einschlägigen IFRS ausgewiesen werden.[785] Ist z. B. ein Versicherungsnehmer an 80 % des Werts eines den Basiswert darstellenden Investmentfonds beteiligt, welcher nach IFRS 9.5.7.5 erfolgsneutral zum Fair Value folgebewertet wird, dann entspricht der **direkt** von der Basiswertrendite abhängige Anteil des für den Versicherungsvertrag zu passivierenden Erfüllungsbetrags ebenfalls 80 % des aktuellen Fair Value jenes Investmentfonds. Steigt der Buchwert des Fonds z. B. um 10 GE, sind 80 % dieser Fair Value-Änderung, also 8 GE, als Wertänderung des passivierten Erfüllungsbetrags ebenfalls erfolgsneutral im Sonstigen Gesamtergebnis (OCI) auszuweisen. Durch die **spiegelbildliche** Bilanzierung kann ein Accounting Mismatch und die mit ihm verbundene ökonomisch nicht gerechtfertigte Ergebnisvolatilität **vermieden** werden, da sich die Änderung des vom Basiswert abhängigen Erfüllungsbetrags und die Änderung des auf den Versicherungsnehmer entfallenden Anteils an dem Basiswert in derselben Periode und an derselben Stelle kompensieren. Dieses geschieht in diesem Beispiel dadurch, dass sich die Werterhöhung des passivischen Erfüllungsbetrags von 8 GE (quasi als Aufwand) und die gegenläufige Werterhöhung des dem Versicherungsnehmer **zustehenden Anteils** an dem vertraglichen Basiswert von 8 GE (quasi als Ertrag) im OCI gegenüberstehen.

Der **indirekt** von einem Basiswert abhängige Teil des Erfüllungsbetrags ist für den *mirroring approach* durch die **ersten drei** Bewertungsbausteine zu ermitteln. Indirekt von einem Basiswert abhängige Zahlungsströme entstehen aus nicht abgespaltenen **eingebetteten Optionen und Garantien**.[786] Zum Beispiel ist eine Zinsgarantie dann indirekt von einem Basiswert abhängig, wenn sich deklarierte Überschüsse aus dem Kapitalanlage-, Risiko- und dem übrigen Ergebnis in Höhe der Zinsgarantie verzinsen, bis die Überschüsse den Versicherungsnehmern gutgeschrieben werden. Außerdem steigen die Zeitwerte von eingebetteten Zinsgarantien auf eingezahlte Sparprämien, falls die Marktzinsen sinken und die Zinsgarantien für die Versicherungsnehmer folglich wertvoller werden.[787] Die in Lebensversicherungen enthaltenen Kündigungsoptionen sind von dem Basiswert indirekt abhängig, da rationale Versicherungsnehmer sie ausüben, wenn sich ihr bisher angesammeltes Deckungskapital am Markt höher verzinsen würde als durch ihren Versicherungsvertrag.[788] Die aus Optionen und Garantien stammenden indirekt vom Basiswert abhängigen Wertänderungen des Erfüllungsbetrags sind im *mirroring approach* **erfolgswirksam** auszuweisen. Nach ED/2013/7 sind folglich die durch die schwan-

[785] Vgl. IASB (Hrsg.), ED/2013/7, Tz. 66 (a) und Tz. IE25; FECHNER, M., IFRS 4 und IFRS 9, S. 297.
[786] Vgl. IASB (Hrsg.), ED/2013/7, Tz. 34 (b) sowie Tz. BCA87; HOMMEL, M./BIELKE, D./ZICKE, J., ED/2013/7, S. 412; ELLENBÜRGER, F./ENGELÄNDER, S./KÖLSCHBACH, J., ED/2013/7, S. 815.
[787] Vgl. FECHNER, M., IFRS 4 und IFRS 9, S. 138 f.; ERNST & YOUNG LLP, International GAAP 2017, S. 4345; SURREY, I., Versicherungsgeschäfte nach IFRS, S. 113 f.
[788] Vgl. MATH, K., Optionen, S. 26-28; ROCKEL, W., Fair Value-Bilanzierung, S. 184 f.

kenden Marktzinsen regelmäßig anfallenden Wertänderungen aus den eingebetteten Optionen und Garantien von überschussbeteiligten Lebensversicherungsverträgen direkt **in der GuV** zu zeigen.[789]

Auch der **nicht** von der Rendite des Basiswerts abhängige Teil des Erfüllungsbetrags wird mit den ersten drei Bewertungsbausteinen bestimmt. Er umfasst die Zahlungsströme, die nicht mit dem Basiswert schwanken, wie z. B. Todesfallsummen und Abschlusskosten.[790] Dabei werden die anfallenden Änderungen des nicht renditeabhängigen Erfüllungsbetrags so bilanziert, wie es der Bausteinansatz für die ersten drei Bausteine vorsieht. So sind beispielsweise die durch eine abweichend eingeschätzte Sterbewahrscheinlichkeit verursachten Änderungen der erwarteten Zahlungsströme für künftige Deckung mit der Servicemarge **zu verrechnen**. Den außerplanmäßigen Unterschiedsbetrag aus **aktualisierten Diskontzinsen** darf der Versicherer nach ED/2013/7 entweder in der GuV oder im Sonstigen Gesamtergebnis (OCI) ausweisen. Alle Änderungen der **Risikomarge** für künftige Deckungsperioden sind ebenfalls mit der vorhandenen Servicemarge zu verrechnen oder aber direkt erfolgswirksam zu buchen, sofern eine Servicemarge nicht oder nicht mehr existiert.[791]

Wie oben beschrieben wurde, ist im *mirroring approach* nach ED/2013/7 analog zu dem grundsätzlich anzuwendenden Bausteinansatz für voraussichtlich gewinnbringende Versicherungsverträge eine **Servicemarge** anzusetzen und fortzuführen.[792] Der IASB gibt an, dass mit dieser Servicemarge nur außerplanmäßig anders geschätzte sowie **direkt** von der Rendite des Basiswerts abhängige Zahlungsströme verrechnet werden dürfen, welche **künftige** Leistungen des Versicherers betreffen. Dies können beispielsweise das für einen Lebensversicherungsvertrag vom Versicherer künftig zu leistende Kapitalanlagemanagement oder aber ein anders als zuvor prognostizierter Umfang der ermessensbehafteten Überschussbeteiligung eines Lebensversicherungsvertrags darstellen.[793] Jedoch scheint es widersprüchlich, dass laut IASB die von der Rendite der Basiswerte abhängigen Änderungen der Zahlungsströme dann nicht mit einer Servicemarge verrechnet werden dürfen, falls diese Zahlungsstromänderungen aus einem geänderten Wert (also aus einem geänderten Fair Value) des jeweiligen **Basiswerts** resultiert.[794] Dies scheint deshalb widersprüchlich, weil es als eine der wesentlichen Leistung der Lebens-

[789] Vgl. IASB (Hrsg.), ED/2013/7, Tz. 66 (b) und Tz. BC52-BC53.
[790] Vgl. IASB (Hrsg.), ED/2013/7, Tz. 66 (c); KNOLLER, C./SAUER, R., ED/2013/7, S. 111.
[791] Vgl. zur Folgebewertung von Versicherungsverträgen im Bausteinansatz den Abschnitt 335.
[792] Vgl. SCHLÜTER, J./BONIN, C., in: Beck'sches IFRS-Handbuch, 5. Aufl., § 40, Tz. 78.
[793] Vgl. IASB (Hrsg.), General model for participation features (agenda paper 2A), S. 5.
[794] Vgl. IASB (Hrsg.), ED/2013/7, Tz. B68 (d).

versicherer anzusehen ist, dass sie mit den vertraglichen Basiswerten attraktive Kapitalerträge erzielen und die Versicherungsnehmer angemessen an diesen Erträgen beteiligen (müssen).[795] Deshalb ist es zu begrüßen, dass der IASB für den finalen Standard IFRS 17 entschieden hat, den *mirroring approach* durch den sogenannten *variable fee approach* zu ersetzen, welcher in dem folgenden Abschnitt 336.3 erörtert wird.

336.3 Erst- und Folgebewertung im *variable fee approach*

Aufgrund der kritischen Rückmeldungen zu dem nach ED/2013/7 vorgeschlagenen *mirroring approach* entschied der IASB im Juni des Jahres 2015 vorläufig sowie letztlich auch für den IFRS 17, dass der *mirroring approach* durch den sogenannten ***variable fee approach*** ersetzt wird.[796] Der *variable fee approach* ist auf alle Versicherungsverträge anzuwenden, welche die sogenannten direkten Beteiligungsmechanismen (***direct participation features***) enthalten. Der IASB definiert als Versicherungsverträge, die direkt an einem oder an mehreren Basiswerten beteiligt sind und die dementsprechend direkte Beteiligungsmechanismen umfassen, alle Versicherungsverträge, für die kumulativ:[797]

(1) vertraglich festgelegt ist, dass der Versicherungsnehmer in einem **definierten Umfang** an einer klar identifizierbaren Gruppe von Basiswerten partizipiert;

(2) der Versicherer erwartet, dem Versicherungsnehmer einen Betrag zu zahlen, der einen **wesentlichen Anteil** der Fair Value-Wertentwicklung der Basiswerte ausmacht; und

(3) ein substanzieller Teil des an den Versicherungsnehmer auszuzahlenden Betrags erwartungsgemäß von den Zahlungsströmen aus den Basiswerten **abhängt**.

Ein Versicherungsvertrag, der diese drei Kriterien erfüllt, enthält also einen direkten Beteiligungsmechanismus und ist deshalb mit dem ***variable fee approach*** erst- und folgezubewerten. Fraglich ist indes, ob der *variable fee approach* auf deutsche überschussbeteiligte Lebensversicherungsverträge und deutsche anteilgebundene Lebensversicherungen anzuwenden ist.

Durch das **erste Kriterium** wird gewährleistet, dass die später erläuterte, von dem Versicherungsnehmer zu entrichtende, variable Gebühr (***variable fee***) vom Abschlussersteller ermittelt werden kann, da ihre Höhe nicht vollständig im Ermessen des Versicherers liegt. Dies ist der

[795] Vgl. ebenso KNOLLER, C./SAUER, R., ED/2013/7, S. 110.

[796] Vgl. IASB (Hrsg.), IFRS 17, Tz. BC259-BC268; IASB (Hrsg.), Overview of IFRS 4 Phase II (agenda paper 2B), S. 7; ERNST & YOUNG LLP, International GAAP 2017, S. 4459.

[797] Vgl. IASB (Hrsg.), IFRS 17, Anhang A sowie Tz. B101; IASB (Hrsg.), Variable fee approach (agenda paper 2B), S. 2 und S. 7 f.; KREEB, M./ZEITLER, M., IFRS 17, S. 303 f.

Fall, wenn sowohl vertraglich festgehalten wird, in welchem Umfang der oder die Versicherungsnehmer mindestens an der Entwicklung der Basiswerte partizipiert als auch an welchen Basiswerten er zu beteiligen ist.[798] Die deutschen überschussbeteiligten Lebensversicherungen erfüllen dieses Kriterium, da für sie gesetzlich vorgesehen ist, dass ein Versicherungsnehmer zu mindestens 90 % an den positiven Kapitalanlage- und Risikoergebnissen sowie zu mindestens 50 % an einem positiven übrigen Ergebnis des Versicherers partizipiert. Auch sind diesen überschussbeteiligten Verträgen mindestens 50 % der Bewertungsreserven eines Versicherers gutzuschreiben. Als der **Basiswert** dienen die gesamten Vermögenswerte und Schulden eines Versicherers; hauptsächlich also die Kapitalanlagen und versicherungstechnischen Rückstellungen. Jedoch führt der IASB an, dass eine Gruppe von Basiswerten nicht klar identifizierbar ist, falls der Versicherer die Basiswerte **nachträglich**, also nach Vertragsabschluss, **ändern kann** und deshalb eine vollständig ermessensbehaftete Gebühr fordern kann.[799] Mit Blick auf das deutsche System der Überschussbeteiligung kann der IASB damit nur meinen, dass der Versicherer die Überschussquellen, also das Kapitalanlage-, Risiko-, und das übrige Ergebnis, nicht nachträglich ändern darf, was auf die deutschen überschussbeteiligten Lebensversicherungen **zutrifft**.[800] Auch die deutschen anteilgebundenen Lebensversicherungen erfüllen das erste Kriterium, da für sie der Anteil, zu dem die Versicherungsnehmer am Basiswert partizipieren, und der als Basiswert dienende Investmentfond oder Index vertraglich definiert sind und vom Versicherer nicht nachträglich geändert werden dürfen.

Deutsche überschussbeteiligte Lebensversicherungen erfüllen das **zweite Kriterium**, weil der Versicherer mit 90 % des Kapitalanlage- und Risikoüberschusses und 50 % der Bewertungsreserven einen wesentlichen Anteil der aus den Basiswerten erzielten Erträge und Wertänderungen den Versicherungsnehmern **rückvergüten** muss. Das ist typischerweise auch für eine deutsche anteilgebundene Lebensversicherung der Fall. Indes sind bei diesen Versicherungsarten auch Vertragsbedingungen möglich, die vorsehen, dass die Basiswertrendite größtenteils dem Versicherer statt dem Versicherungsnehmer zusteht.[801]

Das **dritte Kriterium** ist eng mit dem zweitgenannten Kriterium verbunden. Es wird sowohl von deutschen überschussbeteiligten Lebensversicherungen als auch von deutschen anteilgebundenen Lebensversicherung **erfüllt**, weil für beide Vertragsarten die von dem Versicherer

[798] Vgl. IASB (Hrsg.), IFRS 17, Tz. B105-B106; IASB (Hrsg.), Variable fee approach (agenda paper 2B), S. 8.
[799] Vgl. IASB (Hrsg.), IFRS 17, Tz. BC167-BC170, Tz. BC237 und Tz. BC245.
[800] Somit ist es für das erste Kriterium unschädlich, wenn sich im System der Überschussbeteiligung wie üblich einzelne Kapitalanlagen oder Versicherungsverträge nachträglich ändern.
[801] Vgl. IASB (Hrsg.), IFRS 17, Tz. B107-B108 und Tz. BC238-BC244.

an die Versicherungsnehmer zu zahlenden Beträge davon abhängen, wie sich die Zahlungsströme der jeweiligen Basiswerte entwickeln. Daher erhalten die Anspruchsberechtigten einer Lebensversicherung beispielsweise niedrigere Überschüsse bzw. Wertsteigerungen, sofern die für den Versicherer positiven Zahlungsströme aus den jeweiligen Basiswerten abnehmen.[802] Ein Versicherungsvertrag wird im *variable fee approach* **erst- und folgebewertet**, indem der Versicherer den Bausteinansatz so modifiziert, dass er eine Änderung der **variablen Gebühr** (*variable fee)*, die er durch die ausgestellten Versicherungsverträge zukünftig verdienen wird, mit einer vorhandenen Servicemarge **verrechnet**. Diese noch zu verdienende variable Gebühr besteht aus dem erwarteten Anteil des Versicherers an den künftigen Gewinnen und Verlusten aus den vertraglichen Basiswerten abzüglich der erwarteten Zahlungsströme aus den Versicherungsverträgen, die nicht direkt von Basiswerten abhängen, was z. B. für die Abschlusskosten, die Zinsgarantien oder die fixierten Todesfallleistungen gegeben ist.[803]

Durch den *variable fee approach* wird der Bausteinansatz wie erläutert modifiziert, um zu berücksichtigen, dass ein Versicherer seinen erwarteten Anteil an der Basiswertrendite als eine Art variabler **Gewinnzuschlag** bereits in die für ein Versicherungsprodukt durchgeführte Prämienkalkulation einfließen lässt. Dieser variable Gewinnzuschlag wird von den Versicherungsnehmern gezahlt, da sie in der Höhe des Zuschlags auf mögliche Gewinne aus den durch ihre Prämien beim Versicherer aufgebauten Kapitalanlagen verzichten. Dabei ist der Gewinnzuschlag als **variabel** anzusehen, da er im Unterschied zu fix kalkulierten Gewinnzuschlägen, die z. B. als 5 % des Barwerts der risikoadjustierten erwarteten Auszahlungen kalkuliert sind, davon abhängt, wie ertragreich sich die Kapitalanlagen künftig entwickeln werden.[804]

Der IASB sieht diesen Gewinnzuschlag als Teil der Vergütung, die ein Versicherer dafür fordert, dass er die vertraglich vereinbarten **Versicherungsleistungen** erbringen wird.[805] Folglich gehört dieser Zuschlag zu dem **noch nicht verdienten Erfolg** aus erstmalig bewerteten und voraussichtlich gewinnbringenden Vertragsportfolios, der mit der **Servicemarge** neutralisiert und über die künftige Deckungsperiode verteilt wird. Im Bausteinansatz werden außerplan-

---

[802] Vgl. IASB (Hrsg.), IFRS 17, Tz. B107-B108.

[803] Vgl. IASB (Hrsg.), IFRS 17, Tz. 76 und Tz. BC239; IASB (Hrsg.), Variable fee approach (agenda paper 2B), S. 1 f.; IASB (Hrsg.), Project Update September 2015 (agenda paper 16B), S. 4. In der Literatur wird angegeben, dass der Bausteinansatz für nicht und indirekt überschussbeteiligte Verträge anzuwenden ist, während der *variable fee approach* für direkt überschussbeteiligte Lebensversicherungsverträge relevant ist. Vgl. dazu LÜDENBACH, N./HOFFMANN, W.-D./FREIBERG, J., in: Haufe IFRS-Kommentar, 14. Aufl., § 39, Tz. 47.

[804] Vgl. IASB (Hrsg.), IFRS 17, Tz. B110; IASB (Hrsg.), Variable fee approach (agenda paper 2B), S. 4; ERNST & YOUNG LLP, International GAAP 2017, S. 4459. Vgl. zur Prämienkalkulation den Abschnitt 24.

[805] Vgl. IASB (Hrsg.), IFRS 17, Tz. BC243-BC247 und Tz. IE99-IE112.

mäßig anders geschätzte erwartete Zahlungsströme und Risikomargen mit der Servicemarge verrechnet und infolgedessen geglättet ausgewiesen. Deshalb ist es auch **konsistent** dazu, wie Schätzänderungen im Bausteinansatz abgebildet werden, dass auch im *variable fee approach* eine anders prognostizierte variable Gebühr in Höhe des erwarteten Anteils des Versicherers an den Wertentwicklungen der Basiswerte nicht unmittelbar erfolgswirksam abgebildet wird, sondern mit einer Servicemarge verrechnet und somit geglättet ausgewiesen wird. Im Gegensatz dazu würde im grundsätzlich anzuwendenden Bausteinansatz die Servicemarge nämlich nicht für die hieraus entstehenden Zahlungsstromänderungen angepasst werden, da der Versicherer seinen erwarteten Anteil an den künftigen Renditen aus den jeweiligen Basiswerten der Lebensversicherungsverträge außerplanmäßig anders als zuvor vorhergesagt.[806]

Im Rahmen des *variable fee approach* sind die Wertänderungen der Verpflichtung, die Versicherungsnehmer an den Basiswerten zu beteiligen, genauso auszuweisen, wie die **Buchwerte der Basiswerte** nach den für sie **jeweils einschlägigen IFRS** abzubilden sind. Somit sind z. B die anders erwarteten Zahlungsströme des Erfüllungsbetrags, der von gemäß IFRS 9 erfolgsneutral zum dem Fair Value bilanzierten Finanzinstrumenten abhängt, ebenfalls erfolgsneutral auszuweisen.[807] Hierdurch bezweckt der IASB, wie auch durch den *mirroring approach*, die Accounting Mismatches zu vermindern. Im Gegensatz zum *mirroring approach* sind aber im *variable fee approach* die Wertänderungen von eingebetteten **Optionen und Garantien** mit der Servicemarge zu **verrechnen**. Falls die Servicemarge durch nachteilige Schätzänderungen verbraucht wird oder ein erstbewertetes Vertragsportfolio als verlustbringend eingestuft wird, muss dies außerdem sofort aufwandswirksam erfasst werden.[808]

Eine angesetzte **Servicemarge** wird im *variable fee approach* fortgeführt, indem sie mit den am Bewertungsstichtag **aktuellen Diskontzinsen** aufgezinst wird. Im Unterschied dazu wird die Servicemarge im *mirroring approach* mit den ursprünglich verwendeten Diskontzinsen aufgezinst, wobei der außerplanmäßige Unterschiedsbetrag aus aktualisierten Diskontzinsen dann entweder in der GuV oder im OCI erfasst werden darf.[809] Somit wird die Servicemarge

[806] Vgl. IASB (Hrsg.), IFRS 17, Tz. B111-B114; IASB (Hrsg.), Variable fee approach (agenda paper 2B), S. 4 f.
[807] Vgl. IASB (Hrsg.), IFRS 17, Tz. IE173-IE185; IASB (Hrsg.), Variable fee approach (agenda paper 2B), S. 5.
[808] Vgl. IASB (Hrsg.), IFRS 17, Tz. B112; IASB (Hrsg.), Variable fee approach (agenda paper 2B), S. S. 11 f.
[809] Vgl. IASB (Hrsg.), Overview of IFRS 4 Phase II (agenda paper 2B), S. 7-9 und S. 12; SCHLÜTER, J./BONIN, C., in: Beck'sches IFRS-Handbuch, 5. Aufl., § 40, Tz. 87 f.

im *variable fee approach* mit aktuellen Diskontzinsen **neu bewertet**, während sie im üblichen Bausteinansatz mit den ursprünglichen Diskontzinsen planmäßig fortgeführt wird.[810]

In der folgenden Abbildung 3-13 werden die **Gemeinsamkeiten und Unterschiede** zwischen dem *mirroring approach* und dem *variable fee approach* anhand von insgesamt sechs in den Abschnitten 336.2 und 336.3 behandelten **Unterscheidungskriterien** zusammengefasst. Dies ist vor allem dafür relevant, dass im Abschnitt 431 analysiert wird, wie das **Asset-Liability-Management** von deutschen Lebensversicherern nach IFRS 9 und IFRS 17 künftig bilanziell dargestellt sein wird. Vor allem ist hierzu entscheidend, dass der IASB sowohl vorläufig entschied als auch in den finalen IFRS 17 übernommen hat, dass die Wertänderungen von den in den deutschen Lebensversicherungsverträgen üblicherweise enthaltenen Optionen und Garantien im Rahmen des *variable fee approach* nicht sofort erfolgswirksam erfasst, sondern mit einer vorhandenen Servicemarge **verrechnet** werden.[811]

Unterscheidungs-kriterium	***mirroring approach***	***variable fee approach***
Anwendungsbereich	Versicherungsverträge die festlegen, dass der Basiswert **gehalten** und die Auszahlungen an die Versicherten von der Rendite des Basiswerts **abhängen**	Versicherungsverträge mit **direkten Beteiligungsmechanismen** (*direct participation features*)
Anwendungsbeispiele	Deutsche überschussbeteiligte Lebensversicherung & anteil-gebundene Lebensversicherungen (sofern Basiswert **gehalten**)	Deutsche überschussbeteiligte Lebensversicherung & anteil-gebundene Lebensversicherungen (**unabhängig** vom Halten des Basiswerts)
Wertänderung des Anteils des **Versicherers** am Basiswert	Direkt im **Eigenkapital** des Versicherers berücksichtigt	Als Änderung der **variablen Gebühr** (*variable fee*) für künftige Leistungen mit der Servicemarge **verrechnet**
Wertänderung des Anteils der **Versicherungs-nehmer** am Basiswert	Verpflichtungsänderung folgt Ausweis des Buchwerts des **Basiswerts** nach den für ihn jeweils einschlägigen IFRS	Verpflichtungsänderung folgt Ausweis des Buchwerts des **Basiswerts** nach den für ihn jeweils einschlägigen IFRS
Zeitwertänderungen von **Optionen und Garantien**	Sofort in voller Höhe **erfolgswirksam** ausgewiesen	Mit Servicemarge **verrechnet** und somit geglättet ausgewiesen
Folgebewertung der **Servicemarge**	Aufzinsung mit den **ursprünglichen** Diskontzinsen	Neubewertung mit den **aktuellen** Diskontzinsen

Abbildung 3-13: Gemeinsamkeiten und Unterschiede zwischen *mirroring approach* und *variable fee approach*[812]

[810] Vgl. IASB (Hrsg.), IFRS 17, Tz. BC273-BC276; Ernst & Young LLP, International GAAP 2017, S. 4459; Kreeb, M./Zeitler, M., IFRS 17, S. 303 f.

[811] Vgl. IASB (Hrsg.), IFRS 17, Tz. B62 und Tz. BC152; Kreeb, M./Zeitler, M., IFRS 17, S. 303 f.

[812] Die selbsterstellte Abbildung fasst die Resultate aus den Abschnitten 336.2 und 336.3 zusammen.

4 Analyse der bilanziellen Darstellung des Asset-Liability-Managements von Finanzinstrumenten und Lebensversicherungsverträgen

41 Auswirkung eines Accounting Mismatch auf die bilanzielle Darstellung

Wie im Abschnitt 25 beschrieben wurde, steuern Versicherungsunternehmen die aus Lebensversicherungsgeschäften resultierenden versicherungstechnischen Risiken und Kapitalanlagerisiken durch das Asset-Liability-Management integriert. Dafür analysieren sie die versicherungstechnischen Rückstellungen und die bedeckenden Kapitalanlagen gemeinsam. Solch ein integriertes Chancen- und Risikomanagement ist zum einen aufsichtsrechtlich vorgeschrieben, zum anderen ist es für die deutschen Lebensversicherer wirtschaftlich nötig, um die von ihnen abgegebenen Zinsgarantien, die in die Lebensversicherungsverträge eingebettet sind, trotz der anhaltenden Niedrigzinsphase dauerhaft erfüllen zu können.

In diesem wirtschaftlich schwierigen Umfeld ist es umso problematischer, wenn den IFRS-Abschlussadressaten aufgrund von bilanziellen Ansatz- und Bewertungsinkonsistenzen keine **entscheidungsnützlichen Informationen** dazu vermittelt werden, ob die versicherungstechnischen Rückstellungen und Kapitalanlagen durch das Asset-Liability-Management (ALM) entweder sicher und somit renditeschwach oder risikoreich und somit renditestark abgestimmt werden. Eine entscheidungsnützliche Darstellung des ALM wird dabei durch die international als Accounting Mismatches bezeichneten bilanziellen Ansatz- und Bewertungsinkonsistenzen verhindert, da sie zu einer ökonomisch nicht gerechtfertigten Volatilität in der GuV oder im Sonstigen Gesamtergebnis (OCI) führen.[813]

Der IASB sieht einen **Economic Mismatch** darin, dass die Werte oder Zahlungsströme von zusammengehörigen Vermögenswerten und Schulden **unterschiedlich** auf geänderte ökonomische Rahmenbedingungen reagieren, die für den Wert von beiden Positionen relevant sind. Im Kontrast hierzu definiert er einen **Accounting Mismatch** darin, dass Änderungen der relevanten ökonomischen Bedingungen die Vermögenswerte und Schulden eines Unternehmens **gleichermaßen** beeinflussen, die Buchwerte und der Ausweis von Wertänderungen jenes aber nicht gleichermaßen widerspiegeln, da sie verschieden bewertet und ausgewiesen werden.[814]

Für das Lebensversicherungsgeschäft investieren die Lebensversicherer die zugeflossenen Prämien in Kapitalanlagen, die durch versicherungstechnische Rückstellungen finanziert sind

[813] Vgl. SURREY, I., Versicherungsgeschäfte nach IFRS, S. 173-179; STEINER, C., Versicherungstechnische Rückstellungen, S. 449. Vgl. zu Accounting Mismatches auch den Abschnitt 324.1.

[814] Vgl. IASB (Hrsg.), ED/2013/7, Tz. BC45-BC46; IASB (Hrsg.), ED/2010/8, Tz. BC172. Zu den vom IASB für IFRS 17 behandelten Accounting Mismatches vgl. IASB (Hrsg.), IFRS 17, Tz. BC53-BC56.

und die diese Rückstellungen gleichzeitig decken, z. B. indem sie die Mittel für zu zahlende Todesfallsummen oder Zinsgarantien erwirtschaften. Daher entsteht für Lebensversicherer vor allem dann die durch einen Accounting Mismatch ausgelöste „**Phantomvolatilität**“[815] in der GuV oder im OCI, sofern geänderte ökonomische Rahmenbedingungen die Kapitalanlagen und die versicherungstechnischen Rückstellungen gleichermaßen beeinflussen, die Buchwerte dieser Bilanzposten und der Ausweis ihrer Wertänderungen dies jedoch aufgrund von unzureichend aufeinander abgestimmten Bilanzierungsregeln **nicht gleichermaßen** widerspiegeln.

Eine ökonomische Rahmenbedingung, die sowohl Kapitalanlagen als auch versicherungstechnische Rückstellungen von Lebensversicherern beeinflusst, ist das aktuelle **Marktzinsniveau**. Denn die Kapitalanlagen von deutschen Lebensversicherern bestehen zu circa 80 % aus festverzinslichen Fremdkapitalinstrumenten, z. B. Staats- und Unternehmensanleihen und Pfandbriefen,[816] deren **Zeitwerte** prinzipiell ermittelt werden, indem die für jene Finanzinstrumente erwarteten Zahlungsströme mit aus aktuellen Marktzinsen fristen- und risikogerecht abgeleiteten **Diskontzinsen abgezinst** werden.[817] Dabei korreliert der Zeitwert von festverzinslichen Kapitalanlagen **negativ** mit der Höhe der aktuellen Marktzinsen, da ihr **Zeitwert** sinkt, wenn die für sie erwarteten Zahlungsströme mit höheren Marktzinsen diskontiert werden und vice versa. Ebenfalls korreliert der Erfüllungsbetrag von versicherungstechnischen Rückstellungen negativ mit der Höhe der aktuellen Marktzinsen, da ihr **Erfüllungsbetrag** ebenso sinkt, sofern die für sie erwarteten Zahlungsströme mit höheren Marktzinsen diskontiert werden und vice versa.[818]

Unter **IFRS 9** und dem derzeit noch gültigen **IFRS 4 Phase I** kann aus verschiedenen Konstellationen ein **Accounting Mismatch** entstehen. Konkret besteht eine derartige Ansatz- oder Bewertungsinkonsistenz darin, dass in den Buchwerten der versicherungstechnischen Rückstellungen und den Buchwerten der sie deckenden festverzinslichen Fremdkapitalinstrumente durch den Ausweis ihrer jeweiligen Wertänderungen nicht gleichermaßen **widerspiegelt** wird, wie sich ein geändertes **Marktzinsniveau** auf diese beiden Bilanzpositionen auswirkt.[819]

815 FECHNER, M., IFRS 4 und IFRS 9, S. V.

816 Vgl. GONDRING, H., Versicherungswirtschaft, S. 594-596; PERLET, H., Fair Value-Bilanzierung, S. 443.

817 Zur Bewertung von festverzinslichen Finanzinstrumenten vgl. ALBRECHT, P./MAURER, R., Investment- und Risikomanagement, S. 537-544; ALBRECHT, P., Grundprinzipien, S. 13-15.

818 Hier wird ein Erfüllungsbetrag unterstellt, dessen künftig erwartete Zahlungsströme mit aktuellen Marktzinsen diskontiert werden. Zur Bewertung von versicherungstechnischen Rückstellungen aus ökonomischer Sicht vgl. ALBRECHT, P., Grundprinzipien, S. 24-30 und S. 79 f.; ORTMANN, K. M., Lebensversicherungsmathematik, S. 231-242; SPÄTH, J., Deckungsrückstellungen, S. 98-104.

819 Vgl. auch im Folgenden SURREY, I., Versicherungsgeschäfte nach IFRS, S. 173-187.

So liegt beispielsweise in dem im Abschnitt 324.1 beschriebenen Fall ein solcher Accounting Mismatch vor. Hierbei bewertet ein Versicherer die versicherungstechnischen Rückstellungen nach **IFRS 4.24** (Phase I) mit **aktuellen Rechnungsgrundlagen**, also z. B. mit aktualisierten Diskontzinsen, und erfasst die daraus stammenden Wertänderungen **erfolgswirksam**. Jedoch sind die diese Rückstellungen deckenden Fremdkapitalinstrumente gemäß **IFRS 9** entweder erfolgsneutral zum Fair Value oder zu fortgeführten Anschaffungskosten folgezubewerten. Da sich die marktzinsinduzierten Wertänderungen der versicherungstechnischen Rückstellungen und der Fremdkapitalinstrumente in dieser Konstellation aber nicht gegenseitig ausgleichen können, obwohl dies aus ökonomischer Sicht geschieht, wird folglich entweder die GuV oder das Sonstige Gesamtergebnis (OCI) **zu volatil dargestellt**. Dieses ist aus ökonomischer Sicht jedoch irreführend, da z. B. in dem Fall einer Marktzinssenkung der quasi Ertrag durch einen höheren Fair Value der Fremdkapitalinstrumente durch den quasi Aufwand durch einen höheren Erfüllungsbetrag für die versicherungstechnischen Rückstellungen kompensiert wird.

Außerdem entsteht durch einen Accounting Mismatch eine solche künstliche Ergebnisvolatilität, wenn ein Versicherer nach **IFRS 4.13** (Phase I) für seine Versicherungsverträge die bisher angewendeten Bilanzierungs- und Bewertungsmethoden beibehält. Dann muss er seine versicherungstechnischen Rückstellungen nämlich entweder nicht (US-GAAP) oder mit dem beim Erstansatz festgeschriebenen Diskontzins (HGB) abzinsen. Andererseits hat er dann aber die marktzinsinduzierten Wertänderungen der **deckenden** Fremdkapitalinstrumente nach **IFRS 9** entweder erfolgswirksam oder erfolgsneutral im OCI auszuweisen.[820] Somit können sich auch in diesem Fall die ökonomisch gegenläufigen Wertänderungen nicht bilanziell ausgleichen.

Die aus einem Accounting Mismatch resultierende künstliche Volatilität **verzerrt** die tatsächliche Ertragslage eines Versicherers vorwiegend dann, wenn jener die Kapitalanlagen und die versicherungstechnischen Rückstellungen im Zuge des ALM vollkommen **laufzeitkongruent** aufeinander abstimmt und er deshalb keinen Economic Mismatch eingeht. **Jene ökonomische Inkonsistenz** liegt dann darin, dass den sehr langfristigen versicherungstechnischen Rückstellungen für Lebensversicherungsverträge kurzfristige und daher weniger zinssensitive Kapitalanlagen gegenüberstehen, durch die die künftig zur Erfüllung der versicherungstechnischen Rückstellungen anfallenden Auszahlungen gedeckt werden sollen.[821]

---

[820] Vgl. IASB (Hrsg.), IFRS 4 (Phase I), Tz. BC167; SPÄTH, J., Deckungsrückstellungen, S. 231 f.; PERLET, H., Rückstellungen, S. 85 f.; KREEB, M., IFRS-Versicherungskonzernabschluss, S. 56-60.

[821] Vgl. unter anderem ROCKEL, W. ET AL., Versicherungsbilanzen, S. 77 f.; SURREY, I., Versicherungsgeschäfte nach IFRS, S. 179; FECHNER, M., IFRS 4 und IFRS 9, S. 286 f.

Dieser Accounting Mismatch wird im Folgenden durch ein **Beispiel** verdeutlicht, dass in **vier** Varianten vorgestellt werden soll. Die erste Variante ist in Abbildung 4-1 enthalten und zeigt, wie ein **laufzeitkongruent** abgestimmtes ALM sich bilanziell darstellt, falls **kein** Accounting Mismatch existiert. Durch die zweite Variante, die in der Abbildung 4-2 zusammengefasst ist, wird darauf aufbauend betrachtet, wie jenes ALM bilanziell ausgewiesen wird, falls doch ein Accounting Mismatch **vorliegt**. Die in Abbildung 4-3 des folgenden Abschnitts 421 enthaltene dritte Variante zeigt, wie ein **nicht** laufzeitkongruent abgestimmtes ALM **ohne** Accounting Mismatch bilanziell abgebildet wird. Zuletzt wird in der Abbildung 4-4 des Abschnitts 421 als vierte Variante veranschaulicht, wie sich ein vorliegender Accounting Mismatch darauf auswirkt, wie ein **nicht laufzeitkongruent** durchgeführtes ALM bilanziell darstellt werden muss. Zusammengefasst werden im Folgenden also behandelt:[822]

(1) ALM bei Laufzeitkongruenz ohne Accounting Mismatch (Abbildung 4-1);

(2) ALM bei Laufzeitkongruenz mit Accounting Mismatch (Abbildung 4-2);

(3) ALM bei Laufzeitinkongruenz ohne Accounting Mismatch (Abbildung 4-3);

(4) ALM bei Laufzeitinkongruenz mit Accounting Mismatch (Abbildung 4-4).

Um zu simulieren, wie ein **veränderter risikoloser Marktzins** das Ergebnis aus dem Asset-Liability-Management beeinflusst, werden für jede dieser vier zu behandelnden Varianten die folgenden drei **Zinsszenarien** unterschieden:

(1) Marktzins sinkt in t = 1 auf dauerhaft konstante 1 % (Zinssenkung);

(2) Marktzins bleibt in t = 1 unverändert bei konstanten 3 % (Ausgangssituation);

(3) Marktzins steigt in t = 1 auf dauerhaft konstante 5 % (Zinsanstieg).

Für das Beispiel wird ein Vertragsportfolio aus **Kapitallebensversicherungen** betrachtet, die **drei Jahre laufen** und nicht überschussbeteiligt sind. Der Versicherer erwartet, dass für diese Lebensversicherungen in t = 3 eine Erlebensfallsumme von insgesamt 500,00 GE an die Versicherungsnehmer gezahlt werden muss, wobei t = 1, 2 und 3 den 31.12. des jeweiligen Jahres repräsentiert. Dieser erwarteten Auszahlung stehen in t = 0, also am 01.01. des ersten Jahres, **einmalig gezahlte Prämien** von insgesamt 451,63 GE gegenüber. Der Versicherer investiert die Prämien im Zuge seines ALM laufzeitkongruent in eine **dreijährige Nullkuponanleihe**.[823] Durch dieses vollständige Cashflow-Matching wird die Versicherungsverpflichtung gegen das

[822] Dieses Beispiel zum ALM eines Versicherers basiert auf GRIFFIN, M., market-value accounting for insurance companies, S. 202-207 und SURREY, I., Versicherungsgeschäfte nach IFRS, S. 165-182.

[823] Zu der Ähnlichkeit der Zahlungsströme aus Nullkuponanleihen und aus Lebensversicherungsverträgen vgl. FÖRTERER, D., Risikosteuerung von Lebensversicherern, S. 65 f. und den Abschnitt 255.2.

Zinsänderungsrisiko immunisiert. Da also keine offene Risikoposition eingegangen wird, verzichtet der Versicherer im Gegenzug aber auf Gewinnchancen und zielt ausschließlich darauf, die aus den Versicherungsverträgen stammende Verpflichtung vollständig abzusichern.[824]

Wie in der Abbildung 4-1 dargestellt wird, beträgt der Barwert der erwarteten Einzahlung aus der **Nullkuponanleihe** und damit der **Fair Value** jenes aktivischen Finanzinstruments in t = 0 genau 451,63 GE. Weil in t = 3 vom Schuldner 502,18 GE an den Versicherer gezahlt werden müssen, **verzinst** sich die Nullkuponanleihe in der in Abbildung 4-1 mittig dargestellten Ausgangssituation bei einem risikolosen Marktzins von 3 % jährlich zu 3,60 %. Folglich entfallen 0,60 % der Rendite der Nullkuponanleihe auf eine hier als konstant angenommene Kreditrisikoprämie. Die für die Kapitallebensversicherungen passivierte Deckungsrückstellung muss in t = 3 genau der erwarteten Auszahlung für die Versicherungsverträge in Höhe von 500,00 GE entsprechen. Diese wird mit dem risikolosen Marktzins **plus** einer Versicherungsrisikoprämie in der Höhe von 0,45 % diskontiert, was in t = 0 zu einem **Erfüllungsbetrag von 451,63 GE** führt. Dieser Erfüllungsbetrag spiegelt also die in t = 0 erhaltenen Prämien wider. Zu beachten ist außerdem, dass für dieses Beispiel die Kapitalanlagen und die Versicherungsverträge vereinfacht und somit nicht nach IFRS 9 bzw. IFRS 17 bewertet werden. Aus diesem Grund wird hier z. B. keine Risikomarge für die emittierten Versicherungsverträge angesetzt. Stattdessen sind die versicherungstechnischen Risiken in diesem Beispiel aber dadurch berücksichtigt, dass der Diskontzins die **Versicherungsrisikoprämie** in Höhe von 0,45% enthält. Da in t = 0 sowohl der Fair Value der Nullkuponanleihe als auch der Erfüllungsbetrag der Deckungsrückstellung genau 451,63 GE betragen, resultiert in diesem Beispiel in dem Zeitpunkt t = 0 eine Buchwertdifferenz zwischen Nullkuponanleihe und Deckungsrückstellung von 0,00 GE. In dem Zeitpunkt t = 1 erhöht sich diese Differenz aber auf 0,68 GE, da zwischen der Nullkuponanleihe und der Deckungsrückstellung eine **konstante positive Zinsspanne** in Höhe von 0,15 % besteht.

824 Vgl. hierzu die in dem Abschnitt 255.2 beschriebene ALM-Methoden des Cashflow-Matching und die in dem Abschnitt 255.3 erläuterte Methode des Duration-Matching.

Ziel des Asset-Liability-Managements:	Sicherheit durch Laufzeitkongruenz			
(Alle Beträge in GE)	t = 0	t = 1	t = 2	t = 3
Marktzins **1 %** + Kreditrisikoprämie **0,60** %		**1,60%**		
Fair Value Nullkuponanleihe		486,49	494,27	502,18
Marktzins **1 %** + Versicherungsrisikoprämie **0,45** %		**1,45%**		
Erfüllungsbetrag Deckungsrückstellung		485,81	492,85	500,00
Differenz der Buchwerte (Zinssenkung in t = 1)		0,68	1,42	2,18
Marktzins **3 %** + Kreditrisikoprämie **0,60** %		**3,60%**		
Fair Value Nullkuponanleihe	451,63	467,89	484,73	502,18
Marktzins **3 %** + Versicherungsrisikoprämie **0,45** %		**3,45%**		
Erfüllungsbetrag Deckungsrückstellung	451,63	467,21	483,33	500,00
Differenz der Buchwerte (Ausgangssituation)	0,00	0,68	1,40	2,18
Marktzins **5 %** + Kreditrisikoprämie **0,60** %		**5,60%**		
Fair Value Nullkuponanleihe		450,33	475,55	502,18
Marktzins **5 %** + Versicherungsrisikoprämie **0,45** %		**5,45%**		
Erfüllungsbetrag Deckungsrückstellung		449,65	474,16	500,00
Differenz der Buchwerte (Zinsanstieg in t = 1)		0,68	1,39	2,18

Abbildung 4-1: Beispiel zur bilanziellen Darstellung des ALM bei Laufzeitkongruenz ohne Accounting Mismatch[825]

Wenn, wie oben in Abbildung 4-1 dargestellt, der **risikolose Marktzins** in t = 1 auf dauerhaft konstante 1 % **fällt**, wird die künftige Einzahlung der Anleihe von 502,18 GE mit einem jährlichen Zins von 1,60 % abgezinst und die künftige Auszahlung der Deckungsrückstellung von 500,00 GE mit einem jährlichen Zins von 1,45 % diskontiert. Durch diese **Zinssenkung** steigen im Vergleich zur Ausgangssituation zwar sowohl der Fair Value der Nullkuponanleihe als auch der Erfüllungsbetrag der Deckungsrückstellung, aber die **Buchwertdifferenz** bleibt unverändert bei 0,68 GE. Dies trifft auch zu, wenn die Buchwerte beider Posten sinken, weil der **Marktzins auf 5 % steigt**. Zudem sind die Buchwertdifferenzen in t = 2 ähnlich und in t = 3 mit 2,18 GE identisch, und zwar unabhängig davon, wie hoch jeweils der risikolose Marktzins liegt. Neben dieser Zeitpunktbetrachtung ist auch das **zeitraumbezogene Ergebnis** aus dem ALM (ALM-Ergebnis) weitgehend von der **Marktzinsentwicklung unabhängig**. Das ALM-Ergebnis ergibt sich hierbei, indem die zwischen zwei Stichtagen anfallenden Buchwertdifferenzen voneinander abgezogen werden. So betragen in der ersten Beispielsvariante die ALM-Ergebnisse in der Ausgangssituation 0,68 GE, 0,73 GE (= 1,40 GE - 0,68 GE) sowie 0,78 GE (= 2,18 GE - 1,40 GE), also insgesamt 2,18 GE (= 0,68 GE + 0,73 GE + 0,78 GE). Auch in den beiden anderen Zinsszenarien besteht das ALM-Ergebnis zwischen t = 1 bis t = 3 kumuliert aus 2,18 GE. In der hier erläuterten ersten Beispielsvariante gleichen sich also in jedem

[825] Die Abbildung ist angelehnt an SURREY, I., Versicherungsgeschäfte nach IFRS, S. 170. Die Erläuterungen zu den Abbildungen 4-1 bis 4-4 enthalten stellenweise Rundungsdifferenzen.

Zinsszenario die Wertänderungen der Nullkuponanleihe und der Deckungsrückstellung nahezu vollständig aus. Die Abschlussadressaten werden dann ökonomisch korrekt und daher für sie **entscheidungsrelevant** darüber informiert, dass der Versicherer durch sein ALM die Deckungsrückstellung und die zugehörige Nullkuponanleihe laufzeitkongruent abstimmt und das Ziel erreicht, die aus den Versicherungsverträgen stammende Verpflichtung voll abzusichern.

Hingegen wird den Abschlussadressaten in der zweiten Variante des Beispiels suggeriert, dass das ALM die Versicherungsverpflichtung **nicht vollständig immunisieren** kann, obwohl sich ökonomisch betrachtet die Wertänderungen der Nullkuponanleihe und der Deckungsrückstellung weiterhin ausgleichen. Dies ist hier darauf zurückzuführen, dass ein nach IFRS 4 Phase I üblicher **Accounting Mismatch** besteht. Denn die gemäß § 341f Abs. 1 HGB passivierte Deckungsrückstellung wird jetzt mit dem **Höchstzinssatz** gemäß § 2 Abs. 1 DeckRV diskontiert, während die Nullkuponanleihe marktgerecht abgezinst wird. Wie in der Abbildung 4-2 dargestellt, beträgt der Höchstzinssatz annahmegemäß 2 %. Wird die in t = 3 fällige Auszahlung für die Deckungsrückstellung von 500,00 GE mit diesem Zins diskontiert, beläuft sich ihr Erfüllungsbetrag in t = 0 auf 471,16 GE. Die Deckungsrückstellung wird also um 19,53 GE höher bewertet als die Nullkuponanleihe, was zu einem **Zugangsverlust** von 19,53 GE führt. Indes wäre es aus einer ökonomischen Perspektive sinnvoller, wenn auch die Deckungsrückstellung marktgerecht abgezinst wird.[826] Infolgedessen würde kein ökonomisch ungerechtfertigter Zugangsverlust entstehen, da in t = 0 sowohl der Erfüllungsbetrag der Deckungsrückstellung als auch der Fair Value der Nullkuponanleihe 451,63 GE betrügen. Dies wäre ferner zutreffender, da der Zugangsverlust in t = 0 in allen drei Zinsszenarien über die Zeit durch positive saldierte Wertänderungen ausgeglichen wird. Diese „quasi Gewinne" resultieren daraus, dass der Fair Value der Nullkuponanleihe bis t = 3 stärker zunimmt als der zugehörige Erfüllungsbetrag der Deckungsrückstellung. So betragen die ALM-Ergebnisse in t = 1, 2, 3 bei einem Marktzins von 3 % jeweils 6,84 GE (= -12,70 GE - -19,53 GE), 7,23 GE (= -5,47 GE - -12,70 GE) sowie 7,65 GE (= 2,18 GE - -5,47 GE). Dies ergibt aufsummiert und abzüglich des Zugangsverlusts (19,53 GE) ein Gesamtergebnis von 2,18 GE (= -19,53 GE + 6,84 GE + 7,23 GE + 7,65 GE), welches identisch zu dem Gesamtergebnis aus der als erstes erörterten Beispielvariante (ohne Accounting Mismatch) ist. Im Gegensatz zu der ersten Variante werden in der zweiten Beispielvariante den Abschlussadressaten jedoch **keine entscheidungsrelevanten** Informationen darüber vermittelt, wieweit das ALM sein Ziel erreicht, die Versicherungsverpflichtung voll-

[826] Vgl. BAETGE, J./LIENAU, A., Fair Value auf der Passivseite, S. 318 f.; WAGNER, F./WARTH, J., Fair Value von Versicherungsverträgen, S. 245 f.; EBBERS, G., Insurance and fair value, S. 261.

ständig gegen Zinsänderungen zu immunisieren.[827] Denn – wie in der Abbildung 4-2 dargestellt ist – wird das Ergebnis aus dem ALM durch den bestehenden **Accounting Mismatch** zu volatil und **somit verzerrt ausgewiesen**. Die aus diesem Grund im Geschäftsbericht des Versicherers irreführend abgebildete Ertragslage kann dazu führen, dass die Abschlussadressaten falsch darüber entscheiden, ob und wie sie ihr Kapital in den Versicherer investieren oder von dem Versicherer abziehen.[828]

Ziel des Asset-Liability-Managements:	Sicherheit durch Laufzeitkongruenz			
(Alle Beträge in GE)	t = 0	t = 1	t = 2	t = 3
Marktzins **1 %** + Kreditrisikoprämie **0,60 %**		**1,60%**		
Fair Value Nullkuponanleihe		486,49	494,27	502,18
Höchstzinssatz **2 %** (§ 2 Abs. 1 DeckRV)		**2,00%**		
Erfüllungsbetrag Deckungsrückstellung		480,58	490,20	500,00
Differenz der Buchwerte (Zinssenkung in t = 1)		5,90	4,08	2,18
Marktzins **3 %** + Kreditrisikoprämie **0,60 %**		**3,60%**		
Fair Value Nullkuponanleihe	451,63	467,89	484,73	502,18
Höchstzinssatz **2 %** (§ 2 Abs. 1 DeckRV)		**2,00%**		
Erfüllungsbetrag Deckungsrückstellung	471,16	480,58	490,20	500,00
Differenz der Buchwerte (Ausgangssituation)	-19,53	-12,70	-5,47	2,18
Marktzins **5 %** + Kreditrisikoprämie **0,60 %**		**5,60%**		
Fair Value Nullkuponanleihe		450,33	475,55	502,18
Höchstzinssatz **2 %** (§ 2 Abs. 1 DeckRV)		**2,00%**		
Erfüllungsbetrag Deckungsrückstellung		480,58	490,20	500,00
Differenz der Buchwerte (Zinsanstieg in t = 1)		-30,25	-14,65	2,18

Abbildung 4-2: Beispiel zur bilanziellen Darstellung des ALM bei Laufzeitkongruenz mit Accounting Mismatch[829]

42 Konkretisierung einer entscheidungsnützlichen bilanziellen Darstellung

421. Konkretisierung der Anforderung der Relevanz

In dem vorherigen Abschnitt 41 wurde gezeigt, dass den Abschlussadressaten keine entscheidungsrelevanten Informationen über die Ertragslage eines Lebensversicherungsunternehmens vermittelt werden, wenn durch einen bestehenden Accounting Mismatch sein ALM-Ergebnis

[827] Im Kontext der generellen Kritik am Wertmaßstab „Fair Value“ spricht bereits *Moxter* davon, dass es geboten ist, die wirtschaftliche Leistungsfähigkeit eines Subjektes durch den erwarteten Ausschüttungsstrom und nicht durch das Vermögen oder den Vermögenszuwachs zu messen, weshalb er die aus dem Zinsänderungseffekt resultierenden Ergebnisse als „zinsänderungsbedingte Scheingewinne“ bezeichnet. Vgl. MOXTER, A., Betriebswirtschaftliche Gewinnermittlung, S. 56 f.

[828] Vgl. hierzu u.a. ELLENBÜRGER, F./KÖLSCHBACH, J., Volatilität wie beim Fair Value, S. 1145; ELLENBÜRGER, F./KÖLSCHBACH, J., Volatile IFRS-Bilanzen, S. 51. Die Abschlussadressaten entscheiden bei den irreführend volatilen Periodenergebnissen eventuell falsch, da volatile Ergebnisse am Kapitalmarkt mit höheren Risiken assoziiert werden und die Investoren deswegen eine höhere Risikoprämie fordern. Vgl. VARAIN, T. C., Versicherungsverpflichtungen, S. 149-151. Vgl. zu der für die Entscheidungsnützlichkeit von Abschlussinformationen fundamentale Anforderung der Entscheidungsrelevanz den Abschnitt 313.11.

[829] Die Abbildung ist angelehnt an SURREY, I., Versicherungsgeschäfte nach IFRS, S. 175.

bzw. sein Periodenergebnis künstlich schwankt, obwohl durch das verfolgte ALM die Zahlungsströme aus Kapitalanlagen und Versicherungsverträgen **laufzeitkongruent abgestimmt** werden und infolgedessen **kein Economic Mismatch** existiert. Indes ist es realistischer anzunehmen, dass durch das ALM keine vollkommene Sicherheit erreicht werden kann und soll. Denn einerseits können ex-ante abgestimmte Zahlungsströme ex-post immer voneinander abweichen und andererseits müssen mit dem ALM auch Gewinne erzielt werden, um die vom Versicherer ausgegebenen Zinsgarantien und Überschussbeteiligungen zu finanzieren.

Für deutsche Lebensversicherungsgeschäfte besteht in der Regel ein **Economic Mismatch**, da die für langfristige Lebensversicherungen gebildeten versicherungstechnischen Rückstellungen nur mit vergleichsweise kurzfristigen Kapitalanlagen gedeckt werden können. Hierdurch sind die Versicherer dem Risiko ausgesetzt, dass sie die zwischenzeitlich zugeflossenen Zins- und Kapitalzahlungen zu eventuell nachteiligen Bedingungen, z. B. niedrigeren Marktzinsen, wieder angelegen müssen.[830] Eine solche ökonomische Inkonsistenz kann im ALM aber auch **gewinnbringend** genutzt werden, indem die Kapitalanlagen **nicht laufzeitkongruent** auf die versicherungstechnischen Rückstellungen abstimmt werden. Durch die dann voneinander abweichenden Ein- und Auszahlungen aus den Kapitalanlagen und Versicherungsverträgen wird bewusst eine **offene Risikoposition** eingegangen, durch die ein Versicherer insgesamt höhere Gewinne aus den Kapitalanlagen und versicherungstechnischen Rückstellungen erzielen will.

Dies wird im Folgenden anhand der **dritten und vierten Variante des Beispiels** veranschaulicht. In der dritten Variante wird gezeigt, wie ein nicht laufzeitkongruent abgestimmtes ALM bilanziell dargestellt wird, falls kein Accounting Mismatch besteht. Hingegen bildet die vierte Beispielvariante ab, wie die Ergebnisse des ALM durch einen **Accounting Mismatch** verzerrt werden. Im Unterschied zu den beiden in dem Abschnitt 41 beschriebenen Varianten zielt das ALM jetzt sowohl darauf, die in t = 3 für das Portfolio aus dreijährigen Kapitallebensversicherungen insgesamt erwartete Auszahlung von 500,00 GE **relativ sicher** zu decken, als auch **Gewinne** zu erzielen. Hierfür wird die ALM-Strategie des *riding the yield curve* verfolgt. Für sie wird in Fremdkapitalinstrumente investiert, deren Laufzeiten **langfristiger** als die der versicherungstechnischen Rückstellungen sind, und zwar da von einer normalen, also steigenden, Zinsstrukturkurve ausgegangen wird.[831] Wie in der Abbildung 4-3 gezeigt, investiert der Versicherer aufgrund der **normalen Zinsstruktur** die in t = 0 erhaltenen Prämien von 451,63 GE

[830] Vgl. IASB (Hrsg.), ED/2013/7, Tz. AV8; BASSE, T. ET AL., Asset-Liability Management, S. 619 f. Zum Wiederanlagerisiko von Rückzahlungen vgl. ALBRECHT, P., Wiederanlageprämisse, S. 1095.

[831] Vgl. zur ALM-Strategie des *riding the yield curve* auch den Abschnitt 324.3.

nicht in eine dreijährige, sondern in eine **vierjährige Nullkuponanleihe**, die außerdem eine **konstante Kreditrisikoprämie** von 0,80 % statt 0,60 % enthält. Daher wird in der Ausgangssituation eines Marktzinses von 3 % mit einer Kapitalanlagenrendite von 3,80 % gerechnet.

Der Versicherer deckt die in t = 3 erwartete Auszahlung von 500,00 GE durch eine Nullkuponanleihe, deren Schuldner erst in t = 4 524,29 GE an den Versicherer zahlen muss. Folglich wurde die Anleihe mit einem Disagio von 72,66 GE (= 524,29 GE - 451,63 GE) emittiert.[832] Um die Versicherungsverpflichtung in Höhe von 500,00 GE zu begleichen, muss der Versicherer die Anleihe vor deren Endfälligkeit veräußern, und zwar in t = 3. Da also das ALM die Nullkuponanleihe und Deckungsrückstellung und somit die künftigen Ein- und Auszahlungen **nicht laufzeitkongruent** abstimmt, geht der Versicherer ein **Zinsänderungsrisiko** ein. Dies ist in der Ausgangssituation noch nicht relevant, weil in ihr durch die Zinsspanne von 0,35 % zwischen t = 0 und t = 3 ein **Gewinn** von 5,09 GE (= 1,58 GE + 1,70 GE + 1,82 GE) entsteht. Wenn aber der risikolose Marktzins in t = 1 auf 1 % sinkt, erhöht sich hierdurch der Gewinn insgesamt auf 15,02 GE (= 1,58 GE + 11,48 GE + 1,96 GE). Sollte der risikolose Marktzins in t = 1 jedoch auf 5 % steigen, verursacht dies zwischen t = 0 und t = 3 insgesamt **einen Verlust** von 4,45 GE (= 1,58 GE + -7,36 GE + 1,32 GE). Denn der Fair Value der langfristigeren und deswegen zinssensitiveren Nullkuponanleihe sinkt durch den Zinsanstieg stärker als der Erfüllungsbetrag der marktkonsistent abgezinsten – aber kurzfristigeren und deshalb weniger zinssensitiven – Deckungsrückstellung. Dass im Rahmen des ALM die Zahlungsströme in der dritten Beispielvariante nicht laufzeitkongruent abstimmt werden und dass das somit eingegangene Zinsänderungsrisiko sowohl Gewinnchancen als auch Verlustrisiken birgt, wird aus den drei in der Abbildung 4-3 dargestellten Zinsszenarien ersichtlich. Den Abschlussadressaten werden dadurch entscheidungsrelevante Informationen dazu vermittelt, wieweit das ALM des Versicherers **sein Ziel** erreicht, sowohl die in t = 3 zu zahlende Versicherungssumme relativ sicher zu decken, als auch den gegebenen Economic Mismatch gewinnbringend zu nutzen.

[832] Vgl. zum Agio oder Disagio von festverzinslichen Fremdkapitalinstrumenten den Abschnitt 326.1.

Ziel des Asset-Liability-Managements:	Sicherheit & Gewinn durch Laufzeitinkongruenz				
(Alle Beträge in GE)	t = 0	t = 1	t = 2	t = 3	t = 4
Marktzins **1 %** + Kreditrisikoprämie **0,80** %		**1,80%**			
Fair Value der Nullkuponanleihe		496,97	505,91	515,02	524,29
Marktzins **1 %** + Versicherungsrisikoprämie **0,45** %		**1,45%**			
Erfüllungsbetrag Deckungsrückstellung		485,81	492,85	500,00	
Differenz der Buchwerte (Zinssenkung in t = 1)		11,16	13,06	15,02	
Marktzins 3 **%** + Kreditrisikoprämie **0,80** %		**3,80%**			
Fair Value Nullkuponanleihe	451,63	468,79	486,60	505,09	524,29
Marktzins 3 **%** + Versicherungsrisikoprämie **0,45** %		**3,45%**			
Erfüllungsbetrag Deckungsrückstellung	451,63	467,21	483,33	500,00	
Differenz der Buchwerte (Ausgangssituation)	0,00	1,58	3,28	5,09	
Marktzins 5 **%** + Kreditrisikoprämie **0,80** %		**5,80%**			
Fair Value Nullkuponanleihe		442,71	468,38	495,55	524,29
Marktzins 5 **%** + Versicherungsrisikoprämie **0,45** %		**5,45%**			
Erfüllungsbetrag Deckungsrückstellung		449,65	474,16	500,00	
Differenz der Buchwerte (Zinsanstieg in t = 1)		-6,95	-5,78	-4,45	

Abbildung 4-3: Beispiel zur bilanziellen Darstellung des ALM bei Laufzeitinkongruenz ohne Accounting Mismatch[833]

Im Unterschied zu der dritten Beispielvariante wird die Deckungsrückstellung in der **vierten Variante nicht marktgerecht**, sondern mit dem **Höchstzinssatz** gemäß § 2 Abs. 1 DeckRV diskontiert. Der Höchstzinssatz wird wiederum in der Höhe von 2 % angenommen. Wie in der Abbildung 4-4 dargestellt ist, werden die Abschlussadressaten dann **nicht entscheidungsrelevant darüber informiert**, wieweit das ALM des Versicherers sein Ziel erreicht. Der Grund dafür ist, dass das ALM jetzt irreführend bilanziell dargestellt wird, da durch den Accounting Mismatch die erzielten Ergebnisse ungerechtfertigterweise zu volatil sind. Dies wird vorwiegend deutlich, falls der **risikolose Marktzins in t = 1 auf 5 %** steigt. Denn hierdurch fällt der Fair Value der marktkonsistent diskontierten Nullkuponanleihe um 8,92 GE auf 442,71 GE, während der Erfüllungsbetrag der Deckungsrückstellung davon unbeeinflusst in der Höhe von 9,42 GE auf 480,58 GE planmäßig aufgezinst wird. Ökonomisch zutreffend aber müsste die für t = 1 berechnete Buchwertdifferenz nicht 37,88 GE betragen, was in der hier behandelten vierten Beispielsvariante durch den Accounting Mismatch verursacht wird, sondern wie in der dritten Beispielsvariante ökonomisch zutreffend nur -6,95 GE betragen. Der **Differenzbetrag** aus diesen zwei Werten in der Höhe von -30,93 GE kann folglich als die Größe interpretiert werden, um die die Buchwertdifferenz in t = 1 im Fall des Zinsanstiegs aufgrund des hier vorliegenden Accounting Mismatch zu hoch ausgewiesen wird.

[833] Die Abbildung ist angelehnt an SURREY, I., Versicherungsgeschäfte nach IFRS, S. 182.

Ziel des Asset-Liability-Managements:	Sicherheit & Gewinn durch Laufzeitinkongruenz				
(Alle Beträge in GE)	t = 0	t = 1	t = 2	t = 3	t = 4
Marktzins **1 %** + Kreditrisikoprämie **0,80** %		**1,80%**			
Fair Value Nullkuponanleihe		496,97	505,91	515,02	524,29
Höchstzinssatz **2 %** (§ 2 Abs. 1 DeckRV)		**2,00%**			
Erfüllungsbetrag Deckungsrückstellung		480,58	490,20	500,00	
Differenz der Buchwerte (Zinssenkung in t = 1)		16,38	15,72	15,02	
Marktzins **3 %** + Kreditrisikoprämie **0,80** %		**3,80%**			
Fair Value Nullkuponanleihe	451,63	468,79	486,60	505,09	524,29
Höchstzinssatz **2 %** (§ 2 Abs. 1 DeckRV)		**2,00%**			
Erfüllungsbetrag Deckungsrückstellung	471,16	480,58	490,20	500,00	
Differenz der Buchwerte (Ausgangssituation)	-19,54	-11,80	-3,59	5,09	
Marktzins **5 %** + Kreditrisikoprämie **0,80** %		**5,80%**			
Fair Value Nullkuponanleihe		442,71	468,38	495,55	524,29
Höchstzinssatz **2 %** (§ 2 Abs. 1 DeckRV)		**2,00%**			
Erfüllungsbetrag Deckungsrückstellung		480,58	490,20	500,00	
Differenz der Buchwerte (Zinsanstieg in t = 1)		-37,88	-21,81	-4,45	

Abbildung 4-4: Beispiel zur bilanziellen Darstellung des ALM bei Laufzeitinkongruenz mit Accounting Mismatch[834]

Wie durch die vier Beispielvarianten veranschaulicht, verhindert ein **Accounting Mismatch**, dass bilanziell zutreffend dargestellt wird, ob die von dem Versicherer für sein ALM gewählte Strategie seine Ziele erreicht oder nicht. Außerdem müssen die Abschlussadressaten darüber zutreffend informiert werden, wieviel ökonomisches Risiko ein Versicherer durch einen Economic Mismatch bewusst (oder unbewusst) eingeht. Nur so werden den Abschlussadressaten **entscheidungsrelevante Informationen über das ALM eines Versicherers vermittelt**, mit denen sie die Zahlungsströme des Versicherungsunternehmens prognostizieren oder die getätigten Investitionsentscheidungen bestätigen bzw. revidieren können. Aus diesem Grund wird die fundamentale Anforderung, entscheidungsrelevante Informationen zu vermitteln, in dieser Arbeit so konkretisiert, dass durch IFRS 9 sowie durch IFRS 17 zum einen **keine Accounting Mismatches verursacht werden dürfen** und zum anderen das **Ausmaß von eingegangenen Economic Mismatches** in der Bilanz und der GuV zutreffend dargestellt werden muss.[835] Ob die so konkretisierte Anforderung der Entscheidungsrelevanz von Abschlussinformationen im Rahmen des Zusammenwirkens von IFRS 9 und IFRS 17 erfüllt sein wird, wird in dem Abschnitt 431 genauer analysiert.

[834] Die Abbildung ist angelehnt an SURREY, I., Versicherungsgeschäfte nach IFRS, S. 178.

[835] Vgl. IASB (Hrsg.), ED/2013/7, Tz. BC13 (c) und (e); IASB (Hrsg.), ED/2010/8, Tz. BC173; SCHLÜTER, J./BONIN, C., in: Beck'sches IFRS-Handbuch, 5. Aufl., § 40, Tz. 93.

422. Konkretisierung der Anforderung der Glaubwürdigen Darstellung

Damit eine Information für die IFRS-Abschlussadressaten entscheidungsnützlich ist, muss sie gemäß dem IFRS-Rahmenkonzept sowohl entscheidungsrelevant als auch **glaubwürdig** dargestellt sein.[836] Eine Information stellt den tatsächlichen Sachverhalt glaubwürdig dar, wenn sie ihn vollständig, neutral und fehlerfrei im IFRS-Abschluss wiedergibt. Neutral sind Informationen, wenn der Abschlussersteller sie im Jahresabschluss nicht einseitig oder opportunistisch verzerrt darstellt. Überdies sind Abschlussinformation umso entscheidungsnützlicher, je besser sie intersubjektiv nachgeprüft werden können.[837]

Vor diesem Hintergrund ist es problematisch, dass die Informationen in der Versicherungswirtschaft besonders asymmetrisch zwischen dem informierten und bilanzierenden Prinzipal und dem weniger informierten und bilanzlesenden Agenten verteilt sind. Der Grund dafür ist, dass vor allem das Risikogeschäft auf schwer verständlichen versicherungsmathematischen Prinzipien beruht, beispielsweise dem Äquivalenzprinzip von Prämien und Versicherungsleistungen sowie dem Risikoausgleich im Kollektiv und in der Zeit.[838] Neben der Tatsache, dass Versicherungsverträge regelmäßig nicht gehandelt werden, ist es aufgrund dieser **asymmetrischen Informationsverteilung** zu begrüßen, dass Versicherungsverträge nach IFRS 17 nicht mit dem hypothetischen Fair Value gemäß IFRS 13, sondern mit dem vorwiegend auf unternehmensspezifischen Informationen basierenden Erfüllungsbetrag bewertet werden.[839]

Jedoch kann der weniger informierte externe Abschlussadressat kaum nachvollziehen, ob der bilanzierende Versicherer die tatsächlichen wirtschaftlichen Verhältnisse vollständig, neutral und fehlerfrei und somit glaubwürdig im IFRS-Abschluss darstellt oder nicht. Ebenfalls ist es aufgrund des versicherungsmathematischen **Fachgebiets** zumindest fragwürdig, ob fachkundige und unabhängige Beobachter ein **übereinstimmendes** Urteil zu der Frage bilden können, ob die Sachverhalte durch die Abschlussinformationen glaubwürdig dargestellt werden. Daher wird es sowohl von dem IASB als auch in der Literatur als eine intransparente „**black box**" bezeichnet, wie Versicherungsverträge aktuell nach IFRS 4 Phase I bilanziert werden.[840]

Zum Beispiel ist es aus Sicht der **weniger informierten Abschlussadressaten** fraglich, wenn ein Lebensversicherer, der viele ältere Lebensversicherungsverträge mit **hohen eingebetteten**

[836] Vgl. BAETGE, J. ET AL., in: Rechnungslegung nach IFRS, 2. Aufl., Kapitel II, Tz. 41.
[837] Vgl. BAETGE, J. ET AL., in: Rechnungslegung nach IFRS, 2. Aufl., Kapitel II, Tz. 55.
[838] Vgl. FARNY, D., Versicherungsbetriebslehre, S. 10 und S. 467.
[839] Vgl. ELLENBÜRGER, F./HUSCH, R., ED/2010/8, S. 268; GALLASCH, F., IFRS 4 Phase II, S. 263 f.
[840] Vgl. IASB (Hrsg.), ED/2010/8, Tz. IN1; ASCHE, B./HARTUNG, T., IFRS 4 und IFRS 9, S. 1193.

Zinsgarantien im Bestand hält, trotz der anhaltenden Niedrigzinsphase hohe Periodenergebnisse erzielen würde. Dieses könnte darauf zurückzuführen sein, dass er im Verhältnis zu den eingegangenen Verpflichtungen **nicht ausreichend** versicherungstechnische Rückstellungen passiviert hat, insbesondere da der Zeitwert von eingebetteten Optionen und Garantien gemäß IFRS 4 Phase I mit Rückgriff auf das HGB nicht in dem Erfüllungsbetrag der Versicherungsverträge berücksichtig wird.[841] Aber auch **gemäß IFRS 17** wird es sowohl für den Abschlussadressaten als auch für den Abschlussprüfer **trotz der umfangreichen Anhangangaben** nur beschränkt möglich sein, zu prüfen, ob der Versicherer durch seine versicherungsmathematischen Simulationen den Erfüllungsbetrag der Versicherungsverträge gemäß den tatsächlichen wirtschaftlichen Verhältnissen und somit glaubwürdig berechnet und im IFRS-Abschluss darstellt oder ihn bilanzpolitisch beeinflusst und somit nicht glaubwürdig darstellt.[842]

Daher wird für diese Arbeit die Anforderung der glaubwürdigen Darstellung so konkretisiert, dass das Asset-Liability-Management umso glaubwürdiger dargestellt und besser intersubjektiv nachprüfbar ist, je **weniger explizite Wahlrechte oder implizite Ermessensspielräume** IFRS 9 und IFRS 17 enthalten. Denn sowohl die expliziten Wahlrechte als auch die impliziten Ermessensspielräume ermöglichen es dem Abschlussersteller, die zu vermittelnden Informationen **bilanzpolitisch zu beeinflussen**.[843] Entsprechend kann ein externer IFRS-Abschlussadressat eher darauf vertrauen, dass er verlässlich dazu informiert wird, ob das ALM eines Lebensversicherers seine Ziele erreicht und somit das Management des Versicherers mit dem ihm anvertrauten Kapital sorgfältig wirtschaftet, wenn keine oder nur wenige bilanzpolitisch nutzbare Wahlrechte und Ermessensspielräume bestehen.[844] Daher wird in dem Abschnitt 432 untersucht, ob und durch welche Wahlrechte oder Ermessensspielräume der IFRS-Abschlussersteller nach IFRS 9 und IFRS 17 beeinflussen kann, wie das durchgeführte ALM im IFRS-Abschluss dargestellt wird.

---

841 Vgl. BACHER, D. F., IFRS-Abschluss deutscher Erstversicherer, S. 104-106, S. 166 und S. 229.

842 Vgl. unter anderem GALLASCH, F., IFRS 4 Phase II, S. 266; MOLINARI, P./NGUYEN, T., Entscheidungsnützlichkeit von IFRS 4, S. 295 f. und S. 307-310; NGUYEN, T./MOLINARI, P., ED/2010/8, S. 123-126.

843 Vgl. BAETGE, J., Objektivierung, S. 42 f.; SURREY, I., Versicherungsgeschäfte nach IFRS, S. 157-159; WAGNER, F./WARTH, J., Fair Value von Versicherungsverträgen, S. 256. Zu bilanzpolitischen Möglichkeiten vgl. BAETGE, J./KIRSCH, H.-J./THIELE, S., Bilanzanalyse, S. 153-159.

844 Zum Zielkonflikt zwischen relevanten und verlässlichen Abschlussinformationen nach IFRS vgl. NAUMANN, K.-P., Spannungsverhältnis, S. 47 f.; BAETGE, J./HOLLMANN, S., Zuverlässigkeit der IFRS, S. 350-352; KIRSCH, H.-J. ET AL., Verlässlichkeit im Conceptual Framework, S. 769-771.

43 Analyse der bilanziellen Darstellung nach IFRS 9 und IFRS 17

431. Analyse der Anforderung der Relevanz

Wie im Abschnitt 421 erarbeitet worden ist, wird das ALM eines Versicherers entscheidungsrelevant bilanziell dargestellt, wenn einerseits IFRS 9 und IFRS 17 nicht zu den ergebnisverzerrenden Accounting Mismatches führen und andererseits unter diesen beiden Standards das tatsächliche Ausmaß von eingegangenen Economic Mismatches ersichtlich ist. Daher wird im Folgenden analysiert, wieweit nach IFRS 9 und IFRS 17 **Accounting Mismatches** vorliegen. Diese bilanziellen Ansatz- oder Bewertungsinkonsistenzen bestehen, wenn die Kapitalanlagen und die Versicherungsverträge eines Versicherers gleichermaßen auf geänderte ökonomische Rahmenbedingungen reagieren, dieses durch die Buchwerte und den Ausweis von Wertänderungen aber unterschiedlich im IFRS-Abschluss reflektiert wird, da diese beiden Bilanzposten nach IFRS 9 und IFRS 17 verschieden bewertet und ausgewiesen werden müssen.

Ein Accounting Mismatch liegt **erstens** vor, falls Fremdkapitalinstrumente nach IFRS 9.4.1.2 **zu fortgeführten Anschaffungskosten** folgezubewerten sind, während die durch sie rückgedeckten Versicherungsverträge nach IFRS 17 mit dem unternehmensspezifischen Erfüllungsbetrag gemäß dem Bausteinansatz zu bewerten sind. Denn in dieser Konstellation wird in den fortgeführten Anschaffungskosten der Fremdkapitalinstrumente nicht wiedergegeben, falls die risikolosen Marktzinsen sich ändern, obwohl dies aufgrund der Diskontierung den Fair Value von verzinslichen Fremdkapitalinstrumenten aus ökonomischer Sicht wesentlich beeinflusst.

Demgegenüber weist ein Versicherer den außerplanmäßigen Unterschiedsbetrag aus aktualisierten Diskontzinsen für Versicherungsverträge durch das entsprechende Wahlrecht entweder **erfolgswirksam oder erfolgsneutral** aus.[845] So erfasst ein Versicherer nach IFRS 17.88 beispielsweise einen aufgrund gestiegener risikoloser Marktzinsen **gesunkenen** Erfüllungsbetrag der Versicherungsverträge entweder erfolgswirksam oder erfolgsneutral. Im Unterschied dazu müssen die **Anschaffungskosten** der dazugehörigen Fremdkapitalinstrumente von dem Versicherer nach IFRS 9.5.4.1 aber mit der Effektivzinsmethode und folglich unabhängig von den risikolosen Marktzinsen fortgeführt werden.[846] In dieser Konstellation können sich jedoch die Wertänderungen der Fremdkapitalinstrumente und Versicherungsverträge nicht gegenseitig kompensieren, obwohl dies aus ökonomischer Sicht zutrifft. Das **ALM** eines Versicherers wird in der Folge **nicht entscheidungsrelevant** abgebildet. Dabei sind Finanzinstrumente, die

[845] Vgl. zu diesem vom IASB beschlossenen Wahlrecht den Abschnitt 335.2.

[846] Vgl. zur Folgebewertung von Fremdkapitalinstrumenten *at amortised cost* den Abschnitt 326.1.

nach IAS 32 als Fremdkapitalinstrumente zu klassifizieren sind, nach IFRS 9.4.1.2 mit fortgeführten Anschaffungskosten folgezubewerten, sofern ihre vertraglichen Zahlungsströme aus Zins- und Tilgungszahlungen auf einen ausstehenden Kapitalbetrag bestehen und die Finanzinstrumente zu einem Portfolio gehören, mit dem vertragliche Zahlungsströme eingenommen werden sollen.[847] Weil davon auszugehen ist, dass die deutschen Lebensversicherer wie nach IAS 39 auch nach IFRS 9 ihre Fremdkapitalinstrumente teilweise *at amortised cost* kategorisieren werden,[848] ist der hieraus stammende Accounting Mismatch für sie bedeutend.[849]

Zweitens entsteht ein Accounting Mismatch dadurch, dass die Fremdkapitalinstrumente nach IFRS 9.4.1.2A **erfolgsneutral zum Fair Value** folgebewertet werden, während die zugehörigen Versicherungsverträge durch den für den Bausteinansatz anzusetzenden Erfüllungsbetrag zu bemessen sind. In diesem Fall sind nämlich Fair Value-Änderungen der Finanzinstrumente erfolgsneutral zu erfassen, während durch das Wahlrecht nach **IFRS 17.88** nur die marktzinsinduzierten Änderungen des Erfüllungsbetrags der Versicherungsverträge auch erfolgsneutral ausgewiesen werden können. Dabei kann ein Versicherer dieses Wahlrecht nur sinnvoll ausüben, falls er ein im Halten & Verkaufen-Geschäftsmodell gesteuertes und daher erfolgsneutral folgezubewertendes Portfolio aus Finanzinstrumenten durch das ALM einem Portfolio aus rückgedeckten Versicherungsverträgen **zuordnen** kann. Deswegen ermöglicht erst ein **implementiertes ALM**, dass ein Lebensversicherer die sich ökonomisch kompensierenden marktzinsinduzierten Wertänderungen der Finanzinstrumente und Versicherungsverträge in seinem Sonstigen Gesamtergebnis (OCI) ausgleichend erfassen kann. Hierdurch wird das ALM eines Versicherers bereits entscheidungsrelevanter abgebildet. Denn dann werden die Abschlussadressaten **weniger durch ein künstlich volatiles Periodenergebnis** bzw. künstlich volatiles Eigenkapital irregeführt, sondern eher über das tatsächliche Ausmaß der eingegangenen Economic Mismatches informiert. Dieser hier als zweites genannte Accounting Mismatch ist für die deutschen Lebensversicherer sehr bedeutsam, da sie sowohl ihre Fremdkapitalinstrumente – wie nach IAS 39 – auch nach IFRS 9 großteils erfolgsneutral zum Fair Value folgebewerten sollten, als auch weiterhin versicherungstechnische Rückstellungen passivieren, die langfristiger und zinssensitiver als die ihnen gegenüberstehenden Fremdkapitalinstrumente sind.[850]

---

[847] Vgl. zur Kategorisierung von finanziellen Vermögenswerten nach IFRS 9 den Abschnitt 324.

[848] Vgl. ASCHE, B./HARTUNG, T., IFRS 4 und IFRS 9, S. 1189 f.

[849] Allerdings können Versicherer diesem Accounting Mismatch nicht durch bilanzielle Maßnahmen entgegenwirken, außer sie nutzen die in Abschnitt 441 diskutierte Fair Value-Option.

[850] Vgl. SCHNEIDER, J., IFRS 4 und IFRS 9, S. 200 f. und den Abschnitt 255.3.

Drittens führt es zu einem Accounting Mismatch, sofern ein Versicherer die als Vermögenswerte gehaltenen Eigenkapitalinstrumente nicht erfolgswirksam, sondern durch das Wahlrecht gemäß IFRS 9.4.1.4 **erfolgsneutral zum Fair Value** folgebewertet, wohingegen er die durch diese Eigenkapitalinstrumente gedeckten Versicherungsverträge mit dem durch den Bausteinansatz ermittelten **Erfüllungsbetrag** bewertet.[851] Hierbei ist zu beachten, dass das Wahlrecht nach IFRS 9.4.1.4, das nur für nicht zum Handel dienende Eigenkapitalinstrumente gewährt wird, lediglich einzelvertraglich sowie unwiderruflich ausgeübt werden kann. Der Versicherer kann auch das in dieser Bewertungskonstellation **zu volatile** Sonstige Gesamtergebnis (OCI) ökonomisch sachgerechter im IFRS-Abschluss ausweisen, indem er den außerplanmäßigen Unterschiedsbetrag aus aktualisierten Diskontzinsen durch das Wahlrecht gemäß **IFRS 17.88** ebenfalls erfolgsneutral verbucht. Hierdurch können sich nämlich zumindest die marktzinsinduzierten Wertänderungen des Erfüllungsbetrags der Versicherungsverträge und die gesamten Fair Value-Änderungen der zugehörigen Eigenkapitalinstrumente im OCI gegenseitig kompensieren, wodurch das **ALM eines Versicherers entscheidungsrelevanter** abgebildet wird.

Daneben entsteht auch ein Accounting Mismatch, weil die gesamten Fair Value-Änderungen von **erfolgsneutral** zum Fair Value bewerteten Eigenkapitalinstrumenten gemäß IFRS 9.4.1.4 **dauerhaft** im Sonstigen Gesamtergebnis verbleiben müssen. Dahingegen sind die Wertänderungen von Versicherungsverträgen, welche z. B. anfallen, sobald die Risikomarge oder die Servicemarge planmäßig aufgelöst werden, nach IFRS 17 **erfolgswirksam** zu zeigen. Infolgedessen wird aber einerseits ein Gewinn aus Versicherungsverträgen in der GuV ausgewiesen, während andererseits ein Verlust aus den diese bedeckenden Eigenkapitalinstrumenten nur im OCI gebucht und auch bei **späterem Verkauf nicht in die GuV umgegliedert** wird.[852] Da die deutschen Lebensversicherer u. a. auf die Niedrigzinsphase reagieren, indem sie stärker in langfristig gehaltene Eigenkapitalinstrumente investieren, z. B. in Unternehmensbeteiligungen oder Infrastrukturinvestments, ist dieser Accounting Mismatch für sie zunehmend relevant.[853]

Viertens resultiert ein Accounting Mismatch, wenn zum einen Fremd- oder Eigenkapitalinstrumente **nach IFRS 9 erfolgswirksam zum Fair Value** folgezubewerten sind, zum anderen die durch sie gedeckten Versicherungsverträge aber gemäß dem durch **IFRS 17** grundsätzlich vorgesehenen Bausteinansatz bilanziert werden. Denn ein Versicherer kann auch den in dieser Bewertungskonstellation vorliegenden **Accounting Mismatch** nur mindern, indem er wenigs-

[851] Vgl. ELLENBÜRGER, F./KÖLSCHBACH, J., Volatile IFRS-Bilanzen, S. 51 f.
[852] Vgl. GDV (Hrsg.), Comment Letter ED/2012/4, S. 5; WENK, M. O., IFRS 9, S. 206.
[853] Vgl. KHAKZAD, F./KIMPEL, B./SUNDRI, S., Infrastrukturinvestments, S. 295-297.

tens die **marktzinsinduzierten** Wertänderungen der Versicherungsverträge durch das hierzu entschiedene Wahlrecht nach IFRS 17.88 ebenso erfolgswirksam ausweist. Die gegenläufigen Wertänderungen der Fremd- oder Eigenkapitalinstrumente und der für die Lebensversicherungsverträge passivierten versicherungstechnischen Rückstellungen können sich dann in der GuV ausgleichen, wodurch das **ALM des Versicherers entscheidungsrelevanter** dargestellt wird. Dies gilt auch, sofern die Rückstellungen aus Versicherungsverträgen durch **derivative Finanzinstrumente** gedeckt sind, die nach IFRS 9.4.5.2 stets erfolgswirksam zum Fair Value folgezubewerten sind. Für die deutschen Lebensversicherer ist auch diese Bewertungsinkonsistenz sehr bedeutsam. Denn ihre Fremdkapitalinstrumente stellen **gemäß IFRS 9 oft keine einfachen Kreditbeziehungen** dar, weshalb sie das Zahlungsstrom-Kriterium nicht erfüllen und aus diesem Grund erfolgswirksam zum Fair Value folgezubewerten sind. Außerdem sind Fair Value-Schwankungen von erfolgswirksam folgebewerteten Fremd- oder Eigenkapitalinstrumenten und derivativen Finanzinstrumenten nach IFRS 9 unmittelbar in der GuV auszuweisen, welches für Finanzanalysten im Allgemeinen aussagekräftiger ist als die nach IFRS 9 im Sonstigen Gesamtergebnis (OCI) gebuchten Fair Value-Schwankungen.[854]

Ein Versicherer kann den als **zweites, drittes und viertes erörterten Accounting Mismatch** zwar reduzieren, indem er das vom IASB beschlossene Wahlrecht nach IFRS 17.88 so ausübt, dass die marktzinsinduzierten Wertänderungen des Erfüllungsbetrags der Versicherungsverträge konsistent dazu erfasst sind, wie die Fair Value-Änderungen der sie deckenden Finanzinstrumente ausgewiesen werden. Durch dieses Vorgehen wird das ALM eines Versicherers bereits entscheidungsrelevanter bilanziell abgebildet. Jedoch verbleiben weiterhin bilanzielle Bewertungsinkonsistenzen, durch die entweder das Periodenergebnis oder das Sonstige Gesamtergebnis (OCI) aus ökonomischer Sicht verzerrt wird. Hierdurch wird der Grad, zu dem das ALM eines Versicherers seine Ziele erreicht, **nicht** vollkommen entscheidungsrelevant im IFRS-Abschluss abgebildet. Der Grund dafür ist, dass durch das Wahlrecht in IFRS 17.88 nur die **marktzinsinduzierten** Wertänderungen des Erfüllungsbetrags der Versicherungsverträge entweder **erfolgsneutral oder erfolgswirksam** ausgewiesen werden, diesen Wertänderungen dann aber die **gesamten** Fair Value-Änderungen der zugehörigen Finanzinstrumente entweder im Sonstigen Gesamtergebnis oder in der GuV gegenüberstehen. Die Fair Value-Änderungen der Finanzinstrumente werden allerdings nicht nur durch Änderungen der risikolosen Marktzinsen ausgelöst. Stattdessen führen aus **ökonomischer Sicht** auch Änderungen von **anderen**

---

854 Vgl. BALLWIESER, W., Gewinnermittlung, S. 152; KUHNER, C./BOTHEN, D., Bedeutung des OCI, S. 168; HÜTTERMANN, K./KNAPPSTEIN, J., Bedeutung des OCI, S. 593.

ökonomischen Rahmenbedingungen dazu, dass sich die Werte der Finanzinstrumente und der Versicherungsverträge ändern. Fraglich ist, ob aufgrund von nicht ausreichend abgestimmten IFRS auch diese Wertänderungen verschieden und folglich nicht sachgerecht in den Buchwerten und durch den Ausweis der Wertänderungen von Finanzinstrumenten und Versicherungsverträgen im IFRS-Abschluss widergespiegelt werden oder nicht.[855]

Zum einen stellt die in den Fair Value von Fremd- und Eigenkapitalinstrumenten sowie von derivativen Finanzinstrumenten eingepreiste **Kreditrisikoprämie** solch eine ökonomische Rahmenbedingung dar.[856] So werden beispielsweise Fremdkapitalinstrumente zum Fair Value bewertet, indem zu den (theoretisch) risikolosen Marktzinsen eine Kreditrisikoprämie addiert wird. Durch diese Prämie wird in den Diskontzinsen berücksichtigt, dass ein Schuldner ausstehende Zins- und Tilgungszahlungen eventuell nicht oder nur verspätet an den Gläubiger leisten könnte.[857] Deswegen sinken die Fair Value von Fremdkapitalinstrumenten wegen dem höheren Diskontierungseffekt, wenn Kreditrisikoprämien aufgrund einer schlechteren Bonität des Schuldners höher als zuvor angesetzt werden. Jedoch ist der im Bausteinansatz ermittelte **Erfüllungsbetrag** der Versicherungsverträge – anders als im Diskussionspapier aus dem Jahr 2007 vorgeschlagen – nach IFRS 17 definitionsgemäß von dem Kreditrisiko des sie emittierenden Versicherungsunternehmens unbeeinflusst.[858] Folglich werden Versicherungsverträge nach IFRS 17 unabhängig von der Bonität des sie ausgebenden Versicherers bewertet, obwohl Versicherer in der Vergangenheit insolvent geworden sind.[859] Somit ist neben den risikolosen Marktzinsen auch die **Kreditrisikoprämie** eine ökonomische Rahmenbedingung, durch die **Accounting Mismatches** verursacht werden können. Denn jene Prämie beeinflusst zwar sowohl den Fair Value von Finanzinstrumenten als auch von Versicherungsverträgen; aber sie wird nach IFRS 17 und IFRS 9 nur in dem Fair Value von Finanzinstrumenten berücksichtigt.

---

[855] Vgl. ähnlich, indes auf dem vor Februar 2017 aktuellen Stand von IFRS 17 bzw. IFRS 4 Phase II basierend, ASCHE, B./HARTUNG, T., IFRS 4 und IFRS 9, S. 1195-1199 und FECHNER, M., IFRS 4 und IFRS 9, S. 301.

[856] Der IASB diskutiert diesen Aspekt ebenfalls und kommt zu dem Ergebnis, dass durch kreditrisikoinduzierte Accounting Mismatches zum Teil ein entscheidungsrelevanter Economic Mismatch dargestellt wird, da das Kreditrisiko der Vermögenswerte des Versicherers meistens vom Kreditrisiko seiner Versicherungsverträge abweicht. Vgl. IASB (Hrsg.), ED/2013/7, Tz. BCA80. Folglich anerkennt der IASB, dass zumindest teilweise ein irreführender Accounting Mismatch resultiert, sofern das Kreditrisiko nur bei Finanzinstrumenten und nicht bei Versicherungsverträgen berücksichtigt wird.

[857] Vgl. ALBRECHT, P./MAURER, R., Investment- und Risikomanagement, S. 1082-1085.

[858] Vgl. ROCKEL, W./SAUER, R., DP Insurance Contracts, S. 748 f. und den Abschnitt 334.3.

[859] Vgl. HEMELING, P./HARTWIG, K., Insolvenz, S. 138 f.; JOST, C., Asset-Liability-Management (b), S. 284. Im Rahmen von Solvency II wird die Solvenzkapitalanforderung auf eine Ruinwahrscheinlichkeit des Versicherungsunternehmens von 0,5 % kalibriert. Vgl. GRÜNDL, H./KRAFT, M., Solvency II, S. 43-46.

Neben der Kreditrisikoprämie setzt sich der *credit spread* zwischen quasi-risikolosen Staatsanleihen und risikobehafteten Unternehmensanleihen aus weiteren Komponenten zusammen, z. B. aus der **Illiquiditätsrisikoprämie**. Jedoch sind die Illiquiditäts- und Kreditrisikoprämie nicht eindeutig voneinander **trennbar**.[860] Grundsätzlich kann aber die Illiquiditätsrisikoprämie als eine **weitere ökonomische Rahmenbedingung** angesehen werden, die die Zeitwerte von Finanzinstrumenten und Versicherungsverträgen beeinflusst, die durch nicht ausreichend abgestimmte Bilanzierungsregeln aber **inkonsistent** in den Buchwerten und dem Ausweis von Wertänderungen reflektiert wird.[861] Denn nach IFRS 17.B79 ist eine aus quasi-risikolosen und liquiden Finanzinstrumenten abgeleitete Zinsstrukturkurve, durch die die Zahlungsströme aus Versicherungsverträgen diskontiert werden, **um eine Illiquiditätsrisikoprämie zu erhöhen**. Hierdurch soll in den diskontierten Zahlungsströmen berücksichtigt werden, dass Versicherungsverträge im Vergleich zu den meisten Finanzinstrumenten **kaum gehandelt werden** und daher als illiquide einzustufen sind.[862] Nach dem Wortlaut des IFRS 17.B81 darf aber ein Versicherer, der die Diskontzinsen für Versicherungsverträge im ***top-down approach*** ermittelt, es unterlassen, die verbleibenden Zinsunterschiede durch abweichend liquide Finanzinstrumente und Versicherungsverträge in den Diskontzinsen für Versicherungsverträge zu eliminieren.[863] Aus diesem Umstand entsteht auch aus der Illiquiditätsrisikoprämie im Bausteinansatz nach IFRS 17 (und nach ED/2013/7) ein Accounting Mismatch. Denn während der Liquiditätsgrad in den Fair Value der die Versicherungsverträge bedeckenden Finanzinstrumente **eingepreist** ist, muss ein Versicherer laut IFRS 17.B81 den Liquiditätsgrad der Versicherungsverträge bei der Diskontierung ihrer künftigen Zahlungsströme **nicht** vollständig berücksichtigen.[864]

Der ***mirroring approach*** gemäß ED/2013/7 wurde unter anderem entworfen, um die bei den überschussbeteiligten Lebensversicherungsverträgen bestehenden Accounting Mismatches zu mindern. Dies geschieht, indem der **direkt** von der Rendite des Basiswerts abhängige Teil des Erfüllungsbetrags der Versicherungsverträge durch den **Buchwert** des jeweiligen Basiswerts bemessen wird, welcher den Versicherungsnehmern anteilig zusteht.[865] Dadurch kann ein Ac-

[860] Vgl. WÜSTEMANN, J./ISELBORN, M., Marktliquidität bei Finanzinstrumenten nach IFRS, S. 511; GRÜNBERGER, D./SOPP, G., Kredit- und Liquiditätsrisiko, S. 444 f.

[861] Vgl. ASCHE, B./HARTUNG, T., IFRS 4 und IFRS 9, S. 1196 f. Indes spricht sich z. B. *Babbel* dagegen aus, Kredit- oder Illiquiditätsrisikoprämien zu berücksichtigen, sofern Versicherungsverträge zum Zeitwert bewertet werden sollen. Vgl. BABBEL, D. F., Fair valuation of life insurance, S. 124.

[862] Vgl. zu dem zweiten Bewertungsbaustein des Bausteinansatzes – der Diskontierung – den Abschnitt 334.3.

[863] Vgl. IASB (Hrsg.), IFRS 17, Tz. BC196; IASB (Hrsg.), ED/2013/7, Tz. B70 (a) sowie Tz. BCA80-BCA83; ELLENBÜRGER, F./ENGELÄNDER, S./KÖLSCHBACH, J., ED/2013/7, S. 819.

[864] Vgl. zur Illiquiditätsrisikoprämie auch ASCHE, B./HARTUNG, T., IFRS 4 und IFRS 9, S. 1196 f.

[865] Vgl. zur Bewertung von überschussbeteiligten Lebensversicherungsverträgen nach IFRS den Abschnitt 336.

counting Mismatch reduziert werden, da die direkt voneinander abhängigen Änderungen der Finanzinstrumente und der Versicherungsverträge sich je nachdem, wie die Finanzinstrument-Buchwerte ermittelt werden, entweder erfolgswirksam oder erfolgsneutral kompensieren bzw. bei fortgeführten Anschaffungskosten nicht bilanziell abgebildet werden. Allerdings sieht der IASB vor, dass beim ***mirroring approach*** alle Wertänderungen der **indirekt vom Basiswert abhängigen Zahlungsströme der Versicherungsverträge**, die größtenteils aus eingebetteten Optionen und Zinsgarantien bestehen, **erfolgswirksam** auszuweisen sind, was zu einer Bewertungsinkonsistenz führt. Sie wird dadurch verursacht, dass den erfolgswirksam gebuchten Wertänderungen von enthaltenen Kündigungsoptionen und Zinsgarantien solche Finanzinstrumente gegenüberstehen, die nach IFRS 9 entweder **erfolgsneutral** zum Fair Value oder zu **fortgeführten Anschaffungskosten** folgezubewerten sind.[866]

Mit dem Ziel, jenen Accounting Mismatch zu umgehen, ersetzte der IASB den im ED/2013/7 vorgeschlagenen *mirroring approach* für den finalen IFRS 17 durch den sogenannten ***variable fee approach***. Bei diesem Ansatz sind die im Erfüllungsbetrag reflektierten Wertänderungen des durch die Überschussbeteiligung den Versicherungsnehmern zustehenden **Buchwerts des Basiswerts konsistent dazu auszuweisen**, wie die Wertänderungen des Basiswerts nach den jeweils relevanten IFRS zu bilanzieren sind. Wie im *mirroring approach* kann ein Accounting Mismatch somit vermieden werden, da sich die Wertänderungen von Finanzinstrumenten und Versicherungsverträgen ausgleichen können. Im Gegensatz zum *mirroring approach* werden die Zeitwertänderungen von Optionen und Garantien im *variable fee approach* **nicht** erfolgswirksam erfasst, sondern mit der Servicemarge verrechnet. Hierdurch wird zwar einerseits der Accounting Mismatch **gemindert**, weil diese Wertänderungen nicht sofort, sondern durch die zeitanteilig aufgelöste Servicemarge und somit geglättet erfolgswirksam werden. Andererseits können sich auch in diesem Fall aber **nicht alle** zusammengehörigen Wertänderungen aus den Finanzinstrumenten und Versicherungsverträgen zeitgleich und an gleicher Stelle kompensieren, weshalb diese Bilanzposten weiterhin inkonsistent bewertet und ausgewiesen werden.

In diesem Abschnitt wird erörtert, in welchen Bewertungskonstellationen, die bei nach IFRS 9 bilanzierten aktivischen Finanzinstrumenten und nach IFRS 17 (bzw. ED/2013/7) bilanzierten passivischen Versicherungsverträgen möglich sind, Accounting Mismatches vorliegen. In der Abbildung 4-5 sind jene Bewertungskonstellationen und die jeweiligen Gründe dafür, dass ein Accounting Mismatch besteht, zusammengefasst. Aus der **zweiten Zeile** wird ersichtlich, dass

[866] Vgl. ähnlich FECHNER, M., IFRS 4 und IFRS 9, S. 302 f.

ein Accounting Mismatch vorliegt, da der im Bausteinansatz nach IFRS 17 für die Versicherungsverträge passivierte Erfüllungsbetrag durch den zweiten Bewertungsbaustein, d. h. durch die Diskontierung der künftigen Zahlungsströme, auf veränderte risikolose Marktzinsen reagiert, während die fortgeführten Anschaffungskosten, zu denen bestimmte aktivische Finanzinstrumente **nach IFRS 9** folgezubewerten sind, nicht auf geänderte risikolose Marktzinsen reagieren. Außerdem ist in der zweiten Zeile festgehalten, dass ein Accounting Mismatch vorliegt, da der im Bausteinansatz ermittelte Erfüllungsbetrag der Versicherungsverträge nur auf geänderte risikolose Marktzinsen reagiert, wohingegen der Fair Value von den die Versicherungsverträge deckenden aktivischen Finanzinstrumenten nicht nur durch Änderungen der risikolosen Marktzinsen, sondern auch durch die Änderungen der Höhe von den **Risikoprämien** beeinflusst werden, z. B. hinsichtlich der Risikoprämien für das Kredit- oder das Illiquiditätsrisiko. Diese Bewertungsinkonsistenz kann somit auch nicht vollkommen verringert werden, indem der Abschlussersteller das **Wahlrecht nach IFRS 17.88** so ausübt, dass die marktzinsinduzierten Wertänderungen des Erfüllungsbetrags der Versicherungsverträge **konsistent** zu den Fair Value-Änderungen der sie deckenden Finanzinstrumente ausgewiesen werden, also entweder erfolgsneutral im Sonstigen Gesamtergebnis (OCI) oder erfolgswirksam in der GuV.

Bei den im Zuge des ***mirroring approach*** nach ED/2013/7 bewerteten überschussbeteiligten Lebensversicherungsverträgen existiert ein **Accounting Mismatch**, weil einerseits die Änderungen der **indirekt von dem Basiswert abhängigen Zahlungsströme** des Erfüllungsbetrags **erfolgswirksam** auszuweisen sind, während andererseits die Fair Value-Änderungen der sie rückdeckenden Finanzinstrumente entweder nicht (bei nach IFRS 9 zu fortgeführten Anschaffungskosten zu bewertenden Finanzinstrumenten) oder erfolgsneutral zum Fair Value (bei den nach IFRS 9 als *fair value through profit or loss* zu bewertenden Finanzinstrumenten) erfasst werden. Im *mirroring approach* kann ein Accounting Mismatch aber vermieden werden, falls die deckenden Finanzinstrumente nach IFRS 9 **erfolgswirksam** zum Fair Value folgebewertet werden, weil in dieser Konstellation alle Wertänderungen (sowohl diejenigen des Erfüllungsbetrags der Versicherungsverträge als auch diejenigen des Fair Value der aktivischen Finanzinstrumente) nach IFRS 9 bzw. IFRS 17 erfolgswirksam ausgewiesen werden und sich somit gegenseitig in der GuV **ausgleichen** können.

Im Unterschied zu dem *mirroring approach* resultiert bei dem gemäß IFRS 17.45 für überschussbeteiligte Lebensversicherungsverträge anzuwendenden ***variable fee approach*** in allen Fällen ein Accounting Mismatch, und zwar in der Form von **Ausweisinkonsistenzen**. Dies ist damit zu begründen, dass im *variable fee approach* einerseits die **Zeitwertänderungen** von eingebetteten Optionen und Garantien nach IFRS 17.44 in die Servicemarge fließen und deswegen **geglättet** in der **GuV** erfasst werden, während andererseits die Fair Value-Änderungen von den die Versicherungsverträge rückdeckenden Finanzinstrumenten nach IFRS 9 entweder **nicht** (bei nach IFRS 9.4.1.2 zu fortgeführten Anschaffungskosten zu bewertenden Finanzinstrumenten), im Sonstigen Gesamtergebnis (OCI) (bei den nach IFRS 9.4.1.2A **erfolgsneutral zum Fair Value** zu bewertenden Finanzinstrumenten) oder sofort und in voller Höhe in der GuV ausgewiesen werden (bei nach IFRS 9.4.1.4 **erfolgswirksam zum Fair Value** zu bewertenden Finanzinstrumenten).

Bewertung Finanzinstrumente (IFRS 9) / Bewertung Versicherungsverträge (IFRS 17)	**Fortgeführte Anschaffungskosten**	**Erfolgsneutral zum Fair Value**	**Erfolgswirksam zum Fair Value**
Erfüllungsbetrag (**Bausteinansatz** nach IFRS 17)	Accounting Mismatch, da Erfüllungsbetrag auf geänderte risikolose Marktzinsen reagiert; **Anschaffungskosten** aber nicht reagieren	Accounting Mismatch, da Erfüllungsbetrag **nur** auf geänderte risikolose Marktzinsen reagiert; Fair Value aber auch auf geänderte **Risikoprämien**	Accounting Mismatch, da Erfüllungsbetrag **nur** auf geänderte risikolose Marktzinsen reagiert; Fair Value aber auch auf geänderte **Risikoprämien**
Erfüllungsbetrag (***mirroring approach*** nach ED/2013/7)	Accounting Mismatch, da alle Änderungen der **indirekt** abhängigen Zahlungsströme erfolgswirksam (Erfüllungsbetrag)	Accounting Mismatch, da alle Änderungen der **indirekt** abhängigen Zahlungsströme erfolgswirksam (Erfüllungsbetrag)	Kein Accounting Mismatch, da **alle** Wertänderungen erfolgswirksam (Erfüllungsbetrag und Fair Value)
Erfüllungsbetrag (***variable fee approach*** nach IFRS 17)	Accounting Mismatch, da Zeitwertänderungen von **Optionen & Garantien** durch Servicemarge geglättet erfolgswirksam (Erfüllungsbetrag)	Accounting Mismatch, da Zeitwertänderungen von **Optionen & Garantien** durch Servicemarge geglättet erfolgswirksam (Erfüllungsbetrag)	Accounting Mismatch, da Zeitwertänderungen von **Optionen & Garantien** durch Servicemarge geglättet erfolgswirksam (Erfüllungsbetrag)

Abbildung 4-5: Accounting Mismatches verursachende Bewertungskonstellationen nach IFRS 9, ED/2013/7 und IFRS 17[867]

432. Analyse der Anforderung der Glaubwürdigen Darstellung

Damit das von einem Lebensversicherungsunternehmen durchgeführte ALM für die Adressaten eines IFRS-Abschlusses **entscheidungsnützlich** dargestellt wird, muss das ALM sowohl aus der Sicht der Abschlussadressaten für sie entscheidungsrelevant als auch glaubwürdig in einem IFRS-Abschlusses repräsentiert sein. Wie im Abschnitt 422 festgelegt wurde, wird das ALM eines Versicherers für diese Arbeit **umso glaubwürdiger** dargestellt, je **weniger Wahlrechte und Ermessensspielräume** IFRS 9 und IFRS 17 enthalten, durch die der Abschlussersteller die über das ALM zu vermittelnden Informationen bilanzpolitisch beeinflussen könnte.

[867] Die Abbildung ist angelehnt an FECHNER, M., IFRS 4 und IFRS 9, S. 304.

Hinsichtlich des schon veröffentlichten **IFRS 9** kann der Abschlussersteller mehrere **explizite Wahlrechte** nutzen, um das Ergebnis seines ALM bilanzpolitisch zu beeinflussen. Zum einen kann er zu fortgeführten Anschaffungskosten oder erfolgsneutral zum Fair Value folgebewertete Fremdkapitalinstrumente durch die **nach IFRS 9.4.1.5 eröffnete Fair Value-Option** als **erfolgswirksam zum Fair Value bewertet** designieren, wobei die Vor- und Nachteile dieses Wahlrechts im kommenden Abschnitt 441 abgewogen werden. Zum anderen kann er Eigenkapitalinstrumente, die nicht zu Handelszwecken gehaltenen werden, mit dem in IFRS 9.4.1.4 enthaltenen einzelvertraglichen und unwiderruflichen **Wahlrecht erfolgsneutral** statt erfolgswirksam **zum Fair Value** folgebewerten. Ein Versicherer kann durch diese zwei Wahlrechte das Ergebnis aus seinem **ALM bilanzpolitisch beeinflussen**, indem er z. B. Wertänderungen von überdurchschnittlich rentablen Fremdkapitalinstrumenten erfolgswirksam und Wertänderungen von verlustbringenden Eigenkapitalinstrumenten **erfolgsneutral** ausweist.[868] In diesem Fall ist anzunehmen, dass die Bilanzleser es trotz der nach **IFRS 7** für Finanzinstrumente geforderten Anhangangaben bilanzanalytisch nicht vollkommen neutralisieren können, wie sehr der Versicherer dadurch sein Periodenergebnis oder Sonstiges Gesamtergebnis (OCI) bilanzpolitisch beeinflusst.[869] Deswegen wird das ALM eines Versicherers auf diese Weise weniger glaubwürdig dargestellt, als wenn in IFRS 9 **keine** expliziten Wahlrechte enthalten wären.[870]

Stärker als durch explizite und deshalb durch Anhangangaben zu erläuternde Wahlrechte wird es den Bilanzlesern erschwert, glaubwürdige Informationen über das ALM eines Versicherers zu erhalten, falls ein Versicherer **implizite Ermessensspielräume** ausnutzen kann. So müssen nach IFRS 9.4.3.2 die in ein strukturiertes Finanzinstrument eingebetteten derivativen Finanzinstrumente im Unterschied zu IAS 39 nach IFRS 9.4.3.2 nur noch vom Basisvertrag getrennt und erfolgswirksam zum Fair Value bewertet werden, falls der Basisvertrag **kein** finanzieller Vermögenswert ist und außerdem drei weitere Kriterien kumulativ erfüllt sind. Von diesen ist vor allem jenes Kriterium ermessensbehaftet, für das beurteilt werden muss, ob die wirtschaftlichen Merkmale und Risiken des eingebetteten Derivats und des Basisvertrags eng miteinander verbunden sind oder nicht. Da dies außer für die vom IASB vorgegebenen Sachverhalte einzelfallbezogen und nach den wirtschaftlichen Umständen geprüft wird, kann ein Bilanzer-

[868] Vgl. zu diesen expliziten Wahlrechten nach IFRS 9 den Abschnitt 324.1.
[869] Vgl. KUHN, S./HACHMEISTER, D., Rechnungslegung von Finanzinstrumenten, S. 544-546.
[870] Vgl. FECHNER, M., IFRS 4 und IFRS 9, S. 236 f.

steller es dadurch ggfs. umgehen, die Fair Value-Änderungen von eingebetteten Optionen und Garantien erfolgswirksam und somit direkt ersichtlich auszuweisen.[871]

Des Weiteren ist es ermessensbehaftet, wie Finanzinstrumente, deren vertragliche Zahlungsströme das Zahlungsstrom-Kriterium erfüllen, mittels des **Geschäftsmodell-Kriteriums** nach IFRS 9.B4.1.1 kategorisiert werden.[872] Zum Beispiel kann ein Versicherer gezielt verlustbringende Fremdkapitalinstrumente einem **Portfolio zuordnen, das im Halten-Geschäftsmodell** gesteuert und daher zu fortgeführten Anschaffungskosten folgebewertet wird, da negative Fair Value-Änderungen dann – von einem möglicherweise notwendigen Impairment abgesehen – nicht in das ALM-Ergebnis fließen. Außerdem ist es **ermessensbehaftet, wie der Fair Value nach IFRS 13 ermittelt wird**, mit dem nach IFRS 9 erfolgswirksam oder erfolgsneutral zu bewertende Finanzinstrumente bemessen werden. Nach IFRS 13.45 ist als Fair Value nämlich nur ein durch Markttransaktionen **objektivierter Preis heranzuziehen**, wenn dieser an einem **aktiven Markt** beobachtbar ist. Andernfalls muss der Fair Value auf der zweiten oder dritten Stufe der Fair Value-Hierarchie durch **Bewertungsmodelle ermittelt** werden. Hierbei ist es zum einen ermessensbehaftet, wie **aktive von nicht aktiven Märkten**, z. B. mittels absoluter und relativer Marktaktivität, abgegrenzt werden.[873] Zum anderen ist es ermessensbehaftet, wie der Fair Value konkret mit Bewertungsmodellen ermittelt wird, weil selbst bei umfassenden Anhangangaben nach IFRS 7 für externe Bilanzleser **kaum** nachprüfbar ist, ob die gewählten Inputfaktoren und Modellannahmen für eine Marktbewertung der jeweils betrachteten Finanzinstrumente sachgerecht sind.[874]

Außerdem kann ein Abschlussersteller **implizite** Ermessensspielräume bilanzpolitisch nutzen, falls er ein mit fortgeführten Anschaffungskosten oder erfolgsneutral zum Fair Value folgezubewertendes Finanzinstrument im Rahmen des **Modells der erwarteten Kreditverluste** nach IFRS 9.5.5.1 **wertmindern** muss. Hierbei muss der Abschlussersteller nämlich **beurteilen**, ab wann das Kreditrisiko bzw. die Ausfallwahrscheinlichkeit eines Finanzinstruments als **signifikant gestiegen anzusehen** ist, da der IASB keine quantitative Grenze festsetzt.[875] Dadurch kann **hinausgezögert** werden, dass ein Finanzinstrument der zweiten Risikostufe zugeordnet wird und die für die gesamte restliche Laufzeit des Instruments erwarteten höheren Kreditverluste aufwandswirksam als die *loss allowance* angesetzt werden müssen. Da zudem bei einem

[871] Vgl. GANSSAUGE, K./MEURER, H./WELLER, K., Überarbeitung von IFRS 9, S. 835.
[872] Vgl. WOLSIFFER, A. ET AL., Praxisfragen zur Klassifizierung (Teil 1), S. 731 und Abschnitt 324.3.
[873] Vgl. WÜSTEMANN, J./ISELBORN, M., Marktliquidität bei Finanzinstrumenten nach IFRS, S. 509 f.
[874] Vgl. BAETGE, J./BREMBT, T./BRÜGGEMANN, P., Mark-to-Model-Bewertung, S. 1009 f.
[875] Vgl. zu der Wertminderung im Modell der erwarteten Kreditverluste nach IFRS 9 den Abschnitt 327.

längerem Prognosezeitraum im Allgemeinen **weniger** detaillierte Marktdaten verfügbar sind, müssen die für langfristige Finanzinstrumente **erwarteten Kreditverluste** durch individuell geschätzte Kreditrisikodaten berechnet werden, was wiederum ermessensbehaftet ist.[876] Ferner kann der Bilanzersteller relativ **subjektiv** entscheiden, welche Finanzinstrumente ein „niedriges Kreditrisiko" aufweisen und somit nicht der zweiten Risikostufe zuzuordnen sind. Hierzu ist nämlich u. a. zu beurteilen, ob der Schuldner trotz negativer Entwicklungen im wirtschaftlichen Umfeld zahlungsfähig bleiben würde, was ein sehr subjektives Kriterium darstellt.[877] In ähnlicher Weise ist es sehr ermessensbehaftet zu identifizieren, wann ein objektiver Hinweis für die Wertminderung eines Finanzinstruments besteht, bei dessen Vorliegen der Abschlussersteller das betroffene Finanzinstrument in die dritte Risikostufe klassifizieren muss.[878]

Im Gegensatz zu vielen aktivischen Finanzinstrumenten sind **Versicherungsverträge** durch ihre individuellen Leistungen **kaum standardisierbar**, weshalb sie nur sehr selten gehandelt werden.[879] Deshalb kann davon ausgegangen werden, dass die **Bewertung** der aus den Versicherungsverträgen für den Versicherer entstehenden Verpflichtungen durch das **prospektive Bewertungsmodell** nach IFRS 17 zwangsläufig ermessensbehaftet ist. Dies drückt sich schon darin aus, dass Finanzinstrumente nach IFRS 9 oft mit dem absatzmarktorientierten Wertmaßstab „Fair Value" bemessen werden, wohingegen Versicherungsverträge nach IFRS 17 durch den weitgehend unternehmensspezifischen Erfüllungsbetrag erst- und folgezubewerten sind.[880]

Diesbezüglich kann ein Versicherer nach **IFRS 17** unter anderem durch die folgenden expliziten Wahlrechte bilanzpolitisch beeinflussen, wie bilanziell dargestellt wird, wieweit das ALM seine Ziele erreicht. Zum einen ist das **Wahlrecht** nach IFRS 17.53 nutzbar, durch das solche Versicherungsverträge mit einer Deckungsperiode von **weniger** als einem Jahr nicht mit dem grundsätzlich anzuwendenden Bausteinansatz, sondern durch den **vereinfachten** sogenannten *premium allocation approach* bewertet werden, bei dem z. B. keine Zahlungsströme diskontiert werden müssen. Allerdings ist dieses Wahlrecht für die meistens langfristigen Lebensversicherungen selten relevant.[881] Jenes Recht kann **bilanzpolitisch** ausgeübt werden, falls der Versicherer **sinkende Marktzinsen** erwartet. Dann würden den erfolgswirksam erfassten Fair Value-Steigerungen von Fremdkapitalinstrumenten nämlich keine ebenfalls steigenden Erfül-

---

876 Vgl. SCHMIDT, A./BAREKZAI, O./HÜTTERMANN, K., IFRS 9 zur Wertminderung, S. 349.
877 Vgl. HOMMEL, M./KIY, F./ZICK, T., Wertminderungsmodell des IFRS 9, S. 573 f.
878 Vgl. SCHMIDT, A./BAREKZAI, O./HÜTTERMANN, K., IFRS 9 zur Wertminderung, S. 347.
879 Vgl. ähnlich HESBERG, D., Fair Value in der Versicherungswirtschaft, S. 446 und S. 453 f.
880 Vgl. zu den Vor- und Nachteilen eines unternehmensspezifischen Nutzungswerts u. a. WAGENHOFER, A., Fair Value-Bewertung, S. 187-189; WAGENHOFER, A., Neues Rahmenkonzept, S. 547 f.
881 Vgl. zum vereinfachten Bilanzierungsansatz nach IFRS 17 den Abschnitt 334.1.

lungsbeträge für die Versicherungsverträge gegenüberstehen, wodurch den Bilanzadressaten ein Gewinn **suggeriert** werden würde. Zum anderen beschloss der IASB, dass der außerplanmäßige Unterschiedsbetrag aus aktualisierten Diskontzinsen für Versicherungsverträge entweder erfolgswirksam oder erfolgsneutral ausweisbar ist.[882] Auch dieses Wahlrecht kann dazu genutzt werden, das ALM-Ergebnis bilanzpolitisch zu verbessern. So kann ein Versicherer nach IFRS 17.88 einen durch voraussichtlich fallende Marktzinsen ansteigenden Erfüllungsbetrag der Versicherungsverträge erfolgsneutral statt erfolgswirksam ausweisen. Dieses wird dadurch begünstigt, dass das Ausweiswahlrecht für den marktzinsinduzierten Unterschiedsbetrag aus der Diskontierung für jedes Versicherungsportfolio **einzeln** ausgeübt werden darf.[883]

Neben den expliziten Wahlrechten kann ein Versicherer vor allem die unter IFRS 17 zahlreich eröffneten impliziten **Ermessensspielräume** bilanzpolitisch nutzen. Hierdurch konterkariert er jedoch das Ziel, sein ALM für die IFRS-Abschlussadressaten glaubwürdig darzustellen.

Erstens ist es bezüglich des Anwendungsbereichs von IFRS 17 ermessensbehaftet, zu beurteilen, ob durch einen Lebensversicherungsvertrag zusätzlich zu finanziellen Risiken ein signifikantes Versicherungsrisiko an den Emittenten übertragen wird. Nur falls dies bejaht wird, ist für den betrachteten Vertrag IFRS 17 anzuwenden. Andernfalls ist der Vertrag als ein Finanzinstrument nach IFRS 9 zu bilanzieren.[884] Dieses liegt jedoch fast vollständig im Ermessen des Abschlusserstellers, da der IASB das Versicherungsrisiko lediglich dadurch definiert, dass er es **negativ** zum finanziellen Risiko abgrenzt. Ferner legt der IASB bewusst nicht quantitativ fest, ab wann ein Versicherungsrisiko als **signifikant anzusehen** ist, um bilanzpolitisch motivierte Sachverhaltsgestaltungen einzuschränken. Den dadurch eröffneten Ermessensspielraum kann ein Versicherer bilanzpolitisch nutzten, indem er erwartungsgemäß weniger profitable Lebensversicherungen, die ein **relativ niedriges** Versicherungsrisiko aufweisen, nach IFRS 9 mit fortgeführten Anschaffungskosten bilanziert. So kann er ggfs. umgehen, dass für verlustbringende Versicherungsverträge gemäß IFRS 17.47 aufwandswirksam eine Rückstellung für drohende Verluste gebildet werden muss. Im Umkehrschluss könnte er rentable Lebensversicherungen, die ein hohes Versicherungsrisiko übertragen, nach IFRS 17 bilanzieren und somit durch die Auflösung der Servicemarge einen gleichmäßigen Erfolg in der GuV realisieren.

---

882 Vgl. zur außerplanmäßigen Folgebewertung von Versicherungsverträgen den Abschnitt 335.2.
883 Vgl. SCHLÜTER, J./BONIN, C., in: Beck'sches IFRS-Handbuch, 5. Aufl., § 40, Tz. 94.
884 Vgl. zu diesem Abgrenzungsproblem die Abschnitte 332.1 und 332.2.

Ähnlich ermessensbehaftet ist es, auf welche Art nach IFRS 17.11 sowohl eingebettete derivative Finanzinstrumente in der Form von Optionen und Garantien als auch Investment- und Dienstleistungskomponenten vom Versicherungs-Basisvertrag abzuspalten sind.[885] Denn analog zu Finanzinstrumenten sind die in die Versicherungsverträge eingebetteten Derivate von ihrem Basisvertrag **abzuspalten**, wenn ihre wirtschaftlichen Merkmale und Risiken nicht eng mit den wirtschaftlichen Merkmalen und Risiken des Basisvertrags verbunden sind. Jedoch konkretisiert der IASB nur durch einige Beispiele, für welche Sachverhalte die Merkmale und Risiken von Derivaten und Versicherungsverträgen eng bzw. nicht eng miteinander verbunden sind. Aus diesem Grund kann ein berichtendes Versicherungsunternehmen den durch das wenig konkretisierte Kriterium der „eng miteinander verbundenen wirtschaftlichen Merkmale und Risiken" entstehenden Ermessensspielraum nutzen, um eingebettete Optionen und Garantien nicht von dem zugrundeliegenden Versicherung-Basisvertrag zu trennen. Infolgedessen müssen nämlich die volatilen Fair Value-Änderungen dieser eingebetteten Derivate nicht erfolgswirksam ausgewiesen werden, da sie stattdessen nach IFRS 17.33 in die erwarteten Zahlungsströme aus Versicherungsverträgen eingehen, wodurch sie erst erfolgswirksam gezeigt werden, insofern die Servicemarge zeitanteilig und daher **gleichmäßig** in der GuV realisiert wird.[886] Die in den Lebensversicherungsverträgen in der Regel enthaltenen **Investment- und Dienstleistungskomponenten** sind vom Versicherungs-Basisvertrag abzuspalten und entweder nach IFRS 9 oder IFRS 15 zu bilanzieren, falls der Abschlussersteller sie als **eigenständig** einstuft. Dies ist z. B. der Fall, wenn die betrachtete Komponente in demselben Markt wie der ihr zugrundeliegende Versicherungsvertrag auch als separater Vertrag verkauft wird. Die dazu notwendige Beurteilung liegt – vorbehaltlich der Meinung des Abschlussprüfers – wiederum im Ermessen des Versicherers, was er für bilanzpolitische Zwecke nutzen kann.

Ferner ist es ermessensbehaftet, wie Versicherungsverträge nach IFRS 17.14 zu einem **Portfolio** zusammengefasst werden, welches die Bewertungseinheit (*unit of account*) repräsentiert. Denn auch die hierzu vom IASB vorgegebenen Kriterien sind prinzipien- statt regelorientiert gestaltet.[887] Konkret sind nach IFRS 17.14 solche Versicherungsverträge in einem Portfolio zu aggregieren, die erstens ähnliche Risiken absichern und zweitens gemeinsam gesteuert werden. Zwar beschloss der IASB gemäß IFRS 17.16, dass verlust- nicht mit gewinnbringenden Verträgen verrechnet werden dürfen, damit nicht umgangen werden kann, aufwandswirksam

[885] Vgl. zur Abspaltung von in Versicherungsverträgen eingebetteten Derivaten und Investment- oder Dienstleistungskomponenten die Abschnitte 332.3 und 332.4.
[886] Vgl. zu dem zeitlich geglätteten Erfolgsausweis durch die Servicemarge den Abschnitt 335.2.
[887] Vgl. zu den Kriterien für die Portfoliobildung nach IFRS 17 den Abschnitt 334.1.

eine Rückstellung für drohende Verluste zu passivieren. Trotzdem sollte aber eine bilanzpolitisch motivierte Portfoliobildung zumindest teilweise auch nach IFRS 17 möglich sein.[888]

Zudem gewährt der IASB große Ermessensspielräume dabei, wie der Versicherer den unternehmensspezifischen Erfüllungsbetrag der emittierten Versicherungsverträge im Rahmen des nach IFRS 17 grundsätzlich anzuwendenden **Bausteinansatz** ermitteln kann. So sind für den ersten Bewertungsbaustein die für ein Portfolio aus Versicherungsverträgen zu erwartenden Zahlungsströme unternehmensspezifisch zu **schätzen**. Der IASB konkretisiert dies zumindest, indem er sechs qualitative Anforderungen festschreibt, welchen die Zahlungsströme genügen müssen. Demnach sind Zahlungsströme u. a. vorherzusagen, indem an Märkten beobachtbare Variablen verwendet werden, die zu jedem Stichtag zu aktualisieren sind. Auf selbst geschätzte Parameter darf nur zurückgegriffen werden, sofern aktuelle Marktparameter nicht verfügbar sind. Indes überlässt der IASB es dem Versicherer die konkrete Schätzmethode **auszuwählen**. Um die Zahlungsströme aus Lebensversicherungsverträgen vorherzusagen eignen sich wegen ihrer langfristigen Vertragslaufzeiten und den enthaltenen Optionen und Garantien vor allem IT-gestützte Simulationsmodelle, z. B. Monte-Carlo-Simulationen. Ein Versicherer kann aber das Simulationsmodell und die Inputfaktoren und Modellannahmen unter IFRS 17 relativ frei und daher ggfs. auch bilanzpolitisch motiviert auswählen, welches allerdings dem Ziel eines für die IFRS-Abschlussadressaten glaubwürdig dargestellten ALM entgegensteht.

Da der IASB auch für den zweiten Bewertungsbaustein der Diskontierung solch eine **Methodenfreiheit** vorsieht, liegt es größtenteils im Ermessen der Aktuare eines Versicherungsunternehmens, wie die für die Abzinsung der künftigen Zahlungsströme aus den Versicherungsverträgen verwendeten **Diskontzinsen ermittelt werden**.[889] Der IASB beschreibt zwar, dass jene Zinsen *bottom-up* oder *top-down* aus Marktzinsen abzuleiten sind und keine Kreditrisikoprämie, dafür aber eine Illiquiditätsrisikoprämie enthalten müssen. Aber der Board konkretisiert diese beiden Anforderungen nicht im Detail. Daher ist es ebenfalls ermessensbehaftet, wie die Zinsstrukturkurve für langfristige Zeiträume extrapoliert wird, mit der die Zahlungsströme langfristiger Lebensversicherungen abzuzinsen sind. Denn langfristige Finanzinstrumente, aus deren Preisen die Diskontzinsen intersubjektiv nachprüfbar abgeleitet werden könnten, sind nicht oder kaum börsengehandelt.[890] Stärker als die zum Teil durch Marktdaten objektivierbare Abzinsung ist indes ermessensbehaftet, **wie hoch** ein Versicherer die nach IFRS 17.37 an-

[888] Vgl. GALLASCH, F., IFRS 4 Phase II, S. 87-91; NGUYEN, T./MOLINARI, P., ED/2010/8, S. 124.
[889] Vgl. ASCHE, B., Bilanzpolitik von Versicherern, S. 172-208 und die Abschnitte 334.2 und 334.3.
[890] Vgl. im Kontext von Solvency II auch GDV (Hrsg.), Risikofreie Zinsstrukturkurve, S. 10 f.

zusetzende **Risikomarge** bildet. Durch sie wird ausgedrückt, wie risikoavers ein Versicherer agiert sowie wieweit er Diversifikationseffekte herstellen kann. Während im ED/2010/8 noch **drei Methoden** genannt wurden, die sich eignen, um die Risikomarge zu quantifizieren, kann ein Versicherer nach IFRS 17 die hierzu genutzten Methoden **frei** und daher eventuell bilanzpolitisch motiviert wählen, solange sie bestimmten qualitativen Anforderungen genügen.[891]

Bezüglich der aus den vorherigen drei Bewertungsbausteinen resultierenden **Servicemarge** ist es hauptsächlich ermessensbehaftet, nach welchem **konkreten Muster** diese Marge aufgelöst und somit der durch sie in die Zukunft abgegrenzte Erfolg in der GuV realisiert wird. Gemäß IFRS 17.44 sieht der IASB zwar vor, dass diese Auflösung leistungsgerecht geschieht. Jedoch definiert der Board nicht, ob unter der Leistung eines Lebensversicherers z. B. das dauerhafte Schutzversprechen des Versicherers oder die von ihm im Todes- oder Erlebensfall zu leistenden Zahlungen zu verstehen sind. Überdies ist es ermessensbehaftet, wie überschussbeteiligte Lebensversicherungsverträge mit dem *mirroring approach* oder dem ***variable fee approach*** bewertet werden. Denn hierfür muss der Versicherer z. B. vorhersagen, wie hoch die den Versicherungsnehmern künftig zugeteilten Überschüsse wahrscheinlich ausfallen werden.[892]

Die in diesem Abschnitt erläuterten Möglichkeiten dafür, entweder explizite Wahlrechte oder implizite Ermessenspielräume bilanzpolitisch zu nutzen, werden in der Abbildung 4-6 zusammengefasst. Hieraus wird deutlich, dass es insgesamt als sehr **ermessensbehaftet** und aus diesem Grund **bilanzpolitisch** beeinflussbar anzusehen ist, wie einerseits Finanzinstrumente nach IFRS 9 bzw. IFRS 13 und andererseits emittierte Versicherungsverträge gemäß IFRS 17 bewertet und bilanziert werden müssen.

---

891 Vgl. IASB (Hrsg.), IFRS 17, Tz. B91; NGUYEN, T./MOLINARI, P., ED/2010/8, S. 123 f. Für weitere Details zu der Risikomarge vgl. den Abschnitt 334.4.

892 Vgl. HIPP, J. M., IFRS für Versicherungsunternehmen, S. 157-161 und Abschnitte 334.5 und 336.

	Finanzinstrumente (IFRS 9)	Versicherungsverträge (IFRS 17)
Explizite Wahlrechte	• **Fair Value-Option** (IFRS 9.4.1.5) • **Eigenkapitalinstrumente** erfolgsneutral zum Fair Value bewerten, sofern nicht zu Handelszwecken gehalten (IFRS 9.4.1.4)	• **Vereinfachter Bilanzierungsansatz** für kurzfristige Versicherungsverträge • **Unterschiedsbetrag** aus aktualisierten Diskontzinsen erfolgsneutral oder erfolgswirksam ausweisbar
Ermessensspielräume	• **Abspaltung** von eingebetteten derivativen Finanzinstrumenten • **Kategorisierung** von Fremdkapitalinstrumenten mit dem Geschäftsmodell-Kriterium • **Fair Value-Ermittlung** durch interne Bewertungsmodelle bei nicht aktiven Märkten nach IFRS 13	• **Anwendungsbereich** durch nicht- bzw. signifikantes Versicherungsrisiko • **Abspaltung** von eingebetteten Optionen und Garantien sowie Investment- und Dienstleistungskomponenten • **Bildung** der Vertragsportfolien • **Ermittlung** des Erfüllungsbetrags: (1) Schätzung der für ein Portfolio erwarteten Zahlungsströme (2) Ableitung der Diskontzinsen (3) Bestimmung der Risikomarge (4) Auflösung der Servicemarge • **Vorhersage** der Überschussbeteiligung

Abbildung 4-6: Bilanzpolitische Spielräume nach IFRS 9 und IFRS 17[893]

44 Möglichkeiten zur Verbesserung der bilanziellen Darstellung

441. Ausübung der Fair Value-Option nach IFRS 9

In dem vorherigen Abschnitt 43 wurde erörtert, dass die Ergebnisse aus dem Asset-Liability-Management eines Versicherers bei nach IFRS 9 bilanzierten aktivischen Finanzinstrumenten und nach IFRS 17 bilanzierten Lebensversicherungsverträgen, welche zusammen genommen die in dieser Arbeit untersuchten Lebensversicherungsgeschäfte repräsentieren, aus der Sicht der IFRS-Abschlussadressaten als nicht entscheidungsnützlich dargestellt anzusehen sind. Der Grund hierfür ist, dass IFRS 9 sowie IFRS 17 explizite Wahlrechte und implizite Ermessensspielräume enthalten, die ein Lebensversicherer bilanzpolitisch nutzen kann, um den Zielerreichungsgrad des ALM höher abzubilden als es nach der tatsächlichen wirtschaftlichen Lage angemessen wäre. Infolgedessen wird das ALM eines Lebensversicherers gemäß IFRS 9 und IFRS 17 für die Abschlussadressaten im IFRS-Abschluss **nicht glaubwürdig** dargestellt.

Andererseits ist das ALM eines Lebensversicherers für die Abschlussadressaten nach IFRS 9 und IFRS 17 **bereits entscheidungsrelevanter**, aber noch nicht vollständig zufriedenstellend, wiedergegeben als nach den zwei Vorgängerstandards IAS 39 und IFRS 4 Phase I. Denn auch nach IFRS 9 und IFRS 17 entstehen in mehreren Bewertungskonstellationen die ergebnisverzerrenden Accounting Mismatches, wie in dem Abschnitt 431 dargestellt wurde. Dies ist z. B. der Fall, wenn die versicherungstechnischen Rückstellungen für Lebensversicherungsverträge

[893] Die Abbildung ist selbsterstellt und fasst die Erkenntnisse des Abschnitts 432 zusammen.

durch Fremdkapitalinstrumente gedeckt werden, die nach IFRS 9.4.1.2 zu ihren fortgeführten Anschaffungskosten folgezubewerten sind. Zwar scheint es unvermeidlich, dass Versicherungsverträge und Finanzinstrumente durch **prospektive** Bewertungsmodelle, z. B. den durch IFRS 17 eingeführten Bausteinansatz oder die Fair Value-Bewertung nach IFRS 9, ermessensbehaftet bewertet und bilanziert werden.[894] Zumindest sollte aber versucht werden, das für Lebensversicherungsgeschäfte durchgeführte ALM **möglichst** entscheidungsrelevant abzubilden, indem ergebnisverzerrende Accounting Mismatches **vermieden oder reduziert** werden.

Eine Möglichkeit dafür, nach IFRS 9 und IFRS 17 bilanzierte Lebensversicherungsgeschäfte konsistenter darzustellen und so **Accounting Mismatches zu vermeiden** besteht darin, die in IFRS 9.4.1.5 normierte **Fair Value-Option auszuüben**. Hierdurch designiert ein Versicherer Fremdkapitalinstrumente, die nach dem Zahlungsstrom- und dem Geschäftsmodell-Kriterium entweder erfolgsneutral zum Fair Value oder mit fortgeführten Anschaffungskosten zu bilanzieren sind, als **erfolgswirksam zum Fair Value** bewertet, d. h. mit in der GuV erfassten Fair Value-Änderungen.[895] Auf diese Art können Accounting Mismatches vermieden werden, falls der Versicherer den außerplanmäßigen Unterschiedsbetrag aus aktualisierten Diskontzinsen der Versicherungsverträge nach IFRS 17 ebenso erfolgswirksam ausweist. Somit können sich die marktzinsinduzierten Wertänderungen der Finanzinstrumente und der durch sie gedeckten Versicherungsverträge nämlich **zeitgleich** und an der **gleichen Stelle** gegenseitig kompensieren.[896] Die Voraussetzungen dafür sind zum einen, dass der Versicherer die beiden genannten **Wahlrechte** wie erläutert **konsistent** ausübt. Zum anderen muss er im Rahmen seines Asset-Liability-Managements gewährleisten, dass ein oder mehrere Portfolios aus Finanzinstrumenten einem oder mehreren Portfolios aus Versicherungsverträgen **zugeordnet** werden können.

Indes ist die Fair Value-Option für einen Versicherer **weniger hilfreich**, wenn er ein Portfolio aus Fremdkapitalinstrumenten im Halten & Verkaufen-Geschäftsmodell steuert und die anfallenden Fair Value-Änderungen jener Finanzinstrumente daher **erfolgsneutral** ausweist. Dann kann er eine bilanzielle Bewertungsinkonsistenz nämlich vermeiden, indem er das vom IASB gewährte Wahlrecht nach IFRS 17.88 so ausübt, dass die marktzinsinduzierten Wertänderungen der durch die Finanzinstrumente gedeckten Versicherungsverträge **ebenso erfolgsneutral**

---

894 Zu DCF-Modellen in den IFRS vgl. BAETGE, J., DCF-Kalküle in IFRS-Bilanzierung, S. 15-18.

895 Vgl. zu der Fair Value-Option gemäß IFRS 9.4.1.5 den Abschnitt 324.1. Zu der vergleichbar gestalteten Fair Value-Option gemäß IAS 39 vgl. BAETGE, J./SCHULZ, R., Fair Value Optionen, S. 371-374.

896 Vgl. KÜTING, P./DÖGE, B./PFINGSTEN, A., Fair Value-Option nach IAS 39, S. 601 f.

erfasst werden. Hierdurch gleichen sich nämlich die Wertänderungen dieser beiden zusammen zu betrachtenden Bilanzpositionen im Sonstigen Gesamtergebnis (OCI) gegenseitig aus.[897]

Weiterhin ist die Fair Value-Option für einen Versicherer mit **einigen Nachteilen** verbunden. Erstens ist sie nach IFRS 9.4.1.5 entweder einzelvertraglich oder für eine Gruppe von finanziellen Vermögenswerten (bzw. Verbindlichkeiten) auszuüben, was ferner spätestens geschehen muss, wenn diese Posten **erstmalig** angesetzt werden.[898] Auch muss sie im Unterschied zu der sogenannten *accounting policy choice* nach IAS 8.13 **nicht** für jeden ähnlichen Sachverhalt **einheitlich** angewandt werden (IFRS 9.B4.1.28). Dadurch ist es zwar möglich, dass ein Versicherer die Fair Value-Option nur für solche Finanzinstrumente ausübt, durch die tatsächlich aus Versicherungsverträgen stammende Verpflichtungen gedeckt werden, wodurch die Wertänderungen dieser beiden wirtschaftlich verbundenen Posten zusammen ausgewiesen werden können. Aber es ist aufwendig, dass für jeden Einzelfall entschieden werden muss, ob die Fair Value-Option ausgeübt werden soll oder nicht. Zweitens ist es **unwiderruflich**, falls der Versicherer entscheidet, dass erstmals angesetzte Finanzinstrumente durch die Fair Value-Option erfolgswirksam zum Fair Value bilanziert werden. Hiermit soll das sogenannte ***cherry picking*** von vorteilhaften Anwendungsfällen unterbunden werden.[899] Aber die Anforderung bedeutet, dass ein Versicherer die Fair Value-Änderungen von erfolgswirksam zum Fair Value bewertet designierten Finanzinstrumenten **immer in der GuV** ausweisen muss, und zwar selbst dann, wenn den Wertänderungen keine aus ökonomischer Sicht gegenläufigen Wertänderungen aus Versicherungsverträgen mehr gegenüberstehen, z. B. da die Versicherungsverträge früher als erwartet gekündigt werden oder auslaufen. Drittens muss ein Versicherer **nachweisen**, dass er die existierenden Ansatz- und Bewertungsinkonsistenzen dadurch reduzieren kann, dass er die Fair Value-Option ausübt. Es ist wiederum **aufwendig**, dass der Nachweis für jeden Einzelfall dokumentiert werden muss. Zudem ist dies **ermessensbehaftet**, weil der IASB nicht konkretisiert, wie genau dieser Nachweis erbracht werden soll.[900]

Zudem wird eine ungerechtfertigte Ergebnisvolatilität nicht unbedingt vermieden, indem der Versicherer für nach IFRS 9.4.1.2 grundsätzlich zu fortgeführten Anschaffungskosten folgezubewertende Finanzinstrumente die **Fair Value-Option** ausübt. Denn in der GuV sind dann

[897] Vgl. hierzu auch GALLASCH, F., IFRS 4 Phase II, S. 226-232 und den Abschnitt 335.2.
[898] Vgl. kritisch hierzu BAETGE, J./SCHULZ, R., Fair value-Option für Verbindlichkeiten, S. 132 f.
[899] Vgl. BAETGE, J./SCHULZ, R., Fair Value Optionen, S. 371.
[900] Denkbar wären beispielsweise eine quantitative Grenze, wie für den Effektivitätstest zum Hedge Accounting nach IAS 39, oder ein qualitativer Nachweis, wie er für das Hedge Accounting nach IFRS 9 erbracht werden muss. Vgl. KUHN, S./HACHMEISTER, D., Rechnungslegung von Finanzinstrumenten, S. 381-383.

sämtliche Fair Value-Änderungen dieser Finanzinstrumente mit den **marktzinsinduzierten** Wertänderungen des Erfüllungsbetrags der Versicherungsverträge nach IFRS 17.40 zu saldieren, wodurch jedoch wiederum ein ungerechtfertigt volatiles Ergebnis entstehen kann.

Zu solch einer ungerechtfertigten Ergebnisvolatilität kommt es dann, wenn sich die relevanten **Zinskomponenten** für die Berechnung des Fair Value von Fremdkapitalinstrumenten ändern, diese aber nach IFRS 17.36 in den Diskontzinsen für die zugehörigen Versicherungsverträge **nicht berücksichtigt** werden dürfen, obwohl dies **ökonomisch sinnvoll** wäre. So sinken z. B. die Fair Value von Fremdkapitalinstrumenten, wenn die jeweiligen Kreditrisikoprämien steigen, da sie zur Diskontierung auf die risikolosen Diskontzinsen aufzuschlagen sind. Weil aber ein Versicherer nach IFRS 17.31 sein eigenes Ausfall- bzw. Kreditrisiko **nicht beachten** darf, wenn er die Diskontzinsen für seine Versicherungsverträge ermittelt, stehen dem gesunkenen Fair Value der Finanzinstrumente dann keine ebenso gesunkenen Erfüllungsbeträge der Versicherungsverträge gegenüber. Problematisch ist hierbei, dass Versicherer, die die Fair Value-Option ausüben, dann in der Form einer unangemessen **volatilen GuV** sanktioniert werden.

442. Änderung der relevanten Bilanzierungsvorschriften

442.1 Spezifizierung der Fair Value-Option nach IFRS 9

Im Abschnitt 441 wurde dargelegt, dass ein Versicherer einen Accounting Mismatch reduzieren kann, indem er **erstens** für die nach IFRS 9.4.1.2 mit fortgeführten Anschaffungskosten folgezubewertenden Finanzinstrumente die in IFRS 9.4.1.5 normierte Fair Value-Option ausübt und **zweitens** den außerplanmäßigen Unterschiedsbetrag aus aktualisierten Diskontzinsen für Versicherungsverträge nach IFRS 17.88 erfolgswirksam erfasst. Jedoch entstehen dadurch – wie im Abschnitt 441 beschrieben – wiederum ungerechtfertigte Ergebnisvolatilitäten, weil dann den gesamten Fair Value-Änderungen der Finanzinstrumente **nicht** die gesamten marktzinsinduzierten Wertänderungen der rückgedeckten Versicherungsverträge gegenüberstehen, sondern nur die durch die geänderten **risikolosen Marktzinsen** verursachten Änderungen des Erfüllungsbetrags der Versicherungsverträge.[901]

Um jene ungerechtfertigte Ergebnisvolatilität zu senken, können entweder die Bilanzierungsvorschriften nach IFRS 9, oder diejenigen nach IFRS 17 angepasst werden. Eine Möglichkeit dazu ist es, die Fair Value-Option nach IFRS 9 für die zu fortgeführten Anschaffungskosten folgezubewertenden Finanzinstrumente so zu spezifizieren, dass nur die durch die geänderten

[901] Vgl. kritisch zu der mit der Fair Value-Option nach IFRS 9 vergleichbaren Fair Value-Option nach IAS 39 auch KÜTING, P./DÖGE, B./PFINGSTEN, A., Fair Value-Option nach IAS 39, S. 604-606.

risikolosen Marktzinsen bedingten Fair Value-Änderungen jener Finanzinstrumente erfolgswirksam auszuweisen sind. Wenn der außerplanmäßige Unterschiedsbetrag aus aktualisierten Diskontzinsen für Versicherungsverträge dann ebenfalls erfolgswirksam ausgewiesen wird, können ungerechtfertigte Ergebnisvolatilitäten vermieden werden. Bei einer derart spezifizierten Fair Value-Option bleiben alle Wertänderungen der Finanzinstrumente, die nicht von den Änderungen des risikolosen Marktzinses verursacht werden, analog zur Folgebewertung mit den fortgeführten Anschaffungskosten für die Bilanz und GuV unberücksichtigt.

Dies ist auch vorteilhaft, da die von dem Versicherer eingegangenen **Economic Mismatches** zutreffender in der GuV gezeigt werden würden. Dies ist nämlich **nicht** gegeben, wenn einerseits Finanzinstrumente zu fortgeführten **Anschaffungskosten** bilanziert werden und andererseits die zinsinduzierten Wertänderungen der zugehörigen Versicherungsverträge gemäß dem **Ausweiswahlrecht aus IFRS 17.88 entweder erfolgswirksam oder erfolgsneutral erfasst** werden. Denn während in dieser Konstellation die mit fortgeführten Anschaffungskosten bewerteten aktivischen Finanzinstrumente **marktzinsneutral bilanziert** werden, sind die für die zugehörigen Versicherungsverträge geschätzten Zahlungsströme gemäß IFRS 17.36 mit Diskontzinsen abzuzinsen, die aus aktuellen Marktzinsen **abgeleitet** werden müssen. Aus diesem Grund führen in dieser Konstellation geänderte **risikolose Marktzinsen** zu einem geänderten Erfüllungsbetrag der Versicherungsverträge, nicht aber zu geänderten Anschaffungskosten der die Ansprüche aus den Versicherungsverträgen deckenden Finanzinstrumente.

Für die **deutschen Lebensversicherer** besteht ein solcher **Economic Mismatch** überwiegend darin, dass sie nur in deckende Finanzinstrumente investieren können, die durchschnittlich um mehrere Jahre kurzfristiger und daher weniger zinssensitiv sind als die durch sie rückgedeckten Lebensversicherungsverträge. Wie beschrieben wurde, wird diese **Laufzeitinkongruenz** nur zutreffend im IFRS-Abschluss gezeigt, sofern die marktzinsinduzierten Wertänderungen der Finanzinstrumente, für die die spezifizierte Fair Value-Option **ausgeübt** wird, konsistent zu den marktzinsinduzierten Änderungen des Erfüllungsbetrags der Versicherungsverträge und daher ebenso erfolgswirksam ausgewiesen werden. Damit würde das von einem Lebensversicherer durchgeführte ALM entscheidungsrelevanter in dem IFRS-Abschluss gezeigt, da sowohl keine ergebnisverzerrenden Accounting Mismatches existieren würden als auch zutreffender widergespiegelt wäre, wie sehr der Versicherer Economic Mismatches eingeht.[902]

[902] Vgl. SURREY, I., Versicherungsgeschäfte nach IFRS, S. 163-165 und den Abschnitt 421.

Fraglich ist aber, wieweit es **realistisch** ist, dass der IASB die in IFRS 9.4.1.5 enthaltene Fair Value-Option wie beschrieben spezifizieren würde. Denn zum einen wurde IFRS 9 bereits im Jahr 2014 veröffentlicht und wird von den Unternehmen grundsätzlich für ab dem 1.1.2018 beginnende Geschäftsjahre erstmalig anzuwenden sein. Der IFRS 9 müsste also **nachträglich geändert** werden, z. B. im Rahmen der jährlichen Verbesserungsrunden (*annual improvement cycle*). Zum anderen müsste diese Änderung von den EU-Instanzen anerkannt werden, um für kapitalmarktorientierte Versicherer bindend zu sein. Angesichts der zahlreichen Entwürfe und des langen Entwicklungszeitraums von IFRS 9 erscheint dies aber **weniger realistisch**. Ferner müsste verhindert werden, dass durch die vorgeschlagene spezifizierte Fair Value-Option ein zusätzlicher bilanzpolitischer Spielraum entsteht. Daher müsste ein Versicherer zur Ausübung der spezifizierten Fair Value-Option **nachweisen**, dass er ein grundsätzlich mit fortgeführten Anschaffungskosten folgezubewertendes Portfolio aus Finanzinstrumenten tatsächlich einem Portfolio aus durch sie rückgedeckten Versicherungsverträgen **zuordnen** kann. Ob solch eine Zuordnung von Portfolios überhaupt möglich ist, wird in der Literatur aber bezweifelt.[903]

442.2 Erweiterung des Hedge Accounting nach IFRS 9

Mit den speziellen Ausnahmeregeln des sogenannten Hedge Accounting bezweckt der IASB, dass aus ökonomischer Sicht **zusammen zu betrachtende** Posten, die aufgrund der Bilanzierungsvorschriften verschieden bewertet und ausgewiesen werden müssen, im IFRS-Abschluss **entscheidungsrelevanter** abgebildet werden. Dies geschieht, indem diese Posten abweichend von den grundsätzlich anzuwendenden Vorschriften **gleichlaufend** bewertet und ausgewiesen werden. Hierdurch können sich die aus ökonomischer Sicht ausgleichenden Wertänderungen dieser Posten auch bilanziell kompensieren. Zu diesem Zweck darf der Bilanzersteller eine sogenannte **bilanzielle Sicherungsbeziehung** zwischen einem oder mehreren Sicherungsinstrumenten und einem oder mehreren durch sie abgesicherten Grundgeschäften eingehen.[904]

Nach IFRS 9 qualifizieren sich sowohl derivative als auch nicht-derivative Finanzinstrumente als Sicherungsinstrumente (IFRS 9.6.2.2). Ferner ist es gemäß IFRS 9.6.3.7 erlaubt, **einzelne Risikokomponenten** von finanziellen oder nicht-finanziellen Posten als das **Grundgeschäft** zu designieren.[905] So reduzieren Unternehmen z. B. das Zinsänderungsrisiko von festverzinslichen Anleihen, indem sie **Zinsswaps** abschließen. In dem Fall, dass diese festverzinslichen Anleihen nach IFRS 9 entweder erfolgsneutral zum Fair Value oder zu fortgeführten Anschaf-

903 Vgl. beispielsweise FÜHRER, C., ALM in der Lebensversicherung, S. 36.
904 Vgl. BARCKOW, A., in: Rechnungslegung nach IFRS, 2. Aufl., IAS 39, Tz. 206-208 und Tz. 307 f.
905 Vgl. BERGER, J. ET AL., Hedge-Accounting in IFRS 9, S. 964-966.

fungskosten folgezubewerten sind, entsteht ein **Accounting Mismatch**, weil die absichernden Zinsswaps als derivative Finanzinstrumente nach IFRS 9 stets erfolgswirksam zum Fair Value bilanziert werden müssen. Eine solche bilanzielle Ansatz- oder Bewertungsinkonsistenz kann aber vermieden werden, indem die Zinsswaps als Sicherungsinstrumente und die festverzinslichen Anleihen als Grundgeschäfte eines sogenannten **Fair Value-Hedge** designiert werden. Dann sind die zinsinduzierten Wertänderungen der Anleihen nämlich **ebenso erfolgswirksam** auszuweisen, woraufhin die aus ökonomischer Sicht gegenläufigen Wertänderungen der Zinsswaps und der Anleihen sich in der GuV gegenseitig kompensieren können (IFRS 9.6.5.8).[906]

Fraglich ist allerdings, ob sich gemäß IFRS 9 auch **ausgegebene Versicherungsverträge als Grundgeschäfte einer Sicherungsbeziehung** qualifizieren. Denn der in dem Fall vorhandene Accounting Mismatch, dass die Versicherungsverträge durch Finanzinstrumente gedeckt sind, die nach IFRS 9 mit fortgeführten Anschaffungskosten folgezubewerten sind, könnte verringert werden, sofern für die Versicherungsverträge und die Finanzinstrumente im Rahmen des Hedge Accounting nach IFRS 9 eine **Sicherungsbeziehung gegen das Zinsänderungsrisiko** designiert werden könnte.[907] Dazu sind zwei unterschiedliche Risikomanagementstrategien zu betrachten. Zum einen decken Lebensversicherer die aus ihren Versicherungsverträgen stammenden Verpflichtungen, indem sie in **originäre Finanzinstrumente** investieren, wie z. B. in langfristige Staats- und Unternehmensanleihen.[908] Zum anderen setzen insbesondere die deutschen Lebensversicherer für ihr Asset-Liability-Management **derivative Finanzinstrumente** ein, wie z. B. fixed-to-floating Zinsswaps, um die durchschnittliche Laufzeit der Aktivseite zu steigern und so an die durchschnittliche Laufzeit der vorwiegend aus den versicherungstechnischen Rückstellungen bestehenden Passivseite anzugleichen. Da sie dadurch die strukturelle Laufzeitinkongruenz zwischen ihren Finanzinstrumenten und versicherungstechnischen Rückstellungen reduzieren, werden ceteris paribus nämlich die Ergebnisse der Lebensversicherer weniger von den regelmäßig schwankenden Marktzinsen beeinflusst.[909]

Hierfür ist davon auszugehen, dass die Versicherungsverträge in der Systematik der IFRS als nicht-finanzielle Posten anzusehen sind. Die für die Verträge passivierten versicherungstech-

[906] Vgl. KUHN, S./HACHMEISTER, D., Rechnungslegung von Finanzinstrumenten, S. 312 und S. 390 f.

[907] Zum in der langfristigen deutschen Lebensversicherung zentralen Zinsänderungsrisiko vgl. SCHRADIN, H. R., Niedrigzinsen, S. 220 f.; SCHÖLISCH, D., Risikomanagement von Lebensversicherern, S. 165-170.

[908] Vgl. die in Abschnitt 255 erläuterten ALM-Methoden des Cashflow- und des Duration-Matching.

[909] Vgl. SCHLÜTER, J./BONIN, C., in: Beck'sches IFRS-Handbuch, 5. Aufl., § 40, Tz. 93; HAMMERS, B., Full Fair Value-Bilanzierung, S. 161-164; SCHENK, P., Derivative Finanzinstrumente, S. 109 f. Dazu ist zu beachten, dass deutsche Versicherer nach § 124 Abs. 1 Nr. 5 VAG derivative Finanzinstrumente nur verwenden dürfen, um Risiken zu verringern oder die Portfolioverwaltung zu erleichtern.

nischen Rückstellungen stellen somit **nicht-finanzielle Verbindlichkeiten** dar, die sich nach IFRS 9.6.3.1 als **Grundgeschäfte** einer einfachen Sicherungsbeziehung **qualifizieren**. Jedoch werden im ALM eines Versicherers die absichernden und die abgesicherten Posten vor allem auf **Portfoliobasis** gesteuert. Deshalb ist für das ALM eines Versicherers besonders der sogenannte „Portfolio Fair Value-Hedge von Zinsänderungsrisiken" relevant.[910] Diese Sicherungsbeziehung, die nur auf den Finanzsektor fokussierte Unternehmen eingehen, wird auch unter IFRS 9 durch die **Anwendungsleitlinien zu IAS 39 geregelt** (IAS 39.AG114-AG132). Diese Regeln aus IAS 39 dürfen auch nach erstmaliger Anwendung von IFRS 9 verwendet werden, da der IASB in dem separaten Projekt *Financial Instruments: Accounting for Dynamic Risk Management* erarbeitet, wie solche **Portfolio-Sicherungsbeziehungen** künftig zu bilanzieren sein werden.[911] Die Besonderheit von dem „Portfolio Fair Value-Hedge von Zinsänderungsrisiken" nach IAS 39.81A ist, dass in dieser Sicherungsbeziehung explizit berücksichtigt wird, dass absichernde und abgesicherte Posten **nicht individuell** zugeordnet werden können. Deswegen ist es hierbei erlaubt, statt einzelner oder mehrerer konkreter Vermögenswerte und Verbindlichkeiten, einen aus den **saldierten Posten resultierenden Geldbetrag** als das abgesicherte Grundgeschäft zu designieren. Dies ist zu begrüßen, weil in der Praxis viele Risikomanagementstrategien auf die Absicherung so einer **Netto-Position** ausgerichtet sind.[912] Indes ist es zweifelhaft, ob sich Versicherungsverträge als die **Grundgeschäfte** eines solchen „Portfolio Fair Value-Hedge" eignen, da dies weder vom IASB noch in der Literatur erwähnt wird und die einschlägigen Regeln des IAS 39 auf die Kreditwirtschaft zugeschnitten sind.[913]

Eine weitere **Einschränkung** des Hedge Accounting ist, dass es sowohl nach IAS 39 als auch IFRS 9 nur zwischen **einzelnen** Vermögenswerten und Verbindlichkeiten oder solchen Posten angewendet werden darf, die Teil eines sogenannten **geschlossenen Portfolios** sind.[914] In dem ALM der Lebensversicherer werden Finanzinstrumente und Versicherungsverträge jedoch in sogenannten **offenen Portfolios** gesteuert, bei dem Finanzinstrumente und Versicherungsverträge fortlaufend zu- und abgehen.[915] Die bilanzielle Abbildung dieser Sicherungsbeziehungen erörtert der IASB in dem erwähnten Projekt *Financial Instruments: Accounting for Dynamic*

[910] Zu dem Portfolio-Hedge Accounting gemäß IAS 39 vgl. BIEKER, M./NEGARA, L., Bilanzierung von portfolio hedges, S. 703-707; KUHN, S./SCHARPF, P., Financial Instruments nach IFRS, S. 459-469.
[911] Vgl. KUHN, S./HACHMEISTER, D., Rechnungslegung von Finanzinstrumenten, S. 317 und S. 363 f.
[912] Vgl. BARCKOW, A., in: Rechnungslegung nach IFRS, 2. Aufl., IAS 39, Tz. 274.
[913] Vgl. BIEKER, M./NEGARA, L., Bilanzierung von portfolio hedges, S. 702.
[914] Vgl. KUHN, S./HACHMEISTER, D., Rechnungslegung von Finanzinstrumenten, S. 363.
[915] Vgl. BECKER, D. N., Value of the firm, S. 257-260.

Risk Management.[916] In dem im Jahr 2014 veröffentlichen Diskussionspapier DP/2014/1 zu diesem Projekt wird aber nicht auf die **versicherungsspezifischen** Aspekte des Risikomanagements eingegangen, obwohl der IASB bezweckt, dass offene Portfolio-Hedges künftig auch außerhalb der Kreditwirtschaft bilanziell dargestellt werden können. Deswegen wird hier vorgeschlagen, dass **Hedge Accounting nach IFRS 9** so zu erweitern, dass die im ALM von Lebensversicherungsunternehmen in der Regel durchgeführten Risikomanagementstrategien bilanziell reflektiert werden können.[917] Hierdurch könnte vermieden werden, dass Versicherer durch eine **zu volatile GuV** sanktioniert werden, sofern sie statt des auch nach IFRS 9 weiterhin komplexen Hedge Accounting die nach IFRS 9 eröffnete Fair Value-Option ausüben, um bestehende Accounting Mismatches zu reduzieren.[918]

442.3 Einführung einer Fair Value-Option nach IFRS 17

Im Abschnitt 441 wurde erläutert, dass Versicherer die in IFRS 9.4.1.5 geregelte Fair Value-Option für Finanzinstrumente ausüben, um Accounting Mismatches zwischen zu fortgeführten Anschaffungskosten folgebewerteten Fremdkapitalinstrumenten und durch sie gedeckten Versicherungsverträgen zu mindern. Jedoch entstehen hierdurch wiederum **ungerechtfertigte Ergebnisschwankungen**, weil dann sämtliche Fair Value-Änderungen der Finanzinstrumente mit dem ebenso erfolgswirksam erfassten Unterschiedsbetrag aus aktualisierten Diskontzinsen für Versicherungsverträge in der GuV saldiert werden.

Die so verursachten Ergebnisschwankungen könnten gemindert werden, indem nicht nur die Unterschiedsbeträge aus aktualisierten Diskontzinsen, sondern die **gesamten** Wertänderungen des Erfüllungsbetrags der Versicherungsverträge **erfolgswirksam ausgewiesen werden**. Infolgedessen würden sich die Fair Value-Änderungen von den grundsätzlich *at amortised cost* zu bewertenden Finanzinstrumenten, für welche die Fair Value-Option ausgeübt wird, und die gesamten Wertänderungen der durch sie rückgedeckten Versicherungsverträgen in der GuV gegenseitig ausgleichen. Dadurch werden jedoch nur Accounting Mismatches reduziert, wenn die Finanzinstrumente und die rückgedeckten Versicherungsverträge wertmäßig auf **dieselben Risikofaktoren reagieren**, wie es beispielsweise für die risikolosen Marktzinsen gegeben ist. Hierfür spricht vor allem, dass die Zahlungsströme aus Lebensversicherungsverträgen und aus

---

[916] Vgl. u. a. BAUER, M./HALLER, A./WIESE, R., Macro Hedging, S. 333-337; FREIGANG, P./HUTHMANN, A., Portfolio-Revaluation-Ansatz, S. 465 f.; GEHRER, J./KRAKUHN, J./STEPANOVA, A., Dynamische Risikosteuerungsstrategien, S. 294. Vgl. kritisch zu dem Projekt *Financial Instruments: Accounting for Dynamic Risk Management* BARCKOW, A., in: Rechnungslegung nach IFRS, 2. Aufl., IAS 39, Tz. 312.

[917] Vgl. ALLIANZ SE (Hrsg.), Comment Letter DP/2014/1, S. 1 f.

[918] Vgl. auch SCHMIDT, A./BAREKZAI, O./HÜTTERMANN, K., Sicherungsbilanzierung (Teil 2), S. 436 f.

Fremdkapitalinstrumenten als ähnlich anzusehen sind, weshalb die Zeitwerte dieser Bilanzpositionen auf dieselben Risikofaktoren reagieren sollten.

Dagegen spricht jedoch, dass der Erfüllungsbetrag der Lebensversicherungsverträge und der Fair Value der Fremdkapitalinstrumente **unterschiedlich stark** auf geänderte Risikofaktoren reagieren. So wird der Fair Value von **Fremdkapitalinstrumenten sehr vom Kreditrisiko** beeinflusst, während der Erfüllungsbetrag der Lebensversicherungsverträge aus ökonomischer Sicht **nur ein relativ geringes Ausfallrisiko** des sie ausgebenden Versicherers beinhalten sollte. Außerdem deckt ein Versicherer seine Versicherungsverträge teilweise mit Eigenkapitalinstrumenten oder Derivaten, deren Fair Value in der Regel von anderen Risikofaktoren abhängen als der Erfüllungsbetrag der zugehörigen Versicherungsverträge.[919]

Darum müsste es auf bestimmte Fälle **begrenzt** werden, in denen die analog zur Fair Value-Option nach IFRS 9 hier vorgeschlagene **Fair Value-Option nach IFRS 17** ausgeübt werden darf. Jenes Wahlrecht sollte nur angewendet werden dürfen, falls der Versicherer **nachweisen** kann, dass er dadurch Accounting Mismatches vermindert, dass eindeutig zusammengehörige Finanzinstrumente und Versicherungsverträge durch die **Fair Value-Optionen** gemäß IFRS 9 und IFRS 17 **erfolgswirksam zum Fair Value** bewertet und ausgewiesen werden.[920]

Dass Accounting Mismatches mit der Fair Value-Option nach IFRS 17 gemindert werden, ist **nachweisbar**, wenn die nach IFRS 9 grundsätzlich zu fortgeführten Anschaffungskosten folgezubewertenden Finanzinstrumente **ähnlich** zu den gedeckten Versicherungsverträgen sind, wie es z. B. für Finanzinstrumente in Form von **Nullkuponanleihen** gegeben sein sollte. Nur dann würde nämlich ein Accounting Mismatch durch die Ausübung der vorgeschlagenen Fair Value-Option nach IFRS 17 reduziert und nicht verschlimmert, da sowohl Finanzinstrumente als auch Versicherungsverträge dann erfolgswirksam zum Fair Value bilanziert werden können, wodurch sich die auf **dieselben Risikofaktoren** zurückzuführenden Wertänderungen der beiden Bilanzpositionen gegenseitig in der GuV kompensieren könnten.[921]

---

[919] Vgl. FÖRTERER, D., Risikosteuerung von Lebensversicherern, S. 65 f. Zu dem niedrigen, indes vorhandenen, Kreditrisiko von Versicherungsverträgen vgl. ROCKEL, W./SAUER, R., DP Insurance Contracts, S. 748.

[920] Vgl. KUHN, S./HACHMEISTER, D., Rechnungslegung von Finanzinstrumenten, S. 119. Zur Option nach IAS 39 vgl. BAETGE, J./SCHULZ, R., Fair value-Option für Verbindlichkeiten, S. 128-131.

[921] Die für IFRS 4 Phase I diskutierte Möglichkeit, Finanzinstrumente als sogenannte *assets backing insurance liabilities* mit fortgeführten Anschaffungskosten zu bewerten, ist für IFRS 17 nicht mehr relevant. Denn nach IFRS 17 werden Versicherungsverträge nicht mehr quasi zu fortgeführten Anschaffungskosten zu bemessen sein, was nach IFRS 4 Phase I noch erlaubt war, sondern mit dem auf aktuellen Rechnungsgrundlagen basierenden Erfüllungsbetrag. Vgl. HELLER, S., Versicherungsverträge nach IFRS, S. 192-194.

Ein Argument für die Einführung der hier vorgeschlagenen Fair Value-Option nach IFRS 17 ist es, dass der IASB während der Entwicklung von IFRS 17 bzw. IFRS 4 Phase II zeitweise vorgesehen hat, dass die emittierten Versicherungsverträge grundsätzlich erfolgswirksam zum Fair Value zu bewerten sein sollen.[922] Trotzdem erscheint es aber eher unwahrscheinlich, dass der IASB nach der Veröffentlichung des finalen IFRS 17 im Mai 2017 nachträglich eine Fair Value-Option für Versicherungsverträge einführt. Denn zum einen ist der Board bemüht, das bereits im Jahr 1997 begonnene Projekt, umfassende internationale Bilanzierungsnormen für Versicherungsverträge zu entwickeln, abzuschließen und den Unternehmen somit eine stabile Rechtsgrundlage für die Implementierung zu bieten.[923] Zum anderen würde es dem widersprechen, dass der Board **für IFRS 17 letztlich anerkennt**, dass Versicherungsverträge nicht oder kaum gehandelt, sondern fast immer vom sie emittierenden **Versicherer erfüllt** werden, weshalb der unternehmensspezifische Erfüllungsbetrag den geeigneten Wertmaßstab darstellt.[924]

443. Anpassung des Lebensversicherungsgeschäfts

Die IFRS bezwecken solche Informationen zu vermitteln, die für die Kapitalvergabeentscheidungen von aktuellen sowie potentiellen Kapitalgebern nützlich sind. Deswegen sind in einem IFRS-Abschluss sowohl der wirtschaftliche Gehalt von Geschäftsvorfällen als auch die tatsächliche Vermögens-, Finanz-, und Ertragslage von Unternehmen abzubilden.[925] Dem Zweck der Entscheidungsnützlichkeit steht einerseits entgegen, dass der Abschlussersteller die mit IFRS 9 und IFRS 17 verbundenen Wahlrechte und Ermessensspielräume bilanzpolitisch ausnutzen kann. Andererseits kann er die darzustellenden Geschäftsvorfälle derart **strukturieren**, dass sie durch die Bilanzierungsvorschriften wie gewünscht wiedergegeben werden.[926]

Mit diesen **bilanzpolitisch motivierten Sachverhaltsgestaltungen vergleichbar** ist es, wenn ein Lebensversicherer die aktivischen Kapitalanlagen und emittierten Versicherungsverträge anpasst, um so zu vermeiden, dass er durch die unzureichend abgestimmten Bilanzierungsvorschriften bilanzierungsbedingte und somit künstlich volatile Ergebnisse ausweisen muss. Ein Versicherer verhält sich hierdurch nicht etwa opportunistisch, sondern berücksichtigt direkt in den Geschäftsvorfällen, dass IFRS 9 und IFRS 17 unzureichend aufeinander abgestimmt sind und dadurch das Ergebnis aus dem Asset-Liability-Management irreführend in seinem IFRS-

922 Einen Überblick zur Entwicklung von IFRS 4 Phase I und II gibt GALLASCH, F., IFRS 4 Phase II, S. 47-50.
923 Vgl. KNOLLER, C./SAUER, R., ED/2013/7, S. 113.
924 Vgl. IASB (Hrsg.), Overview of IFRS 4 Phase II (agenda paper 2B), S. 4-6.
925 Vgl. IASB (Hrsg.), IAS 1, Tz. 15; PELLENS, B. ET AL., Internationale Rechnungslegung, S. 90 f.
926 Vgl. BAETGE, J./KIRSCH, H.-J./THIELE, S., Bilanzanalyse, S. 34, S. 64-66 und S. 153-159.

Abschluss reflektiert wird. Hierfür kann ein Versicherer entweder sein Kapitalanlagegeschäft oder sein Risikogeschäft an die inkonsistenten Bilanzierungsvorschriften **anpassen**.[927]

Bezüglich des **Kapitalanlagegeschäfts** könnte ein Versicherer seine **Anlagestrategie** ändern, sodass er Buchgewinne gezielt kurz vor dem **Bilanzstichtag** realisiert, indem er ausgewählte Finanzinstrumente verkauft sowie offene Positionen aus abgeschlossenen Termingeschäften glattstellt.[928] Hierdurch könnte er es vermeiden, dass durch die regelmäßig schwankenden Fair Value von Finanzinstrumenten zu volatile Ergebnisse suggeriert werden. Dies ist besonders angebracht, wenn sein ALM die Ein- und Auszahlungen aus Finanzinstrumenten und den zugehörigen Versicherungsverträgen **laufzeitkongruent** abstimmt, sodass grundsätzlich geringe Ergebnisschwankungen anfallen sollten. Außerdem kann er verstärkt in **Aktien** sowie alternative Kapitalanlagen investieren, weil ihre Fair Value gegebenenfalls weniger zinssensitiv als die Fair Value von langfristigen Fremdkapitalinstrumenten sind. Allerdings umfassen diese Finanzinstrumente oft hohe Marktpreisrisiken, durch die ihre Fair Value wiederrum schwanken können. Ferner kann der Versicherer gezielt in solche Fremdkapitalinstrumente investieren, die nach dem Zahlungsstrom- und Geschäftsmodell-Kriterium gemäß IFRS 9 mit fortgeführten **Anschaffungskosten** zu bewerten sind. Dadurch vermeidet er es generell, die oftmals volatilen Fair Value-Änderungen der Finanzinstrumente auszuweisen. Indes besteht in diesem Fall der schon im Abschnitt 441 beschriebene Accounting Mismatch, weshalb der Versicherer dann die Fair Value-Option nach IFRS 9.4.1.5 ausüben müsste, wodurch abermals die regelmäßig anfallenden Fair Value-Änderungen jener Finanzinstrumente abzubilden wären.

Sein **Risikogeschäft** kann ein Versicherer anpassen,[929] um einen irreführend volatilen Ergebnisausweis zu vermeiden, indem er die in Lebensversicherungsverträgen eingebetteten **Zinsgarantien** für kürzere Zeiträume oder zu geringeren Verzinsungen anbietet.[930] Zwar erscheint es aus Wettbewerbsgründen nachteilig, die Zinsgarantien auf eingezahlte Sparprämien kürzer als konkurrierende Versicherungsunternehmen oder niedriger als der gesetzliche Höchstzinssatz anzubieten. Aber durch die unter diesen Umständen geringeren erwarteten Auszahlungen

---

927 Vgl. BACHER, D. F./HOFMANN, A., Herausforderung aus ED/2010/8, S. 436-438.

928 Vgl. WAGNER, F./WARTH, J., Fair Value von Versicherungsverträgen, S. 253.

929 Das Kapitalanlage- und das Risikogeschäft hängen indes voneinander ab, weil beispielsweise Versicherer mit relativ vielen Erlebensfallversicherungen und durchschnittlich älteren Vertragsbeständen höhere Beträge in die Kapitalanlagen investieren können als Versicherer mit relativ vielen Todesfallversicherungen und durchschnittlich jüngeren Beständen aus Versicherungsverträgen. Vgl. hierfür SCHIERENBECK, H./HÖLSCHER, R., BankAssurance, S. 728 f. Vgl. auch HAMMERS, B., Full Fair Value-Bilanzierung, S. 209-212.

930 Vgl. ELLENBÜRGER, F./KÖLSCHBACH, J., Volatilität wie beim Fair Value, S. 1145.

für Zinsgarantien würde der nach IFRS 17 zu passivierende Erfüllungsbetrag der Versicherungsverträge **weniger zinssensitiv** sein, woraufhin die gemäß IFRS 17.88 entweder erfolgswirksam oder erfolgsneutral ausgewiesenen Unterschiedsbeträge aus aktualisierten Diskontzinsen sinken würden. Letztlich könnte ein Versicherer die Zinsgarantien sogar vollständig abschaffen, so wie es einige der deutschen Lebensversicherungsunternehmen schon vorsehen, um auf die weiter anhaltende Niedrigzinsphase zu reagieren.[931] Die Versicherungsnehmer wären dann nur noch durch die gesetzlich vorgeschrieben Überschussbeteiligung oder bei den anteilgebundenen Lebensversicherungen direkt an den erzielten Kapitalanlageergebnissen und Bewertungsreserven eines Versicherers beteiligt. Jedoch ist es fragwürdig, ob sich Lebensversicherungen **ohne Zinsgarantien** überhaupt für eine sichere und somit wirksame Altersvorsorge eignen. Außerdem stellen diese Produkte gegebenenfalls reine Investmentprodukte dar, die mangels der Existenz eines signifikanten Versicherungsrisikos nicht als Versicherungsverträge nach IFRS 17, sondern als Finanzinstrumente nach IFRS 9 bilanziert werden müssen.

Bei den **Rentenversicherungen** könnten die Rentenfaktoren, zu denen das angesparte Kapital gleichmäßig verrentet wird, erst festgelegt werden, wenn der Versicherungsnehmer das vorgesehene Renteneintrittsalter erreicht hat.[932] Im Gegensatz zu den bei dem Vertragsabschluss festgelegten Rentenfaktoren ist der Versicherer so nicht dem Risiko ausgesetzt, dass das von ihm angesparte und verzinste Kapital nicht ausreichen könnte, um die versprochenen Rentenzahlungen zu erbringen. Hierdurch wäre der für diese Rentenversicherungen zu passivierende Erfüllungsbetrag niedriger anzusetzen und infolgedessen auch weniger zinssensitiv.

Die deutschen Lebensversicherungen sehen nach § 153 Abs. 1 VVG vor, dass die Versicherungsnehmer an den erzielten **Überschüssen** eines Versicherers beteiligt werden, soweit dies nicht explizit und insgesamt vertraglich ausgeschlossen worden ist. Jene überschussbeteiligten Versicherungsverträge sind nach IFRS 17 im Rahmen des *variable fee approach* zu bewerten. Dafür wird der den Versicherungsnehmern zustehende Anteil an dem Basiswert nach den für ihn jeweils einschlägigen IFRS bilanziert, also z. B. gemäß IFRS 9 oder IAS 40, wodurch ein Accounting Mismatch zumindest teilweise vermieden werden kann. Somit könnten Lebensversicherer versuchen, ihren Versicherungskunden statt den fixierten Zinsgarantien nur eine variable Überschussbeteiligung anzubieten, wodurch der für die Versicherungsverträge anzusetzende Erfüllungsbetrag wiederum sowohl niedriger als auch weniger zinssensitiv ausfällt.

---

931 Vgl. GRÜNDL, H., Niedrigzinsen, S. 200; KETZLER, R./SCHWARK, P., Niedrigzinsen, S. 206.
932 Vgl. WAGNER, F./WARTH, J., Fair Value von Versicherungsverträgen, S. 258.

Ferner könnten die Versicherer ihren Vertrieb dazu anhalten, mehr **fonds- oder indexgebundene Lebensversicherungen zu verkaufen**. Denn bei diesen Vertragsarten übernimmt der Versicherer nur das Sterblichkeitsrisiko, während das Kapitalanlagerisiko oft vollständig vom Versicherungsnehmer getragen wird. Da auch diese Verträge nach IFRS 17 mit dem *variable fee approach* bilanziert werden, ist es dadurch zum Teil vermeidbar, dass das Asset-Liability-Management eines Versicherers durch IFRS 9 und IFRS 17 irreführend abgebildet wird.[933]

Letztlich kann durch ein Asset-Liability-Management, das sachgerecht und somit nicht durch Accounting Mismatches verzerrt im IFRS-Abschluss dargestellt wird, verhindert werden, dass ein Versicherer für Solvency II eine **zu hohe Solvenzkapitalanforderung** ermittelt.[934] Zudem sinken die Kapitalkosten eines Versicherers, sofern sein langfristiges Geschäftsmodell zutreffend dargestellt wird, da seine GuV bzw. sein Eigenkapital nicht zu volatil abgebildet wird.[935]

933 Vgl. FECHNER, M., IFRS 4 und IFRS 9, S. 309 f.
934 Vgl. HESBERG, D., Fair Value in der Versicherungswirtschaft, S. 462.
935 Vgl. PERLET, H., Zeitwertbilanzierung, S. 302; FARNY, D., Gewinn und Sicherheit, S. 62.

5 Zusammenfassung

In dieser Arbeit wurde untersucht, ob den Abschlussadressaten entscheidungsnützliche Informationen zu dem von den deutschen (Erst-)Lebensversicherungsunternehmen durchgeführten Asset-Liability-Management vermittelt werden, wenn sie ihre Finanzinstrumente nach IFRS 9 und ihre Versicherungsverträge nach dem im Mai 2017 veröffentlichten IFRS 17 bilanzieren. Hierfür wurde zunächst konkretisiert, wie die deutschen Lebensversicherungsgeschäfte nach diesen beiden künftig gültigen Standards in dem IFRS-Abschluss abzubilden sein werden. Die wichtigsten Erkenntnisse aus den zu diesem Zweck gegangenen Zwischenschritten werden im Folgenden thesenförmig zusammengefasst:

- Durch eine Lebensversicherung kann sich ein Wirtschaftssubjekt gegen die daraus erwachsende finanzielle Verlustgefahr absichern, dass das menschliche Leben sowohl ungewiss als auch unberechenbar ist. Gemischte Todes- und Erlebensfallversicherungen, z. B. die in Deutschland traditionell beliebten kapitalbildenden Lebensversicherungen, ermöglichen es außerdem, dass der Versicherer die vom Versicherungsnehmer eingezahlten Sparprämien verzinst und bedarfsgerecht an ihn zurückzahlt, damit er beispielsweise eine zusätzliche Altersvorsorge aufbauen kann. Dazu kombiniert der Versicherer zwei eigentlich separat zu betrachtende Finanzprodukte, nämlich einen Sparvertrag mit einer Risikoversicherung.

- Da der Wert eines menschlichen Lebens aus moralischen Gründen nicht quantifizierbar ist, vereinbaren die Vertragsparteien einer Lebensversicherung vorab eine bestimmte Versicherungssumme, die an die Anspruchsberechtigten ausgezahlt wird, sofern das versicherte Risiko, z. B. ein Todesfall, eintritt. Als Gegenleistung erhält ein Lebensversicherer vom Versicherungsnehmer die zum Vertragsabschluss kalkulierten und über die Zeit tendenziell konstant bleibenden Risikoprämien. Der durch einen Versicherungsvertrag erfolgte Risikotransfer wird durch die Versicherer kostengünstiger geleistet als durch Derivate oder individuelles Sparen, weil sie die versicherten Risiken so zu einem Portfolio zusammenfassen, dass die Risikoausgleiche im Kollektiv und in der Zeit möglichst effektiv eintreten.

- Das Lebensversicherungsgeschäft teilt sich in die Bereiche des Risiko-, Spar- und Entsparsowie Kapitalanlagegeschäfts. Für Lebensversicherer entstehen aus diesen Geschäften zum einen versicherungstechnische Risiken, die sich bilanziell in den versicherungstechnischen Rückstellungen niederschlagen, und zum anderen Kapitalanlagerisiken, die sich in den auf der Aktivseite angesetzten Kapitalanlagen bzw. Finanzinstrumenten widerspiegeln.

- Durch das zu dem Risikomanagementsystem eines Versicherers gehörende Asset-Liability-Management (ALM) werden die versicherungstechnischen Risiken und die Kapitalanlagerisiken integriert analysiert und gesteuert. Während durch das Cashflow-Matching künftige Zahlungsströme aus den Kapitalanlagen und versicherungstechnischen Rückstellungen abgestimmt werden, wird mittels des Duration-Matching angeglichen, wie zinssensitiv diese beiden Bilanzpositionen auf eine Änderung der risikolosen Marktzinsen reagieren.

- Die Kapitalanlagen der deutschen Lebensversicherer bestehen vor allem aus variabel- oder festverzinslichen Fremdkapitalinstrumenten. Sie stellen Finanzinstrumente dar, die grundsätzlich für ab dem 01.01.2018 beginnende Geschäftsjahre nach IFRS 9 bilanziert werden müssen. Gemäß IFRS 9 sind die in aktivischen Finanzinstrumenten eingebetteten Derivate nicht von ihrem Basisvertrag abzuspalten, was es im Vergleich zu IAS 39 sehr vereinfacht, wie Versicherer ihre Fremdkapitalinstrumente bilanzieren. Dazu werden aktivische Finanzinstrumente nach IFRS 9 mit dem Zahlungsstrom- und Geschäftsmodell-Kriterium kategorisiert, um sie für ihre Folgebewertung einer von drei Bewertungskategorien zuzuordnen.

- Für das Zahlungsstrom-Kriterium ist zu prüfen, ob die Zahlungsströme eines Finanzinstruments nur Zins- und Tilgungszahlungen auf einen ausstehenden Kapitalbetrag darstellen und somit konsistent zu einer einfachen Kreditbeziehung sind. Wird dieses verneint, ist das Finanzinstrument erfolgswirksam zum Fair Value zu bewerten, was auf Derivate, Eigenkapitalinstrumente und Fremdkapitalinstrumente mit eigenkapitalähnlichen Zahlungsströmen zutrifft. Wird es bejaht, ist zu beurteilen, nach welchem von den drei möglichen Geschäftsmodellen das Portfolio gesteuert wird, zu dem das betrachtete Finanzinstrument gehört.

- Aktivische Finanzinstrumente, die in einem Portfolio gehalten werden, durch das bloß die vertraglichen Zahlungsströme vereinnahmt werden sollen, sind mit fortgeführten Anschaffungskosten folgezubewerten. Die zu einem Portfolio zählenden Finanzinstrumente, durch das sowohl vertragliche Zahlungsströme als auch Verkaufsgewinne erzielt werden sollen, sind erfolgsneutral zum Fair Value folgezubewerten. Nur die in diese beiden Bewertungskategorien eingeordneten Finanzinstrumente sind nach IFRS 9 in Rahmen des Modells der erwarteten Kreditverluste wertzumindern. Finanzinstrumente, die zu einem Portfolio gehören, das nach einem sonstigen Geschäftsmodell gesteuert wird, sind erfolgswirksam zum Fair Value folgezubewerten. Die deutschen Lebensversicherer halten ihre Fremdkapitalinstrumente in Portfolios, für die das Halten & Verkaufen-Geschäftsmodell relevant ist. Daher sollten sie diese Instrumente nach IFRS 9 oft erfolgsneutral zum Fair Value folgebewerten.

- Lebensversicherungsgeschäfte sind bilanziell in Finanzinstrumenten und Lebensversicherungsverträgen abgebildet. Versicherungsverträge sind für ab dem 01.01.2021 beginnende Geschäftsjahre gemäß IFRS 17 zu bilanzieren, der den Interimsstandard IFRS 4 Phase I ablösen wird. Die zum Anwendungsbereich von IFRS 17 zu prüfende Definition eines Versicherungsvertrags und die Vorschriften zu der Abspaltung von in Versicherungsverträgen eingebetteten Derivaten, Investment- sowie Dienstleistungskomponenten sind für IFRS 17 großteils aus IFRS 4 Phase I übernommen worden. Nach IFRS 17 müssen weder die in den deutschen Lebens- und Rentenversicherungen eingebetteten Kündigungsoptionen zu ihrem Rückkaufswert, Zinsgarantien zu ihrem Höchstzinssatz, noch Investment- oder Dienstleistungskomponenten vom jeweiligen Basisvertrag abgespalten werden. Denn die aus diesen Vertragsbestandteilen erwarteten Zahlungsströme fließen gemäß IFRS 17 in den Bausteinansatz, durch den Versicherungsverträge grundsätzlich erst- und folgebewertet werden.

- Ein Versicherungsvertrag wird nach IFRS 17 regelmäßig angesetzt, sobald die erste Prämie gezahlt wurde und somit die Deckungsperiode beginnt. Er wird erst ausgebucht, wenn ein Versicherer nicht mehr zu einer Leistung verpflichtet ist. Dies ist nach IFRS 17 einzelvertraglich zu prüfen, während zur Erst- und Folgebewertung ein Vertragsportfolio aus weitgehend ähnlichen Versicherungsverträgen zu betrachten ist. Der vom IASB gewährte vereinfachte Bilanzierungsansatz kann auf deutsche Lebensversicherungsverträge nicht angewendet werden, da diese eine Deckungsperiode von über einem Jahr vorsehen. Indes ist für die deutschen überschussbeteiligten sowie fonds- bzw. indexgebundenen Lebensversicherungsverträge der vom IASB erst gegen Ende des Standardsetzungsprozesses beschlossene *variable fee approach* maßgeblich, durch den der Bausteinansatz modifiziert wird, und der den vom IASB zuvor diskutierten *mirroring approach* nach ED/2013/7 ersetzt.

- Ein Vertragsportfolio wird durch den Bausteinansatz erstbewertet, indem die erwarteten Zahlungsströme geschätzt werden, durch die der Versicherer und die Versicherungsnehmer die emittierten Versicherungsverträge voraussichtlich erfüllen werden (1. Bewertungsbaustein). Die dazu notwendigen Einzahlungen bestehen vor allem aus den von den Versicherungsnehmern gezahlten Prämien, während die Auszahlungen vorwiegend für eingetretene Versicherungsfälle und Abschluss- bzw. Verwaltungskosten anfallen. Da Lebensversicherungsverträge langfristige und voneinander abhängige Optionen und Garantien beinhalten, werden ihre Zahlungsströme meistens durch Simulationen vorhergesagt, z. B. eine Monte-Carlo-Simulation. Durch sie werden die angenommenen Eintrittswahrscheinlichkeiten und Versicherungssummen zu einem Erwartungswert der künftigen Zahlungsströme verdichtet, der von dem wahrscheinlichsten Wert einer Verpflichtung nach IAS 37.40 abzugrenzen ist. Der Versicherer muss die Zahlungsströme eines Vertragsportfolios ermitteln, indem er alle dazu relevanten Variablen nutzt, die er am Bewertungsstichtag an den Märkten bzw. aus öffentlichen Quellen beobachten kann. Nicht an Märkten beobachtbare Variablen darf und muss der Versicherer schätzen. Somit sind Versicherungsverträge nach IFRS 17 aus einer unternehmensspezifischen und dennoch möglichst marktkonformen Sicht zu bewerten.

- Während die Zahlungsströme aus Lebensversicherungsverträgen nach US-GAAP nicht und nach HGB mit dem beim Erstansatz fixierten Höchstzinssatz abgezinst werden, sind sie nach IFRS 17 mit Zinssätzen zu diskontieren, welche aus aktuellen Marktzinsen abgeleitet werden müssen (2. Bewertungsbaustein). Hierdurch werden die zeitlich unterschiedlich anfallenden Ein- und Auszahlungen für Versicherungsverträge vergleichbar gemacht. Um die Diskontzinsen abzuleiten, eignen sich vor allem die Marktpreise von gehandelten Fremdkapitalinstrumenten, z. B. Staats- und Unternehmensanleihen. Denn hierfür müssen solche Finanzinstrumente ausgewählt werden, deren Zahlungsströme zeitlich, betragsmäßig sowie bezüglich der Währung möglichst ähnlich zu den künftigen Zahlungsströmen aus den Versicherungsverträgen des betrachteten Portfolios sind. Weil gehandelte Finanzinstrumente aber zum einen Kreditrisiken enthalten und zum anderen liquide sind, müssen ihre Marktzinsen korrigiert werden, damit sie den, annahmegemäß weder ausfallgefährdeten noch liquiden, (Erst-)Versicherungsverträgen gleichen. Dies kann durch den *top-down approach* oder den *bottom-up approach* geschehen. Für den *top-down approach* wird eine Zinsstrukturkurve aus beobachtbaren Marktrenditen um enthaltene Kreditrisikoprämien gemindert und um eine Risikoprämie für die Illiquidität von Versicherungsverträgen erhöht. Hingegen wird im Zuge des *bottom-up approach* eine bereits kreditrisikofreie Zinsstrukturkurve unterstellt, die um eine Illiquiditätsrisikoprämie erhöht werden muss, falls sie aus liquiden Vermögenswerten abgeleitet wurde. Dabei ist es in der Literatur umstritten, ob die Prämien für das Kredit- und das Illiquiditätsrisiko überhaupt voneinander trennbar sind.

- Anschließend ist den diskontierten erwarteten Zahlungsströmen aus einem Versicherungsvertragsportfolio eine explizite Risikomarge aufzuschlagen, damit die für sie anzusetzende versicherungstechnische Rückstellung den Erfüllungsbetrag für die Rechte sowie Pflichten aus den emittierten Versicherungsverträgen repräsentieren (3. Bewertungsbaustein). Diese Risikomarge wird bereits bei der Prämienkalkulation für die Versicherungsverträge als ein Sicherheitszuschlag eingepreist. Sie ist in der Höhe anzusetzen, die den Versicherer indifferent zwischen sicheren und unsicheren Zahlungsströmen aus den Verträgen werden lässt.

Mit dieser Marge wird also das versicherungstechnische Risiko quantifiziert. Es liegt darin, dass die geschätzten von den tatsächlichen Zahlungsströmen aus Versicherungsverträgen abweichen. In der Risikomarge wird daher ausgedrückt, wie risikoavers ein Versicherer ist und wie weit er den Risikoausgleich in der Zeit und im Kollektiv herstellen kann.

- Um zu verhindern, dass aus einem erstbewerteten Vertragsportfolio resultierende Gewinne sofort erfolgswirksam ausgewiesen werden, ist jener unrealisierte Bewertungsgewinn nach IFRS 17 durch die Servicemarge zu neutralisieren (4. Bewertungsbaustein). Jene Servicemarge ist in Höhe des negativen Erfüllungsbetrags (d. h. die erwarteten Einzahlungen übersteigen die erwarteten Auszahlungen) eines Vertragsportfolios anzusetzen, aber mit einem positiven Vorzeichen. Falls durch die ersten drei Bewertungsbausteine ein positiver Erfüllungsbetrag für ein Portfolio resultiert, müssen diese unrealisierten Verluste nach IFRS 17 antizipiert werden, indem für sie aufwandserhöhend eine Drohverlustrückstellung gebildet wird. Der Erfolg aus Versicherungsverträgen wird nach IFRS 17 gemäß dem Deferral-and-Matching-Ansatz realisiert, und zwar indem die Servicemarge dermaßen in der GuV aufgelöst wird, wie der Versicherer die vertraglich vorgesehenen Versicherungsdienstleistungen erbringt, die z. B. aus dem zeitraumbezogenen Versicherungsschutzversprechen bestehen.

- Ein Portfolio bzw. eine Gruppe aus Versicherungsverträgen wird im Bausteinansatz folgebewertet, indem die erwarteten Zahlungsströme, die Diskontzinsen sowie die Risikomarge an die am Bewertungsstichtag aktuellen Gegebenheiten angepasst und folglich aktualisiert werden. Der für das Bündel der durch die emittierten Versicherungsverträge für den Versicherer erwachsenen Rechte sowie Pflichten zu passivierende Erfüllungsbetrag basiert nach IFRS 17 also auf aktuellen Daten und Annahmen. Wird vereinfachend unterstellt, dass sich die Bewertungsparameter nicht ändern, wird ein Vertragsportfolio planmäßig und deshalb quasi zu fortgeführten Anschaffungskosten folgebewertet. Hierbei nimmt die Risikomarge im Zeitablauf typischerweise ab, weil die versicherungstechnischen Risiken sinken, was erfolgswirksam zu erfassen ist. Die aus den ersten drei Bewertungsbausteinen resultierende Servicemarge ist hingegen folgezubewerten, indem sie mit den zur Erstbewertung erfassten Diskontzinsen aufgezinst und über die Deckungsperiode erfolgswirksam aufgelöst wird.

- In der Realität wird ein Versicherungsvertragsportfolio außerplanmäßig folgebewertet, da sich die Bewertungsparameter stets auf beim Erstansatz nicht vorhersehbare Weise ändern. Hierfür sind die Änderungen der erwarteten Zahlungsströme und der Risikomarge, die sich auf die vergangenen Deckungsperioden beziehen, unmittelbar erfolgswirksam zu erfassen.

Im Gegensatz dazu sind Änderungen der erwarteten Zahlungsströme und der Risikomarge, die mit künftigen Deckungsperioden verbunden sind, mit der Servicemarge zu verrechnen. Die außerplanmäßigen Bewertungsänderungen für künftige Perioden werden also geglättet ausgewiesen, indem die Servicemarge über die Deckungsperiode erfolgswirksam aufgelöst wird. Außerdem darf gemäß IFRS 17 der außerplanmäßige Unterschiedsbetrag aus aktualisierten Diskontzinsen wahlweise entweder in der GuV oder im Sonstigen Gesamtergebnis (OCI) erfasst werden, wodurch bereits Accounting Mismatches gemindert werden können.

- Die in Deutschland üblichen Lebensversicherungsverträge beinhalten normalerweise eine Überschussbeteiligung. Durch sie werden die zu hoch kalkulierten und deshalb zumindest teilweise unverbrauchten Risikoprämien an die Versicherungsnehmer zurückgezahlt. Nach IFRS 17 sind überschussbeteiligte Lebensversicherungsverträge durch den *variable fee approach* erst- und folgezubewerten, der den im ED/2013/7 diskutierten *mirroring approach* ersetzt. Diese beiden Ansätze unterscheiden sich dadurch, dass die Zeitwertänderungen der in den Versicherungsverträgen eingebetteten Optionen und Garantien beim *mirroring approach* sofort erfolgswirksam zu erfassen sind, während sie in dem *variable fee approach* mit der Servicemarge verrechnet und somit geglättet erfolgswirksam ausgewiesen werden.

- Um den Abschlussadressaten entscheidungsnützliche Informationen über die von den deutschen Versicherern angebotenen Lebensversicherungsgeschäfte zu vermitteln, muss das für ihre aktivischen Finanzinstrumente und passivischen Lebensversicherungsverträge vollzogene Asset-Liability-Management gemäß dem IFRS-Rahmenwerk sowohl entscheidungsrelevant als auch glaubwürdig bilanziell dargestellt sein. Das ALM eines Versicherers wird entscheidungsrelevant bilanziell abgebildet, wenn die relevanten Bilanzierungsvorschriften keine Accounting Mismatches erzeugen, durch die die GuV oder das OCI eines Versicherers zu volatil und daher verzerrt abgebildet sind. Ein Accounting Mismatch liegt z. B. vor, sofern der Versicherer die Zahlungsströme aus seinen Lebensversicherungsverträgen nach IFRS 4.13 Phase I unter Rückgriff auf das HGB nicht marktkonsistent abzinst, während er die marktzinsinduzierten Wertänderungen der diese bedeckenden Fremdkapitalinstrumente nach IFRS 9 entweder erfolgswirksam oder erfolgsneutral zum Fair Value zeigt. Das ALM wird bilanziell glaubwürdig dargestellt, falls die relevanten IFRS keine oder wenige Wahlrechte und Ermessensspielräume eröffnen, die bilanzpolitisch genutzt werden können.

- Das Asset-Liability-Management eines Lebensversicherers wird nach IFRS 9 und IFRS 17 bereits entscheidungsrelevanter im IFRS-Abschluss dargestellt als nach IFRS 4 Phase I bei

Rückgriff auf US-GAAP oder HGB. Der Grund hierfür ist, dass die Zahlungsströme aus den Versicherungsverträgen nach IFRS 17 marktkonsistent abzuzinsen und der außerplanmäßige Unterschiedsbetrag aus aktualisierten Diskontzinsen nach IFRS 17.88 entweder in der GuV oder im OCI auszuweisen ist. Dadurch können sich die aus ökonomischer Sicht gegenläufigen marktzinsinduzierten Wertänderungen der Versicherungsverträge sowie der sie deckenden Finanzinstrumente auch bilanziell gegenseitig ausgleichen, und zwar entweder in der GuV oder im OCI. Aber auch nach IFRS 9 und IFRS 17 existieren in manchen Konstellationen die ergebnisverzerrenden Accounting Mismatches. Denn die marktzinsinduzierten Wertänderungen können sich nicht ausgleichen, wenn die Versicherungsverträge mit solchen Finanzinstrumenten rückgedeckt sind, die nach IFRS 9 mit ihren fortgeführten Anschaffungskosten zu bewerten sind. Überdies entstehen Accounting Mismatches, da in dem Fair Value von Fremdkapitalinstrumenten eine Kreditrisikoprämie eingepreist wird, während im Erfüllungsbetrag von Lebensversicherungsverträgen gemäß IFRS 17 das Ausfallrisiko des sie emittierenden Versicherers nicht berücksichtigt werden darf.

- Das ALM eines Lebensversicherers wird gemäß IFRS 9 sowie IFRS 17 nicht glaubwürdig bilanziell dargestellt. Denn der bilanzierende Versicherer kann sowohl Wahlrechte als auch Ermessensspielräume bilanzpolitisch nutzen, um das Ergebnis aus seinem ALM besser als aufgrund der wirtschaftlichen Umstände geboten abzubilden. So kann der Versicherer z. B. die in den Lebensversicherungsverträgen eingebetteten Optionen und Garantien nicht abspalten, wodurch die auf sie zurückzuführenden Wertänderungen des Erfüllungsbetrags mit der Servicemarge verrechnet und somit geglättet erfolgswirksam ausgewiesen werden.
- Wenn ein Versicherer Accounting Mismatches vermindert, indem er die Fair Value-Option nach IFRS 9 ausübt, wird er durch ein zu volatiles Periodenergebnis „bestraft". Denn dann saldiert er in der GuV die marktzinsinduzierten Wertänderungen seiner Versicherungsverträge mit den gesamten Fair Value-Änderungen der erfolgswirksam zum Fair Value designierten Finanzinstrumente. In diesem Fall könnte der IASB die bilanzielle Darstellung des ALM verbessern, indem entweder die Fair Value-Option nach IFRS 9 spezifiziert, analog eine Fair Value-Option nach IFRS 17 eingeführt oder das Hedge-Accounting nach IFRS 9 versicherungsspezifisch erweitert wird. Letztlich kann ein Versicherer das Versicherungsgeschäft an die Inkonsistenzen anpassen, z. B. indem er keine Zinsgarantien mehr anbietet.

Insgesamt ist festzuhalten, dass der IASB sein für IFRS 9 und IFRS 17 formuliertes Ziel, das Asset-Liability-Management von Versicherern entscheidungsrelevanter bilanziell abzubilden, zumindest teilweise erreicht. Da aber weiterhin Accounting Mismatches bestehen, müssen die IFRS-Abschlussadressaten berücksichtigen, dass das langfristig orientierte Geschäftsmodell der deutschen Lebensversicherungsunternehmen auch nach IFRS 9 und IFRS 17 durch eine bilanzierungsbedingte Ergebnisvolatilität verzerrt abgebildet werden kann. Dies ist besonders problematisch, sofern ein Lebensversicherer seine aktivischen Finanzinstrumente und passivischen Lebensversicherungsverträge laufzeitkongruent abstimmt, weshalb eigentlich erwartet werden kann, dass er eine stabile Ertragslage ausweist. Zudem wird das ALM nach IFRS 9 und IFRS 17 nicht glaubwürdig bilanziell dargestellt, da ein Versicherer die mit diesen beiden IFRS verbundenen Wahlrechte und Ermessensspielräume bilanzpolitisch nutzen kann. Somit ist festzustellen, dass das Asset-Liability-Management von Lebensversicherungsunternehmen auch unter IFRS 9 und IFRS 17 weiterhin **nicht vollständig entscheidungsnützlich** bilanziell dargestellt wird.

Quellenverzeichnis

ALBRECHT, MARCUS/REINBACHER, PHILIPP/NIEHOFF, KARIN/DERFUß, KLAUS, Bilanzierung von Finanzinstrumenten bei Kreditinstituten nach IFRS und HGB – Ein kritischer Vergleich unter besonderer Berücksichtigung strukturierter Finanzinstrumente, in: KoR 2013, S. 273-280 (Strukturierte Finanzinstrumente).

ALBRECHT, PETER, Gesetze der großen Zahlen und Ausgleich im Kollektiv – Bemerkungen zu Grundlagen der Versicherungsproduktion, in: ZVersWiss 1982, S. 501-538 (Gesetze der großen Zahlen).

ALBRECHT, PETER, Was ist Versicherung? Erklärungsbeiträge der Risikotheorie, in: Was ist Versicherung?, hrsg. v. Albrecht, Peter/Brinkmann, Theodor/Zweifel, Peter, Karlsruhe 1987, S. 22-37 (Was ist Versicherung?).

ALBRECHT, PETER, Zur Risikotransformationstheorie der Versicherung: Grundlagen und ökonomische Konsequenzen, Karlsruhe 1992 (Risikotransformationstheorie).

ALBRECHT, PETER, Ansätze eines finanzwirtschaftlichen Portefeuille-Managements und ihre Bedeutung für die Kapitalanlage und Risikopolitik von Versicherungsunternehmen, Karlsruhe 1995 (Portefeuille-Management).

ALBRECHT, PETER, Asset Liability Management bei Versicherungen, in: Handbuch Institutionelles Asset Management, hrsg. v. Leser, Hartmut/Rudolf, Markus, Wiesbaden 2003, S. 427-446 (Asset Liability Management).

ALBRECHT, PETER, Grundprinzipien der Finanz- und Versicherungsmathematik – Grundlagen und Anwendungen der Bewertung von Zahlungsströmen, Stuttgart 2007 (Grundprinzipien).

ALBRECHT, PETER, Wie relevant ist die Wiederanlageprämisse für Versicherungsunternehmen? Die Asset/Liability-Perspektive, in: VW 2010, S. 1094-1096 (Wiederanlageprämisse).

ALBRECHT, PETER/HUGGENBERGER, MARKUS, Finanzrisikomanagement – Methoden zur Messung, Analyse und Steuerung finanzieller Risiken, Stuttgart 2015 (Risikomanagement).

ALBRECHT, PETER/LIPPE, STEFAN, Prämie, mathematische und wirtschaftliche Fragen, in: Handwörterbuch der Versicherung (HdV), hrsg. v. Farny, Dieter u. a., Karlsruhe 1988, S. 525-532 (Prämie).

ALBRECHT, PETER/MAURER, RAIMOND, Investment- und Risikomanagement – Modelle, Methoden, Anwendungen, 4. Aufl., Stuttgart 2016 (Investment- und Risikomanagement).

ALBRECHT, PETER/MAURER, RAIMOND/SCHRADIN, HEINRICH R., Die Kapitalanlageperformance der Lebensversicherer im Vergleich zur Fondsanlage unter Rendite- und Risikoaspekten – Eine empirische Studie mit Folgerungen für Alterssicherung und Vorsorgebedarf, Karlsruhe 1999 (Kapitalanlageperformance).

ALBRECHT, PETER/SCHRADIN, HEINRICH R., Versicherungswirtschaft, Struktur der, in: Handwörterbuch des Bank- und Finanzwesens (HWF), hrsg. v. Gerke, Wolfgang/Steiner, Manfred, 3. Aufl., Stuttgart 2001, Sp. 2168–2178 (Versicherungswirtschaft).

ALBRECHT, PETER/SCHWAKE, EDMUND, Risiko, Versicherungstechnisches, in: Handwörterbuch der Versicherung (HdV), hrsg. v. Farny, Dieter u. a., Karlsruhe 1988, S. 651-658 (Versicherungstechnisches Risiko).

ALLIANZ SE (Hrsg.), Comment Letter zum DP/2014/1, München Oktober 2014, verfügbar unter: http://eifrs.ifrs.org/eifrs/comment_letters/37/37_4288_SusanneKanngiesserDrAllianz_0_AllianzSE.pdf, Stand: 30.03.2017 (Comment Letter DP/2014/1).

ALLIANZ SE (Hrsg.), Comment Letter zum ED/2015/11, München Februar 2016, verfügbar unter: http://eifrs.ifrs.org/eifrs/comment_letters/69/69_6427_PatrickBoschAllianzSE_0_Allianz_IASBCommentLetterApplyingIFRS9withIFRS4.pdf, Stand: 30.03.2017 (Comment Letter ED/2015/11).

ALTENBURGER, OTTO A., Neue Argumente gegen eine Prämientrennung, in: Unternehmungen, Versicherungen und Rechnungswesen – Festschrift zur Vollendung des 65. Lebensjahres von Dieter Rückle, hrsg. v. Siegel, Theodor u. a., Berlin 2006, S. 129-142 (Prämientrennung).

ALTENBURGER, OTTO A., Der Exposure Draft „Insurance Contracts" – Eine kritische Analyse aus theoretischer Sicht, in: ZVersWiss 2011, S. 669-677 (ED/2010/8).

ALTENBURGER, OTTO A., Versicherungsrechnungslegung nach IFRS – Bringt der Exposure Draft 2013 eine Verbesserung?, in: ZVersWiss 2015, S. 3-9 (ED/2013/7).

ALTENBURGER, OTTO A./GÖTTSCHE, MAX/KUNTNER, MAGDALENA, Unbundling of insurance contracts according to IFRSs – applicability and limitations, in: ZVersWiss 2008, S. 162-176 (Unbundling).

ANGERMANN, FRANK/HARTUNG, THOMAS, Die Bilanzierung und Bewertung von Verpflichtungen aus insurance-linked securities – Stand und mögliche Auswirkungen von ED/2013/7, in: KoR 2016, S. 105-116 (ED/2013/7).

ASCHE, BENJAMIN, Jahresabschlussanalyse und Bilanzpolitik von Schaden-/Unfallversicherern – Änderungen aufgrund von IFRS 4 Phase II Insurance Contracts: ED/2010/8, Frankfurt am Main 2012 (Bilanzpolitik von Versicherern).

ASCHE, BENJAMIN/HARTUNG, THOMAS, Auswirkungen von IFRS 4 Phase II und IFRS 9 auf die Ergebnisse von Versicherungsunternehmen – eine Analyse der heutigen und künftigen Ergebnisvolatilität, in: WPg 2011, S. 1187-1199 (IFRS 4 und IFRS 9).

ASSEKURATA RATING-AGENTUR GMBH (Hrsg.), Überschussbeteiligung 2016 – Die klassische Lebensversicherung zwischen Tradition und Moderne: Kurzpräsentation der wesentlichen Studienergebnisse, Köln Januar 2016, verfügbar unter: http://www.assekurata.de/fileadmin/mediendatenbank/Dokumente/Publikationen/Studien/2016/Ueb/Ueberschussbeteiligung_2016_Homepage.pdf, Stand: 30.03.2017 (Präsentation Überschussstudie 2016).

ASSEKURATA RATING-AGENTUR GMBH (Hrsg.), Marktausblick zur Lebensversicherung 2016/2017, Köln Juni 2016, verfügbar unter: http://www.assekurata.de/fileadmin/mediendatenbank/Dokumente/Publikationen/Marktausblick/2016/Leben/Assekurata_Marktausblick_Lebensversicherung_2016_2017.pdf, Stand: 30.03.2017 (Marktausblick zur Lebensversicherung 2016/2017).

BABBEL, DAVID F., Comments on 'Fair valuation of life insurance company liabilities', in: The fair value of insurance liabilities, hrsg. v. Vanderhoof, Irwin T./Altman, Edward I., Boston (Mass.) 1998, S. 115-126 (Fair valuation of life insurance).

BACHER, DAVID F., Die Leistungsfähigkeit des handelsrechtlichen Jahresabschlusses und des IFRS-Jahresabschlusses deutscher Erstversicherungsunternehmen: eine kritische Analyse aus der Sicht von Eigentümern und Versicherungsnehmern, Hohenheim 2007 (IFRS-Abschluss deutscher Erstversicherer).

BACHER, DAVID F./HOFMANN, ALEXANDER, Versicherungsbilanzierung, quo vadis? Vorschläge des IASB für einen Nachfolgestandard zu IFRS 4 Insurance Contracts, in: IRZ 2007, S. 311-317 (DP Insurance Contracts).

BACHER, DAVID F./HOFMANN, ALEXANDER, Die Vorschläge des IASB für einen Nachfolgestandard zu IFRS 4 – Eine Herausforderung für Versicherungen, Banken und sonstige betroffene Unternehmen, in: IRZ 2010, S. 433-438 (Herausforderung aus ED/2010/8).

BÄCHLER, ROLF, Bilanzierung von Versicherungsverträgen – IFRS 4: ED/2010/8 Versicherungsverträge, in: IRZ 2010, S. 381-385 (ED/2010/8).

BAETGE, JÖRG, Möglichkeiten der Objektivierung des Jahreserfolges, Düsseldorf 1970 (Objektivierung).

BAETGE, JÖRG, Verwendung von DCF-Kalkülen bei der Bilanzierung nach IFRS, in: WPg 2009, S. 13-23 (DCF-Kalküle in IFRS-Bilanzierung).

BAETGE, JÖRG/BREMBT, TOBIAS/BRÜGGEMANN, PETER, Die Mark-to-Model-Bewertung des IAS 39 in der Subprime-Krise, in: WPg 2008, S. 1001-1010 (Mark-to-Model-Bewertung).

BAETGE, JÖRG/HOLLMANN, SEBASTIAN, Zur Zuverlässigkeit der Rechnungslegung nach IFRS, in: Spezialisierung und Internationalisierung – Entwicklungstendenzen der deutschen Betriebswirtschaftslehre – Festschrift für Prof. Dr. Dr. h.c. mult. Günter Wöhe zum 80. Geburtstag am 2. Mai 2004, hrsg. v. Döring, Ulrich/Kußmaul, Heinz, München 2004, S. 347-378 (Zuverlässigkeit der IFRS).

BAETGE, JÖRG/KIRSCH, HANS-JÜRGEN/LEUSCHNER, CARL-FRIEDRICH/JERZEMBEK, LOTHAR, Die Kapitalabgrenzung nach IFRS – Ein Vorschlag zur Modifizierung des IAS 32, in: DB 2006, S. 2133-2138 (Kapitalabgrenzung nach IFRS).

BAETGE, JÖRG/KIRSCH, HANS-JÜRGEN/THIELE, STEFAN, Bilanzanalyse, 2. Aufl., Düsseldorf 2004 (Bilanzanalyse).

BAETGE, JÖRG/KIRSCH, HANS-JÜRGEN/THIELE, STEFAN, Bilanzen, 13. Aufl., Düsseldorf 2014 (Bilanzen).

BAETGE, JÖRG/LIENAU, ACHIM, Fair Value auf der Passivseite der Bilanz?, in: Fair Value: Bewertung in Rechnungswesen, Controlling und Finanzwirtschaft, hrsg. v. Bieg, Hartmut/Heyd, Reinhard, München 2005, S. 309-331 (Fair Value auf der Passivseite).

BAETGE, JÖRG/MELCHER, THORSTEN/THUN, CHRISTIAN, Bilanzratings bei der Vergabe hybrider Finanzinstrumente, in: Certified Rating Analyst, hrsg. v. Everling, Oliver, München 2008, S. 299-323 (Vergabe hybrider Finanzinstrumente).

BAETGE, JÖRG/SCHULZ, ROLAND, Fair value-Option für Verbindlichkeiten, in: PiR 2006, S. 127-134 (Fair value-Option für Verbindlichkeiten).

BAETGE, JÖRG/SCHULZ, ROLAND, Fair Value Optionen in der internationalen Rechnungslegung – Zwischen Konvergenz und Konfrontation, in: Wirtschaftsprüfung im Wandel – Herausforderungen an Wirtschaftsprüfung, Steuerberatung, Consulting und Corporate Finance, Festgabe 100 Jahre Südtreu/Deloitte 1907 bis 2007, hrsg. v. Ballwieser, Wolfgang/Grewe, Wolfgang, München 2008, S. 367-386 (Fair Value Optionen).

BAETGE, JÖRG/WOLLMERT, PETER/KIRSCH, HANS-JÜRGEN/OSER, PETER/BISCHOF, STEFAN (Hrsg.), Rechnungslegung nach IFRS – Kommentar auf der Grundlage des deutschen Bilanzrechts, 2. Aufl., Stuttgart 2002 (zitiert: BEARBEITER, in: Rechnungslegung nach IFRS, 2. Aufl.).

BAETGE, JÖRG/ZÜLCH, HENNING, Fair Value-Accounting, in: BFuP 2001, S. 543-562 (Fair Value-Accounting).

BAFIN (Hrsg.), Einzelangaben zu den Kapitalanlagen der Erstversicherungsunternehmen – Bestand in den einzelnen Versicherungssparten zum 4. Quartal 2015, Bonn und Frankfurt am Main März 2016, verfügbar unter: http://www.bafin.de/SharedDocs/Downloads/DE/Statistik/Kapitalanlagen/dl_kapitalanlagen_4q_2015_va.pdf?__blob=publicationFile&v=2, Stand: 30.03.2017 (Kapitalanlagen der Erstversicherer).

BALLWIESER, WOLFGANG, Informations-GoB – auch im Lichte von IAS und US-GAAP, in: KoR 2002, S. 115-121 (Informations-GoB).

BALLWIESER, WOLFGANG, Zum risikolosen Zins für die Unternehmensbewertung, in: Kapitalgeberansprüche, Marktwertorientierung und Unternehmenswert – Festschrift für Jochen Drukarczyk zum 65. Geburtstag, hrsg. v. Richter, Frank, München 2003, S. 19-35 (Risikoloser Zins für die Unternehmensbewertung).

BALLWIESER, WOLFGANG, Ansätze und Ergebnisse einer ökonomischen Analyse des Rahmenkonzepts zur Rechnungslegung, in: zfbf 2014, S. 451-476 (Analyse des Rahmenkonzepts).

BALLWIESER, WOLFGANG, Warum es (noch immer) lohnt, über Gewinnermittlung nachzudenken, in: Der Konzern 2014, S. 143-153 (Gewinnermittlung).

BALLWIESER, WOLFGANG/BEINE, FRANK/HAYN, SVEN/PEEMÖLLER, VOLKER H./SCHRUFF, LOTHAR/WEBER, CLAUS-PETER (Hrsg.), Wiley Kommentar zur internationalen Rechnungslegung nach IFRS, 5. Aufl., Weinheim 2009 (zitiert: BEARBEITER, in: Wiley IFRS-Kommentar, 5. Aufl.).

BANK, MATTHIAS, Finanzintermediation, in: Handwörterbuch des Bank- und Finanzwesens (HWF), hrsg. v. Gerke, Wolfgang/Steiner, Manfred, 3. Aufl., Stuttgart 2001, Sp. 836–847 (Finanzintermediation).

BÄR, MICHAEL/GOLLOB, CHRISTIAN, Das neue Wertminderungsmodell für finanzielle Vermögenswerte nach IFRS 9 – Darstellung und praktische Implikationen, in: WPg 2014, S. 1240-1250 (Wertminderungsmodell nach IFRS 9).

BASSE, TOBIAS/FRIEDRICH, MEIK/KRAMPEN, BERND/KRUMMAKER, SIMONE, Strategisches Asset-Liability Management in der Versicherungswirtschaft – Ein Ansatz zur integrierten Bilanzstrukturoptimierung, in: ZVersWiss 2007, S. 617-648 (Asset-Liability Management).

BAUER, MARKUS/HALLER, AXEL/WIESE, ROLAND, IASB-Projekt: Accounting for Macro Hedging – Status quo und relevante Aspekte für das geplante discussion paper, in: KoR 2013, S. 333-342 (Macro Hedging).

BECKER, DAVID N., Option adjusted value of the firm, in: The fair value of insurance liabilities, hrsg. v. Vanderhoof, Irwin T./Altman, Edward I., Boston (Mass.) 1998, S. 215-288 (Value of the firm).

BENZ, RAINER, Cash Flow Matching, Horizon Matching, Riding the Yield Curve – Ausgewählte Verfahren des Managements von Rentenportefeuilles, in: ZVersWiss 1991, S. 583-597 (Riding the Yield Curve).

BERDIN, ELIA/GRÜNDL, HELMUT, The Effects of a Low Interest Rate Environment on Life Insurers, in: The Geneva papers on risk and insurance 2015, S. 385-415 (Low Interest Rate).

BERGER, JENS, Neuer IFRS zur Bilanzierung von Versicherungsverträgen – die Unvollendete des IASB?, in: Betriebs-Berater 2017, S. 1 (Neuer IFRS für Versicherungsverträge).

BERGER, JENS/GEISEL, ADRIAN/BARZ, KATJA/GARZ, CHRISTIAN/GERLACH, VEIT/HARTENBERGER, HEIKE/KUHN, STEFFEN, Praxisfragen des Hedge-Accounting-Modells in IFRS 9 – Erläuterungen zum Abschnitt „Hedge Accounting“ in IDW ERS HFA 48, in: WPg 2016, S. 964-971 (Hedge-Accounting in IFRS 9).

BERGER, JENS/STRUFFERT, RALF/NAGELSCHMITT, SABINE, Neue Klassifizierungs- und Bewertungsvorschriften für Finanzinstrumente – Endgültige Fassung von IFRS 9 veröffentlicht (Teil 1), in: WPg 2014, S. 1075-1088 (IFRS 9 (Teil 1)).

BERGER, JENS/STRUFFERT, RALF/NAGELSCHMITT, SABINE, Neue Klassifizierungs- und Bewertungsvorschriften für Finanzinstrumente – Endgültige Fassung von IFRS 9 veröffentlicht (Teil 2), in: WPg 2014, S. 1127-1131 (IFRS 9 (Teil 2)).

BIEKER, MARCUS/NEGARA, LILIANA, Bilanzierung von portfolio hedges zur Absicherung von Zinsänderungsrisiken nach IAS 39, in: KoR 2008, S. 702-714 (Bilanzierung von portfolio hedges).

BOETIUS, JAN, Handbuch der versicherungstechnischen Rückstellungen – Handels- und Steuerbilanzrecht der Versicherungsunternehmen, Köln 1996 (Versicherungstechnische Rückstellungen).

BONADURER, WERNER, Ein tief greifender Wandel – die Entwicklung der Lebensversicherungsbranche in den USA, in: Versicherungen im Umbruch – Werte schaffen, Risiken managen, Kunden gewinnen, hrsg. v. Spremann, Klaus, Berlin 2005, S. 495-510 (US-Lebensversicherung).

BOWÉ, NICOLE/SCHANZ, WOLFGANG/KEIL, THORSTEN, Analyse und Absicherung der Risiken im Lebensversicherungsgeschäft, Karlsruhe 2006 (Risiken im Lebensversicherungsgeschäft).

BRUNE, JENS W., Implementierung der Erlöserfassungsregelungen des IFRS 15 – Herausforderungen in der praktischen Umsetzung aus der Sicht betroffener Unternehmen, in: IRZ 2016, S. 19-26 (Erlöserfassung nach IFRS 15).

BUCK, HEIKO, Versicherungstechnische Rückstellungen im Jahresabschluss von Versicherungsunternehmen – Bilanzrechtliche Einordnung und inhaltliche Abgrenzung, in: WPg 2011, S. 369-381 (Versicherungstechnische Rückstellungen).

BUSSON, MICHAEL/RUß, JOCHEN/STRASSER, WOLFGANG/ZWIESELER, HANS-JÜRGEN, Asset Liability Management und Alternative Risk Transfer, in: Zeitschrift für Versicherungswesen 1999, S. 628-642 (Asset Liability Management).

BUTZKE, MARCEL/LUDWIG, SVEN/VIEVERS, CLAUDIUS, Die Standardformel nach Solvency II, in: Handbuch Solvency II – Von der Standardformel zum Internen Modell, vom Governance-System zu den MaRisk VA, hrsg. v. Bennemann, Christoph/Oehlenberg, Lutz/Stahl, Gerhard, Stuttgart 2011, S. 39-68 (Standardformel).

COENENBERG, ADOLF GERHARD/STRAUB, BARBARA, Rechenschaft versus Entscheidungsunterstützung: Harmonie oder Disharmonie der Rechnungszwecke?, in: KoR 2008, S. 17-26 (Rechnungszwecke).

DEUTSCH, ERWIN/IVERSEN, THORE, Versicherungsvertragsrecht, 7. Aufl., Karlsruhe 2015 (Versicherungsvertragsrecht).

DEUTSCHE BUNDESBANK (Hrsg.), Finanzstabilitätsbericht 2013, Frankfurt am Main November 2013, verfügbar unter: https://www.bundesbank.de/Redaktion/DE/Downloads/Veroeffentlichungen/Finanzstabilitaetsberichte/2013_finanzstabilitaetsbericht.pdf?__blob=publicationFile, Stand: 30.03.2017 (Finanzstabilitätsbericht 2013).

DEUTSCHE BUNDESBANK (Hrsg.), Finanzstabilitätsbericht 2015, Frankfurt am Main November 2015, verfügbar unter: https://www.bundesbank.de/Redaktion/DE/Downloads/Veroeffentlichungen/Finanzstabilitaetsberichte/2015_finanzstabilitaetsbericht.pdf?__blob=publicationFile, Stand: 30.03.2017 (Finanzstabilitätsbericht 2015).

DEUTSCHE BUNDESBANK (Hrsg.), Kapitalmarktstatistik Mai 2016 – Statistisches Beiheft 2 zum Monatsbericht, Frankfurt am Main Mai 2016, verfügbar unter: https://www.bundesbank.de/Redaktion/DE/Downloads/Veroeffentlichungen/Statistische_Beihefte_2/2016/2016_05_kapitalmarktstatistik.pdf?__blob=publicationFile, Stand: 30.03.2017 (Kapitalmarktstatistik Mai 2016).

DEUTSCHER BUNDESTAG (Hrsg.), BT-Drucksache 17/9342 vom 18.04.2012 – Entwurf eines Zehnten Gesetzes zur Änderung des Versicherungsaufsichtsgesetzes, Berlin April 2012, verfügbar unter: http://dip21.bundestag.de/dip21/btd/17/093/1709342.pdf, Stand: 30.03.2017 (BT-Drucksache 17/9342).

DEUTSCHER BUNDESTAG (Hrsg.), BT-Drucksache 18/1772 vom 18.06.2014 – Entwurf eines Gesetzes zur Absicherung stabiler und fairer Leistungen für Lebensversicherte (Lebensversicherungsreformgesetz – LVRG), Berlin Juni 2014, verfügbar unter: http://dip21.bundestag.de/dip21/btd/18/017/1801772.pdf, Stand: 30.03.2017 (BT-Drucksache 18/1772).

DREHER, MEINRAD, Solvenzanforderungen in der Versicherungsaufsicht nach Solvency II und künftigem VAG, in: ZVersWiss 2012, S. 381-429 (Solvenzanforderungen).

DRIESCH, DIRK/RIESE, JOACHIM/SCHLÜTER, JÖRG/SENGER, THOMAS (Hrsg.), Beck'sches IFRS-Handbuch – Kommentierung der IFRS/IAS, 5. Aufl., München 2016 (zitiert: BEARBEITER, in: Beck'sches IFRS-Handbuch, 5. Aufl.).

EBBERS, GABI, IFRS 4: Insurance Contracts, in: WPg 2004, S. 1337-1385 (IFRS 4 Phase I).

EBBERS, GABI, The insurance industry and fair value, in: The Routledge Companion to Fair Value and Financial Reporting, hrsg. v. Walton, Peter, London 2012, S. 247-264 (Insurance and fair value).

EDELMANN, MARTIN, Bilanzierung von Finanzinstrumenten: Erfahrungen aus der Krise, in: Perspektiven der Finanzberichterstattung und der Corporate Governance – 64. Deutscher Betriebswirtschafter-Tag, hrsg. v. Wagenhofer, Alfred, Düsseldorf 2010, S. 15-23 (Erfahrungen aus der Krise).

EFRAG (Hrsg.), Comment Letter zum ED/2015/11, Brüssel Februar 2016, verfügbar unter: http://eifrs.ifrs.org/eifrs/comment_letters/69/69_6472_RogerMarshallEuropeanFinancialReportingAdvisoryGroupEFRAG_0_ApplyingIFRS9withIFRS4EFRAGFCLfinal120216.pdf, Stand: 30.03.2017 (Comment Letter ED/2015/11).

EISEN, ROLAND, Das Äquivalenz-Prinzip in der Versicherung – Unterschiedliche Folgerungen aus verschiedenen Interpretationen, in: ZVersWiss, S. 529-556 (Äquivalenz-Prinzip).

ELING, MARTIN, Kapitalanlagepolitik und -performance der deutschen Lebensversicherer im Spannungsfeld von Buch- und Zeitwerten, in: ZVersWiss 2006, S. 185-223 (Kapitalanlagepolitik).

ELING, MARTIN/PARNITZKE, THOMAS, Asset Liability Management: Ergebnisse einer Studie in der deutschsprachigen Assekuranz, in: I.VW HSG Management-Information 2007, S. 17-21 (ALM Studie).

ELING, MARTIN/PARNITZKE, THOMAS, Dynamic Financial Analysis: Classification, Conception, and Implementation, in: Risk Management and Insurance Review 2007, S. 33-50 (Dynamic Financial Analysis).

ELLENBÜRGER, FRANK, Internationalisierung der Rechnungslegung von Versicherungsunternehmen, in: Rechnungslegung und Prüfung der Versicherungsunternehmen, hrsg. v. Sell, Michael/Groove, Daniel, 5. Aufl., Düsseldorf 2011, S. 835-874 (Rechnungslegung von Versicherungsunternehmen).

ELLENBÜRGER, FRANK/ENGELÄNDER, STEFAN/KÖLSCHBACH, JOACHIM, Der letzte Schritt zum IFRS für Versicherungsverträge – Zum Exposure Draft ED/2013/7, in: WPg 2013, S. 813-820 (ED/2013/7).

ELLENBÜRGER, FRANK/HORBACH, LOTHAR/KÖLSCHBACH, JOACHIM, Bewertung von versicherungstechnischen Rückstellungen nach Vorschlägen für einen International Financial Reporting Standard (IFRS), in: Rechnungslegung von Versicherungsunternehmen – Festschrift zum 70. Geburtstag von Dr. Horst Richter, hrsg. v. Geib, Gerd, Düsseldorf 2001, S. 43-57 (Issues Paper Insurance).

ELLENBÜRGER, FRANK/HUSCH, RAINER, Vorschläge zur Bilanzierung von Versicherungsverträgen nach IFRS (ED/2010/8), in: WPg 2011, S. 264-268 (ED/2010/8).

ELLENBÜRGER, FRANK/KÖLSCHBACH, JOACHIM, IFRS droht Bilanzen volatiler und weniger aussagekräftig zu machen, in: VW 2010, S. 51-52 (Volatile IFRS-Bilanzen).

ELLENBÜRGER, FRANK/KÖLSCHBACH, JOACHIM, Standpunkt: IFRS-Standard: Volatilität wie beim Fair Value, in: VW 2010, S. 1145 (Volatilität wie beim Fair Value).

ELLENBÜRGER, FRANK/KÖLSCHBACH, JOACHIM, Vor einem großen Schritt hin zu neuen Bilanzierungsstandards (Teil II), in: VW 2010, S. 1303-1308 (ED/2010/8 (Teil II)).

ELLENBÜRGER, FRANK/PFAFFENZELLER, FRANK/HAMMERS, BETTINA, Umsetzung von Solvency II im Versicherungsaufsichtsgesetz – Paradigmenwechsel mit Auswirkungen auf die Abschlussprüfung, in: WPg 2015, S. 886-897 (Solvency II).

ERB, CARSTEN/PELGER, CHRISTOPH, Welche Vorstellungen hat der IASB vom neuen Rahmenkonzept?, in: WPg 2015, S. 1058-1064 (Neues Rahmenkonzept).

ERNST & YOUNG LLP, International GAAP 2017: Generally Accepted Accounting Principles under International Financial Reporting Standards, Chichester 2017 (International GAAP 2017).

FARNY, DIETER, Gewinn und Sicherheit als Ziele von Versicherungsunternehmen, in: ZVersWiss 1967, S. 49-81 (Gewinn und Sicherheit).

FARNY, DIETER, Buchführung und Periodenrechnung im Versicherungsunternehmen, 4. Aufl., Wiesbaden 1992 (Periodenrechnung).

FARNY, DIETER, Versicherung, in: Handwörterbuch der Betriebswirtschaft (HWB) – Teilband 3: R-Z, hrsg. v. Wittmann, Waldemar u. a., 5. Aufl., Stuttgart 1993, Sp. 4581–4598 (Versicherung).

FARNY, DIETER, Gewinnbeteiligung in der Lebensversicherung und Rechnungslegung der Versicherer, in: Risikoforschung und Versicherung – Festschrift für Elmar Helten zum 65. Geburtstag, hrsg. v. Helten, Elmar u. a., Karlsruhe 2004, S. 91-119 (Gewinnbeteiligung).

FARNY, DIETER, Versicherungsbetriebslehre, 5. Aufl., Karlsruhe 2011 (Versicherungsbetriebslehre).

FAULHABER, MARKUS, Risikosteuerung in Lebensversicherungsunternehmen – die Entwicklung der Aufgaben des Verantwortlichen Aktuars seit 1994, in: Versicherungen im Umbruch – Werte schaffen, Risiken managen, Kunden gewinnen, hrsg. v. Spremann, Klaus, Berlin 2005, S. 97-114 (Verantwortlicher Aktuar).

FECHNER, MICHAEL, Die Bilanzierung von Versicherungsverträgen nach IFRS 4 und Finanzinstrumenten nach IFRS 9 aus Sicht deutscher Lebensversicherungsunternehmen unter besonderer Beachtung des Asset-Liability Managements, Hamburg 2016 (IFRS 4 und IFRS 9).

FELDHOFF, ROLAND/HORSTKÖTTER, MARKUS, IFRS 9 – ein Bankenstandard für Versicherungen – „Insurance goes Banking“, in: KoR 2017, S. 256-261 (IFRS 9 für Versicherungen).

FH BIELEFELD (Hrsg.), Asset-Liability-Management in der Lebensversicherung – Eine praxisorientierte Einführung, Bielefeld 2003, verfügbar unter: https://www.fh-bielefeld.de/multimedia/Fachbereiche/asset_liability.pdf, Stand: 30.03.2017 (ALM in der Lebensversicherung).

FISCHER, DANIEL T., Entwurf eines neugefassten Rahmenkonzepts (ED/2015/3), in: PiR, S. 224-226 (ED/2015/3).

FÖRTERER, DIRK, Ertrags- und Risikosteuerung von Lebensversicherern aus finanzmarkttheoretischer Sicht, Karlsruhe 2000 (Risikosteuerung von Lebensversicherern).

FREIGANG, PHILIPP/HUTHMANN, ANDREAS, Der Portfolio-Revaluation-Ansatz zur Abbildung von macro hedges und dynamischen Risikomanagement Finanzinstrumente, in: KoR 2014, S. 465-473 (Portfolio-Revaluation-Ansatz).

FREIGANG, PHILIPP/HUTHMANN, ANDREAS, Wertminderung von Finanzinstrumenten: aufsichtsrechtliche Auslegung des IFRS 9, in: KoR 2017, S. 63-69 (Wertminderung nach IFRS 9).

FÜHRER, CHRISTIAN, Asset-Liability-Management in der Lebensversicherung, Karlsruhe 2010 (ALM in der Lebensversicherung).

FÜHRER, CHRISTIAN/GRIMMER, ARND, Versicherungsbetriebslehre, Ludwigshafen am Rhein 2009 (Versicherungsbetriebslehre).

FÜHRER, CHRISTIAN/GRIMMER, ARND, Einführung in die Lebensversicherungsmathematik, 2. Aufl., Karlsruhe 2010 (Lebensversicherungsmathematik).

GABRIEL, ANDREAS/ROCKEL, WERNER, Risikomanagement in Schaden-/Unfall-Versicherungsunternehmen, in: ZVersWiss 2001, S. 101-137 (Risikomanagement).

GALLASCH, FLORIAN, Die Bilanzierung von Versicherungsverträgen nach IFRS 4 Phase II – Das Bewertungsmodell für Erst- und passive Rückversicherungsverträge im Schaden- und Unfallbereich, Lohmar (Köln) 2014 (IFRS 4 Phase II).

GANSSAUGE, KARSTEN/MEURER, HOLGER/WELLER, KERSTIN, Überarbeitung von IFRS 9 abgeschlossen – mehr Fragen als Antworten?, in: WPg 2015, S. 833-841 (Überarbeitung von IFRS 9).

GDV (Hrsg.), Positionspapier zur Bestimmung der risikofreien Zinsstrukturkurve unter Solvency II, Berlin November 2009, verfügbar unter: http://www.gdv.de/wp-content/uploads/2010/01/Positionspapier_Zinsstrukturkurve.pdf, Stand: 30.03.2017 (Risikofreie Zinsstrukturkurve).

GDV (Hrsg.), Comment Letter zum ED/2012/4, Berlin März 2013, verfügbar unter: http://eifrs.ifrs.org/eifrs/comment_letters/14/14_1178_DrvonFrstenwetrhGDVGermanInsuranceAssociation_0_GDVGermanInsuranceAssociation.pdf, Stand: 30.03.2017 (Comment Letter ED/2012/4).

GEHRER, JUDITH/KRAKUHN, JOACHIM/SCHÜZ, PETER, IFRS 9 Financial Instruments – die finale Fassung im Überblick, in: IRZ 2014, S. 385-394 (IFRS 9 finale Fassung).

GEHRER, JUDITH/KRAKUHN, JOACHIM/STEPANOVA, ANNA, IASB-Diskussionspapier zur bilanziellen Abbildung von dynamischen Risikosteuerungsstrategien in offenen Portfolien, in: IRZ 2014, S. 293-299 (Dynamische Risikosteuerungsstrategien).

GEIB, GERD, Diskussionsstand eines International Financial Reporting Standards (IFRS) für Versicherungsgeschäfte, in: Rechnungslegung von Versicherungsunternehmen – Festschrift zum 70. Geburtstag von Dr. Horst Richter, hrsg. v. Geib, Gerd, Düsseldorf 2001, S. 111-126 (IFRS für Versicherungsgeschäfte).

GONDRING, HANSPETER, Versicherungswirtschaft – Handbuch für Studium und Praxis, München 2015 (Versicherungswirtschaft).

GRAF-TIEDTKE/BRITTA, Bankbilanzanalyse, in: Rechnungslegung für Banken nach IFRS – Praxisorientierte Einzeldarstellungen, hrsg. v. Löw, Edgar, 2. Aufl., Wiesbaden 2005, S. 1037-1124 (Bankbilanzanalyse).

GRAUMANN, MATTHIAS/HEIMSTÄTTER, MARIO, Organisatorische Planung des Asset-Liability-Managements von Versicherungsunternehmen, in: ZVersWiss 2003, S. 53-93 (Planung des ALM).

GREB, WERNER, Lebensversicherung, Fondsgebundene, in: Handwörterbuch der Versicherung (HdV), hrsg. v. Farny, Dieter u. a., Karlsruhe 1988, S. 427-429 (Fondsgebundene Lebensversicherung).

GRIFFIN, MARK, A market-value accounting framework for insurance companies, in: The fair value of insurance liabilities, hrsg. v. Vanderhoof, Irwin T./Altman, Edward I., Boston (Mass.) 1998, S. 201-210 (market-value accounting for insurance companies).

GROßE, JAN-VELTEN, IFRS 13 „Fair Value Measurement“ – Was sich (nicht) ändert, in: KoR 2011, S. 286-296 (IFRS 13 Fair Value Measurement).

GROßER, CHRISTINA, Sollen nach International Accounting Standards Abschlußaufwendungen aktiviert und eine Schwankungsrückstellung passiviert werden?, in: ZVersWiss 2000, S. 301-322 (Abschlußaufwendungen).

GROßER, CHRISTINA, Erfolgsrechnung von Versicherungsunternehmen nach IAS – Gestaltungsempfehlungen unter besonderer Berücksichtigung der Informationsfunktion der Rechnungslegung, Sternenfels 2001 (Erfolgsrechnung).

GRÜNBERGER, DAVID/SOPP, GUIDO, Kredit- und Liquiditätsrisiko bei der Fair Value-Ermittlung – IASB- und FASB-Exposure Drafts, in: IRZ 2010, S. 439-445 (Kredit- und Liquiditätsrisiko).

GRÜNDL, HELMUT, Auswirkungen der anhaltenden Niedrigzinsen auf das Versicherungswesen, in: Zeitschrift für Wirtschaftspolitik 2015, S. 191-201 (Niedrigzinsen).

GRÜNDL, HELMUT/KRAFT, MIRKO, Solvency II - Eine Einführung – Grundlagen der neuen Versicherungsaufsicht, Karlsruhe 2015 (Solvency II).

GSCHREY, ERHARD, IAS 39 als „Brandbeschleuniger“ in der Krise? – IAS 39: Adding Fuel to the Fire During the Crisis?, in: WPg 2010, S. 5-10 (IAS 39 als Brandbeschleuniger in der Krise?).

HAAKER, ANDREAS, Nummer 9 lebt! – Auswirkungen des finalen IFRS 9 auf die Bilanzierung von Finanzinstrumenten, in: DB 2014, S. 2790-2792 (Auswirkungen des finalen IFRS 9).

HAIDAR, HAIDAR, Regulierung, Risiken und Bilanzierung von Kapitalanlagen (nach HGB und IFRS) in Lebensversicherungsunternehmen, Kassel 2013 (Bilanzierung von Kapitalanlagen).

HALLPAP, PATRICK/LEHMANN, PETER, Die Bedeutung der Geschäftsmodell-Bedingung nach IFRS 9 für Kreditinstitute, in: WPg 2011, S. 722-731 (Geschäftsmodell-Bedingung).

HAMMERS, BETTINA, Full Fair Value-Bilanzierung von Lebensversicherungsprodukten und mögliche Implikationen für die Produktgestaltung, Lohmar (Köln) 2009 (Full Fair Value-Bilanzierung).

HANEKOPF, STEFAN, Risikotransfer, Risikotransformation und Risikotragung in langfristigen Versicherungsverhältnissen, in: Langfristige Versicherungsverhältnisse, hrsg. v. Männer, Leonhard, Karlsruhe 1997, S. 399-420 (Langfristige Versicherung).

HARTMANN-WENDELS, THOMAS/PFINGSTEN, ANDREAS/WEBER, MARTIN, Bankbetriebslehre, 6. Aufl., Berlin 2015 (Bankbetriebslehre).

HARTUNG, THOMAS/ASCHE, BENJAMIN, Der lange Weg zu IFRS 4 Insurance Contracts – Eine Darstellung wesentlicher Meilensteine und aktueller Entwicklungen, in: Jahrbuch für Controlling und Rechnungswesen, hrsg. v. Seicht, Gerhard, Wien 2013, S. 371-389 (Langer Weg zu IFRS 4).

HASSLER, MELANIE/SAUER, ROMAN/SCHNEIDER, IRMGARD, Möglichkeiten der bilanziellen Analyse der Sicherheitslage von Versicherungsunternehmen – Vergleich zwischen HGB, IFRS und fair-value-Bilanzierung, in: WPg 2006, S. 1539-1548 (Sicherheitslage).

HAX, KARL, Grundlagen des Versicherungswesens, Wiesbaden 1964 (Versicherungswesen).

HEINKE, VOLKER G., Asset-Liability-Management, in: Handwörterbuch des Bank- und Finanzwesens (HWF), hrsg. v. Gerke, Wolfgang/Steiner, Manfred, 3. Aufl., Stuttgart 2001, S. 141 (Asset-Liability-Management).

HELBIG, MANFRED, Personenversicherungsmathematik, in: Handwörterbuch der Versicherung (HdV), hrsg. v. Farny, Dieter u. a., Karlsruhe 1988, S. 500-507 (Personenversicherungsmathematik).

HELLER, SYLVIA, Die Bilanzierung von Versicherungsverträgen nach IFRS – Eine ökonomische Analyse, Lohmar (Köln) 2009 (Versicherungsverträge nach IFRS).

HELTEN, ELMAR, Versicherungsbetriebslehre, in: Handwörterbuch der Betriebswirtschaft (HWB) – Teilband 3: R-Z, hrsg. v. Wittmann, Waldemar u. a., 5. Aufl., Stuttgart 1993, S. 4598-4611 (Versicherungsbetriebslehre).

HELTEN, ELMAR, Die Erfassung und Messung des Risikos, 4. Aufl., Wiesbaden 1994 (Messung des Risikos).

HEMELING, PETER/HARTWIG, KATHARINA, Insolvenzsicherungssysteme als Qualitätsmerkmal, in: Solvency II und Risikomanagement – Umbruch in der Versicherungswirtschaft, hrsg. v. Gründl, Helmut/Perlet, Helmut, Wiesbaden 2012, S. 119-141 (Insolvenz).

HESBERG, DIETER, Fair Value-Bewertung in der Versicherungswirtschaft, in: Fair Value: Bewertung in Rechnungswesen, Controlling und Finanzwirtschaft, hrsg. v. Bieg, Hartmut/Heyd, Reinhard, München 2005, S. 443-467 (Fair Value in der Versicherungswirtschaft).

HEUBECK, KLAUS, Lebensversicherungsmathematik, in: Handwörterbuch der Versicherung (HdV), hrsg. v. Farny, Dieter u. a., Karlsruhe 1988, S. 431-438 (Lebensversicherungsmathematik).

HIPP, JÖRG M., IAS/IFRS für Versicherungsunternehmen – Änderung der jahresabschlusspolitischen Gestaltungsmöglichkeiten und weiter reichende Konsequenzen für die Unternehmenspolitik deutscher Lebensversicherungsaktiengesellschaften, Karlsruhe 2007 (IFRS für Versicherungsunternehmen).

HOFMEIER, HELMUT/KRAUSE, DIETER/MENNING, THOMAS, Risikotragfähigkeit der Lebensversicherung unter Berücksichtigung aktueller Entwicklungen – Konsequenzen des Lebensversicherungsreformgesetzes und der Reform des Versicherungsaufsichtsgesetzes, in: DB 2015, S. 1477-1485 (Risikotragfähigkeit).

HÖLSCHER, REINHOLD, Die „gerechte" Beteiligung der Versicherungsnehmer an den Überschüssen in der Lebensversicherung, in: ZVersWiss 1996, S. 41-79 (Überschussbeteiligung).

HOMMEL, MICHAEL/BIELKE, DAVID/ZICKE, JULIA, Bilanzierung von Versicherungsverträgen nach ED/2013/7 – Gewinnglättung dominiert fair value, in: KoR 2013, S. 404-412 (ED/2013/7).

HOMMEL, MICHAEL/KIY, FLORIAN/ZICK, THERESA, Das Wertminderungsmodell des IFRS 9: Auslegungs- und Gestaltungsspielräume, in: KoR 2016, S. 569-576 (Wertminderungsmodell des IFRS 9).

HORN, OLIVER, Asset-Liability-Management in der Lebensversicherung unter besonderer Berücksichtigung pfadabhängiger Managementregeln, Ulm 2008 (ALM in der Lebensversicherung).

HORN, OLIVER/ZWIESLER, HANS-JOACHIM, Simultane Optimierung von Managementregeln im Asset-Liability-Management deutscher Lebensversicherer, in: ZVersWiss 2006, S. 167-200 (ALM deutscher Lebensversicherer).

HÜTTERMANN, KAI/KNAPPSTEIN, JANINA, Darstellung und Bedeutung des other comprehensive income – Eine empirische Analyse der DAX-Unternehmen, in: KoR 2014, S. 586-593 (Bedeutung des OCI).

IASB (Hrsg.), Framework for the Preparation and Presentation of Financial Statements, London April 1989 (Framework 1989).

IASB (Hrsg.), IFRS 4 Insurance Contracts (Phase I), London März 2004 (IFRS 4 (Phase I)).

IASB (Hrsg.), Discussion Paper: Preliminary Views on Insurance Contracts, London Mai 2007, verfügbar unter: http://www.ifrs.org/Current-Projects/IASB-Projects/Insurance-Contracts/Discussion-Paper-and-Comment-Letters/Documents/InsurancePart1.pdf, Stand: 30.03.2017 (DP Insurance Contracts).

IASB (Hrsg.), IAS 1 Presentation of Financial Statements, London September 2007 (IAS 1).

IASB (Hrsg.), ED/2010/8 Insurance Contracts, London Juli 2010, verfügbar unter: http://www.ifrs.org/Current-Projects/IASB-Projects/Insurance-Contracts/Exposure-draft-2010/Documents/ED_Insurance_Contracts_Standard_WEB.pdf, Stand: 30.03.2017 (ED/2010/8).

IASB (Hrsg.), Conceptual Framework for Financial Reporting 2010, London September 2010, verfügbar unter: http://www.ifrs.org/News/Press-Releases/Documents/ConceptualFW2010vb.pdf, Stand: 30.03.2017 (Conceptual Framework 2010).

IASB (Hrsg.), IFRS 13 Fair Value Measurement, London Mai 2011 (IFRS 13).

IASB (Hrsg.), Reducing accounting mismatches in profit or loss through presentation – Insurance contracts (agenda paper 6B from May 2011), London Mai 2011, verfügbar unter: http://www.ifrs.org/Current-Projects/IASB-Projects/Insurance-Contracts/Documents/2011/11%20_may_2011_6B_Reducing_accounting_mismatches_in_profit_or_loss_through_presentation.pdf, Stand: 30.03.2017 (Reducing accounting mismatches (agenda paper 6B)).

IASB (Hrsg.), Illustrative examples to accompany IFRS 13 Fair Value Measurement – Unquoted equity instruments within the scope of IFRS 9 Financial Instruments, London Dezember 2011 (Illustrative examples for unquoted equity instruments).

IASB (Hrsg.), ED/2013/7 Insurance Contracts: A revision of ED/2010/8 Insurance Contracts, London Juni 2013, verfügbar unter: http://www.ifrs.org/Current-Projects/IASB-Projects/Insurance-Contracts/Exposure-Draft-June-2013/Documents/ED-Insurance-Contracts-June-2013.pdf, Stand: 30.03.2017 (ED/2013/7).

IASB (Hrsg.), Whether to unlock the contractual service margin for changes in the risk adjustment – Insurance contracts (agenda paper 2C from March 2014), London März 2014, verfügbar unter: http://www.ifrs.org/Meetings/MeetingDocs/IASB/2014/March/02C%20IC%20Draft%20unlocking%20risk%20adjustment.pdf, Stand: 30.03.2017 (Unlocking service margin for risk adjustment (agenda paper 2C)).

IASB (Hrsg.), Contracts with participating features: Background – Insurance contracts, London Mai 2014, verfügbar unter: http://www.ifrs.org/Meetings/MeetingDocs/ASAF/2014/May/04A%20Insurance%20Contracts.pdf, Stand: 30.03.2017 (Participating features (agenda paper 2A)).

IASB (Hrsg.), IFRS 9 Financial Instruments, London Juli 2014 (IFRS 9).

IASB (Hrsg.), IFRS 17 Insurance Contracts, London Mai 2017 (IFRS 17).

IASB (Hrsg.), Assessing the changes since the 2013 ED – Insurance contracts (agenda paper 2E from February 2015), London Februar 2015, verfügbar unter: http://www.ifrs.org/Meetings/MeetingDocs/IASB/2016/February/AP02E-Insurance-Contracts.pdf, Stand: 30.03.2017 (Changes since ED/2013/7 (agenda paper 2E)).

IASB (Hrsg.), ED/2015/3 Conceptual Framework for Financial Reporting, London Mai 2015, verfügbar unter: http://www.ifrs.org/Current-Projects/IASB-Projects/Conceptual-Framework/Documents/May%202015/ED_CF_MAY%202015.pdf, Stand: 30.03.2017 (ED/2015/3).

IASB (Hrsg.), Application of the general model to contracts with participation features – Insurance contracts (agenda paper 2A from June 2015), London Juni 2015, verfügbar unter: http://www.ifrs.org/Meetings/MeetingDocs/IASB/2015/June/AP02A-Insurance%20contracts.pdf, Stand: 30.03.2017 (General model for participation features (agenda paper 2A)).

IASB (Hrsg.), Variable fee approach for direct participation contracts – Insurance contracts (agenda paper 2B from June 2015), London Juni 2015, verfügbar unter: http://www.ifrs.org/Meetings/MeetingDocs/IASB/2015/June/AP02B-Insurance%20contracts.pdf, Stand: 30.03.2017 (Variable fee approach (agenda paper 2B)).

IASB (Hrsg.), Project Update: Insurance contracts (agenda paper 16B from September 2015), London September 2015, verfügbar unter: http://www.ifrs.org/Meetings/MeetingDocs/IASB/2015/September/AP16B-IASB-Insurance-Contracts.pdf, Stand: 30.03.2017 (Project Update September 2015 (agenda paper 16B)).

IASB (Hrsg.), ED/2015/11 Applying IFRS 9 Financial Instruments with IFRS 4 Insurance Contracts, London Dezember 2015, verfügbar unter: http://www.ifrs.org/Current-Projects/IASB-Projects/Insurance-Contracts/Exposure-Draft-December-2015/Documents/ED_Applying-IFRS-9-with-IFRS-4_DEC%202015.pdf, Stand: 30.03.2017 (ED/2015/11).

IASB (Hrsg.), Level of aggregation – Insurance contracts (agenda paper 2A from January 2016), London Januar 2016, verfügbar unter: http://www.ifrs.org/Meetings/MeetingDocs/IASB/2016/January/AP02A-Insurance-Contracts.pdf, Stand: 30.03.2017 (Level of aggregation (agenda paper 2A)).

IASB (Hrsg.), Overview of the new insurance contracts Standard – Insurance contracts (agenda paper 2B from February 2016), London Februar 2016, verfügbar unter: http://www.ifrs.org/Meetings/MeetingDocs/IASB/2016/February/AP02B-Insurance-Contracts.pdf, Stand: 30.03.2017 (Overview of IFRS 4 Phase II (agenda paper 2B)).

IASB (Hrsg.), The development of the accounting model for insurance contracts – Insurance contracts (agenda paper 2D from February 2016), London Februar 2016, verfügbar unter: http://www.ifrs.org/Meetings/MeetingDocs/IASB/2016/February/AP02D-Insurance-Contracts.pdf, Stand: 30.03.2017 (Development of accounting model (agenda paper 2D)).

IASB/FASB (Hrsg.), Project assumptions: Insurance contracts (agenda paper 3A from February 2011) – IASB/FASB Meeting, London Februar 2011, verfügbar unter: http://www.ifrs.org/Current-Projects/IASB-Projects/Insurance-Contracts/Documents/2011/14_feb_2011_3A_Project_assumptions.pdf, Stand: 30.03.2017 (Project assumptions (agenda paper 3A)).

IASC (Hrsg.), Issues Paper on Insurance, London November 1999, verfügbar unter: http://www.ifrs.org/Current-Projects/IASB-Projects/Insurance-Contracts/Documents/InsuranceIssuePapers.zip, Stand: 30.03.2017 (Issues Paper Insurance).

IMF (Hrsg.), Germany: Selected Issues – IMF Country Report No. 14/217, Washington, D. C. Juli 2014, verfügbar unter: https://www.imf.org/external/pubs/ft/scr/2014/cr14217.pdf, Stand: 30.03.2017 (Country Report 14/217).

IMF (Hrsg.), World Economic Outlook 2014 – Legacies, Clouds, Uncertainties, Washington, D. C. Oktober 2014, verfügbar unter: http://www.imf.org/external/pubs/ft/weo/2014/02/pdf/text.pdf, Stand: 30.03.2017 (Economic Outlook 2014).

IMF (Hrsg.), Global Financial Stability Report 2015 – Navigating Monetary Policy Challenges and Managing Risks, Washington, D. C. April 2015, verfügbar unter: http://www.imf.org/External/Pubs/FT/GFSR/2015/01/pdf/text.pdf, Stand: 30.03.2017 (Financial Stability Report 2015).

IMF (Hrsg.), Germany: Financial Sector Assessment Program – Insurance Sector Supervision: IMF Country Report No. 16/192, Washington, D. C. Juni 2016, verfügbar unter: https://www.imf.org/external/pubs/ft/scr/2016/cr16192.pdf, Stand: 30.03.2017 (Country Report 16/192).

JOST, CHRISTIANE, Asset-Liability-Management bei Versicherungen – Organisation und Techniken, Wiesbaden 1995 (Asset-Liability-Management (a)).

JOST, CHRISTIANE, Asset-Liability-Management bei Versicherungsunternehmen, in: Risikomanagement in Versicherungsunternehmen – Grundlagen, Methoden, Checklisten und Implementierung, hrsg. v. Romeike, Frank/Müller-Reichart, Matthias, 2. Aufl., Weinheim 2008, S. 283-305 (Asset-Liability-Management (b)).

KAIBAUM, GÜNTER/MEES, JÜRGEN, Kapitalanlagen, in: Handwörterbuch der Versicherung (HdV), hrsg. v. Farny, Dieter u. a., Karlsruhe 1988, S. 331-343 (Kapitalanlagen).

KAWAI, YOSHIHIRO, The IAIS framework for insurance supervision and EU Solvency II, in: Solvency II und Risikomanagement – Umbruch in der Versicherungswirtschaft, hrsg. v. Gründl, Helmut/Perlet, Helmut, Wiesbaden 2012, S. 83-97 (IAIS framework).

KETZLER, ROLF/SCHWARK, PETER, Auswirkungen der anhaltenden Niedrigzinsen auf das Versicherungswesen, in: Zeitschrift für Wirtschaftspolitik 2015, S. 202-212 (Niedrigzinsen).

KHAKZAD, FARHAD/KIMPEL, BERT/SUNDRI, SAHIL, Infrastrukturinvestments – Ausweg aus dem „Renditeproblem" der Versicherungsindustrie? Die Komplexität von Solvency II, Verbriefungsvehikel, Steuer- und Strukturierungsfragen sowie das Zusammenwirken von IFRS 9 und IFRS 4, in: IRZ 2015, S. 295-302 (Infrastrukturinvestments).

KIRSCH, HANS-JÜRGEN/KOELEN, PETER/OLBRICH, ALEXANDER/DETTENRIEDER, DOMINIK, Die Bedeutung der Verlässlichkeit der Berichterstattung im Conceptual Framework des IASB und des FASB, in: WPg 2012, S. 762-771 (Verlässlichkeit im Conceptual Framework).

KNAUTH, KLAUS-WILHELM, Deregulierung im Versicherungssektor – Erfahrungen und Perspektiven, in: Handbuch Institutionelles Asset Management, hrsg. v. Leser, Hartmut/Rudolf, Markus, Wiesbaden 2003, S. 151-177 (Deregulierung).

KNAUTH, KLAUS-WILHELM, Systemwandel in der Finanzdienstleistungs- und Versicherungsaufsicht, in: Solvency II und Risikomanagement – Umbruch in der Versicherungswirtschaft, hrsg. v. Gründl, Helmut/Perlet, Helmut, Wiesbaden 2012, S. 3-34 (Systemwandel).

KNOBLOCH, ALOIS PAUL, Bilanzierung der Ausbuchung finanzieller Vermögenswerte nach IFRS 9 unter Berücksichtigung bilanzpolitischer Aspekte, in: KoR 2016, S. 169-178 (Ausbuchung finanzieller Vermögenswerte nach IFRS 9).

KNOLLER, CHRISTIAN/SAUER, ROMAN, Re-Exposure Draft Insurance Contracts – Überblick und Würdigung der Neuerungen, in: PiR 2014, S. 108-113 (ED/2013/7).

KOCH, PETER, Rückversicherung, in: Handwörterbuch der Versicherung (HdV), hrsg. v. Farny, Dieter u. a., Karlsruhe 1988, S. 689-701 (Rückversicherung).

KOCH, PETER, Versicherungszweige, System und übrige Sparten, in: Handwörterbuch der Versicherung (HdV), hrsg. v. Farny, Dieter u. a., Karlsruhe 1988, S. 1251-1257 (Versicherungszweige).

KOCH, PETER, Versicherungswirtschaft – Ein einführender Überblick, 7. Aufl., Karlsruhe 2013 (Versicherungswirtschaft).

KÖLSCHBACH, JOACHIM, Aktuelle Entwicklungen in der Beaufsichtigung und Rechnungslegung von Versicherungsunternehmen – IFRS und Solvency II, in: ZVersWiss 2004, S. 675-692 (IFRS und Solvency II).

KÖLSCHBACH, JOACHIM, Die Bilanzierung von Kundenverhalten und Überschussbeteiligung bei Versicherungsverträgen nach IFRS, in: Globale Finanzberichterstattung – Entwicklung, Anwendung und Durchsetzung von IFRS (Development, application and enforcement of IFRS) – Festschrift für Liesel Knorr, hrsg. v. Bruns, Hans-Georg u. a., Stuttgart 2008, S. 241-253 (Überschussbeteiligung).

KÖLSCHBACH, JOACHIM/ENGELÄNDER, STEFAN, Versicherungsgeschäfte, in: Rechnungslegung für Banken nach IFRS – Praxisorientierte Einzeldarstellungen, hrsg. v. Löw, Edgar, 2. Aufl., Wiesbaden 2005, S. 735-758 (Versicherungsgeschäfte).

KÖNIG, ALEXANDER/KNEMEYER, ULRICH/MÜLLER, EBERHARD, Risikoidentifikation und Risikomessung, in: Ergebnis- und Risikosteuerung im Versicherungskonzern – Lösungsansätze für eine wertorientierte Unternehmensführung, hrsg. v. Maser, Harald/Schradin, Heinrich R., Wiesbaden 2006, S. 11-36 (Risikoidentifikation).

KREEB, MARKUS, Der Versicherungskonzernabschluss nach internationalen Rechnungslegungsregeln – IFRS 4 Phase II, Lohmar (Köln) 2010 (IFRS-Versicherungskonzernabschluss).

KREEB, MARKUS/ZEITLER, MATTHIAS, IFRS 17 – Der neue Rechnungslegungsstandard für Versicherungsverträge, in: IRZ 2017, S. 299-304 (IFRS 17).

KROMSCHRÖDER, BERNHARD, Kapital, in: Handwörterbuch der Versicherung (HdV), hrsg. v. Farny, Dieter u. a., Karlsruhe 1988, S. 321-330 (Kapital).

KUHN, STEFFEN, Fair value-Bewertung von Finanzinstrumenten, in: Rechnungslegung im Spannungsfeld von Kosten-Nutzen-Überlegungen, hrsg. v. Küting, Peter/Pfitzer, Norbert/Weber, Claus-Peter, Stuttgart 2014, S. 241-255 (Fair value-Bewertung von Finanzinstrumenten).

KUHN, STEFFEN/HACHMEISTER, DIRK, Rechnungslegung und Prüfung von Finanzinstrumenten – Handbuch nach IFRS, HGB und EMIR, Stuttgart 2015 (Rechnungslegung von Finanzinstrumenten).

KUHN, STEFFEN/SCHARPF, PAUL, Rechnungslegung von Financial Instruments nach IFRS – IAS 32, IAS 39 und IFRS 7, 3. Aufl., Stuttgart 2006 (Financial Instruments nach IFRS).

KUHNER, CHRISTOPH/BOTHEN, DARIO, Die Bedeutung der Other Comprehensive Income-Positionen vor dem Hintergrund der Neuformulierung des IASB-Framework, in: KoR 2016, S. 161-168 (Bedeutung des OCI).

KURZENDÖRFER, VOLKER, Einführung in die Lebensversicherung, 3. Aufl., Karlsruhe 2000 (Lebensversicherung).

KÜTING, KARLHEINZ/PFITZER, NORBERT/WEBER, CLAUS-PETER, IFRS oder HGB? Systemvergleich und Beurteilung, 2. Aufl., Stuttgart 2013 (IFRS oder HGB?).

KÜTING, PETER/DÖGE, BURKHARDT/PFINGSTEN, ANDREAS, Neukonzeption der Fair Value-Option nach IAS 39 – Überzeugender Kompromiss oder doch wieder nur eine Übergangslösung?, in: KoR 2006, S. 597-612 (Fair Value-Option nach IAS 39).

LEITERMANN, ULRICH, Bedeutung von Solvency II für das Kapitalanlagemanagement, in: Solvency II und Risikomanagement – Umbruch in der Versicherungswirtschaft, hrsg. v. Gründl, Helmut/Perlet, Helmut, Wiesbaden 2012, S. 299-316 (Solvency II).

LINDBERG, DEBORAH L./SEIFERT, DEBORAH L., A New Paradigm of Reporting on the Horizon – International Financial Reporting Standards (IFRS) and Implications for the Insurance Industry, in: Journal of Insurance Regulation 2010, S. 229-252 (IFRS and Insurance Industry).

LÖW, SABINE, Gewinnrealisierung und Rückstellungsbilanzierung bei Versicherungsunternehmen nach HGB und IFRS, Wiesbaden 2003 (Rückstellungsbilanzierung).

LÜDENBACH, NORBERT/HOFFMANN, WOLF-DIETER (Hrsg.), Haufe IFRS-Kommentar, 6. Aufl., Freiburg im Breisgau 2008 (zitiert: BEARBEITER, in: Haufe IFRS-Kommentar, 6. Aufl.).

LÜDENBACH, NORBERT/HOFFMANN, WOLF-DIETER/FREIBERG, JENS (Hrsg.), Haufe IFRS-Kommentar, 14. Aufl., Freiburg im Breisgau 2016 (zitiert: BEARBEITER, in: Haufe IFRS-Kommentar, 14. Aufl.).

LUDWIG, FELIX/REISS, TORSTEN/WERNER, UTE, Rückstellung für latente Beitragsrückerstattung im Financial Statement der Versicherungskonzerne nach IFRS, in: WPg 2007, S. 607-615 (latente RfB).

LÜHRS, DIETER, Lebensversicherung – Produkte, Recht und Praxis, Wiesbaden 1997 (Lebensversicherung).

MATH, KLAUS, Optionen in Lebensversicherungsprodukten – Bedeutung, Bewertung und Innovation, Wiesbaden 2002 (Optionen).

MERKT, HANNO, Das IFRS Conceptual Framework aus regelungsmethodischer Sicht, in: zfbf 2014, S. 477-504 (IFRS Conceptual Framework).

METZLER, MARCO, Wertorientierte Jahresabschlußanalyse von Schaden- und Unfallversicherungsunternehmen in Deutschland, Lohmar (Köln) 2000 (Versicherungsunternehmen).

MÖBIUS, CHRISTIAN/PALLENBERG, CATHERINE, Risikomanagement in Versicherungsunternehmen, 2. Aufl., Berlin 2013 (Risikomanagement).

MOLINARI, PHILIPP/NGUYEN, TRISTAN, Zur Entscheidungsnützlichkeit eines IFRS-Abschlusses von Versicherern – Analyse der angedachten Regelungen zum endgültigen IFRS 4, in: ZVersWiss 2009, S. 283-314 (Entscheidungsnützlichkeit von IFRS 4).

MOXTER, ADOLF, Fundamentalgrundsätze ordnungsmäßiger Rechenschaft, in: Bilanzfragen – Festschrift zum 65. Geburtstag von Ulrich Leffson, hrsg. v. Baetge, Jörg/Moxter, Adolf/Schneider, Dieter, Düsseldorf 1976, S. 87-100 (Fundamentalgrundsätze).

MOXTER, ADOLF, Betriebswirtschaftliche Gewinnermittlung, Tübingen 1982 (Betriebswirtschaftliche Gewinnermittlung).

MÜLLER, WOLFGANG, Risiko und Ungewißheit, in: Handwörterbuch der Betriebswirtschaft (HWB), hrsg. v. Köhler, Richard/Küpper, Hans-Ulrich/Pfingsten, Andreas, 6. Aufl., Stuttgart 2007, Sp. 3813-3825 (Risiko und Ungewissheit).

MÜLLER-REICHART, MATTHIAS, Versicherungstechnisches Risikomanagement im Lichte stochastischer Prozesse, in: Risikomanagement in Versicherungsunternehmen – Grundlagen, Methoden, Checklisten und Implementierung, hrsg. v. Romeike, Frank/Müller-Reichart, Matthias, 2. Aufl., Weinheim 2008, S. 267-281 (Risikomanagement).

NAUMANN, KLAUS-PETER, Das Spannungsverhältnis zwischen Relevanz und Verlässlichkeit in der Rechnungslegung – Ein Beitrag zur Fortentwicklung von HGB und IFRS, in: ZfB 2006, S. 43-75 (Spannungsverhältnis).

NGUYEN, TRISTAN, Handbuch der wert- und risikoorientierten Steuerung von Versicherungsunternehmen, Karlsruhe 2008 (Risikoorientierte Steuerung).

NGUYEN, TRISTAN, Rechnungslegung von Versicherungsunternehmen, Karlsruhe 2008 (Versicherungsrechnungslegung).

NGUYEN, TRISTAN/GROSCHE, SASCHA, Exposure Draft IFRS 4 zur Bilanzierung von Versicherungsverträgen aus aufsichtsrechtlicher Perspektive, in: KoR 2011, S. 425-431 (ED/2010/8).

NGUYEN, TRISTAN/GROSCHE, SASCHA, Bewertungskonzept zur IFRS-Bilanzierung von versicherungstechnischen Verpflichtungen, in: IRZ 2012, S. 29-34 (ED/2010/8 (Teil II)).

NGUYEN, TRISTAN/MOLINARI, PHILIPP, Bewertung der Fair Value-Bilanzierung von Versicherungsverträgen anhand der IASB-Zielsetzungen, in: ZVersWiss 2012, S. 103-131 (ED/2010/8).

NGUYEN, TRISTAN/MOLINARI, PHILIPP, Accounting for "Insurance Contracts" According to IASB Exposure Draft – Is the Information Useful?, in: The Geneva papers on risk and insurance 2013, S. 376-398 (ED/2010/8 – Is the Information Useful?).

NGUYEN, TRISTAN/ROMEIKE, FRANK, Versicherungswirtschaftslehre – Grundlagen für Studium und Praxis, Wiesbaden 2013 (Versicherungswirtschaftslehre).

NIEHAUS, HANS-JÜRGEN, Der Ersatz von IAS 39 aus Bankensicht – Erfüllte oder enttäuschte Erwartungen?, in: WPg 2010, S. 87-89 (Ersatz von IAS 39).

OLBRICH, ALEXANDER, Wertminderung von finanziellen Vermögenswerten der Kategorie „Fortgeführte Anschaffungskosten" nach IFRS 9, Lohmar (Köln) 2012 (Wertminderung nach IFRS 9).

ORTMANN, KARL MICHAEL, Praktische Lebensversicherungsmathematik, 2. Aufl., Wiesbaden 2016 (Lebensversicherungsmathematik).

PELGER, CHRISTOPH, Rechnungslegungszweck und qualitative Anforderungen im Conceptual Framework for Financial Reporting (2010): der erste Stein im neuen Fundament der internationalen Rechnungslegung, in: WPg 2011, S. 908-916 (Rechnungslegungszweck).

PELLENS, BERNHARD/FÜLBIER, ROLF UWE/GASSEN, JOACHIM/SELLHORN, THORSTEN, Internationale Rechnungslegung – IFRS 1 bis 13, IAS 1 bis 41, IFRIC-Interpretationen, Standardentwürfe; mit Beispielen, Aufgaben und Fallstudie, 9. Aufl., Stuttgart 2014 (Internationale Rechnungslegung).

PERLET, HELMUT, Rückstellungen für noch nicht abgewickelte Versicherungsfälle in Handels- und Steuerbilanz, Karlsruhe 1985 (Rückstellungen).

PERLET, HELMUT, Zeitwertbilanzierung bei Versicherungsunternehmen, in: Rechnungslegung von Versicherungsunternehmen – Festschrift zum 70. Geburtstag von Dr. Horst Richter, hrsg. v. Geib, Gerd, Düsseldorf 2001, S. 285-305 (Zeitwertbilanzierung).

PERLET, HELMUT, Fair Value-Bilanzierung bei Versicherungsunternehmen, in: BFuP 2003, S. 441-456 (Fair Value-Bilanzierung).

PERLET, HELMUT/BAUMGÄRTEL, MARTINA, Zur Bilanzierung von Finanzinstrumenten in der Versicherungswirtschaft, in: Rechnungslegung - Warum und Wie? – Festschrift für Hermann Clemm zum 70. Geburtstag, hrsg. v. Ballwieser, Wolfgang/Moxter, Adolf/Nonnenmacher, Rolf, München 1996, S. 287-309 (Finanzinstrumente in der Versicherungswirtschaft).

POLLMANN, RENÉ/KÜMPEL, THOMAS/KASTE, JULIAN, IFRS 9 und IFRS 4 Phase II – Handlungsalternativen und mögliche Empfehlungen für die Versicherungsbranche im Rahmen der Ersteinführung, in: DStR 2017, S. 214-219 (IFRS 9 und IFRS 4 Phase II).

RATHMANN, DANIEL, Die Ruinwahrscheinlichkeit im Asset-Liability-Management von Lebensversicherern, Lohmar (Köln) 2009 (ALM von Lebensversicherern).

ROCKEL, WERNER, Fair Value-Bilanzierung versicherungstechnischer Verpflichtungen – Eine ökonomische Analyse, Wiesbaden 2004 (Fair Value-Bilanzierung).

ROCKEL, WERNER/HELTEN, ELMAR/OTT, PETER/SAUER, ROMAN, Versicherungsbilanzen – Rechnungslegung nach HGB, US-GAAP und IFRS, 3. Aufl., Stuttgart 2012 (Versicherungsbilanzen).

ROCKEL, WERNER/SAUER, ROMAN, Bilanzierung von Versicherungsverträgen – IASB Discussion Paper „Preliminary Views on Insurance Contracts", in: WPg 2007, S. 741-749 (DP Insurance Contracts).

ROHLFS, CÄSAR, Schadenverhütung, in: Handwörterbuch der Versicherung (HdV), hrsg. v. Farny, Dieter u. a., Karlsruhe 1988, S. 739-752 (Schadenverhütung).

ROMEIKE, FRANK, Dynamische Finanzanalyse (DFA) in der Versicherungswirtschaft, in: Risikomanagement in Versicherungsunternehmen – Grundlagen, Methoden, Checklisten und Implementierung, hrsg. v. Romeike, Frank/Müller-Reichart, Matthias, 2. Aufl., Weinheim 2008, S. 333-347 (Dynamische Finanzanalyse).

ROSSKOPF, JÖRG, Ansatzpunkte für ein Asset-, Liability-Management bei Lebensversicherungen, Basel 1997 (ALM bei Lebensversicherungen).

ROTHE, LARS, Asset-Liability-Management von Lebensversicherungsunternehmen – Eine Untersuchung unter besonderer Berücksichtigung der Zinssensitivitätsmasse Duration und Konvexität, Lohmar (Köln) 1999 (ALM von Lebensversicherern).

SAUER, ROMAN, Was ist hinreichender versicherungstechnischer Risikotransfer?, in: VW 2005, S. 1815-1821 (Risikotransfer).

SCHENK, PETER, Derivative Finanzinstrumente – Teil einer integrativen Risikopolitik in Versicherungsunternehmen, Wiesbaden 1998 (Derivative Finanzinstrumente).

SCHIERENBECK, HENNER/HÖLSCHER, REINHOLD, BankAssurance – Institutionelle Grundlagen der Bank- und Versicherungsbetriebslehre, 4. Aufl., Stuttgart 1998 (BankAssurance).

SCHILDBACH, THOMAS, Fair value accounting: hohe Kosten bei zweifelhaftem Nutzen, in: Rechnungslegung im Spannungsfeld von Kosten-Nutzen-Überlegungen, hrsg. v. Küting, Peter/Pfitzer, Norbert/Weber, Claus-Peter, Stuttgart 2014, S. 257-272 (Fair value accounting).

SCHMIDT, ANDRÉ/BAREKZAI, OMAR/HÜTTERMANN, KAI, IFRS 9 „Finanzinstrumente": Neuregelungen zur Sicherungsbilanzierung (Teil 2), in: DB 2014, S. 433-438 (Sicherungsbilanzierung (Teil 2)).

SCHMIDT, ANDRÉ/BAREKZAI, OMAR/HÜTTERMANN, KAI, Lieber ungefähr richtig, als genau falsch: Die Neuregelungen des IFRS 9 zur Wertminderung finanzieller Vermögenswerte, in: KoR 2015, S. 344–356 (IFRS 9 zur Wertminderung).

SCHMIDT, HANS-PETER, Versicherungswirtschaft, Anlagepolitik der Versicherungen, in: Handwörterbuch des Bank- und Finanzwesens (HWF), hrsg. v. Gerke, Wolfgang/Steiner, Manfred, 3. Aufl., Stuttgart 2001, Sp. 2138-2145 (Anlagepolitik).

SCHMITZ, FRANK/HUTHMANN, ANDREAS, Bilanzierung von Finanzinstrumenten – IAS/IFRS und BilMoG, Wiesbaden 2012 (Bilanzierung von Finanzinstrumenten).

SCHNEIDER, JÜRGEN, Das Geschäftsmodell von Versicherungsunternehmen im Spannungsverhältnis von IFRS 4 und IFRS 9 – „Financial Instruments available for sale" notwendig?, in: PiR 2011, S. 197-201 (IFRS 4 und IFRS 9).

SCHÖLISCH, DIETMAR, Integriertes Wert- und Risikomanagement von Lebensversicherungsunternehmen, Lohmar (Köln) 2006 (Risikomanagement von Lebensversicherern).

SCHRADIN, HEINRICH R., Erfolgsorientiertes Versicherungsmanagement - Betriebswirtschaftliche Steuerungskonzepte auf risikotheoretischer Grundlage, Karlsruhe 1994 (Erfolgsorientiertes Versicherungsmanagement).

SCHRADIN, HEINRICH R., Auswirkungen der anhaltenden Niedrigzinsen auf das Versicherungswesen, in: Zeitschrift für Wirtschaftspolitik 2015, S. 213-223 (Niedrigzinsen).

SCHRADIN, HEINRICH R./ZONS, MICHAEL, Konzepte einer wertorientierten Steuerung von Versicherungsunternehmen, in: Solvency II und Risikomanagement – Umbruch in der Versicherungswirtschaft, hrsg. v. Gründl, Helmut/Perlet, Helmut, Wiesbaden 2012, S. 163-181 (Wertorientierte Steuerung).

SCHRUFF, WIENAND, Die IFRS-Rechnungslegung im Spannungsfeld zwischen Cashflow-Prognose und Rechenschaft, in: WPg 2011, S. 855-860 (IFRS im Spannungsfeld).

SCHUG, ALBERT, Der Versicherungsgedanke und seine historischen Grundlagen, Göttingen 2011 (Versicherungsgedanke).

SCHULENBURG, JOHANN-MATTHIAS VON DER/LOHSE, UTE, Versicherungsökonomik – Ein Leitfaden für Studium und Praxis, 2. Aufl., Karlsruhe 2014 (Versicherungsökonomik).

SCHULTE-NOELLE, HENNING, Versicherungswirtschaft, Risikopolitik der Versicherungen, in: Handwörterbuch des Bank- und Finanzwesens (HWF), hrsg. v. Gerke, Wolfgang/Steiner, Manfred, 3. Aufl., Stuttgart 2001, Sp. 2155–2168 (Risikopolitik).

SCHWEBLER, ROBERT, Lebensversicherung, in: Handwörterbuch der Versicherung (HdV), hrsg. v. Farny, Dieter u. a., Karlsruhe 1988, S. 417-425 (Lebensversicherung).

SCHWEINBERGER, STEFAN, Gläubigerschutz und Rechnungslegung in der Lebensversicherung, Baden-Baden 2010 (Rechnungslegung in der Lebensversicherung).

SCHWEINBERGER, STEFAN/HORSTKÖTTER, MARKUS, Zur Bilanzierung von Versicherungsverträgen gemäß den Vorschlägen des ED/2010/8, in: KoR 2010, S. 546-553 (ED/2010/8).

SCHWINTOWSKI, HANS-PETER, Recht und Institutionen langfristiger privater Versicherungsverhältnisse, in: Langfristige Versicherungsverhältnisse, hrsg. v. Männer, Leonhard, Karlsruhe 1997, S. 77-111 (Langfristigkeit).

SCHYMCZYK, JOHANNES, Vermögensorientierte Abbildung von Lebensversicherungsgeschäften in der kapitalmarktorientierten Rechnungslegung, Berlin 2013 (IFRS-Lebensversicherungsgeschäfte).

SHEVCHENKO, GRIGORY, Die Bilanzierung der Kapitalanlagen von Lebensversicherungsunternehmen - Eine ökonomische Analyse bestehender nationaler Rechtsvorschriften, Berlin 2013 (Kapitalanlagen von Lebensversicherern).

SIEMßEN, SÖNKE JOST, Durationssteuerung als integraler Bestandteil des Asset-Liability-Managements, in: Versicherungen im Umbruch – Werte schaffen, Risiken managen, Kunden gewinnen, hrsg. v. Spremann, Klaus, Berlin 2005, S. 133-160 (Durationssteuerung).

SIEPRATH, CHRISTOPH, Der Handel mit gebrauchten Lebensversicherungen aus versicherungsvertragsrechtlicher, aufsichtsrechtlicher und steuerrechtlicher Sicht, Karlsruhe 2007 (Handel mit gebrauchten Lebensversicherungen).

SPÄTH, JULIA, Deckungsrückstellungen bei Versicherungsunternehmen nach HGB und US-GAAP, Wiesbaden 2015 (Deckungsrückstellungen).

STEINER, CHRISTOF, Bilanzierung versicherungstechnischer Rückstellungen – Darstellung und kritische Würdigung nach Handels- und Steuerrecht sowie nach IFRS, Hamburg 2008 (Versicherungstechnische Rückstellungen).

STINDT, SEBASTIAN, Die Überschussbeteiligung in der kapitalbildenden Lebensversicherung im bilanziellen Spannungsfeld zwischen HGB und IAS/IFRS, Düsseldorf 2009 (Überschussbeteiligung).

SURREY, INGE, Die Bilanzierung von Versicherungsgeschäften nach IFRS, Düsseldorf 2006 (Versicherungsgeschäfte nach IFRS).

TEKÜLVE, VERA, Die Bedeutung der Überschussbeteiligung für die Neugeschäftsentwicklung des Lebensversicherungsgeschäfts - Ansätze einer empirischen Analyse am Beispiel des deutschen Lebensversicherungsmarktes, Frankfurt am Main 2007 (Überschussbeteiligung).

THEILE, CARSTEN/GOY, KARIN, Entwurf ED/2015/3: Conceptual Framework for Financial Reporting, in: BBK 2015, S. 617-622 (ED/2015/3).

VARAIN, THOMAS C., Ansatz und Bewertung versicherungstechnischer Verpflichtungen von Schaden- und Unfallversicherungsunternehmen nach IAS/IFRS, Lohmar (Köln) 2004 (Versicherungsverpflichtungen).

VARAIN, THOMAS C., International Financial Reporting Standards (IFRS) im Versicherungsunternehmen, in: Risikomanagement in Versicherungsunternehmen – Grundlagen, Methoden, Checklisten und Implementierung, hrsg. v. Romeike, Frank/Müller-Reichart, Matthias, 2. Aufl., Weinheim 2008, S. 215-232 (IFRS für Versicherer).

WÄCHTER, HANS PETER/CHRIST, TASSILO/JUREIT, JAN, Die Fair Value-Bestimmung von Finanzinstrumenten nach IFRS 13 – Zur systematischen Behandlung von Modelldefiziten und Modellrisiken mittels Bewertungsanpassungen, in: KoR 2012, S. 545-552 (Fair Value von Finanzinstrumenten).

WAGENHOFER, ALFRED, Fair Value-Bewertung: Führt sie zu einer nützlicheren Finanzberichterstattung?, in: zfbf 2008, S. 185-194 (Fair Value-Bewertung).

WAGENHOFER, ALFRED, Die Zukunft der internationalen Rechnungslegung – Perspektiven im geplanten neuen Rahmenkonzept des IASB, in: Der Schweizer Treuhänder 2014, S. 539-550 (Neues Rahmenkonzept).

WAGNER, FRED/WARTH, JULIA, Fair Value-Accounting von Versicherungsverträgen, in: Fair Value: Bewertung in Rechnungswesen, Controlling und Finanzwirtschaft, hrsg. v. Bieg, Hartmut/Heyd, Reinhard, München 2005, S. 239-262 (Fair Value von Versicherungsverträgen).

WALDERSEE, GEORG, Bilanzierung von Finanzderivaten nach HGB, IAS und US-GAAP, in: Internationale Rechnungslegung – Festschrift für Professor Claus-Peter Weber zum 60. Geburtstag, hrsg. v. Küting, Karlheinz/Langenbucher, Günther, Stuttgart 1999, S. 239-264 (Bilanzierung von Finanzderivaten).

WANDT, MANFRED/DREHER, MEINRAD, Solvency II in der Rechtsanwendung 2015, Karlsruhe 2016 (VAG 2016).

WASCHBUSCH, GERD/STEINER, CHRISTOF, Die Bilanzierung von Versicherungsverträgen nach IFRS – Wohin führt der Weg des Diskussionspapiers des IASB zur Phase II des Versicherungsvertragsprojekts?, in: Berichterstattung für den Kapitalmarkt – Festschrift für Karlheinz Küting zum 65. Geburtstag, hrsg. v. Weber, Claus-Peter, Stuttgart 2009, S. 147-182 (Diskussionspapier zu IFRS 4 Phase II).

WASCHBUSCH, GERD/STEINER, CHRISTOF/THIEMANN, STEFFEN, IFRS: Zahlreiche Ermessensspielräume mindern den Informationsgehalt – Die Abgrenzung zwischen Finanzinstrumenten und Versicherungsverträgen nach IFRS bleibt schwierig, in: VW 2008, S. 1890-1899 (Ermessensspielräume).

WEIGEL, WOLFGANG/SCHÜTZ, PETER/HENSEN, SYLVIE/WOLSIFFER, ANDREAS/BLASCHKE, SILKE/GAHLEN, DIETER/STRUFFERT, RALF/VIETZE, MICHAEL, Praxisfragen zur Klassifizierung und Bewertung finanzieller Vermögenswerte bei Kreditinstituten – Erläuterungen zum Entwurf IDW ERS HFA 48 (Teil 2), in: WPg 2016, S. 782-791 (Praxisfragen zur Klassifizierung (Teil 2)).

WELZEL, HANS-JOACHIM, Rückstellungen, Versicherungstechnische, in: Handwörterbuch der Versicherung (HdV), hrsg. v. Farny, Dieter u. a., Karlsruhe 1988, S. 685-687 (Versicherungstechnische Rückstellungen).

WENG, ANNEGRET, Stand der Entwicklung des neuen Versicherungsstandards IFRS 4 mit besonderem Fokus auf den deutschen Versicherungsmarkt, in: KoR 2013, S. 23-32 (ED/2010/8).

WENK, MARC OLIVER, IFRS 9 – Verbesserung des „true and fair view“ durch den neuen Standard für Finanzinstrumente?, in: IRZ 2010, S. 205-206 (IFRS 9).

WERNICKE, JULIA, Der Zweitmarkt für Lebensversicherungen in der Bundesrepublik Deutschland – Ein Rechtsvergleich mit dem britischen und US-amerikanischen Recht, Karlsruhe 2009 (Zweitmarkt für Lebensversicherungen).

WIEDMANN, HARALD/SCHWEDLER, KRISTINA, Die Rahmenkonzepte von IASB und FASB: Konzeption, Vergleich und Entwicklungstendenzen, in: Rechnungslegung und Wirtschaftsprüfung – Festschrift zum 70. Geburtstag von Jörg Baetge, hrsg. v. Kirsch, Hans-Jürgen, Düsseldorf 2007, S. 679-716 (Rahmenkonzepte).

WOLSIFFER, ANDREAS/HENSEN, SYLVIE/SCHÜTZ, PETER/WEIGEL, WOLFGANG/BLASCHKE, SILKE/GAHLEN, DIETER/STRUFFERT, RALF/VIETZE, MICHAEL, Praxisfragen zur Klassifizierung und Bewertung finanzieller Vermögenswerte bei Kreditinstituten – Erläuterungen zum Entwurf IDW ERS HFA 48 (Teil 1), in: WPg 2016, S. 726-734 (Praxisfragen zur Klassifizierung (Teil 1)).

WÜSTEMANN, JENS/ISELBORN, MICHAEL, Wie beeinflusst die Marktliquidität die Bewertung von Finanzinstrumenten nach IFRS? – Entwicklung von Grundsätzen ordnungsmäßiger Berücksichtigung des Liquiditätsrisikos, in: WPg 2016, S. 507-513 (Marktliquidität bei Finanzinstrumenten nach IFRS).

ZIMMERMANN, JOCHEN/SCHWEINBERGER, STEFAN, Gestaltungsformen der Bilanzierung von Versicherungsverträgen – Ein kritischer Vergleich von Deferral/Matching- und Asset/Liability-Ansätzen, in: ZVersWiss 2005, S. 57-78 (Bilanzierung von Versicherungsverträgen).

ZIMMERMANN, JOCHEN/SCHWEINBERGER, STEFAN, Entwicklungen zur Ertragsrealisation in der kapitalmarktorientierten Rechnungslegung – Eine Analyse der Projekte „Revenue Recognition“ und „Insurance Contracts“, in: PiR 2007, S. 75-81 (Ertragsrealisation bei Insurance Contracts).

ZONS, MICHAEL, Value Based Management und IAS/IFRS im Schadenversicherungsunternehmen, Lohmar (Köln) 2006 (IFRS für Schadenversicherer).

ZWEIFEL, PETER/EISEN, ROLAND, Versicherungsökonomie, 2. Aufl., Berlin 2003 (Versicherungsökonomie).

ZWIESLER, HANS-JOACHIM, Asset-Liability-Management - die Versicherung auf dem Weg von der Planungsrechnung zum Risikomanagement, in: Versicherungen im Umbruch – Werte schaffen, Risiken managen, Kunden gewinnen, hrsg. v. Spremann, Klaus, Berlin 2005, S. 117-131 (Asset-Liability-Management).

ZWIRNER, CHRISTIAN/BOECKER, CORINNA, Fair Value Measurement nach IFRS 13 – IDW RS HFA 47 zu Einzelfragen der Fair Value-Ermittlung, in: IRZ 2014, S. 50-53 (Fair Value nach IFRS 13).

Rechnungslegung und Wirtschaftsprüfung

Herausgegeben von Prof. (em.) Dr. Dr. h. c. Jörg Baetge, Münster, Prof. Dr. Hans-Jürgen Kirsch, Münster, und Prof. Dr. Stefan Thiele, Wuppertal

Band 59
Thorsten Ohliger
Berücksichtigung nichtlinearer Zusammenhänge bei der Insolvenzprognose – Eine empirische Untersuchung unter Verwendung Generalisierter Additiver Modelle
Lohmar – Köln 2016 ♦ 324 S. ♦ € 68,- (D) ♦ ISBN 978-3-8441-0474-5

Band 60
Ariane Kraft
Extractive Activities in der IFRS-Rechnungslegung – Die Bilanzierung investiver Aktivitäten des Upstream-Geschäfts rohstofffördernder Unternehmen
Lohmar – Köln 2016 ♦ 304 S. ♦ € 66,- (D) ♦ ISBN 978-3-8441-0486-8

Band 61
Michael Alkemeier
Konzerninterne Unternehmenszusammenschlüsse – Die Bilanzierung von Business Combinations under Common Control im IFRS-Teilkonzernabschluss
Lohmar – Köln 2017 ♦ 304 S. ♦ € 66,- (D) ♦ ISBN 978-3-8441-0512-4

Band 62
Stephen Weich
Rechnungslegung in der Insolvenz – Analyse konkreter Bilanzierungsfragen auf Basis eines konsistenten Zweck-Grundsatz-Systems
Lohmar – Köln 2017 ♦ 364 S. ♦ € 72,- (D) ♦ ISBN 978-3-8441-0523-0

Band 63
Alexander Flügel
Die Bilanzierung von Lebensversicherungsgeschäften nach IFRS – Eine Analyse unter besonderer Berücksichtigung des Asset-Liability-Managements
Lohmar – Köln 2018 ♦ 284 S. ♦ € 64,- (D) ♦ ISBN 978-3-8441-0537-7

JOSEF EUL VERLAG